DIE FLUGZEUGE DES 2. WELTKRIEGS

RISSZEICHNUNGEN

HEEL

DIE FLUGZEUGE DES 2. WELTKRIEGS

RISSZEICHNUNGEN

Bill Gunston

HEEL

IMPRESSUM

HEEL Verlag GmbH
Gut Pottscheidt
53639 Königswinter
Tel.: 02223 / 9230-0
Fax: 02223 / 923026

Englische Originalausgabe:
Osprey, a division of
Reed Cosumer Books Ltd.
Michelin House
81, Fulham Road
GB - London SW3 6RB
Englischer Originaltitel: Classic World War II - Aircraft Cutaways

Deutsche Übersetzung: Pawellek und Partner, Trendelburg
Lektorat: Joachim Hack, Bad Honnef
Satz: Artcom, Jan Axen, Königswinter
Umschlaggestaltung: ArtWork Schumacher, Königswinter
Druck: Milanostampa New Interlitho S.P.A., Mailand, Italien

Danksagung:
Der Autor bedankt sich besonders bei Cosmo Graphics, mit deren großartiger Hilfe die Zeichnungen für dieses Buch entstanden sind. Ebenso möchte ich mich bei Phil Jarrett bedanken, der uns einen Großteil der verwendeten Fotos und Rißzeichnungen zur Verfügung gestellt hat. Zum Schluß geht mein Dank an Tim Hall, Dave Hatchard und Kim Hearn von Quadrant und an Richard Riding für ihre Unterstützung bei diesem bemerkenswerten Werk.

Printed and bound in Italy 1999

ISBN 3-89365-785-1

INHALT

RICHARD RIDING

Ich wurde 1942 während eines Luftangriffs auf Hayes in Middlesex geboren, just in der Straße, an der auch die Fabrik der Fairey Aircraft Company lag, in der mein Vater damals als Mitarbeiter der Abteilung AID für die Endabnahme der Albacore zuständig war. Er war zugleich ein qualifizierter Flugmodellbauer, Fotograf und technischer Zeichner, so daß ich in einer häuslichen Umgebung aufwuchs, die ganz und gar von der Luftfahrt geprägt war. Kein Wunder, daß ich Literatur wie Beano und Chick's Own entsagte und mich lieber der vom Biggles-Schöpfer Capt. W.E. Johns herausgegebenen, später aber untergegangenen Publikation Popular Flying und von Fairey stammenden Ausgaben von The Aeroplane zuwandte. Noch heute besitze ich Exemplare mit dem Firmenstempel auf der Titelseite! Hinzu kam, daß der Himmel über Hayes ständig voller Flugzeuge war, und schon mit zweieinhalb Jahren konnte ich die meisten «unserer» Flugzeuge erkennen - die Flugzeuge «der anderen» dagegen waren zumeist diejenigen, die mich nachts aus dem Schlaf rissen...

Höhepunkte um die Mitte des Jahres 1944 - wir waren inzwischen an das Ende einer der Startbahnen von Hendon umgezogen - waren die V1 von Herrn Hitler. Der unverkennbare, schaurige Sound, den sie beim Anflug verbreiteten, ließ mich ausgelassen in den Garten wackeln, um jedermann zuzurufen: «Da kommt schon wieder so ein verdammter Doodlebug!» Jedesmal wurde ich schnellstens in den Luftschutzraum unter der Treppe verfrachtet, wo ich über meinen geliebten Ausgaben von Popular Flying und The Aeroplane hockte. Ich erinnere mich noch, wie ich über die magischen Clark-Aufrißzeichnungen staunte, vor allem über die der großen Bomber. Schon in diesem zarten Alter war für mich klar, daß Flugzeuge meine Zukunft sein würden. Natürlich konnte ich damals noch nicht ahnen, daß ich 30 Jahre später Wächter über einen großen Teil der Clark-Originalzeichnungen werden würde, zu denen auch die großartigen Grafiken jener schweren Bomber gehörten, die meine jugendliche Phantasie derart beflügelten. Viele dieser klassischen Zeichnungen aus der Kriegszeit wurden in Aeroplane Monthly veröffentlicht, der 1973 von mir ins Leben gerufenen Nachfolgepublikation von The Aeroplane.

Diese Zeichnungen sind derart popular geblieben, daß sie von Aeroplane Monthly wiederholt als Motive für Werbeplakate und Werbegeschenke verwendet wurden. Viele der Clark-Originalzeichnungen, allerdings nicht alle, befinden sich heute in sicherer Verwahrung des Quadrant-Bildarchivs in Sutton (Surrey), wo sie inzwischen einträchtig an der Seite der Schnittzeichnungen stehen, die von Flight - der damaligen «Opposition» - angefertigt wurden.

Viele der nach dem Krieg entstandenen Flight-Aufrißzeichnungen wurden von Frank Munger angefertigt, der 40 Jahre lang im Flight-Studio arbeitete, bevor er sich 1985 zur Ruhe setzte. Noch heute, also ein halbes Jahrhundert nach seinem Einstieg bei Flight, stellt Frank solche Zeichnungen her, aber nicht von den neuesten Flugzeugen, sondern von den Maschinen, die zu seiner Jugendzeit an vorderster Front kämpften. In Auftrag gegeben und veröffentlicht wurden diese Zeichnungen von Aeroplane Monthly im Rahmen einer langen Serie über Doppeldecker-Bomber der RAF aus der Vorkriegszeit. Das Besondere an diesen Zeichnungen ist, daß es sich nicht um nüchterne, stereotype Computer-Plots handelt, sondern um echte, in Handarbeit entstandene Kunstwerke, die den Charakter und Stil zum Ausdruck bringen, die für Clark und seine Generation so charakteristisch sind.

Dieses Buch wendet sich nicht nur an die Lesergeneration von The Aeroplane, Aeroplane Spotter und Flight, sondern an alle Jungen und Junggebliebenen mit mehr als nur oberflächlichem Interesse an Flugzeugen.

RICHARD RIDING • HERAUSGEBER VON *AEROPLANE MONTHLY* • LONDON

LIFT

ALLAN WINN

Mehr als 60 Jahre lang bildeten unsere Aufrißzeichnungen einen wesentlichen Bestandteil unserer Veröffentlichungen zur Luftfahrttechnologie. Wenn das Sprichwort stimmt, daß ein Bild mehr aussagt als tausend Worte, dann gilt das zweifellos für diese Zeichnungen, die das Innenleben von Flugzeugen und ihren Motoren anschaulicher vermitteln als es reine Textbeschreibungen oder Fotos jemals könnten. Daher stellen sie einen bedeutenden Teil des journalistischen Materials zur Entwicklung der Luftfahrt dar - eine Synthese aus Kunst und Wissenschaft, auf die wir und unsere Leser stolz sein können.

Die Geschichte dieser Darstellungsform wurde bereits anderweitig ausführlich behandelt, von den bescheidenen Anfängen einfacher Durchsichtzeichnungen bis zu den heutigen, mit Computerunterstützung erstellten technischen Zeichnungen. Dasselbe gilt für die Geschichte über Menschen wie Millar, Clark, Bowbeer, Munger und Marsden, die Wesentliches zu diesem Werdegang beigetragen haben. Was vielleicht weniger bekannt ist oder heute nicht in angemessenem Umfang verstanden oder gewürdigt wird, ist die Bedeutung, die diesen Zeichnungen zu ihrer Zeit zukam.

Alle Zeichnungen in diesem Buch sind vor, während und nach dem wahrscheinlich zerstörerischsten und folgenschwersten Konflikt entstanden, die diese Welt je gesehen hat. Obwohl die Geheimhaltung und die Einschränkung der Berichterstattung zu jener Zeit streng waren, gelang es den Zeichnern von Flight und The Aeroplane, die Militärmaschinen unglaublich detailliert zu beschreiben. Es ist kaum vorstellbar, daß man den Zeichnern von Flight International gestattet hätte, die Lockheed F-117 - den sagenumwobenen «Tarnkappenbomber» - 45 Jahre später, also mitten im Golfkrieg, zu porträtieren und diese Details auch noch zu veröffentlichen! Im Zweiten Weltkrieg dagegen hatte das Militär keine Probleme, Einzelheiten zur Boeing B-17 preiszugeben.

Fast ebenso bemerkenswert wie der freie Zugang dieser Zeichner zu den technischen Innovationen jener Zeit war der außerordentliche Fortschritt in der Luftfahrttechnik, den sie während dieser wenigen Jahre registrierten. 1937 verbargen sich unter den Stoffbespannungen der Flugzeuge noch Strukturen aus geschweißten Stahlrohrrahmen und Holz, und was eine Aufrißzeichnung durch die Zylinder eines Motors enthüllte, war kaum exotischer oder komplexer als ein Ventilpaar, das von einem Vergaser gespeist wurde. Nur zehn Jahre später förderten solche Schnitte Rumpfkonstruktionen zutage, die in Schalenbauweise mit selbsttragender Außenhaut hergestellt wurden und mit Strahltriebwerken motorisiert waren - wobei übrigens inzwischen eine völlig neue Generation von Hochleistungs-Kolbentriebwerken mit Kraftstoffeinspritzung aufgekommen und wieder verschwunden war. Nun mußten mit Aufrißzeichnungen Details wie z.B. servogesteuerte Bedienungselemente wiedergegeben werden.

Der technologische Fortschritt spiegelte sich auch im Fortschritt der Kunst (oder doch eher Wissenschaft?) der Aufrißzeichnungen selbst wider. Die großen Praktiker aus der Vorkriegs- und Kriegszeit waren in allererster Linie Künstler - viele von jenen, die ihnen nach dem Krieg folgten und sie später ablösten, waren am Entwurf, an der Konstruktion oder an der Instandhaltung von Flugzeugen beteiligt gewesen. So verwundert es nicht, daß sich die Detailkenntnisse, die sie mitbrachten, auch in ihrer Arbeit wiederfinden.

Was Millar und Clark begründeten, ist etwas, worauf wir außerordentlich stolz sind, eine Tradition nämlich, die sich bis heute fortgesetzt hat, da Flight International das einzige Luftfahrtmagazin der Welt ist, das ein eigenes Team von fest angestellten Aufrißzeichnern unterhält. Wie das vorliegende Buch zeigt, schulden wir diesen Künstlern und dem, was sie geschaffen haben, sehr viel.

ALLAN WINN • HERAUSGEBER VON *FLIGHT INTERNATIONAL* • SURREY

TIM HALL

Die Aufriß-Illustrationen von Flight und Flight International haben sich über viele Jahre hinweg stetig weiterentwickelt und lassen sich bis zu ihren Wurzeln zurückverfolgen, nämlich der Arbeit der beiden technischen Zeichner Max Millar und James «Jimmy» Clark. Max Millar war sozusagen der «Gründervater» der in den technischen Fachzeitschriften von Illiffe Associated Press veröffentlichten Aufrißzeichnungen. Obwohl sein eigentliches Interesse auf den Gebieten lag, die er in «Autocar» porträtierte, entwickelte er einen unstillbaren Enthusiasmus im Hinblick auf das Zeichnen aller Objekte, die irgendwie technischer Natur waren.

Die erste von Millars Flugzeug-Aufrißzeichnungen war eine 1934 entstandene Illustration der Hawker Hardy. Schon damals fand Millars Zeichenstil Beachtung wegen seiner Klarheit, der Ausdrucksstärke der Linienführung und der meisterhaften perspektivischen Darstellung. Seine Zeichnungen hatten einen größeren künstlerischen Gehalt als die von Clark, und eine beachtliche Anzahl von Millars Luftfahrt-Aufrißzeichnungen entstanden in Farbe und mit Hintergrundbildern.

James Clark arbeitete als freiberuflicher technischer Zeichner für die Flight-Konkurrenzpublikation The Aeroplane, die bei Temple Press erschien. Seine Arbeiten hatten mehr den Charakter von technischen Zeichnungen als von künstlerischen Schöpfungen, was sich in seinem Blick für Details zeigte, der sowohl in den eigentlichen Zeichnungen als auch in verschiedenen Einzelheiten auffiel. Die Arbeit von Clark erreichte daher weder die künstlerische Dimension noch die perspektivische Präzision wie die Zeichnungen von Max Millar. Gleichwohl war Clark aber der weitaus produktivere und bekanntere der beiden Künstler, die in jener Zeit Luftfahrt-Aufrißzeichnungen anfertigten.

In den späten vierziger Jahren und bis in die fünfziger Jahre hinein tauchten Namen wie John Palmer, Arthur Bowbeer, John Ferguson, Dick Ellis, Frank Munger und John Marsden auf. Diese Künstler schufen unter der Leitung des «Gründervaters» eine Art Standard für Aufrißzeichnungen, der die Stilrichtungen von Millar und Clark vereinte und zu der Art von Zeichnungen führte, wie wir sie heute kennen. Typisch für die Art, wie Max Millar «seinen Jungs» als Vorbild diente, war die Tatsache, daß er auch als Leiter der Zeichenabteilung die Arbeit am Zeichenbrett fortsetzte und eine Büroumgebung schuf, in der vor allem der Enthusiasmus für das Konstruieren und Zeichnen gefördert wurde.

Von Max ist eine Begebenheit überliefert, die diesen Umstand sehr gut belegt: Frank Munger und Arthur Bowbeer waren einmal fieberhaft mit der Inbetriebnahme eines Dieselmotormodells beschäftigt, als Max hereinkam. Statt ihnen zu sagen, sie sollten ihn beiseite schaffen und mit ihrer Arbeit weitermachen, krempelte er die Ärmel auf und half ihnen fast den ganzen Nachmittag, den Motor zum Laufen zu bringen!

Die Aufrißzeichnungen veränderten sich von ihren Anfängen bis in die späten sechziger Jahre hinein nur sehr wenig. Stets begab sich der Zeichner mit einem leeren Bogen Papier ins Werk, um es eine Woche später mit einer fertigen Bleistiftzeichnung wieder zu verlassen. Fester Bestandteil der Arbeit war das präzise Skizzieren des Objekts anhand seiner Komponenten und der verfügba-

Blick in die Montagehallen

AWARD OF EXCELLENCE
THE TECHNICAL ARTISTS
OF
FLIGHT INTERNATIONAL

ren technischen Informationen. Wenn der Künstler beispielsweise einen Motor illustrieren sollte, bat er zunächst um eine Ansicht der auf Blöcken gelagerten Kurbelwelle und der zugehörigen Pleuelstangen. Diese montierten Teile zeichnete er dann als erstes, um die so entstandene Grundskizze anschließend anhand von Konstruktionszeichnungen um die übrigen Komponenten sowie das Kurbelgehäuse zu ergänzen.

Bei Flugzeugen war dieser Ablauf ähnlich. Zunächst wurde ein Entwurf des Objekts in Form von Hilfspunkten der Flugzeugstruktur auf das Zeichenbrett übertragen. Danach ging der Künstler um das Objekt herum, um die Zwischenräume in dem so entstandenen geometrischen «Gerüst» auszufüllen. Schließlich nahm er die Zeichnung mit in sein Büro, um sie dort zu kolorieren, um letzte Details zu ergänzen und ganz zum Schluß mit der Bildlegende zu versehen.

Mit Beginn der sechziger Jahre wurden die Objekte, die in Form solcher Aufrißzeichnungen zu erfassen waren, immer komplizierter, und die Hersteller stimmten nur noch widerstrebend zu, wenn sich ein Künstler länger als zwei oder drei Tage im Werk aufhalten wollte. Zugleich behandelte die Fachzeitschrift zunehmend internationale Themen. Allmählich begannen die Künstler, die Hersteller nur noch zu besuchen, um Basismaterial für ihre Arbeit zu beschaffen. Dazu besorgten sie sich Konstruktionszeichnungen, fertigten Fotos an und sprachen mit den Konstrukteuren. Danach kehrten sie in ihr Büro zurück, um dort anhand des gesammelten Materials die Zeichnungen anzufertigen. Bei dieser neuen Arbeitsweise war es wichtig, daß der Künstler genug Material und Informationen zur Erledigung seiner Aufgabe gesammelt hatte, wenn er das Herstellerwerk verließ.

In den achtziger Jahren setzte mit der Technologie der computergestützten Konstruktion (Computer Aided Design, CAD) eine grundlegende Wandlung der Arbeit im Zeichenbüro ein, was zur Folge hatte, daß wir jetzt immer öfter auf Schwierigkeiten bei der Beschaffung der Informationen in der uns geläufigen Form stießen. Dies hat uns in die Lage versetzt, in der wir uns heute befinden: Wir übernehmen vom Hersteller ein Computerband mit CAD-Daten und bedienen uns anschließend selbst eines CAD-Systems, um die Geometrie des Flugzeugs oder Triebwerks zu erstellen. Das Plotten der perspektivischen Geometrie liefert den Grundentwurf, den wir dann um Details aus den Fotos und Konstruktionsdaten erweitern und schließlich auf die althergebrachte Weise kolorieren. Der große Vorteil der CAD-Technologie besteht darin, daß sie einen einfachen Zugriff auf das Layout und die Montagezeichnungen des Herstellers gestattet - das spart Zeit in den frühen Phasen der Aufrißzeichnung.

Heute, kurz vor dem Ende des Jahrhunderts, führt das gegenwärtige Team von technischen Zeichnern - neben meiner Wenigkeit sind das David Hatchard und Joe Picarella - die Tradition der «Cutaways» fort - und damit einer Form eines Bildjournalismus', die allmählich zu einer einsamen Kunst wird.

TIM HALL • TECHNISCHER ZEICHNER • *FLIGHT INTERNATIONAL* • SURREY

Das Flight-Zeichnerteam, bestehend aus John Marsden (Vordergrund), Davic Hatchard (Mitte) und Tim Hall. Das Foto entstand 1993, als dem Zeichenbüro dieser Fachzeitschrift von der American Aviation and Space Writers Association eine Ehrentafel für 61 Jahre hervorragender Arbeit auf dem Gebiet der Aufrißzeichnungen verliehen wurde.

EINFÜHRUNG

Der vorliegende Band enthält eine Sammlung von Aufrißzeichnungen zu Flugzeugen aus dem Zweiten Weltkrieg. Die Auswahl der überwiegend britischen Muster wird durch einige deutsche Maschinen aufgelockert, da die Künstler ja für die Wochenzeitschriften The Aeroplane und Flight arbeiteten und nur Flugzeuge zeichnen konnten, zu denen sie auch Zugang hatten.

Diese Illustrationen geben nicht nur die Entwicklung dieser Zeichentechnik über 50 Jahre wieder, sondern rufen mir auch in Erinnerung, daß Flugzeuge schon damals höchst komplizierte Maschinen waren - so kompliziert, daß kein Künstler alle konstruktiven Einzelheiten wiedergeben konnte. Daher muß man es schon bedauern, daß man in jenen Tagen solch einen Aufwand für die Konstruktion und den Bau von mehr als 600.000 Flugzeugen trieb, die praktisch alle bald wieder zerstört werden würden.

Die Aufrißzeichnung war schon immer eine besondere Kunstform, hat aber ihrerseits zahllose Varianten hervorgebracht. Diejenigen, die von Architekten angefertigt werden, unterscheiden sich gemeinhin in ihrem Stil von Flugzeug-Aufrißzeichnungen, während Zeichner von Schiffen wiederum häufig Deckspläne oder eine Serie von Querschnitten vom Bug bis zum Heck - ähnlich den Scheiben eines Baguettes - erstellen. Lehrbücher enthalten oft sogenannte «Explosionszeichnungen», während traditionelle Konstruktionszeichnungen zwar isometrische (also perspektivische) Darstellungen enthalten können, jedoch stets die Vorder-, Seiten- und Grundrißansicht wiedergeben. Diese Darstellungsform, die man strenggenommen «Übersichtszeichnung» nennt, heißt umgangssprachlich auch «Dreiseitenansicht».

Mein ehemaliger Arbeitgeber Flight veröffentlichte vereinzelte Aufrißzeichnung vom ersten Jahrgang der Zeitschrift (1909) an - allerdings konnte man damals sowieso fast alles von außen sehen. Zwischen den Weltkriegen unterschieden sich die Flugzeug-Aufrißzeichnungen der einzelnen Fachzeitschriften erheblich voneinander. Die meisten Künstler oder Redakteure waren der Auffassung, die richtige Vorgehensweise bestünde darin, ein Bild des Flugzeugs zu zeichnen (oder vielmehr zu malen), nicht selten zusammen mit einer Landschaft oder dem Himmel als Hintergrund, und erst dann bestimmte Bereiche der Außenhaut wieder zu entfernen, um Komponenten wie etwa die Motoren, Kraftstofftanks und Bomben sowie natürlich stets die Crew bei der Arbeit hervorzuheben. Werbeplakate für Imperial Airways, Pan Am und Air France basierten oft auf farbigen Aufrißzeichnungen, auf denen Passagiere und Postsäcke stärker im Vordergrund standen als Details der Flugzeugstruktur.

Meine alte Fachzeitschrift wurde von der Firma Iliffe & Sons herausgegeben, die im Dorset House südlich der Themse beheimatet war. Zu den vielen anderen Magazinen dieses Verlagshauses gehörten so unterschiedliche Titel wie Autocar, Amateur Photographer, Yachting World, Iron & Steel, Farmer & Stockbreeder, British Plastics und Nursing Mirror. Diese und viele andere Zeitschriften stellten an die verlagsinterne Zeichenabteilung unterschiedliche Anforderungen. Nördlich der Themse - in der Rosebury Avenue, später dann in der Bowling Green Lane - war der «Erzfeind» Temple Press ansässig. Hier erschienen Titel wie The Aeroplane, The Motor, The Oil Engine, Light Metals und The Motor Ship. Sie alle setzten zur Illustration Aufrißzeichnungen ein.

Als Junge waren mir in den Flight-Zeichnungen häufig die Initialen «J.P.» aufgefallen, und diese fanden sich später auch in The Aircraft Engineer wieder. Ihr Inhaber Janusz Prochazka war trotz seines polnisch klingenden Namens Däne, der 1910 in das Flight-Team eingetreten war und dort zum Chefzeichner aufstieg. Er konnte Flugzeuge aus ganz Europa zeichnen, und als er 1945 in den Ruhestand trat, hieß es in der Ausgabe vom 4. Oktober 1945: ‚Kein Künstler hat Flugzeugstrukturen jemals erfolgreicher «seziert»... In vielen Zeichenbüros galten seine Skizzen struktureller Details als Referenz.'

Nachdem sich Prochazka zur Ruhe gesetzt hatte, übernahm Max Millar die Rolle des obersten Aufriß-Zeichners im Dorset House. Obwohl er oft den Auftrag bekam, «schöne» Zeichnungen anzufertigen, fast wie Fotos mit einigen Öffnungen, bevorzugte er klare Linienzeichnungen in Schwarzweiß, die er mit Zeichenstift und Tusche anfertigte. In den dreißiger Jahren verfeinerte er die-

Max Millar war viele Jahre lang Leiter der Zeichenabteilung von Flight. Obwohl seine Leidenschaft den Motoren galt, erwies er sich auch als extrem geschickt beim Anfertigen von Flugzeug-Aufrißzeichnungen.

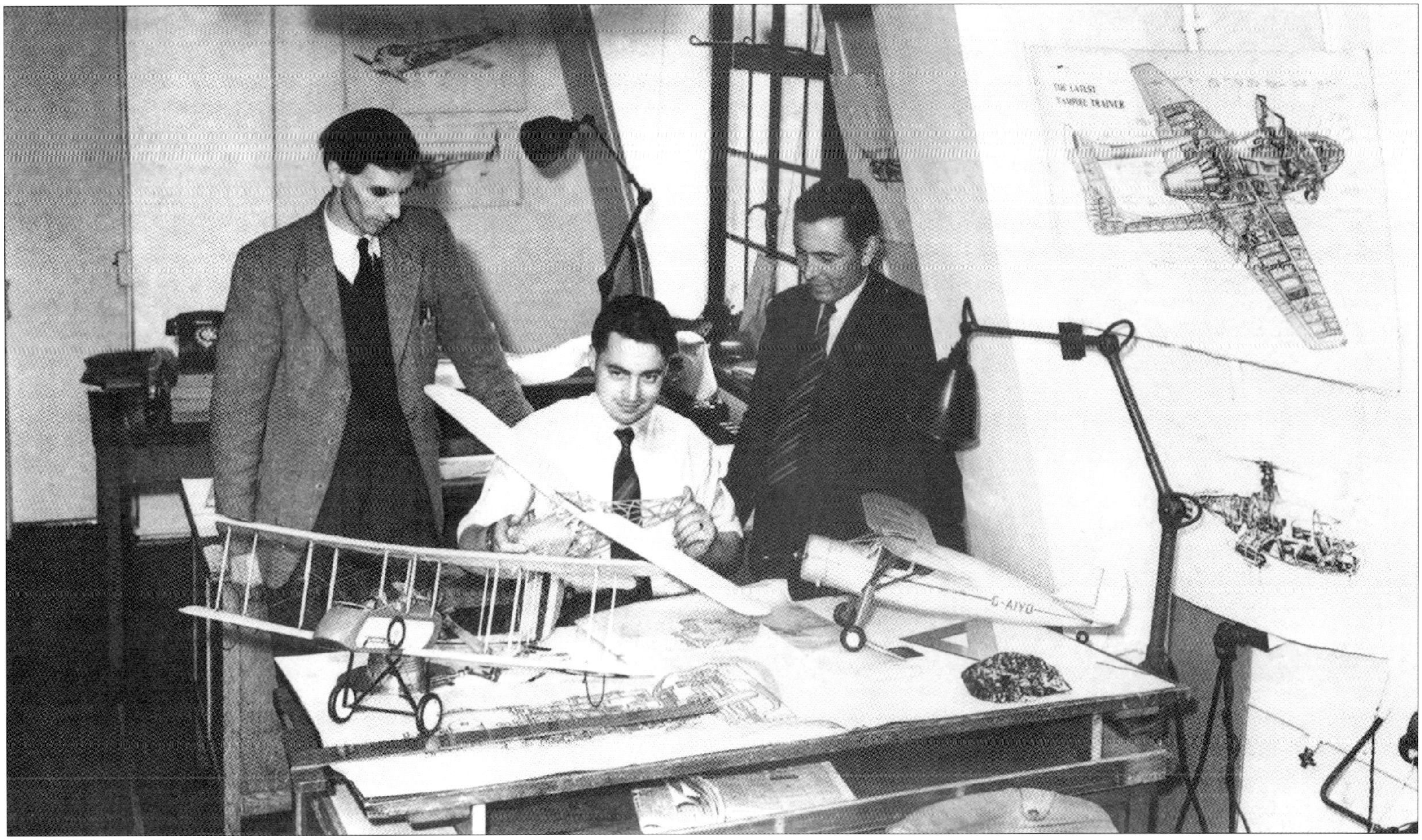

Einige der Nachkriegsmitarbeiter im Flight-Zeichenbüro, das im Dorset House in der Stamford Street untergebracht war. Das Foto aus den fünfziger Jahren zeigt John Marsden, flankiert von Frank Munger (links) und Arthur Bowbeer.

sen Stil des technischen Zeichnens. Es war akzeptabel, verschiedene Arten handgezeichneter Schattierungen und stellenweise sogar ganz schwarze Bereiche einzusetzen, doch vor allem kam es darauf an, alles exakt und möglichst detailgetreu wiederzugeben. Verschiedene Komponenten wurden legendiert, wobei zunächst durchweg Großbuchstaben mit Serifen verwendet wurden. Falls nötig, wurden bestimmte Teile nur mit einem Buchstaben oder einer Nummer versehen und in einer Legende erläutert, die von Hand auf demselben Blatt angelegt wurde wie die Zeichnung. Dies führte zu einem Stil, der bis heute Bestand hatte, in einigen größeren Verlagshäusern allerdings inzwischen computerisiert ist.

Max liebte besonders die Motoren - kein Wunder, hatte er doch während des Ersten Weltkriegs als RFC-Captain Unterricht über Flugzeugmotoren erteilt. Die von ihm gezeichneten Motoren wiesen im allgemeinen mehr Details auf als die Flugzeuge. Nichts konnte ihn mehr begeistern als sich (zum Beispiel) in allen Einzelheiten einen von Rolls-Royce neu herausgebrachten Merlin-Motor mit Zweistufen-Supercharger und Intercooler erklären zu lassen. Er hatte in dieser Hinsicht absolut freie Hand, und zwar deshalb, weil im selben Haus die höchst seriöse Industrie-Fachzeitschrift Aircraft Production ansässig war. Obwohl diese nicht wie Flight wöchentlich, sondern nur monatlich erschien, glaube ich, daß Max im Laufe eines Jahres in Aircraft Production mehr Zeichnungen veröffentlicht hat als in Flight.

Ich selbst stieß erst 1951 zum Flight-Team. Bevor ich mich daran begab, diese Einführung zu verfassen, besorgte ich mir noch einige Informationen beim ehemaligen Chefzeichner Arthur Bowbeer. Er erinnerte sich: «Bei Kriegsbeginn wurde Max von allen seinen ‚Jungs' verlassen, bis auf R.E. Poulton, Frank Beak (der zuerst Reiseberichte für Automobil-Fachzeitschriften illustrierte und sich dann allmählich technischen Themen zuwandte) und John Palmer. Als die Behörden geeignete Arbeitskräfte für die Verteidigungsindustrie rekrutierten, ging Frank nach Farnborough und Palmer zu Short Brothers. Ich selbst fing als ‚Benjamin' bei Flight an und verbrachte dort zwei Jahre, bevor ich zum Fliegen von RAF-Flugzeugen abkommandiert wurde. Allerdings brachte ich es in dieser Zeit nicht weiter als bis zum Studium einer Flut von Diagrammen zur Flugzeugtyperkennung.

So widmete sich Max während des Krieges dem Zeichnen der Flugzeuge und Motoren in Flight. Grundlage für seine Zeichnungen waren zunächst Bilder von Flugzeugen mit Tarnanstrich und Kokarden, aus denen dann aber Strichzeichnungen mit anfangs sehr vielen schwarzen Flächen entstanden. Sie lieferten einen schnellen und klaren Eindruck über die wichtigsten technischen Merkmale, oft jedoch auch mit den Crewmitgliedern an ihren Positionen, und mit Bomben (großen, schwarzen, glänzenden Bomben!) sowie den höchst detailliert wiedergegebenen Motoren.

In den dreißiger Jahren hatte Max seinen Wunschnachfolger James ‚Jimmy' Clark ausgebildet. Dieser kündigte jedoch, um für die Konkurrenz zu zeichnen. Dort entwickelte er als ständiger freier Mitarbeiter seinen eigenen, unverwechselbaren Stil und wurde zum Künstler, der von den damaligen Nachwuchszeichnern bewundert wurde, weil er «...sich vollständig in seine Arbeit einbrachte». Unsere eigenen Künstler, nahmen - was angesichts seines Wechsels zur Konkurrenz vielleicht vorhersehbar gewesen war - eine verbitterte Auffassung gegenüber «Clarks Zeichnungen» an und behaupteten, daß er meist ungenau arbeitete. Tatsache aber blieb, daß er rasch zum herausragenden Aufriß-Zeichner wurde. Dies war weitgehend darauf zurückzuführen, daß seine enorme Arbeitsausbeute praktisch wöchentlich nicht nur in The Aeroplane, sondern auch in der Massenpublikation Aeroplane Spotter und damit höchst öffentlichkeitswirksam Verbreitung fand.» Vielen Dank für diese interessanten Hintergrundinformationen, Arthur!

Die Fairey Battle I - Kennzeichen K7558, das erste Exemplar aus der Serienproduktion - in einer Anfang 1937 entstandenen Draufsicht-Luftaufnahme. Bis 1941 wurden weitere 2418 Maschinen dieses Typs an die Royal Air Force ausgeliefert.

Sieht man sich diese Aufrißzeichnungen aus den Kriegstagen an, fällt meistens schnell auf, ob der Künstler etwas von seinem Objekt verstand oder nicht. Nun sollte einem Künstler eigentlich schon der gesunde Menschenverstand sagen, sich niemals an ein Flugzeug heranzuwagen, von dem er wenig weiß. Dennoch entstanden viele Zeichnungen von Flugzeugen, von denen der Künstler wenig mehr kannte als die äußere Form, und deren Innenleben meist von ihm ziemlich frei erfunden wurde. Clark tat dies gelegentlich bei deutschen Flugzeugen der Jahre 1939/40, also noch bevor Großbritannien mit exakten Darstellungen überflutet wurde - und das erwies sich als extrem ungünstig. Manchmal gelang ihm nicht einmal die äußere Form, beispielsweise im November 1939, als er das zeichnete, was angeblich die neueste Version des Heinkel-Bombers He 111 sein sollte. Diesem verpaßte er kurzerhand die elliptischen Tragflächen der Vorgängerversionen und gab sämtliche Innenstrukturen überzeugend detailliert wieder. Erst viel später entdeckte ich, daß - abgesehen davon, daß der Grundriß der Tragflächen gar nicht stimmte - die gesamte so schön gezeichnete Struktur mit ihren zickzackförmigen Rippen reine Erfindung waren und nicht die geringste Ähnlichkeit mit irgendeiner Heinkel-Konstruktion hatten!

Meiner Ansicht nach ist so etwas unverzeihlich. Schließlich muß der Leser Vertrauen zum Zeichner haben können, wie er auch das Gefühl haben muß, einem Sachbuchautor Glauben schenken zu können.

Demgegenüber hält Sir Peter Masefield, während des Krieges technischer Redakteur von The Aeroplane und chronisch überarbeiteter Redakteur von The Aeroplane Spotter, meine Kritik für zu hart. Er erinnert sich: «Man darf nicht vergessen, daß das Hauptziel von The Aeroplane und Flight darin bestand, so weitgehend wie möglich und zulässig eine Leserschaft zu informieren, die weitaus weniger professionell war als diejenige, derer sich das Magazin vor Kriegsbeginn erfreut hatte. Die Informationen mußten gewissermaßen ‚im Pulverdampf des Krieges' produziert werden, was erklärt, daß Clark in den ersten Kriegsmonaten nicht nur die Form der He 111, sondern auch ihre Innenstruktur falsch wiedergab. Wurde er aber nur für einen Tag in Farnborough auf eine schwer beschädigte He 111 angesetzt, brachte er trotz der kurzen Zeit, die man ihm zugestand, erstaunlich präzise Zeichnungen zustande.» Auch an Sir Peter vielen Dank für diese Erläuterungen.

Gleichwohl bin ich vom Wert einer rein erfundenen Aufrißzeichnung noch immer nicht überzeugt, und habe mich schon mehr als einmal über ein in meinen Augen ebenfalls schändliches Verbrechen geärgert, nämlich darauf zu verzichten, eine Gelegenheit zur Vermittlung von Informationen wahrzunehmen. Wie heißt es doch so schön? «Der erwachsene Mann liest, der gebildete Mann spricht, und der weise Mann schreibt.» Und Letzteres bezieht sich mit Sicherheit auch auf das Anfertigen von Aufrißzeichnungen. Ich habe wohl schon tausendmal versucht, Hintergrundinformationen zu einem bestimmten technischen Detail zu recherchieren. Und nachdem ich nichts im entsprechenden «Jane's» oder «Putnam» gefunden hatte, häufig nicht einmal in Büchern, die sich speziell mit dem fraglichen Flugzeugtyp beschäftigten (erstaunlich, wie manche Autoren dicke Bücher schreiben können, ohne wesentliche technische Einzelheiten auch nur zu erwähnen!), habe ich mich plötzlich erinnert, irgendwo schon einmal eine Aufrißzeichnung gesehen zu haben. Heute bezweifle ich, daß irgend jemand eine Flugzeug-Aufrißzeichnung herstellen würde, ohne allen wichtigen technischen Einzelheiten die nötige Aufmerksamkeit zu widmen. Aber - es gibt eben solche und solche Zeichnungen.

Immer wieder habe ich anhand von Aufrißzeichnungen herauszufinden versucht, wie eine Tragfläche gebaut war, aber als Erläuterung nur den Hinweis «Flügelstruktur» gefunden. Oder ich versuchte zu ergründen, ob die Klappen elektrisch, hydraulisch oder sonstwie gefahren wurden, fand aber nur die Angabe «Klappenmechanik». Dabei hatte ich den Eindruck, daß die damaligen Künstler die richtige Antwort wahrscheinlich kannten; ein paar informative Worte hätten mit Sicherheit keine Mehrkosten verursacht. 1981 wagte ich es, Bill Green, dem damaligen geschäftsführenden Direktor von Pilot Press, genau diese Anregung vorzutragen. Damit hatte ich in ein Wespennest gestochen. Bill schrieb mir einen erstaunlich langen Antwortbrief, in dem es unter anderem hieß: «Unsere Aufrißzeichnungen wurden nie als Konstruktionszeichnungen präsentiert und sind auch nicht als solche gedacht. Glauben Sie ernsthaft, daß auch nur jeder tausendste unserer Leser wirklich erfahren möchte, ob die Enteisung mit Triebwerkszapfluft oder eigenen Heizsystemen arbeitet? Wenn Sie sagen, was «wir» wissen möchten, äußern Sie dann nicht vielmehr Ihre eigenen Wünsche anstelle der Erwartungen der großen Mehrheit? Die Zeichnungen sollen nicht als technisches Referenzmaterial verwendet werden und sind auch kei-

Die B-17E «YANKEE DOODLE» (41-9023) der Eight Air Force, 414th Squadron, 97th Bomber Group, bei Wartungsarbeiten auf dem Stützpunkt Grafton Underwood im September 1942

neswegs für die Nachwelt gedacht, wie von Ihnen angedeutet. Es handelt sich vielmehr um rein kommerzielle Produkte, die für einen speziellen Markt angefertigt wurden, und deren Kosten wieder hereingeholt werden müssen! Mir persönlich ist es ziemlich egal, was die Leser im Jahr 2081 davon halten mögen. Schließlich brauche ich mir dann keine Gedanken mehr darüber zu machen, ob das Fahrwerk eines vor 150 Jahren gebauten Flugzeugs von Hand oder hydraulisch eingefahren wurde.»

Bill erläuterte die Faktoren, die den für Pilot Press hergestellten Zeichnungen zugrundelagen, doch genau dieselben Argumente gelten auch für die Produkte aller anderen kommerziellen Verlage. Wenn man dies berücksichtigt, beginnt man die Art und Weise zu schätzen, wie sich die Qualität und die allgemeinen Standards der Zeichnungen in den Kriegsjahren zu den ausgezeichneten Ergebnissen weiterentwickelt haben, die gegen Ende jenes Konflikts produziert wurden. Dies wird insbesondere durch die Tatsache unterstrichen, daß diese Zeichnungen aus Kriegszeiten oft unter fast unmöglichen Umständen - in einem eisigen Hangar, einer schlecht beleuchteten Nissenhütte oder in einem Hotelzimmer vielleicht - und fast immer unter dem unerbittlichen Druck des Termins für den Redaktionsschluß hergestellt wurden. Und wehe dem Zeichner, der unbeabsichtigt ein Detail einfügte, das zwar am Flugzeug sichtbar gewesen, jedoch noch nicht zur Veröffentlichung freigegeben worden war! Solche Sicherheitsüberlegungen waren übrigens der Grund dafür, daß viele Einzelheiten an den in diesem Buch beschriebenen Flugzeugen der Alliierten offensichtlich weggelassen wurden.

Material für dieses Buch zusammenzutragen, war keine leichte Aufgabe. Nur sehr wenige Originalzeichnungen existieren heute noch. Die Reproduktionsqualität in The Aeroplane Spotter war nach heutigen Maßstäben inakzeptabel, und beim Kopieren von Zeichnungen aus gebundenen Bänden von Flight und Aeroplane geht unweigerlich der mittlere Bereich entlang der Falzkante verloren. Viele Zeichnungen wurden aus einem nicht gebundenen Originalexemplar fotografiert; die Heftklammern wurden nachträglich wegretuschiert!

Heute sind Aufrißzeichnungen mit Legenden von bis zu 500 Positionen nichts Ungewöhnliches. Dies zeigt, wie die Komplexität der Flugzeuge gestiegen ist, ein Prozeß, der schon vor 1939 eingesetzt hat. Die von Clark angefertigten Porträts der Stirling und der Lancaster geben anschaulich wieder, wie diese Maschinen gebaut waren, und stehen in scharfem Kontrast beispielsweise zur Wellington und zur Whitley, zwei Flugzeugen der Vorgängergeneration. Dennoch hätte Clark - die Genehmigung der Sicherheitskräfte vorausgesetzt - jedem der beiden späteren Flugzeuge noch rund 30 weitere Ausrüstungsgegenstände, überwiegend elektronische Komponenten, hinzufügen können.

Heute geht das Anfertigen einer Aufrißzeichnung unter Verwendung spezieller Software wesentlich einfacher vonstatten. Ein Zeichner kann die Geometrien seiner Objekte farbig gestalten, sofern dies die Darstellung verbessert, oder er kann das ganze Flugzeug auf dem Bildschirm drehen, jedes Detail aus einem

Anonyme Anson-I-Formation auf einem Patrouillenflug über der englischen Südküste bei Gosport Ende 1939. Bemerkenswert sind die unterschiedlichen Nationalitätskennzeichen der einzelnen Flugzeuge.

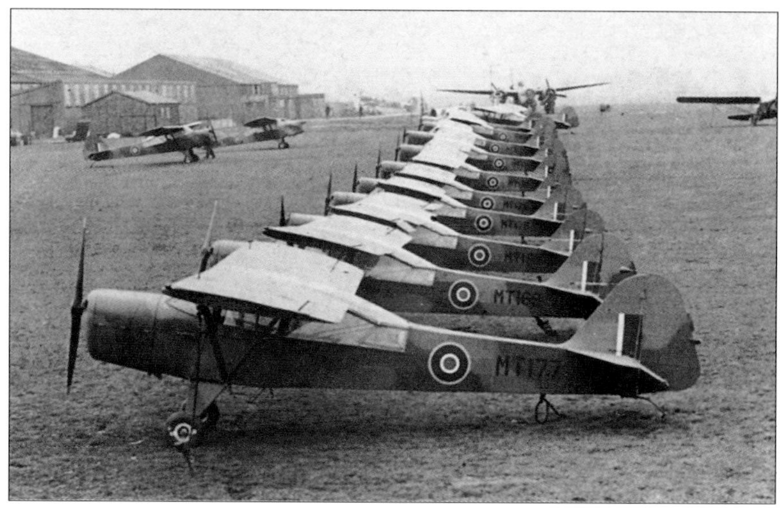

Imposante Aufstellung von fabrikneuen Maschinen des Typs Taylorcraft Auster IV, die auf dem Grasplatz von Rearsby Anfang 1944 auf ihren Fronteinsatz warten. Die MT177 flog später bei der No 659 Squadron.

Die Hampden I der No 49 Sqn, Kennzeichen P1333, wird im Juli 1940 auf dem Stützpunkt Scampton für den Einsatz vorbereitet. Diese Maschine ging während eines Bombenangriffs auf Essen am 17. August verloren.

beliebigen Blickwinkel betrachten und sich schließlich für die Perspektive entscheiden, die er für optimal hält. Danach kann er sich an die eigentliche Zeichenarbeit begeben, wobei er sich von Anfang an sicher sein kann, daß die Form insgesamt absolut korrekt ist. Doch selbst diese kann er der Deutlichkeit halber noch verzerrt darstellen. Während des Zweiten Weltkriegs mußte er all das «auf die harte Tour» erledigen - nicht selten hat sich manch ein Zeichner viel zu spät gewünscht, eine andere Perspektive gewählt zu haben, und nur zu oft stellte sich ganz zum Schluß heraus, daß die Propeller, das Fahrwerk oder andere Komponenten sichtbare Fehler aufwiesen!

Nach Fertigstellung seiner Zeichnung mußte der Künstler nun verschiedene Teile näher beschreiben, wofür 1939 noch einige wenige Beschriftungen genügt haben mögen. Im Laufe der Zeit jedoch wurden die Flugzeuge immer komplizierter, und auch die allgemein anerkannten Standards wurden ständig angehoben, so daß es irgendwann Stunden gedauert haben dürfte, für Dutzende von Beschriftungen Legenden zu erstellen. Und in Clarks Fall waren diese aus modischen Gründen in Buchstaben mit Serifen gehalten! Nach 1939 verwendete er nur noch Großbuchstaben, jedoch weiterhin mit Serifen. Ich habe einen hochgebildeten Freund gebeten, eine von Clarks kürzeren Beschriftungen (sie lautete «METAL FIN») zu kopieren. Nicht nur, daß er dafür mehr als zwei Minuten benötigte - das Ergebnis sah auch nicht annähernd so elegant aus wie das 50 Jahre zuvor entstandene Original! Alles eben eine Frage der Übung.

Sehr gelungenes Vickers-Armstrong-Pressefoto von vier brandneuen Wellington-I-Bombern der No 9 Sqn, hier auf einem am Tage von Honington aus durchgeführten Navigations-Übungsflug im Frühjahr 1939.

Andererseits lassen viele der klassischen Zeichnungen aus den Kriegstagen eine fast kindische Naivität erkennen, besonders die von Clark. Immer wieder passierte es ihm, daß er wegen des großen Zeitdrucks ein Wort begann, aber dann feststellen mußte, daß der verfügbare Platz nicht ausreichen würde. Seine (im vorliegenden Buch enthaltene) Cutaway-Zeichnung der Tempest hatte ein großes «Loch», das in den Motor gebohrt zu sein schien und zur Darstellung der hinteren Motoraufhängungen diente. Gelegentlich stimmte auch die Schreibweise eines Wortes nicht, und einmal versah er einen Pfeil, der auf eine Aussparung in der Zeichnung eines erbeuteten Flugzeugs zeigte, mit der Aufschrift «THINGS SEEN THROUGH GAP» («Ansicht durch Spalt») trug!

Ich bin deshalb so lange auf Clark herumgeritten, weil auf ihn der bei weitem größte Anteil der in diesem Buch enthaltenen Zeichnungen entfallen. Vermutlich war während der Kriegsjahre ein beträchtlicher Anteil der Auflage von The Aeroplane allein der Arbeit von Clark zuzuschreiben. Übrigens erschienen The Aeroplane und Flight während des Krieges am Freitag, die mit Spannung erwartete Ausgabe von Aeroplane Spotter dagegen schon einen Tag früher.

Die im Stil einer Tageszeitung aufgemachte Wochenzeitschrift wurde von Temple Press am 2. Januar 1941 auf den Markt gebracht und sollte eine Informationslücke schließen, die buchstäblich über Leben und Tod entscheiden konnte. Doch trotz dieses Informationsbedarfs konnte der Verlag diese Zeitschrift wegen der strengen Papierrationierung ab November 1941 nur noch jeden zweiten Donnerstag herausbringen. Sie enthielt Nachdrucke vieler Clark-Aufrißzeichnungen, die damit einem breiteren Publikum zugänglich wurden; allerdings mußten sie meist auf geringerem Raum untergebracht werden, was in Verbindung mit der in den Kriegstagen üblichen bescheidenen Druckqualität zu erheblichen Verlusten in der Detaildarstellung führte. Dennoch erfüllten sie nicht nur den ursprünglichen Zweck, die vielen tragischen «eigenen Verluste» aufgrund der Irrtümer von Flugabwehrkanonieren und selbst Kampfpiloten zu reduzieren, sondern vermittelten auch Hunderttausenden von ehemaligen Büroangestellten, Verkäufern und Fensterputzern, die sich plötzlich in der Herstellung, bei der Instandhaltung oder sogar als Piloten wiederfanden, etwas mehr Verständnis für diese komplexen Gebilde. Ohne jeden Zweifel halfen sie ihnen nicht nur, Freund und Feind voneinander zu unterscheiden (was ihr vorrangiger Zweck war), sondern waren auch ein außerordentlich wirksamer psychologischer Rückhalt. Ohne die «Cutaways» wären Flugzeuge, außer für ein

Der vierten von Gloster gebauten Serienmaschine vom Typ Gladiator I, Kennzeichen K6132, wurde eine lange Karriere zuteil: Sie flog zuerst bei No 72 Sqn, dann bei der No 13 Gp's Communications Flight und schließlich bei der RAE.

paar Enthusiasten natürlich, ein Buch mit sieben Siegeln geblieben.

Heute sind die meisten von uns wieder Büroangestellte, Verkäufer und Fensterputzer, nur entscheidet die Fähigkeit, ein Flugzeug von einem anderen zu unterscheiden, höchst selten über Leben und Tod. Aber zweifellos werden auch heute noch viele tausend ergraute Liebhaber der alten Maschinen über diesen Zeichnungen hocken und mit dem Zeigefinger gedankenverloren an den freigelegten Flügelholmen einer Lancaster entlangfahren. Und wahrscheinlich werden auch ihre Enkelkinder diese Zeichnungen interessant finden.

Diese frühen Exemplare des Musters Oxford II, alle in dem für die Trainingsmaschinen typischen Gelb gehalten, verfügen nicht über den Schützenstand auf der Rumpfoberseite, was erkennen läßt, daß sie ausschließlich für die Pilotenausbildung vorgesehen waren.

WHITLEY III

Diese Zeichnung steht in krassem Kontrast zu Clarks rein schwarzweißer Strichzeichnung des Armstrong-Whitworth-Bombers, die am 5. Juni 1941 in The Aeroplane erschien, und ist eine der besten von Max Millar angefertigten Stift- und Tuschezeichnungen. Man kann sich förmlich den Tarnanstrich - in offizieller Nomenklatur als «dunkelgrün» und «dunkel erdfarben» bezeichnet - und die von gelben Ringen umgebenen Kokarden vorstellen. Die Unterseite war rußschwarz gefärbt.

Abgebildet ist eine Whitley III, die sich äußerlich von der Mk I durch die ausgeprägtere V-Stellung der Tragflächen zu den Flügelspitzen hin unterscheidet. Auch am Schützenstand auf der Rumpfunterseite - sofern er ausgefahren war - ließ sich die Mk III von allen anderen Whitleys unterscheiden. Natürlich wurden die späteren, mit Merlin-Motoren bestückten Whitleys bei ihren Langstrecken-Bombenangriffen auf Norditalien nicht mehr von Jagdflugzeugen bedroht, die nach oben feuern konnten, so daß die Abschaffung dieses Schützenstandes für diese späteren Versionen praktisch keine Nachteile hatte.

Die ersten drei Whitley-Versionen besaßen eine Defensivbewaffnung, die Mitte der dreißiger Jahre sehr modern anmutete, sich bei Kriegsbeginn jedoch als hoffnungslos ungeeignet erwies. In der Whitley I wurden in Bug und Heck handbetätigte Armstrong-Whitworth-Schützenstände verwendet (eine verwandte Version wurde auch in die ersten Ansons eingebaut). Die Bewaffnung bestand aus einer Lewis-Bordkanone Mk IIIA mit Trommelmagazinen zu je 97 Schuß. Als vorderer Schützenstand wurde in der Mk III zumeist der hydraulische FN16 von Nash and Thompson eingesetzt, bestückt mit einer einzelnen gasbetriebenen Bordkanone vom Typ Vickers K, deren zugehörige Trommel-

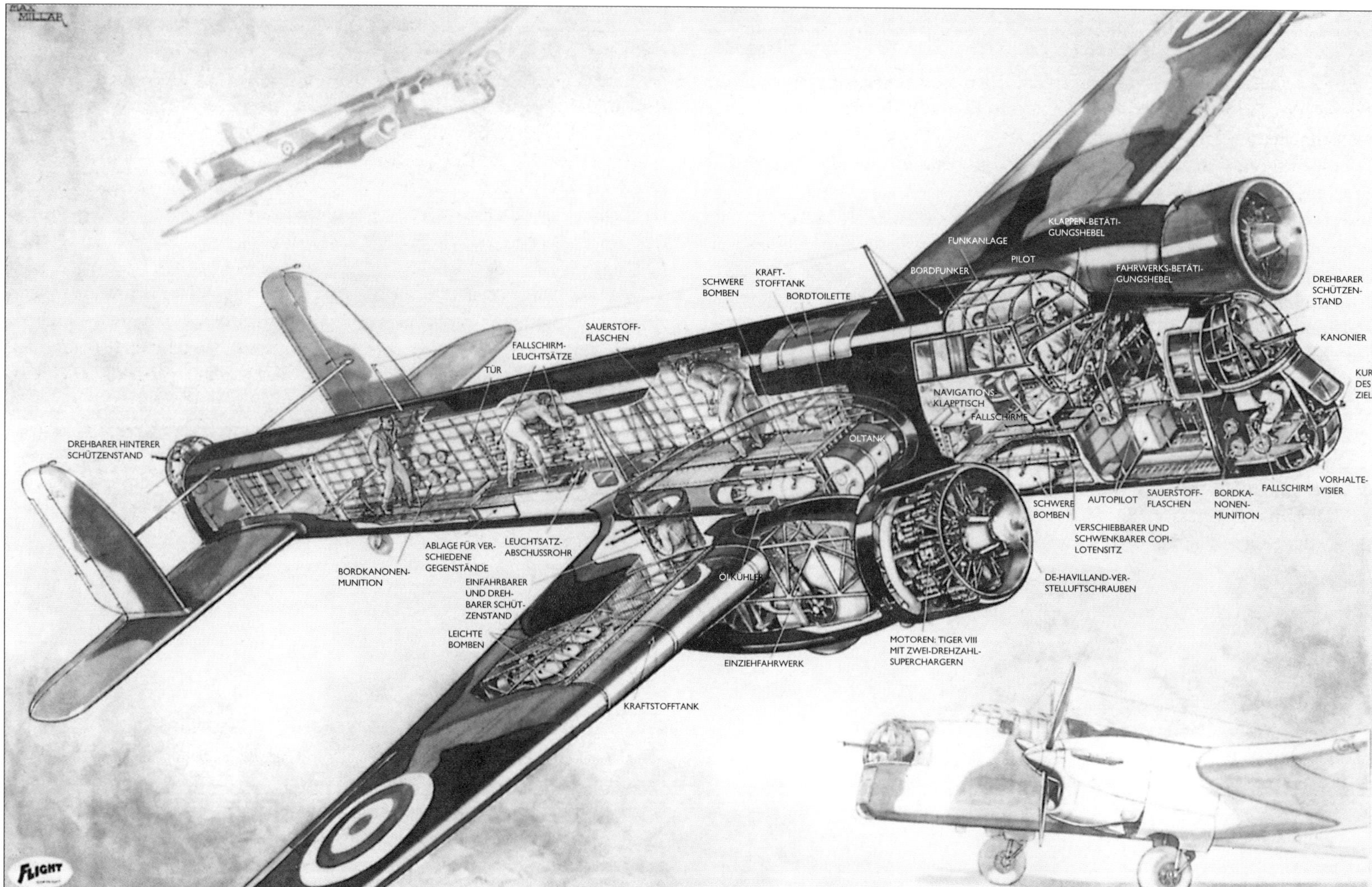

magazine in der Zeichnung zu sehen sind. Der Heckschütze hatte sieben Magazine zur Verfügung, die an der linken Bordwand mitgeführt wurden. Man kann sich unschwer vorstellen, wie unangenehm es für den Schützen gewesen sein muß, immer dann aus dem Schützenstand heraus zu klettern und sich ein neues Magazin zu holen, wenn ihm die Munition ausging - während die Whitley möglicherweise gerade ein abruptes Ausweichmanöver flog!

Im Gegensatz dazu handelte es sich beim Schützenstand auf der Rumpfunterseite um den modernen, hydraulisch angetriebenen FN17 von Nash and Thompson. Er konnte mit Hilfe zweier Hydraulikzylinder ein- und ausgefahren werden und verfügte über zwei Brownings mit Patronengurten zu je 500 Schuß. Dieser Schützenstand wurde ab der Whitley-Version Mk IV jedoch nicht mehr eingebaut, vor allem wegen seines Einbaugewichts von immerhin 325 kg (einschließlich Munition) und wegen seines hohen Luftwiderstands im ausgefahrenen Zustand. Bedauerlicherweise machten sich die Luftstreitkräfte den Standpunkt zu eigen, ein Bomber benötige nur vorn, oben in der Mitte und im Heck einen Schützenstand, mußten aber 1943 zur Kenntnis nehmen, daß er genau diese Schützenstände nicht brauchte.

Anders als Clark trieb Max einen ziemlichen Aufwand beim Zeichnen der Triebwerke. Er hätte die Aufmerksamkeit des Betrachters auch problemlos auf die einfachen Ölkühler lenken können, die über dem höchsten Punkt jeder Triebwerksgondel in den Luftstrom ragten. In mehreren Standardbüchern ist zu lesen, daß die Whitley-Versionen II und III «...die ersten von der RAF eingesetzten Flugzeuge mit Zweistufen-Supercharger waren». Max aber kannte seine Motoren genau und beschrieb den Tiger VIII korrekt als Motor mit «Zwei-Drehzahl-Supercharger».

Immerhin erzielte man damit in größeren Höhen eine höhere Leistung, wenngleich auch die DH-Hamilton-Propeller nur in einem engen Bereich und in zwei Stufen verstellbar waren. Auf jeden Fall waren diese Flugzeuge nach späteren Maßstäben untermotorisiert. Dieses Manko wurde zu einem gewissen Grad behoben, indem man die Mk IV mit Merlin-Motoren von Rolls-Royce bestückte. Max fügte das Vorderende einer Mk IV als Einschub in die Aufrißzeichnung ein, war sich aber vielleicht nicht der Tatsache bewußt, daß diese Version eine willkommene Verbesserung erfahren hatte, was die Positionierung des Bombenzielgeräts anging. In der mit Tiger-Motoren ausgerüsteten Maschine befand sich in der Flugzeugnase eine Tür mit einem Fenster, das im geöffneten Zustand als Befestigungspunkt für das kursgebende Bombenzielgerät diente.

Die mit Merlin-Triebwerken motorisierte Version war mit einem überstehenden Vorsprung mit optisch planem Fenster ausgestattet, der aber von Max im Bildeinschub mit der neuen Version nicht wiedergegeben wurde.

Die Standardbesatzung aller Whitley-Bomber bestand aus fünf Mann, von denen sich vier normalerweise im vorderen Bereich aufhielten, also noch vor den Tragflächen. Seltsamerweise zeichnete Max aber drei Crewmitglieder, die im sonst nicht besetzten Rumpf anscheinend eifrig beschäftigt waren. Mir ist auch nicht ganz klar, was er als «Schwere Bomben» bezeichnete. Die größte Bombe, die eine Whitley ab der Version Mk III mitführen konnte, war die panzerbrechende 2000-Pfund-Ausführung; übliche Bombenlasten waren allerdings 250-Pfund-, gelegentlich auch zwei 500-Pfund-Bomben. Die maximale Bombenlast bestand aus zwei 500-Pfund- und zwölf 250-Pfund-Bomben.

Die Bombenschachttüren bei den Whitleys mit Tiger-Motoren waren in Holzrahmenbauweise hergestellt und mit Aluminium beplankt. Diese öffneten sich unter dem Gewicht der Bomben, sobald diese ausgeklinkt wurden, und wurden anschließend durch starke Spannseile wieder geschlossen. Beim Beladen der Maschine mit Bomben wurden diese Seile ausgehängt. Ab der Version Mk III wurde die Whitley mit hydraulisch betätigten Türen ausgestattet, was die Treffsicherheit deutlich verbesserte.

Zweifellos unterlag Clark beim Anfertigen dieser Zeichnung keinerlei Einschränkungen. Nicht viel später wurde es jedoch gängige Praxis, in den Aufrißzeichnungen von Flugzeugen keine Hinweise auf die Bewaffnung mehr wiederzugeben. Max wies nicht darauf hin, daß nicht weniger als 14 Zellen für kleine Bomben in die Tragflächen integriert waren, und zwar zu beiden Seiten der Triebwerke. Die höchstzulässige Bombenlast betrug 7000 Pfund, was zu jener Zeit ein ansehnlicher Wert war. Doch nur während der verzweifelten und verlustreichen Attacken auf die Boote, die von Juli bis September 1940 die siegreiche Wehrmacht nach Großbritannien bringen sollten, flogen die Whitleys auch tatsächlich mit dieser maximalen Bombenlast.

Wie im Begleittext zu Clarks Whitley-Zeichnung erläutert wurde, war der Rumpf dieses Bombers im stationären Geradeausflug steil nach unten geneigt, was die in der Zeichnung von Max scheinbar nach oben gerichtete Einbaulage der Triebwerke erklärt. In der typischen Reisefluglage verliefen die Schubachsen der Triebwerke horizontal.

LYSANDER I

Die «Lizzie», die sich äußerlich von allen anderen RAF-Flugzeugen unterschied, flog im Juni 1936 als Prototyp. Mit ihren langen, schlanken Tragflächen, die sich von dem darunter aufgehängten, pummelig wirkenden Rumpf jeden Moment zu trennen schienen, erinnerte sie an eine Libelle. Immerhin: Selbst in puncto Flugzeugerkennung absolut unqualifizierte Leute waren in der Lage, zwei Gruppen dieser fliegenden Kisten voneinander zu unterscheiden - Flugzeuge und Lysanders.

Eine der Grundanforderungen, die an ein Flugzeug zur Unterstützung von Bodentruppen gestellt wurden, bestand darin, daß es in der Lage sein mußte, von jedem halbwegs geeigneten Feldflugplatz in der Nähe der Truppen an der Frontlinie aus zu operieren. Mit ihren eigenartig geformten Tragflächen erfüllte die «Lizzie» diese STOL-Anforderung (Short Take-off and Landing), hatte aber darüber hinaus immer noch bessere allgemeine Eigenschaften als die Hawker-Doppeldecker, deren Nachfolgerin sie war. Ein weiteres Muß für diesen Doppelsitzer war eine überragende Rundumsicht, da er für Einsätze wie

Im Juni 1938 wurden die fünf Jahre alten Hawker Audax der in Old Sarum beheimateten No 16 Sqn durch fabrikneue Maschinen vom Typ Lysander I ersetzt. Bis zum Sommer des folgenden Jahres erhielt die Staffel die geringfügig verbesserte Mk II. Diese drei wurden im Herbst 1938 über Wiltshire fotografiert.

z.B. das Auskundschaften der gegnerischen Artillerie und für die Luftaufklärung an der Front vorgesehen war. Kurios: Wenn Funkstille befohlen war, konnte eine Lysander-Besatzung schriftliche Meldungen aus dem Cockpit abwerfen und sogar mit Hilfe eines langen Hakens rechts unter dem Rumpf Meldebögen vom Boden aufnehmen!

Die US Army setzte die Piper L-4 «Grasshopper» und ähnliche Typen mit 65-PS-Motoren ein, die britische Armee die Auster mit 130 PS. Das Pendant auf deutscher Seite war der legendäre Fieseler Storch, der etwa genauso groß war wie die Lysander, jedoch eine bedeutend größere Flügelfläche hatte und mit einem 240-PS-Motor ausgerüstet war. Im Gegensatz dazu wurde die Lysander entweder von einem 870 oder 890 PS starken Tellerventil-Motor vom Typ Bristol Mercury oder von einem Bristol Perseus - einem Hülsenschiebermotor mit 905 PS - angetrieben. Mit dieser deutlich höheren Motorleistung konnte die Lysander größere Nutzlasten befördern und Einsätze fliegen, die sich ihre Konstrukteure nicht hätten träumen lassen.

Die Lysander bestand aus einer stoffbespannten Leichtmetallstruktur. Die Sitzposition des Piloten im Cockpit befand sich mehr als drei Meter über dem Boden. Die Profiltiefe der Tragflächen erreichte ihr Maximum jeweils an den Befestigungspunkten der Flügelstreben und verringerte sich von dort sowohl zum Rumpf als auch zu den Flügelenden hin. Dies verlieh beiden Besatzungsmitgliedern eine hervorragende Sicht in praktisch alle Richtungen, zumal die Sitze erhöht angeordnet waren. Max Millars klassischer Zeichenstil brachte sowohl diesen Umstand als auch die Anordnung einiger der wichtigsten Ausrüstungsgegenstände besonders gut zum Ausdruck.

Andererseits widmete Millar der Struktur der Zelle keine besondere Aufmerksamkeit, was aber bei dieser Art von Zeichnungen allgemein zu beobachten war. So ignorierte er beispielsweise völlig den Aufbau der Tragflächen und des Leitwerks. Er schenkte auch weder dem hydraulischen Windenmechanismus für die Betätigung der Spaltklappen noch den vier Kupplungen, die gleichzeitig die inneren Vorflügel antrieben und mit nach außen verlaufenden Torsionsrohren verbunden waren, irgendeine Beachtung. Auch auf die interessante Einzelheit, daß die äußeren Vorflügel nur durch den Staudruck und damit geschwindigkeitsabhängig aus- und eingefahren wurden, wies Millar nicht hin.

Als diese Zeichnung am 9. Juni 1938 veröffentlicht wurde, galten keine besonders strengen Einschränkungen bezüglich der Bekanntgabe von Informationen über die Bewaffnung. Bis zu diesem Zeitpunkt war öffentlich bekannt, daß oben auf jeder Radverkleidung normalerweise ein Browning-Maschinengewehr montiert war, das aus einem im Rumpf untergebrachten 500-Schuß-Magazin mit Munition versorgt wurde. Ursprünglich bediente der Kampfbeobachter, der zugleich Bordschütze war, ein Vickers-K-Maschinengewehr oder sogar, wie hier abgebildet, ein MG vom Typ Lewis Mk III, aber bis 1942 wurden diese bei vielen Lysanders durch Browning-Zwillings-MGs ersetzt, denen Munition aus Patronengurten zugeführt wurde. Bis zu diesem Zeitpunkt wurden außerdem die innere und die äußere Seitenplatte der Radverkleidungen im allgemeinen weggelassen. Max könnte bemerkt haben, daß in diesem schlicht gebauten Flugzeug das damals größte aus Elektron (einer Magnesiumlegierung) hergestellte Extrusionsteil verwendet wurde, und zwar eine aus einem Stück gefertigte, riesige Strebe im Inneren der verkleideten Fahrwerkfederbeine, an der beide Räder montiert waren.

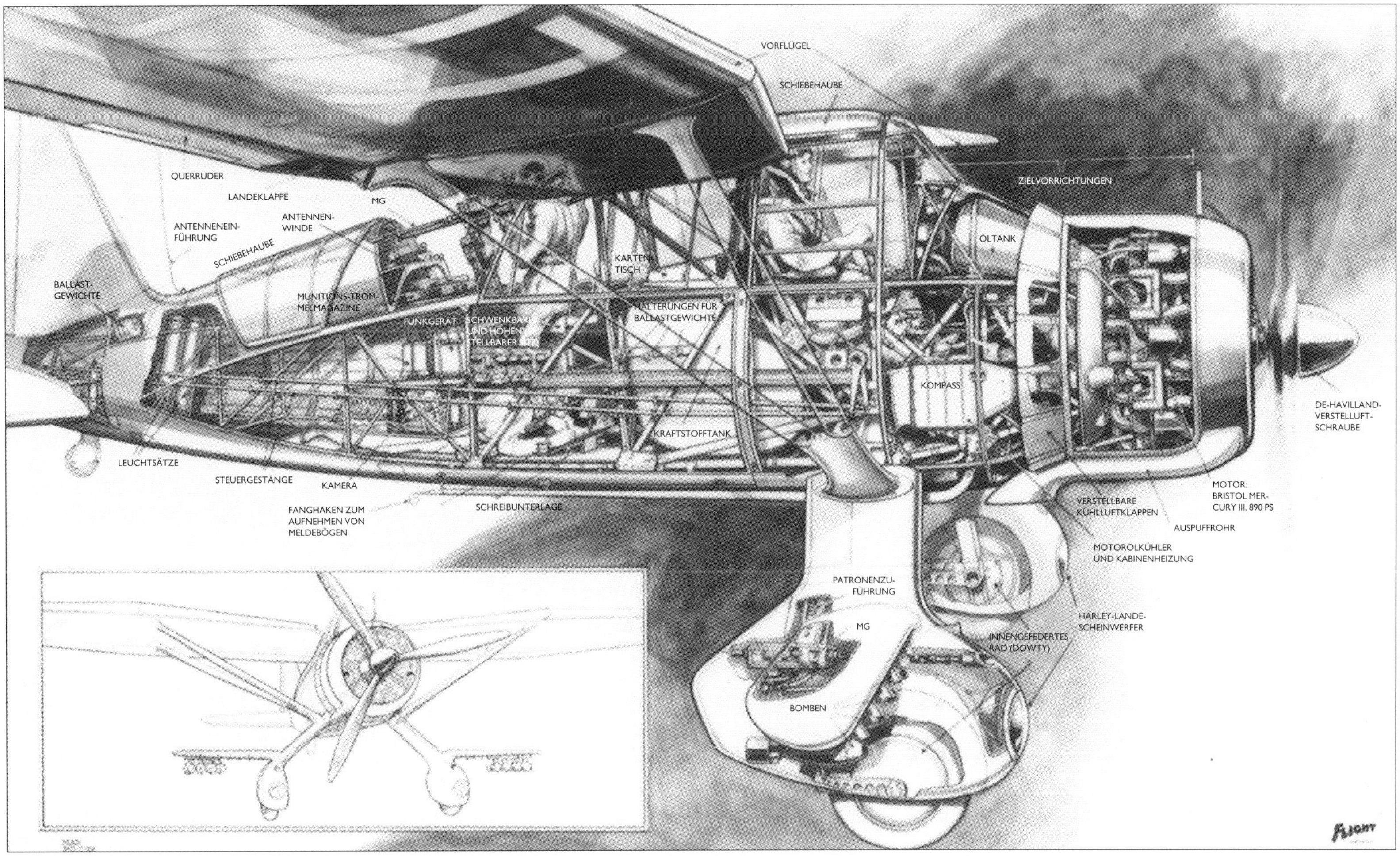

Die erste Einheit, die im Juni 1938 mit der Lysander I ausgerüstet wurde, war No 16 Sqn in Old Sarum bei Salisbury. Genau zwei Jahre später war diese Einheit eine von fünf Lysander-Staffeln, die den Auftrag bekamen, die Reste der zur Verteidigung von Calais eingesetzten British Expeditionary Force (BEF) aus der Luft mit Nachschub zu versorgen und die deutschen Truppen, von denen die BEF eingekesselt war, mit Bombenangriffen zu belegen. Die übrigen vier - No. 2, 4, 13 und 26 Sqn - waren im September 1939 als Teil der BEF-Luftstreitkräfte nach Frankreich verlegt worden, während sich No 16 Sqn ihnen erst im nächsten April anschloß.

Die letzten 100 gebauten Lysanders waren als Schleppflugzeuge für die Zieldarstellung vorgesehen, und viele weitere wurden für diesen Zweck umgerüstet. Vier Staffeln erhielten Maschinen mit einer Spezialausrüstung für den Einsatz im Such- und Rettungsdienst, und sechs weitere wurden speziell für Einsätze im Nahen Osten und Indien ausgerüstet. Die heldenhaftesten Einsätze überhaupt wurden von No 138 Sqn und No 161 Sqn geflogen: Diese Staffeln setzten überladene, schwarz lackierte Mk III(SD) ein, die mit einem zusätzlichen 150-Gallonen-Außentank sowie einer Leiter mit in Leuchtfarbe lackierten Sprossen ausgerüstet waren. Nur wenige andere Flugzeuge hatten die nötige Reichweite, Robustheit und STOL-Fähigkeit, um von Tempsford (Bedfordshire) aus kleine, holprige Feldflugplätze in Südfrankreich anzufliegen, und das auch noch in mondlosen Nächten ohne irgendwelche Navigationsgeräte. Diese Maschinen brachten 101 Agenten auf das von Hitlers Truppen besetzte europäische Festland und holten 128 heraus. An diesen Einsätzen lassen sich auch gut die Fähigkeiten der Piloten ablesen, die alle Flüge allein durchführten, mit bis zu vier Passagieren hinter sich.

Viele Lysanders wurden außergewöhnlichen Modifikationen unterzogen. Sogar der allererste Prototyp wurde umgebaut und erhielt Tandemflügel, die an dem gedrungen Rumpf montiert wurden, sowie einen Heckschützenstand mit vier Maschinengewehren. Insgesamt wurden von diesem auffälligen Flugzeug in den Werken Yeovil und Doncaster 1449 Exemplare und 225 weitere von National Steel Car in Kanada gebaut. Glücklicherweise sind einige von ihnen bis heute erhalten geblieben.

OXFORD I

Es überrascht sicherlich nicht, daß das Interesse an Schulungsflugzeugen naturgemäß schneller abnimmt als das an Kampfflugzeugen und Bombern, aber ich bin sicher, Tausende von Kriegsveteranen werden es wie ich bedauerlich finden, daß kaum einer der heutigen Luftfahrtenthusiasten etwas über die Oxford weiß. Denn immerhin wurden von diesem Muster 8586 Exemplare gebaut, und wohl nur sehr wenige RAF-Piloten dürften im Krieg ihre Umschulung auf mehrmotorige Flugzeuge nicht auf der «Ox-Box» absolviert haben. Aber anders als in vielen anderen Ländern, sind wir in Großbritannien eben Banausen, was die Erhaltung berühmter Flugzeuge angeht: Harvards beispielsweise gibt es wie Sand am Meer, aber eine noch fliegende Oxford wird man heute nirgends mehr finden.

Aber zunächst etwas über die Geschichte der Oxford. Die Firma Airspeed (1934) Ltd. machte 1932 Furore mit der Courier, einem eleganten freitragenden Eindecker mit sechs Sitzen und Einziehfahrwerk. Ihr folgte die größere Envoy, eine Zweimot, die zusätzlich mit Spreizklappen ausgestattet war. Diese schließlich bildete die Grundlage für die Oxford, einen Mehrzwecktrainer nach der Spezifikation T.23/36. Die 8586 Exemplare wurden von Airspeed in Portsmouth (insgesamt 4411 Stück) und Christchurch (550) sowie von de Havilland in Hatfield (1515), Percival Aircraft in Luton (1356) und Standard Motors in Coventry (750) gebaut. Nach dem Krieg wurden einige Maschinen von zivilen Betreibern übernommen; 150 Flugzeuge, die sich bei Kriegsende noch in der Fertigung befanden, wurden von Airspeed als zivile Frachtversion «Consul» fertiggestellt.

Der Prototyp der Oxford flog am 19. Juni 1937. Abgesehen von der Nase aus Aluminium und Plexiglas, den Leichtmetallverkleidungen und Gondeln der (überwiegend oberhalb der Tragfläche) angeordneten Motoren und den stoffbespannten Rudern, war die gesamte Struktur in Holzbauweise hergestellt und extrem stabil. Die Oxford gab es in unterschiedlichen Versionen; die weitaus meisten von ihnen waren jedoch mit Siebenzylinder-Sternmotoren des Typs Armstrong Siddeley Cheetah X mit Nennleistungen von 355 bzw. 370 PS sowie direkt angetriebenen, starren Metallpropellern von Fairey-Reed bestückt. Dennoch gab es in der Mitte des Instrumentenbretts einen Hebel, der vor dem Einflug in die Platzrunde von «COARSE» (große Steigung) auf «FINE» (geringe Steigung) umgelegt werden mußte - das gehörte schließlich zum außerordentlich wichtigen Schulungsdrill. In einigen Oxfords hatte die Betätigung der Propeller-Verstellhebel sogar gewisse Auswirkungen!

Die Motoren mußten per Handkurbel angeworfen werden und wurden aus 49-Gallonen-Tanks auf jeder Seite mit Kraftstoff versorgt. Außerdem konnte die Oxford zwei 29-Gallonen-Zusatztanks unter den Motorgondeln mitführen. Diese Gesamtmenge von 156 Gallonen verlieh der Oxford eine Gesamtflugdauer von fast sechs Stunden. Der rechte Motor trieb eine Hydraulikpumpe zur Betätigung der schmalen Spreizklappen und des Einziehfahrwerks an. Letzteres war je nach Herstellerwerk unterschiedlich ausgelegt: Einige Maschinen besaßen an den doppelten Fahrwerksbeinen montierte, einteilige Fahrwerksabdeckungen; die meisten jedoch waren mit den gängigeren zweiteiligen Fahrwerksklappen ausgestattet, die mit Scharnieren an der Motorgondel befestigt waren.

Der Prototyp besaß einen von Hand drehbaren und mit einem Lewis-MG ausgerüsteten Armstrong-Whitworth-Schützenstand und zwischen den Mittelholmen einen flachen Laderaum für verschiedene leichte Bomben (8 1/2, 11 1/2 und 20 Pfund). Wie die Zeichnung erkennen läßt, war außerdem alles an Bord, was für die Ausbildung kompletter Bombercrews (Pilot, Navigator, Bombenschütze, Funker und Fotograf bzw. MG-Schütze) nötig war. Rund 98 Prozent aller Oxfords besaßen keine Bewaffnung und wurden bei Tag und Nacht zur «Serienproduktion» von Zweimot-Piloten, Navigatoren und Funkern - überwiegend für die Bombergeschwader - eingesetzt. Daneben kamen sie aber auch zur Beförderung von Überführungspiloten, als Ambulanzflugzeuge, als Meßflugzeuge für die Kalibrierung von Radaranlagen und für viele andere Zwecke zum Einsatz.

Die Tür befand sich über der Hinterkante der linken Tragfläche. Das Cockpit wirkte höchst aufgeräumt und bot eine fast uneingeschränkte Rundumsicht, wenn man von den scheinbar überdimensionalen Motorverkleidungen absah. Der Pilot (in einem Flugzeug mit Doppelsteuer also der Flugschüler) saß naturgemäß links, damit er gezwungen war, mit der linken Hand zu fliegen, während er mit der rechten die verschiedenen Hebel (Gas, Gemisch, «Propellerverstellung», Fahrwerk, Landeklappen) bediente. Die Motordrehzahl wurde, wie in den RAF-Flugzeugen der Kriegszeit üblich, vertikal angezeigt,

Die L4576 gehörte zu den ersten 136 bestellten Maschinen. Sie verließ Anfang 1938 das Werk Portsmouth und war auf der Rumpfoberseite nicht mit dem sonst üblichen Armstrong-Whitworth-Schützenstand ausgerüstet.

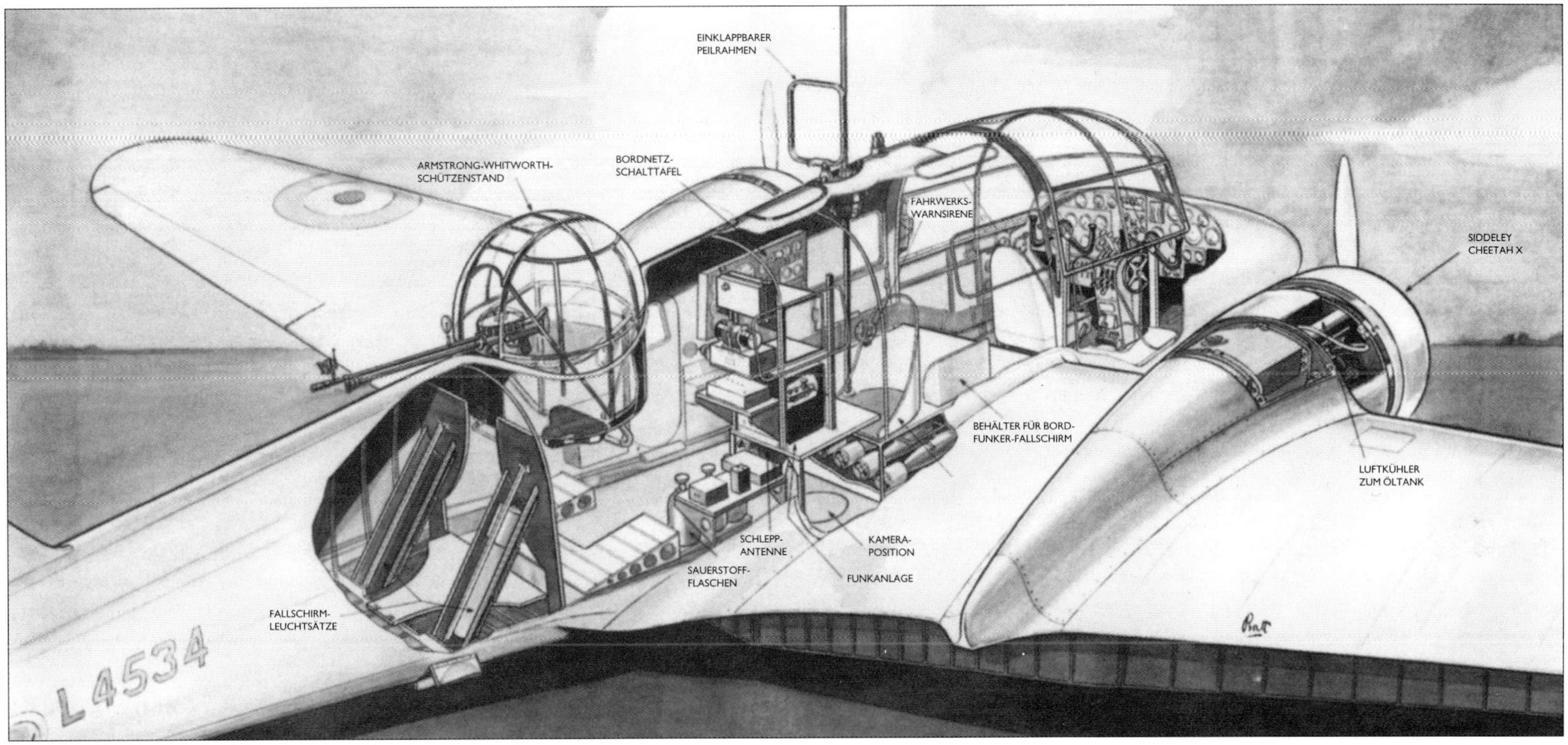

und die Steuerung bestand aus einem einfachen Steuerhorn mit daumenbetätigtem Bremshebel.

Ich habe nie verstanden, woher die ausgeprägte Gierneigung der Oxford kam. Wenn man zur linken Flügelspitze sah, konnte man beobachten, wie sie sich am Horizont entlang bewegte, dann anhielt, wieder nach hinten und schließlich erneut nach vorn wanderte. Diese langsamen Schwingungen um die Hochachse waren absolut nicht in den Griff zu bekommen, selbst wenn man sich noch so große Mühe gab, die Schubhebelstellung nur um Bruchteile eines Millimeters zu verändern. Ganz anders die Anson: Dieses Flugzeug flog einfach geradeaus, obwohl es mit praktisch denselben Motoren und Propellern bestückt war. Wie alle Oxford-Piloten war auch ich restlos davon überzeugt, daß die Maschine, wenn man im Landeanflug eine Kursabweichung von nur einem oder zwei Grad zuließ, auch durch volle Ruderausschläge und maximalen Bremseinsatz nicht von einem Ausbrechen am Boden abzuhalten sein würde. Ich glaube, die meisten Oxford-Piloten bevorzugten «Radlandungen», wann immer sie durften, flogen also einfach ganz flach an, bis die Maschine aufsetzte.

Die abgebildete Zeichnung wurde von einem relativ unbekannten freien Flight-Mitarbeiter namens Pratt angefertigt, der offensichtlich viele stilistische Merkmale der damaligen Miller-Tuschezeichnungen übernommen hatte. Sie zeigt den Original-Prototypen und vermittelt zwar einen exzellenten Eindruck der Schulungsausrüstung, enthält aber ziemlich wenig Informationen über das Flugzeug selbst (immerhin zeigt sie es mit ausgefahrenen Klappen). Meiner Meinung nach zeigt das mit «LUFTKÜHLER ZUM ÖLTANK» beschriftete Detail tatsächlich den Ölkühler.

Der Künstler hat eine Linie eingezeichnet, die durch die Kabine und entlang der Flügelvorderkante verläuft, aber natürlich am vorderen Holm entlang hätte verlaufen müssen. Hier befand sich der bevorzugte Sitzplatz für Kadetten des ATC (Air Training Corps) bei Flügen, die zum Sammeln von Flugerfahrung dienten. Übrigens ereignete sich in meiner damaligen ATC-Ausbildungsstaffel (No 628 Sqn) einer der ganz wenigen tödlichen Unfälle in einer Oxford während des Krieges, und zwar auf einem Flug von Kidlington aus (dem heutigen Flughafen Oxford - höchst passend!).

BLENHEIM I

Aus dieser Zeichnung gewinnt man den Eindruck, daß Max Millar mehr an Motoren als an Flugzeugen interessiert war. Das entsprach zweifellos der Wahrheit, aber man muß andererseits auch berücksichtigen, daß bei dem von Max gewahlten Blickwinkel die Motoren einfach uber den Rest der Blenheim I dominieren mußten. Der Rumpf war ziemlich beengt und nach späteren Maßstäben nicht sonderlich interessant, aber mich hat überrascht, daß Max keine Perspektive gewählt hat, bei der man schräg von oben auf die Maschine blickt, denn auf diese Weise hätte man sehr viel mehr sehen können als aus der gewählten Betrachterposition.

Wie aus dem Begleittext zu der gänzlich andersartigen Clark-Zeichnung der Version Mk IV hervorgeht, war die Bristol 142M Blenheim ein schneller Bomber für den Einsatz am Tage und durch eine Modifikation der noch schnelleren Transportmaschine Bristol 142 entstanden. Die 142 war die erste schnelle Hochleistungsmaschine aus britischer Fertigung, die in Ganzmetall-Schalenbauweise aufgebaut war. Daneben verfügte sie über ein Einziehfahrwerk, Landeklappen und - außer während ihrer allerersten Flüge - Verstellpropeller. In Großbritannien waren alle diese Merkmale technische Innovationen.

Entgegen der Zeichnung von Max hatten die Serien-Blenheims ein festes Spornrad. In einem Zeichnungseinschub sind dieses Spornrad wie auch die Landeklappen im ausgefahrenen Zustand zu sehen. Die Hauptfahrwerksräder waren an Doppelfederbeinen montiert, an denen jeweils einteilige Abdeckungen angebracht waren. Beim Einfahren verschwand fast der ganze Mechanismus in der Unterseite der Motorgondel; lediglich ein Teil des Rades ragte heraus. Das hielt bei manch einer Bauchlandung die Schäden in Grenzen - und Bauchlandungen waren keine Seltenheit, denn trotz der akustischen Fahrwerkswarnung, die durch das Zurücknehmen der Gashebel bei eingefahrenem Fahrwerk ausgelöst wurde, vergaßen die Piloten oft, das Fahrwerk auszufahren.

In der ursprünglichen Bristol-Transportmaschine 142 wurden die Räder vollständig eingefahren. Dennoch bestand die Möglichkeit, daß das Flugzeug bei Landungen mit eingezogenem Fahrwerk völlig unbeschädigt blieb, von den Propellern einmal abgesehen. Bei der Blenheim war dies nicht mehr möglich, denn deren Tragflächen hatten höher angeordnet werden müssen, um Platz für den Bombenschacht zu schaffen, in dem normalerweise vier 250- oder zwei 500-Pfund-Bomben mitgeführt wurden. Wie zu jener Zeit allgemein üblich, öffneten sich die Bombenschachttüren einfach durch das Gewicht der ausgeklinkten Bomben. Geschlossen wurden sie anschließend durch elastische Spannseile. Diese ziemlich derbe Lösung verringerte die Zielgenauigkeit beim Abwerfen der Bomben, denn der Bombenschütze hatte keine Möglichkeit festzustellen, wie lange die Bomben nun genau brauchten, um die durch die Spannseile belasteten Bombenschachtturen aufzustoßen.

Angesichts der beengten Verhältnisse mußte sich der Pilot mit der linken Hälfte des Cockpits zufriedengeben. Dieser Platz reichte gerade eben für die «basic six» aus - die für Instrumentenflug unbedingt erforderlichen Anzeigen. Die beiden mittleren lagen gut versteckt hinter der Steuersäule, während die übrigen von den behandschuhten Händen des Piloten verdeckt wurden. Die vertikal ausgerichteten Motordrehzahlmesser sowie die Öldruck- und Öltemperaturanzeige mußten über dem Instrumentenbrett montiert werden, wo sie während des Landeanfluges dem Piloten die Sicht auf das Landefeld versperrten. Alles andere wurde in die linke Cockpitwand verlagert, hinter dem Piloten angeordnet oder entlang der Flugzeugmittellinie neben dem Sitz untergebracht. Nach dem Start beispielsweise mußte der Pilot, um die DH-Hamilton-Propeller von der niedrigen auf die große Steigung zu verstellen, hinter sich greifen, zwei Bedienknöpfe ertasten und diese dann hochziehen. Beim Landen mußte er dieselbe Verrenkung veranstalten, um die Knöpfe wieder nach unten zu drücken. Die Piloten von Kriegsflugzeugen mußten sich zwangsläufig sehr vertraut mit Instrumenten und Steuerorganen machen, die an den unmöglichsten Stellen eingebaut waren.

Max wies auf ein Detail hin, das wie ein Höhenruder-Trimmrad aussah und zum Öffnen und Schließen der Kühlluftklappen diente, ebenso auf die sonderbaren, vertikal eingebauten Knöpfe zum Betätigen der Hydraulik für das Fahrwerk und die Klappen. Die Leitwerks-Trimmruder wurden in der Tat über kleine Räder bedient, die sich jedoch weiter vorn befanden. Die Querrudersteuerung erfolgte über ein symmetrisches Steuerhorn, an dem sich ein Hebel für die Radbremsen und ein Knopf zum Abfeuern des weit außen in der linken Tragfläche untergebrachten Browning-Maschinengewehrs befanden, was aber von Max nicht erwähnt wurde. Diese beiden Bedienelemente mußten vom Piloten mit dem rechten Daumen betätigt werden, der infolgedessen voll verfügbar sein mußte!

Max illustrierte in seiner Zeichnung gut die beiden Staudruck-Lufteinläufe zur Versorgung der Ölkühler hinter jedem der beiden Motoren mit Kühlluft. Außerdem gab er anschaulich wieder, wie die Abgase aus den neun Zylindern über Rohre dem aus Stahl hergestellten Abgas-

Vier abgekämpfte Blenheim-I-Bomber, abgestellt am Rande eines namenlosen Feldflugplatzes Ende 1942. Alle Maschinen tragen CI-Kokarden und die im Mai jenen Jahres eingeführten Seitenflossenmarkierungen. Nach den Codenummern auf dem Rumpf und dem Fehlen der MGs in den Schützenständen zu urteilen, dürften diese Flugzeuge einer Operational Training Unit (Ausbildungseinheit im Einsatzgebiet) angehören.

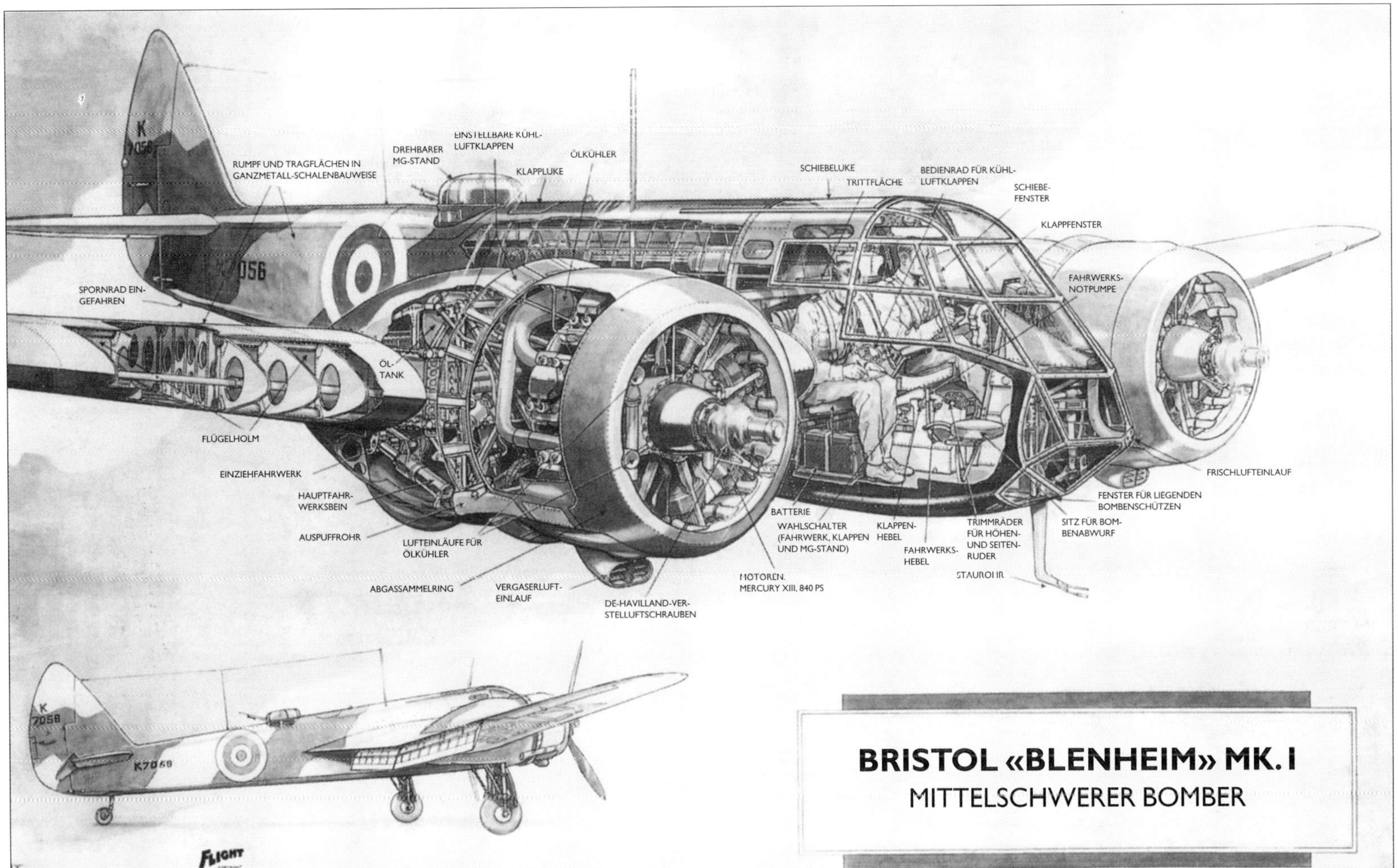

sammelring zugeführt wurden, der um das vordere Ende der Motorverkleidung verlief, und über ein Auspuffrohr auf der rechten Seite ausgestoßen wurden. In mancherlei Hinsicht bot die Mk I Blenheim Vorteile gegenüber den älteren, stoffbespannten Doppeldeckern, etwa dadurch, daß reichlich Schub vorhanden war - vorausgesetzt natürlich, daß keiner der beiden Mercury-Motoren schlappmachte. Wenn allerdings ein Motor in der Startphase aussetzte, wurde die Lage kritisch. Daher definierte man schon bald die sogenannte «sichere Geschwindigkeit im Einmotorenflug». Hatte man diesen Wert (bei den meisten Blenheims 115 mph) erreicht, genügte die Leistung eines Motors für die Fortsetzung des Steigfluges. Aus diesem Grund hielten sich die Piloten stets an den Grundsatz, die Maschine nach dem Abheben erst einmal niedrig zu halten, bis sich diese Geschwindigkeit aufgebaut hatte. Erst dann konnte sicher weggestiegen werden. Die sichere Geschwindigkeit lag zudem höher, wenn der ausgefallene Propeller nicht in Segelstellung gebracht werden konnte, was bei den in der Blenheim verwendeten Propellern, die nur über eine Start- und eine Reisestellung verfügten, der Fall war.

Max gab seiner Blenheim das Kennzeichen K7056. Hierbei handelte es sich um das 23. Flugzeug aus der Serienfertigung. Später wurden noch sehr viele Exemplare dieses Musters von der Rootes Group in Speke (Liverpool) und Blythe Bridge (Staffordshire) sowie von A V Roe in Manchester gebaut. Es ist allerdings schon eigenartig, daß man fast allenthalben den Vorschlag von de Havilland, einen Bomber zu bauen, der so schnell sein sollte, daß er keine Defensivbewaffnung benötigte (die Mosquito), als völligen Unsinn abtat, während gleichzeitig die Produktion der Blenheim auf Hochtouren lief, die 100 mph langsamer war und zur Verteidigung ein einziges Lewis-MG besaß. Einen Vorteil bot die Mosquito, wenn beim Start ein Motor vor Erreichen der sicheren Einmotorengeschwindigkeit aussetzte: Mit dieser Maschine konnte man noch steigen, wenn man schnell reagierte, den ausgefallenen Propeller sofort in Segelstellung brachte und kräftig Gegenseitenruder gab. Bei der Blenheim gab es in dieser Situation nur eine Entscheidung: Notlandung geradeaus!

SPITFIRE IX

Max Millars Aufrißzeichnung der Spitfire wurde fast ebenso vielen Modifikationen unterzogen wie die Spitfire selbst. Sie entstand im November 1938 und erschien erstmals in der Flight-Ausgabe vom 1. Dezember. Natürlich existierte zu diesem Zeitpunkt erst die Originalversion Mk I, motorisiert mit einem Merlin II mit drei Auspuffrohren an jeder Seite (von denen jedes von zwei Zylindern gespeist wurde), der einen von der Airscrew Company aus schichtverleimtem Holz hergestellten starren Zweiblattpropeller antrieb.

Weitere charakteristische Merkmale waren der nur unter der rechten Tragfläche vorhandene Motorkühler, die abgeflachte Cockpithaube und die zum Einbau von acht Browning-MGs (Kaliber 0,303 Zoll) vorbereiteten Tragflächen. Wie in vielen Millar-Zeichnungen war auch hier der Motor das dominierende Element - auf die Konstruktion von Tragflächen oder Leitwerk ging er praktisch überhaupt nicht ein.

Während des Krieges wurde diese Zeichnung mehrfach überarbeitet, natürlich von Max persönlich. In der hier abgebildeten Form gibt sie die Version Mark IX wieder, die im Juli 1942 von der RAF in Dienst gestellt wurde. Da Max nicht viel am Propeller ändern konnte, ließ er ihn so, wie er war. Dasselbe galt für den Motor, dem er allerdings einzelne Auspuffrohre spendierte (sechs auf jeder Seite). Der ursprünglich vorhandene Hinweis auf den Punkt, an dem die Kurbel zum Anwerfen angesetzt wurde, konnte entfallen, da die späteren Merlin-Motoren einen elektrischen Anlasser besaßen. Frühe Spitfires wurden noch mit einer Handkurbel angeworfen, die nur auf der rechten Seite der Motorverkleidung angesetzt werden konnte, im Gegensatz zur Hurricane, wo diese Möglichkeit auf beiden Seiten gegeben war. Dies war eigentlich eine Maßnahme, um den Motor auch mit leerer Batterie und bei Nichtverfügbarkeit eines «Akkuwagens» starten zu können. Auf diese Möglichkeit verzichtete man bei der Spitfire schon bald. Spätere Merlin-Motoren konnten nur noch mit dem elektrischen Anlasser gestartet werden. Die Seafire und alle Flugzeuge mit dem großen Griffon-Motor wurden mit einem Mehrpatronen-Anlasser von Coffman gestartet.

Charles E. Brown war einer von mehreren Fotografen, die man für den Morgen des 4. Mai 1939 nach Duxford eingeladen hatte. An diesem Tag wurden die neuen Spitfire I der No 19 Sqn erstmals der Öffentlichkeit präsentiert. In diesem frühen Stadium seines Werdegangs hatte der berühmte Fighter noch einen starren Zweiblatt-Holzpropeller.

Auch die Typenbezeichnung wurde geändert, und zwar von «Merlin II, 1000 PS» in «Merlin LXI, 1620 PS». Was Max aber gar nicht erst zu zeichnen versuchte, war die längere Flugzeugnase. Das aber hätte er tun sollen, denn die Spitfire IX wurde von einer der ersten Motorversionen mit einem Zweistufenlader angetrieben, der den Motor insgesamt um 18 cm verlängerte.

Schon zuvor hatte Max die abgeflachte Haube (auf dem Foto an der zweiten Maschine der Reihe zu erkennen) durch eine gewölbte Ausführung ersetzt, die großen Piloten sehr entgegenkam. Ebenfalls vorher hatte er eine dicke, kugelsichere Frontscheibe eingezeichnet und dem Piloten eine Sauerstoffmaske aufgesetzt. In der ursprünglichen Zeichnung hatte er eine simple Kreis-Korn-Zielvorrichtung dargestellt. Nach der Modifikation gab er dem Kreis das Aussehen eines Reflexvisiers, vergaß aber dabei, die Kornhalterung oben auf der Cowling (gleich links neben dem Hinweis auf den Motortyp) zu entfernen!

Von den sechs Auspuffrohren einmal abgesehen, war die augenfälligste Modifikation an der Zeichnung diejenige, die auch die Firma Supermarine vorgenommen hatte. Und diese bestand darin, daß das näher am Rumpf angeordnete MG-Paar in den Tragflächen durch eine 20-mm-Hispano-Kanone ersetzt worden war, worauf Max aber durch keinerlei Beschriftung aufmerksam machte. Kurioserweise war 1940 in dieser Zeichnung die rechte Tragfläche teilweise offengelegt worden, um den Blick auf die Browning-MGs und die zugehörigen Munitionskästen freizugeben. Hier jedoch ist die Tragfläche - wie 1938 - wieder in beplanktem Zustand dargestellt.

Es gibt aber noch weitere Merkwürdigkeiten. Die Originalzeichnung war selbstverständlich nicht farbig gewesen, deutete aber zweifellos den grünbraunen Tarnanstrich an und gab auch die gelb umrandeten Kokarden auf der Flügeloberseite wieder. Diese Farbkombination entsprach den nur für kurze Zeit verwendeten Kokarden vom Typ B (nur rot und blau) auf Tragflächen und Rumpf, die auf dem Foto zu sehen sind. Nach der Modifikation versah Max die Maschine mit merkwürdigen Kokarden auf der Flügeloberseite, die anscheinend die Farbkombination Rot/Weiß/Blau wiedergeben sollen. Konsequenterweise hätte er dann aber auch der Seitenflosse eine entsprechende dreifarbige Kennzeichnung geben sollen. Noch befremdlicher ist, daß seine Originalzeichnung die Seitenflosse und das Seitenruder des Prototyps (also nicht einmal einer Mk I) zeigte. Bei allen Flugzeugen aus der Serienfertigung wurde der Hornausgleich durch ein um 90° abgewinkeltes Seitenruder erzielt.

Zu den weiteren von Max umgesetzten Modifikationen gehörten der spitz zulaufende Antennenmast und der zusätzliche Abwurftank hinter dem Vergaserlufteinlauf. Diese Modifikationen wurden auch in der Detailzeichnung

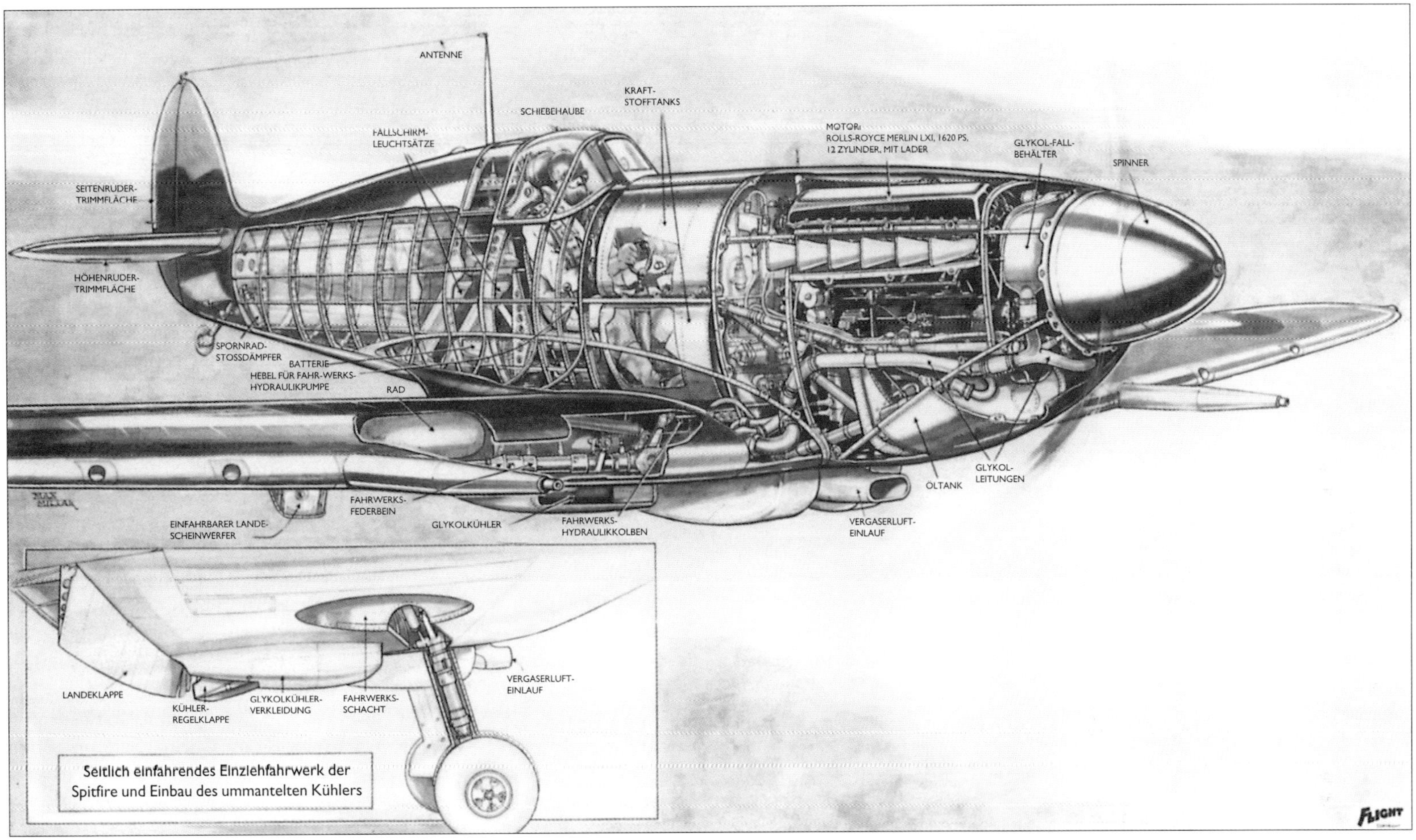

Seitlich einfahrendes Einziehfahrwerk der Spitfire und Einbau des ummantelten Kühlers

berücksichtigt, mit dem Max meines Erachtens das ausgefahrene Fahrwerk, den Glykol-Wärmetauscher (der bei der Mk IX ein Gegenstück unter der linken Tragfläche hatte) und die Spreizklappen veranschaulichen wollte. Letztere arbeiteten pneumatisch und konnten durch Betätigen eines einfachen Schalters im Instrumentenbrett bis auf volle 90° ausgefahren werden. (Die Wirkung der 60°-Klappen des Prototyps wurde als unzureichend beurteilt, und der größere Verstellbereich ließ sich leichter bewerkstelligen als die Alternativlösung, größere Klappen einzubauen.) An der R6718, einer in Southampton gebauten Spitfire Mk I, wurden auch Spaltklappen erprobt. Die Tests ergaben zwar gewisse Vorteile, die aber nicht ausreichten, um eine Unterbrechung der auf Hochtouren laufenden Serienproduktion zu rechtfertigen.

In den ersten ausgelieferten Serienmaschinen der Version Mk I mußte das Fahrwerk mit Hilfe einer manuellen Hydraulikpumpe ein- und ausgefahren werden. Wenn man mit links flog, war es praktisch unmöglich, nicht den Steuerknüppel entgegengesetzt zur Pumpe zu betätigen. Das war der Grund, warum die Spitfire selbst in der Hand von erfahrenen Piloten nach dem Abheben erst einmal einen achterbahnähnlichen Flugweg beschrieb.

Ein sehr früh in die Serienproduktion eingebrachtes technisches Merkmal war ein in die linke Seite der Cockpithaube eingelassener ovaler Einsatz. Im Notfall konnte der Pilot diesen durch einen kräftigen Schlag aus dem Gummirahmen lösen. Dies führte den sofortigen Druckausgleich zwischen dem Cockpit und der Umgebungsluft herbei, was dem Piloten einen eventuellen Notausstieg wesentlich erleichterte.

Schließlich ist zu bemerken, daß Max die Zeichnung ursprünglich ganz links unten signierte. In dieser Version hat er sein «Logo» gleich unter die rechte Tragfläche gesetzt.

GLADIATOR I

Letztes Relikt aus der Ära der verspannten Doppeldecker der Royal Air Force war die Gloster Gladiator, die den Zuschlag bei der Ausschreibung gemäß der 1930 vom Luftfahrtministerium herausgegebenen Spezifikation erhalten hatte. In jener Zeit existierte in Großbritannien eine aufstrebende Luftfahrtindustrie, von der als Reaktion auf die sehr wichtige Spezifikation F.7/30 nicht weniger als 16 Fighter-Konstruktionen eingereicht wurden. Davon wurden letztlich neun höchst unterschiedliche Prototypen gebaut. Das gesamte Programm war durch Unentschlossenheit und Verzögerungen gekennzeichnet, wobei unter anderem der favorisierte Motor, der dampfgekühlte Goshawk von Rolls-Royce, erhebliche Probleme bereitete.

Im September 1934 hob bei Gloster Aircraft ein Prototyp namens SS 37 ab, und im Juli 1935 erteilte das Luftfahrtministerium, gewissermaßen als Akt der Verzweiflung, den Auftrag zur Serienproduktion dieses Flugzeugs, das als neues Standard-Jagdflugzeug unter dem Namen «Gladiator» Einzug in die Luftstreitkräfte halten sollte. Es erfüllte eigentlich die meisten Anforderungen nach F.7/30, so z.B. auch die Bewaffnung mit vier Maschinengewehren und eine Geschwindigkeit von 250 mph, aber in vielerlei Hinsicht war es auch nur eine leistungsstärkere Version der Jagdflugzeuge, die auch schon im Ersten Weltkrieg gekämpft hatten.

Das Flugzeug bestand im wesentlichen aus einer stoffbespannten Aluminiumstruktur mit drahtverstrebten Tragflächen. Als Motor wurde der exzellente Bristol Mercury verwendet, eine verbesserte Kurzhubversion des Jupiter und damit sehr eng mit dem Pegasus verwandt. Dieser Motor mit einer Nennleistung von 840 PS war unter einer kurzen Cowling untergebracht, die zugleich die Ummantelung für einen vorn angeordneten Abgassammelring bildete, und trieb einen starren Zweiblatt-Holzpropeller an. Der Kraftstofftank faßte 84 Gallonen, ein ansehnlicher Wert im Vergleich mit den 85 Gallonen der meisten frühen Spitfire-Versionen, die einen weitaus größeren Motor besaßen. Der in der Zeichnung dargestellte Ölkühler bestand aus einer ungewöhnlichen Anordnung paralleler Rohre und bildete zugleich die gesamte obere Rumpfabdeckung im Bereich zwischen den kurzen Innenstreben, die den Oberflügel gegen den Rumpf abstützten. Oben auf dem Ölkühler war entlang der Mittellinie eine simple «Kimme-Korn»-Zielvorrichtung montiert.

Nach der Spezifikation F.7/30 waren auch ein Funkgerät und Sauerstoffflaschen vorgeschrieben; weitere technische Neuerungen für die RAF waren eine Schiebehaube, am Ober- und Unterflügel vier kleine Spaltklappen, die für die Landung mit einer handbetätigten Hydraulikpumpe im Cockpit gefahren wurden, sowie die für George Dowty patentierten Räder. Diese Räder besaßen interne Federstoßdämpfer und konnten somit an einfach aufgebauten, freitragenden Fahrwerksbeinen montiert werden.

Die ersten Gladiators, die Ende 1936 vom Band liefen, waren mit zwei in den Rumpfseitenwänden angeordneten MGs vom Typ Vickers Mk V bewaffnet, die aus Patronengurten mit Munition versorgt wurden und mit dem Motor synchronisiert waren, um durch den Propeller feuern zu können. In zwei Waffenständen unter dem Unterflügel befanden sich außerdem zwei Lewis-Maschinengewehre mit je einem Trommelmagazin zu 97 Schuß. Bei einigen Flugzeugen wurden die Lewis-MGs gegen Vickers-MGs mit 400-Schuß-Patronengurten ausgetauscht; ab der Seriennummer 71 bestand die Standardbewaffnung allerdings aus vier amerikanischen Brownings, die für Munition vom Kaliber 0,303 Zoll modifiziert waren und in Lizenz gefertigt wurden.

Während die Anforderungen gemäß F.7/30 für 1930 noch angemessen (aber auch nicht mehr als das) gewesen waren, waren die ersten Gladiators, die im Februar 1937 bei No 72 Sqn der RAF eintrafen, bereits veraltet. Zu diesem Zeitpunkt waren schon die ersten Versionen der Messerschmitt Bf 109 von der Luftwaffe in Dienst gestellt worden. Angesichts des gut 1000 PS starken Motors der Bf 109 und ihrer Bewaffnung mit einer 20-mm-Kanone war offensichtlich, daß ein Doppeldecker gegen Maschinen dieser neuen Generation trotz seiner Wendigkeit keine Chance hatte. Der einzige Vorteil der Gladiator - abgesehen davon, daß sie einfach aufgebaut war und selbst von kleinsten Flugplätzen aus operieren konnte - bestand nun einmal in ihrer großen Wendigkeit und ihrer Fähigkeit, die meisten Jagdeindecker auszukurven. Air Com-

Eine eindrucksvolle Aufnahme der Gladiator I-Maschinen der No 65 Sqn, entstanden im Juni 1937, als sich diese Staffel gerade von ihrem bisherigen Kampfflugzeug, dem Gloster-Doppeldecker «Gauntlet», verabschiedet hatte.

modore Allen Wheeler erinnert sich allerdings: «Meine einzige Kritik war, daß sich der Pilot nicht mehr als Teil seiner Maschine fühlte. Dazu wurden die Jagdflugzeuge allmählich zu groß.»

Insgesamt lieferte Gloster 747 Gladiators aus, von denen ein beträchtlicher Teil exportiert wurde. Die an Finnland und Lettland gelieferten Exemplare operierten häufig mit Schneekufen. Die RAF setzte die Gladiator in Großbritannien, Norwegen und im gesamten Nahen Osten ein, und die Sea Gladiator, eine Maritimversion mit Fanghaken, Katapultstartvorrichtungen und einem in einer Außengondel zwischen den Fahrwerksbeinen mitgeführten Schlauchboot, wurde vom Fleet Air Arm geflogen. Zur Kriegslegende wurden die vier von der RAF überlassenen Sea Gladiators, die die einzige Verteidigung von Malta bildeten; drei von ihnen - die berühmten «Faith, Hope and Charity» - leisteten dort im Juni 1940 erbitterten und erfolgreichen Widerstand gegen italienische Bomberverbände.

Die Zeichnung von Max Millar mit dem vermummten Piloten und den Wolkenbergen im Hintergrund vermittelt einen guten Eindruck jener Zeit. Die Seriennummer ist die des ersten Prototyps SS 37, der ein verkleidetes Spornrad und zunächst noch ein offenes Cockpit hatte.

Interessant ist, daß Max als MG im Waffenstand unter dem Unterflügel eine Vickers-Ausführung mit Patronengurt einzeichnete und auch auf die Munitionskisten hinwies, die im Flügel auf der dem Rumpf zugewandten Seite untergebracht waren und durch Abnehmen eines der üblichen Einsätze in der oberen Beplankung nachgeladen wurden. Als die Zeichnung entstand, war der Prototyp noch mit Aufhängungen für acht 20-Pfund-Cooper-Bomben ausgerüstet, die jedoch bei den Serienmaschinen nicht mehr vorhanden waren. Die Flugzeuge aus der Serienproduktion hatten außerdem keinen Antennenmast; bei ihnen wurde eine an den oberen Flügelspitzen befestigte Gabelantenne verwendet.

ANSON I

Es ist schon bemerkenswert, wie sich die Einstellung des einzelnen gegenüber Flugzeugen verändert, und das nicht selten in kurzer Zeit. Als der Autor unmittelbar nach dem Zweiten Weltkrieg in die Cockpits verschiedener RAF-Flugzeuge kletterte, hieß die Avro Anson bei jedermann nur «Faithful Annie». Mit diesem Spitznamen gab man ihr das Image einer alten Dame, vielleicht auch eines gemütlichen Transporters, den jeder benutzen konnte, der gerade ein Taxi brauchte, um von A nach B zu kommen. Und weil das Einfahren des Fahrwerks längerer manueller Anstrengungen bedurfte, verzichtete man häufig einfach darauf. Wen interessierte es schon, daß dadurch die Reisegeschwindigkeit von 155 auf 125 mph zurückging?

Diese Mentalität muß man sich in Erinnerung rufen, wenn man diese Zeichnung von Max Millar betrachtet, die zu einer Zeit entstand, als die Anson fast das «Flaggschiff» in der RAF war. Das Konzept eines freitragenden Eindeckers mit Einziehfahrwerk war geradezu atemberaubend, und man sprach ehrfurchtsvoll von den angeblichen 188 mph Reisegeschwindigkeit!

Als künftiges Aufklärungsflugzeug des neu gebildeten Coastal Command war die Anson rund 50 mph schneller als alles andere, was zuvor für diesen Zweck eingesetzt worden war, und 45 mph schneller als die vom Bomber Command verwendete Heyford. Der Pilot hatte oben links auf der Flugzeugnase eine fest eingebaute Vickers Mk V zur Verfügung, der Bordschütze in seinem von Hand drehbaren Armstrong-Whitworth-Schützenstand eine Lewis Mk IIIA. In ihren zentralen Bombenschächten konnte die Anson zwei 100- und acht 20-Pfund-Bomben mitführen, die mit Hilfe eines ganz vorn in der Flugzeugnase (wo sich auch ein Suchscheinwerfer befand) eingebauten kursgebenden Wimperis-Bombenzielgeräts abgeworfen wurden.

Die äußerst stabile Zelle war in Gemischtbauweise hergestellt, und die Tragflächen und das Leitwerk bestanden aus Fichtenholz, das mit bakelitimprägniertem Sperrholz beplankt war. Rumpf und Seitenflosse waren geschweißte Stahlrohrkonstruktionen mit Stoffbespannung, außer an den Seiten entlang der Kabine, wo anstelle der Bespannung Rhodoid oder Plexiglas verwendet wurde, um eine gute Rundumsicht zu ermöglichen. Die Tür befand sich auf der rechten Seite in Höhe der Flügelhinterkante. Zur Normalbesatzung gehörten der Pilot, ein Navigator/Bombenschütze und ein Funker/Bordschütze.

Alles in allem versprach die Avro 652M - das angehängte «M» machte deutlich, daß es sich um die Militärversion des Airliners 652 handelte - ein modernes, schnelles Kampfflugzeug zu werden. Und in den ersten Kriegswochen erfüllte sie diese Erwartungen auch: Schon am dritten Kriegstag meldete eine Anson, ein U-Boot «wahrscheinlich versenkt» zu haben, und im Juni 1940 kam es zu einer erstaunlichen Begegnung zwischen drei Ansons und neun Bf 109E, die - zum Teil auch deshalb, weil die Ansons sofort das Gas zurücknahmen - zu einem 2:0-Sieg für die Ansons führte. Bis Juli schossen Ansons außerdem je eine Do 18, eine He 111, eine He 115 und eine Bf 110 ab.

Ihre eigentliche Nische fand die «Annie» allerdings als wichtigstes Muster für die Ausbildung von Bomberbesatzungen der RAF- und Commonwealth-Luftstreitkräfte. Ansons in den verschiedensten Versionen verließen in großen Stückzahlen die Werkshallen in Chadderton, Newton Heath und Yeadon, und bald folgten ihnen noch andere Ausführungen, die von verschiedenen kanadischen Firmen gebaut und bei Federal Aircraft in Montreal endmontiert wurden. Während die Oxford in der Umschulung von Piloten zum Zweimotorenflug eingesetzt wurde, lag der Schwerpunkt der Schulung auf der Anson auf der Ausbildung von Navigatoren, Bombenschützen und Bordschützen. Letztere hatten ihren Platz oft in einem motorgetriebenen und mit Browning-Zwillings-MGs bewaffneten Schützenstand vom Typ Bristol Mk VI. In Großbritannien war die Mk I die meistverwendete Version; sie hatte eine Trainingskonfiguration und in der Regel keinen Schützenstand.

Bei Kriegsende entstanden bei der A V Roe Ltd. ganz neue Anson-Versionen. Diese hatten eine andere Struktur, stärkere Motoren, Constant-Speed-Propeller, ein hydraulisch angetriebenes Fahrwerk und einen wesentlich größeren Innenraum. Als die Produktion dieser Maschinen 1952 eingestellt wurde, waren von diesem Muster insgesamt 11.020 Stück gebaut worden. Damit lag die Anson, was die Stückzahl aller mehrmotorigen britischen Flugzeuge betrifft, auf Platz 2 hinter der Wellington.

Als der Autor in die RAF eintrat, hatte er als Kadett des ATC (Air Training Corps) bereits 21 Flüge in der Anson absolviert, in der Oxford und der Dragon Rapide aber jeweils nur neun. Später sollte er noch bei unzähligen Gelegenheiten diverse Ansons fliegen. Dabei ist es ihm nicht ein einziges Mal passiert, daß die Anson - wie jedes andere Flugzeug - einen Pilotenfehler übelnahm, oder daß es sonst zu irgendwelchen Problemen

Fahrwerke ausgefahren und verriegelt: Drei Anson I aus der frühen Serienproduktion im gemächlichen Reiseflug entlang der englischen Südküste im Juni 1937.

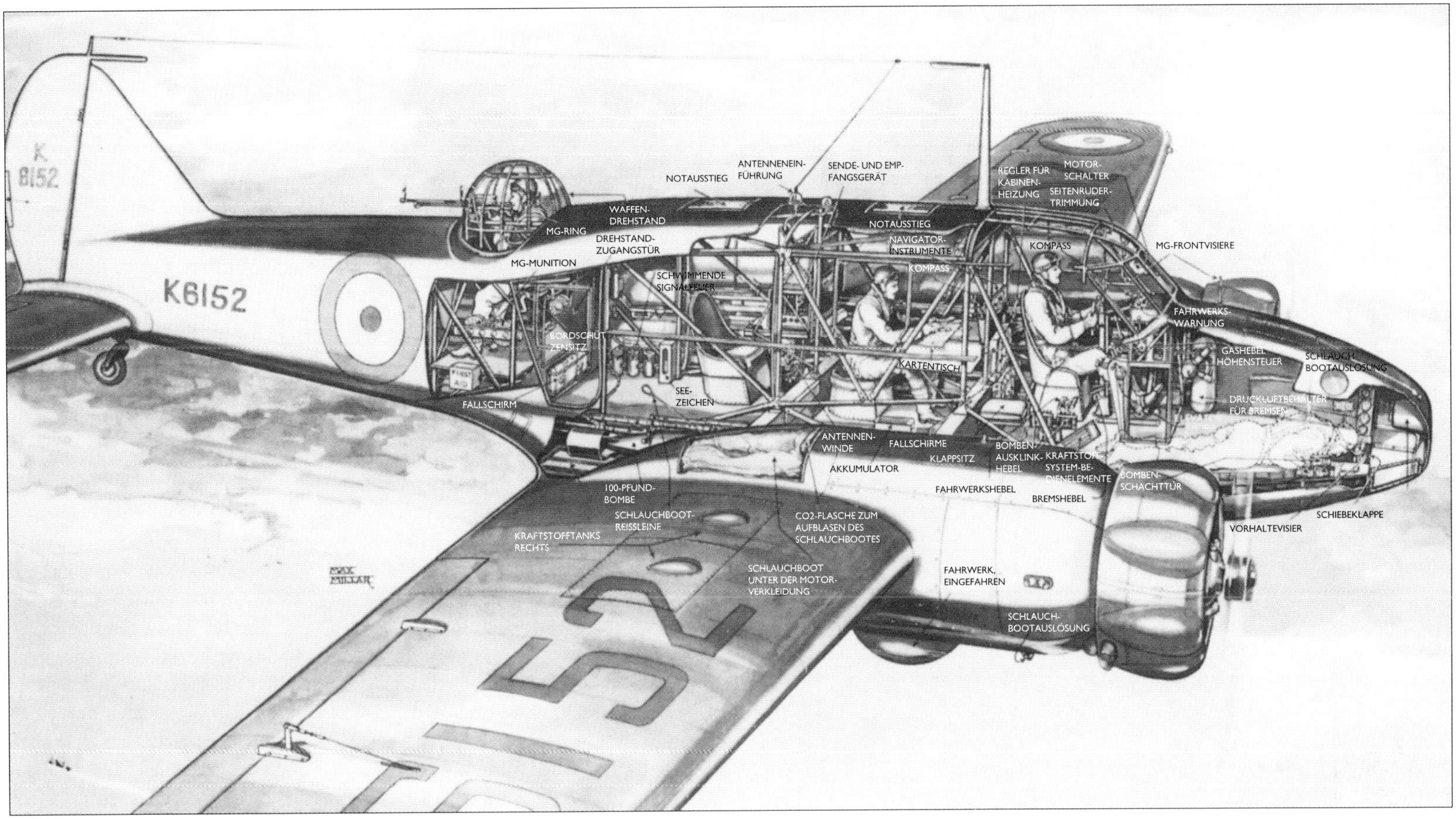

kam. Sie hatte 350 PS starke Siebenzylinder-Sternmotoren vom Typ Armstrong Siddeley Cheetah IX, die von der Bodencrew durch Ansetzen einer großen Handkurbel auf der rechten Seite der Motorgondel gleich hinter der behelmten Cowling angeworfen wurden. Jeder der beiden Cheetahs arbeitete auf einen starren Fairey-Reed-Zweiblattpropeller aus massivem Duraluminium. Die Ölkühler waren als einfache Mehrplatten-Wärmetauscher aufgebaut und saßen - in der Zeichnung nicht sichtbar - an der Motorgondel unten links.

Die von Max gezeichnete Maschine trägt die Seriennummer des Produktions-Prototyps, der am 31. Dezember 1935 in Woodford zum Erstflug abhob. Max signierte die Zeichnung zunächst in der Ecke, mußte sie dann aber zweifellos nochmals signieren, damit die Signatur sichtbar blieb, wenn der untere Teil des Bildes abgeschnitten wurde. Wie andere Zeichnungen aus dieser Zeit, so vermittelt auch diese einen exzellenten Eindruck von der allgemeinen Innenraumnutzung. Wahrscheinlich hat sich seinerzeit niemand Gedanken darüber gemacht, wie man durch Verwendung feinerer Zeichenstifte und schwarzer Tusche technische Details noch differenzierter wiedergeben könnte. Dafür zeichnete sich diese bildhafte Darstellung im Vergleich zur detailgetreuen Wiedergabe der Struktur und der Systeme durch große Klarheit aus und machte es übrigens erforderlich, viele der Hinweise in Weiß auf schwarzem Hintergrund einzutragen. Die Technik hierzu wird im Teil «Einführung» erklärt.

Die allerersten Ansons aus der Serienfertigung gehörten zu den wenigen RAF-Flugzeugen, die große schwarze Seriennummern auf der Ober- und Unterseite der Tragflächen trugen. Einige der späteren Maschinen der Version Mk I hatten außerdem einen anderen Schützenstand, einige überhaupt keinen, andere besaßen zum Teil zwei Antennenmasten, eine Kuppel für die Astronavigation, einen Peilrahmen oder viele weitere sichtbare Ausstattungsmerkmale. Bei allen jedoch war die Klappkurbel neben dem Pilotensitz vorhanden, die von den ATC-Kadetten mühselig zum Einfahren des Fahrwerks betätigt wurde. Die dafür erforderliche Zahl der Umdrehungen betrug 140 (!); über eine Art Fahrradkette wurde die Kurbelbewegung auf Schraubengewinden am Fahrwerk übertragen. Besonders bei fabrikneuen Flugzeugen war das Ein- und Ausfahren des Fahrwerks Schwerstarbeit.

SUNDERLAND I

Diese Zeichnung war wahrscheinlich die komplizierteste, die James Clark bis dahin angefertigt hatte, und erschien in The Aeroplane am 25. Juni 1939. Am nächsten Tag war im Konkurrenzblatt Flight eine Zeichnung von Max Millar zu finden. Wie nicht anders zu erwarten, war das Millar-Produkt eine wesentlich bildhaftere Darstellung, die das große Flugboot komplett zeigte, also einschließlich aller Crewmitglieder und mit Hoheitszeichen auf den Tragflächen. Ich vermute, daß allenfalls technisch unbewanderte Kabinettsmitglieder die Darstellung von Max bevorzugt hätten, da sie viel leichter nachvollziehbar war und fast nichts von der Struktur der Zelle offenbarte. Dagegen hätte jeder, der wirklich etwas über das Flugboot erfahren wollte, der schwarzweißen Stiftzeichnung von Clark den Vorzug gegeben. Ein weiterer interessanter Punkt ist die Zahl der Gegenstände, die in einer Zeichnung enthalten waren, nicht aber in der anderen. Leider haben wir hier nicht genug Platz für beide.

Ich werde niemals vergessen, wie ich etwa 1942 einmal ins Kino ging, um mir das Filmepos über das Coastal Command anzusehen. Von allen Stars dieses Films war die Sunderland der überragendste - allein ihr majestätisches Erscheinungsbild schlug mich in seinen Bann. Eine Aufnahme aus dem Cockpit, während der Captain die vier langen Gashebel nach vorn schob, der satte Sound der Pegasus-Motoren, ein Blick auf die vertikalen Drehzahlanzeigen, die sich der 2600-Marke näherten, dann ein Kameraschwenk zurück auf das schnell kleiner werdende Kielwasser - genau diese Eindrücke waren bestens geeignet, in einem Fünfzehnjährigen den Wunsch zu erwecken, selbst einmal an Bord einer Sunderland mitzufliegen.

Hier ging es zu wie auf einem Schiff. Auf dem Unterdeck war alles untergebracht, was zum autarken Betrieb des Flugboots gehörte, von einem Anker über die Kojen und die Bordküche bis zu einem Werkzeugkasten im Bug- und einer Werkbank im Heckbereich. Auch drei Ersatz-Propellerblätter, die an der rechten Bordwand festgebunden waren, hätte Clark noch in seine Zeichnung einfügen können. Auf dem Oberdeck befanden sich die Arbeitsbereiche, zu denen bei der Mk I auch zwei Luken auf der Rumpfoberseite gehörten. Diese Luken waren für Vickers-K-Maschinengewehre mit manueller Zielvorrichtung vorgesehen, eigneten sich aber auch gut als Aussichtspunkte. In allen späteren Versionen wurden sie allerdings durch motorgetriebene Drehschützenstände ersetzt.

In diesem Zusammenhang bietet sich ein Kommentar an, der auch für andere Zeichnungen aus dieser Zeit gilt. Wie schon an anderer Stelle erwähnt wurde, hatte Clark offensichtlich die Anweisung erhalten, auf keinen Fall irgendwelche Details zur Bewaffnung offenzulegen. Die Defensivbewaffnung bestand in erster Linie aus dem im Heck angeordneten Schützenstand vom Typ Nash and Thompson FN13, bestückt mit vier Brownings vom Kaliber 0,303" und Patronengurten zu je 500 Schuß. Die Piloten der Reichsluftwaffe lernten schnell, daß es ratsam war, nicht hinter dem Flugboot herzufliegen, das sie das «fliegende Stachelschwein» nannten! Der vordere Schützenstand, ein FN11 mit einer einzelnen Vickers K, konnte auf Schienen rückwärts eingefahren werden, wie die Zeichnung zeigt. Der Boden des Schützenstandes war zum Anlegen nach unten wegklappbar. Beide Schützenstände waren speziell unter dem Aspekt konstruiert, dem Schützen eine möglichst gute Sicht auf das Meer zu ermöglichen. In den späteren Sunderland-Versionen III und V war der vordere Schützenstand mit zwei Brownings bewaffnet. Außerdem wurden auf beiden Seiten unmittelbar hinter den Verkleidungsübergängen zu den Tragflächen Luken eingebaut, aus denen entweder mit einer Vickers K oder (ab 1943) mit zwei Brownings, Kaliber 0,5", die dieselbe Einbaulage wie in der B-17 hatten, gefeuert werden konnte. Auf beiden Seiten kamen neben den Luken der Bordküche zwei weitere Luken hinzu, die mit abwärts gerichteten MGs vom Typ Vickers K ausgerüstet waren. Ab September 1943 wurden alle Sunderlands zusätzlich mit vier fest eingebauten Brownings in der Flugzeugnase ausgerüstet, wodurch die Gesamtzahl der MGs auf 18 stieg. Diese Maß-

OBEN: Eine der ersten an No 204 Sqn gelieferten Sunderland I beim Verlassen des Hafens von Plymouth im Juli 1939, also nur einen Monat, nachdem diese Einheit als dritte in Großbritannien stationierte Staffel Shorts-Flugboote erhalten hatte. Die in Mount Batten beheimatete und Mitte 1940 nach Reykjavik verlegte No 203 Sqn flog die Sunderland während des gesamten Zweiten Weltkriegs.

RECHTS: Die letzte Version (Mk IV) der Sunderland hieß nicht mehr Sunderland, sondern «Seaford»! Die Mk IV, deren Unterschiede zu ihren Vorgängerversionen anscheinend für eine Namensänderung ausreichten, wurde von Hercules-Motoren angetrieben.

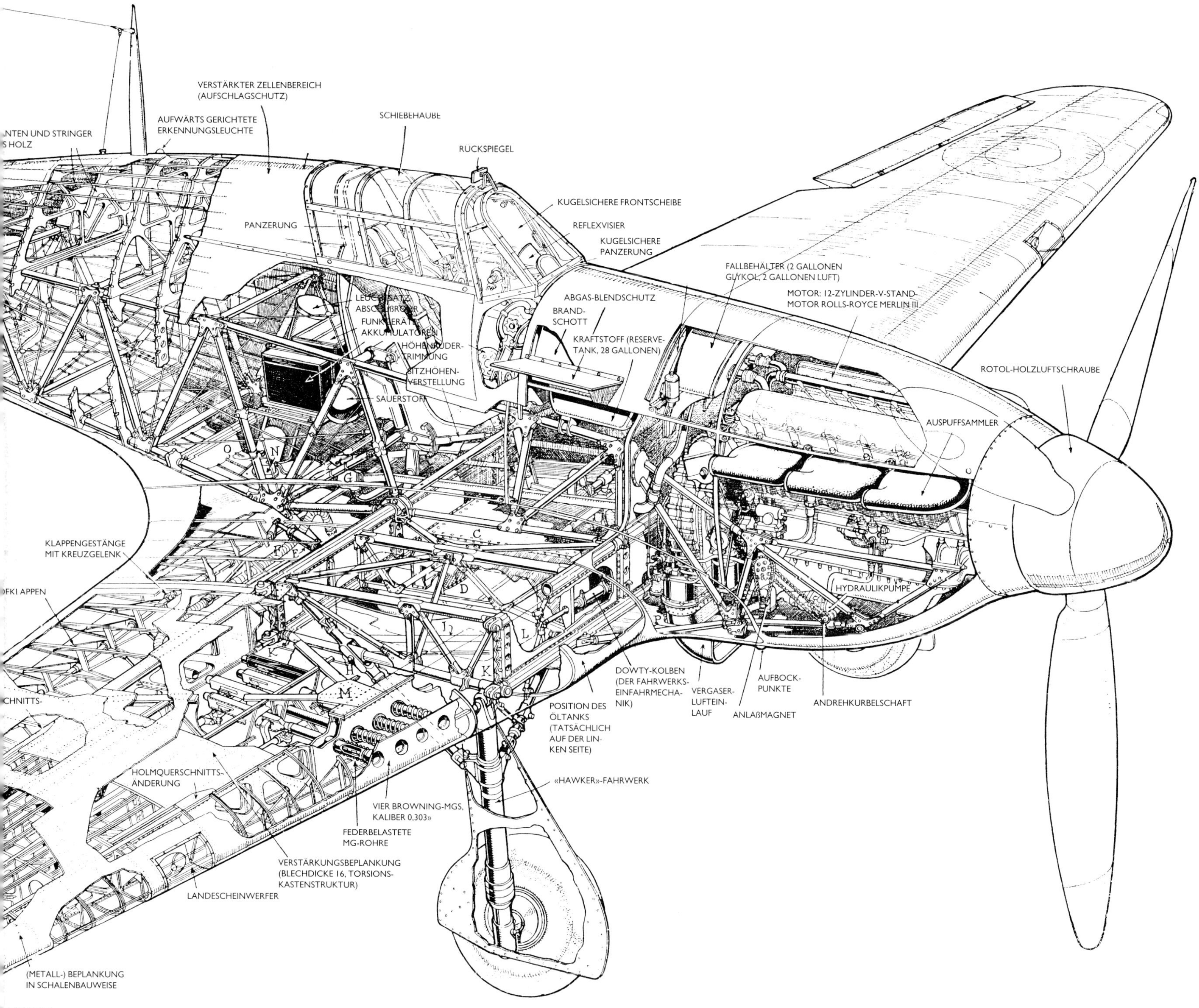
VERSTÄRKTER ZELLENBEREICH (AUFSCHLAGSCHUTZ)
AUFWÄRTS GERICHTETE ERKENNUNGSLEUCHTE
SCHIEBEHAUBE
RUCKSPIEGEL
KUGELSICHERE FRONTSCHEIBE
PANZERUNG
REFLEXVISIER
KUGELSICHERE PANZERUNG
FALLBEHÄLTER (2 GALLONEN GLYKOL, 2 GALLONEN LUFT)
ABGAS-BLENDSCHUTZ
MOTOR: 12-ZYLINDER-V-STAND-MOTOR ROLLS-ROYCE MERLIN III
BRAND-SCHOTT
KRAFTSTOFF (RESERVE-TANK, 28 GALLONEN)
FUNKGERÄT
AKKUMULATOREN
HÖHENRUDER-TRIMMUNG
SITZHÖHEN-VERSTELLUNG
SAUERSTOFF
ROTOL-HOLZLUFTSCHRAUBE
AUSPUFFSAMMLER
KLAPPENGESTÄNGE MIT KREUZGELENK
HYDRAULIKPUMPE
DOWTY-KOLBEN (DER FAHRWERKS-EINFAHRMECHA-NIK)
VERGASER-LUFTEIN-LAUF
AUFBOCK-PUNKTE
ANDREHKURBELSCHAFT
ANLAßMAGNET
POSITION DES ÖLTANKS (TATSÄCHLICH AUF DER LIN-KEN SEITE)
«HAWKER»-FAHRWERK
HOLMQUERSCHNITTS-ÄNDERUNG
VIER BROWNING-MGS, KALIBER 0,303»
FEDERBELASTETE MG-ROHRE
VERSTÄRKUNGSBEPLANKUNG (BLECHDICKE 16, TORSIONS-KASTENSTRUKTUR)
LANDESCHEINWERFER
(METALL-) BEPLANKUNG IN SCHALENBAUWEISE

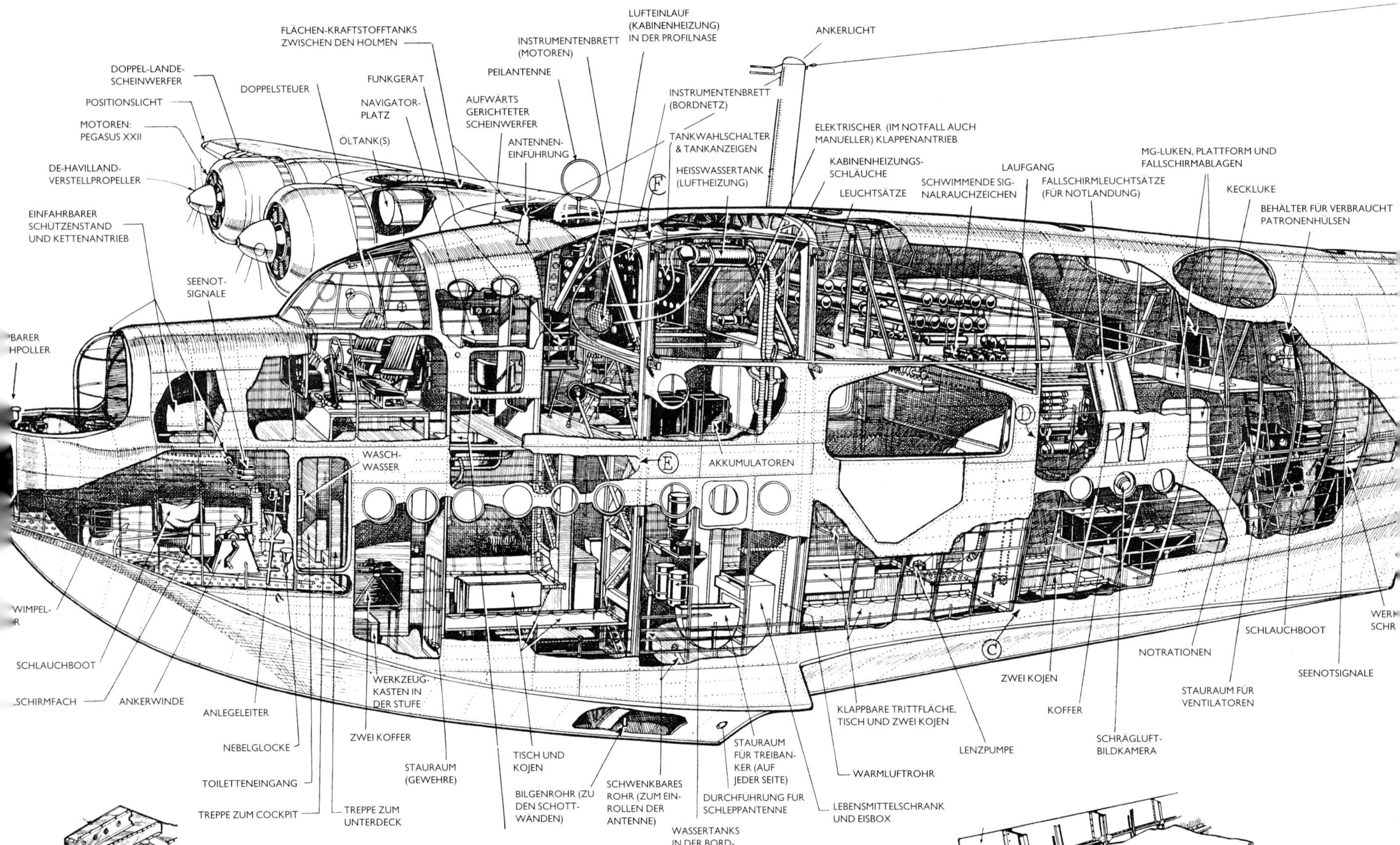

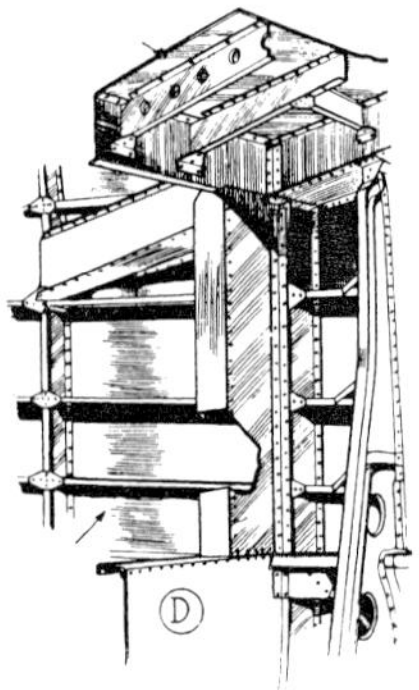

BODENTRÄGER - Die Skizze links zeigt, wie die Seitenwand des Bootskörpers an der mit (D) bezeichneten Stelle aufgebaut ist. Sie gibt anschaulich wieder, wie der Boden gestützt wird. Auch hier wird wieder einmal der allgegenwärtige Z-Stringer einer nützlichen Verwendung zugeführt.

IN DER KIMM - Die Zeichnung links zeigt die Verbindung zwischen der Seitenwand und dem V-förmigen Boden des Bootskörpers. Ein Teil eines der Querspanten ist zu sehen, ebenso ein Teil der Hauptschottwand. Auch einer der zur Stabilisierung der Innenkanten des Z-Stringers dienenden Streifen ist zu erkennen.

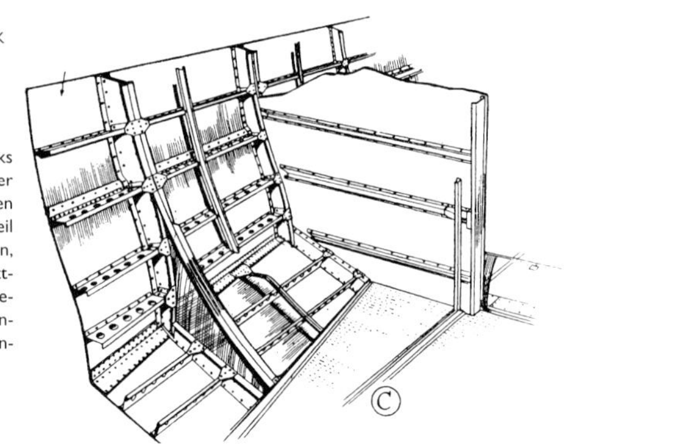

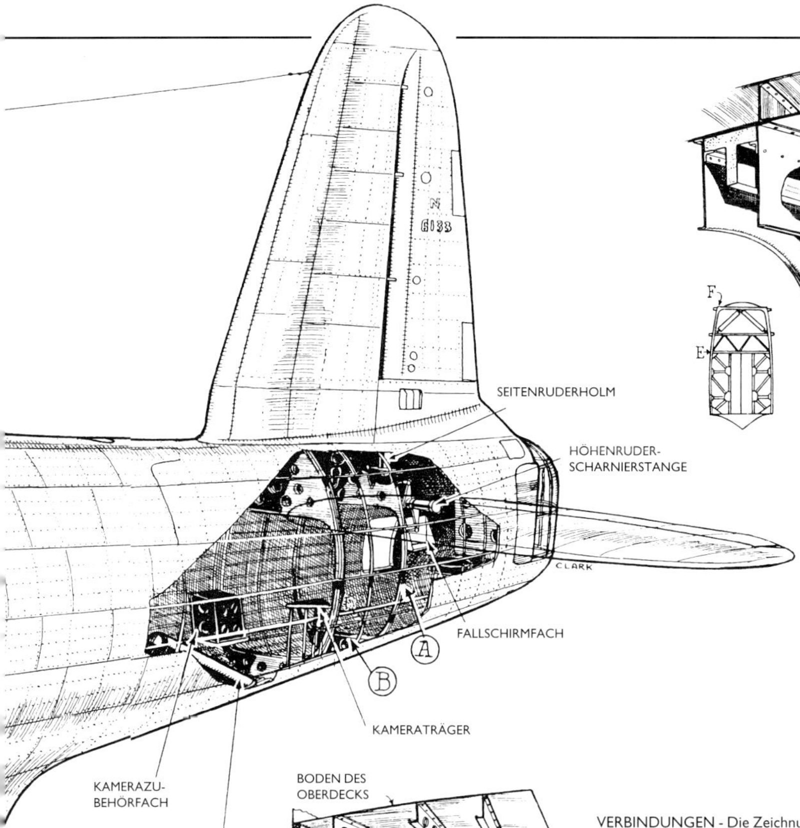

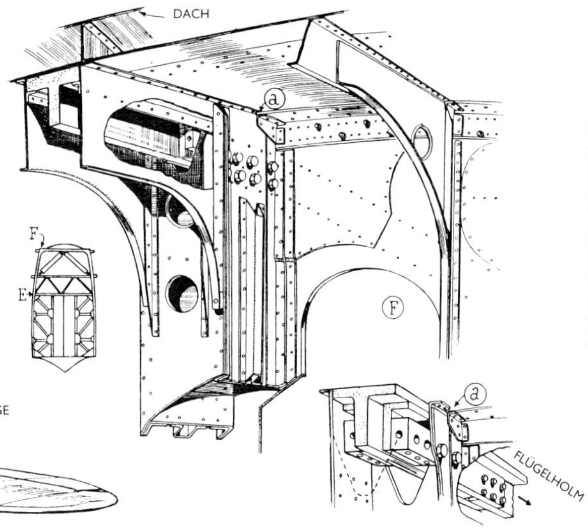

AUFBAU DER SPANTEN - Die Ausschnittzeichnungen (A) und (B) geben zwei typische Merkmale der Bootskörperkonstruktion wieder. Sie lassen das Verfahren zum Herstellen der Querspanten erkennen. Die Z-Stringer zur Versteifung der Seitenwände und des Bodens des Bootskörpers sind ebenfalls gut zu sehen. Die Zeichnungen unten zeigen Details zur Verbindung zwischen Hauptspant und Flügelwurzel.

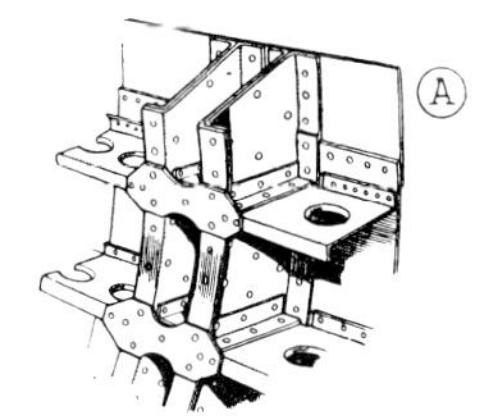

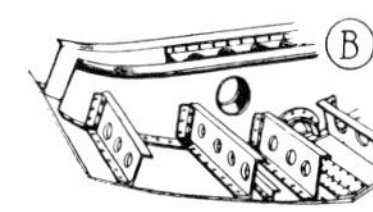

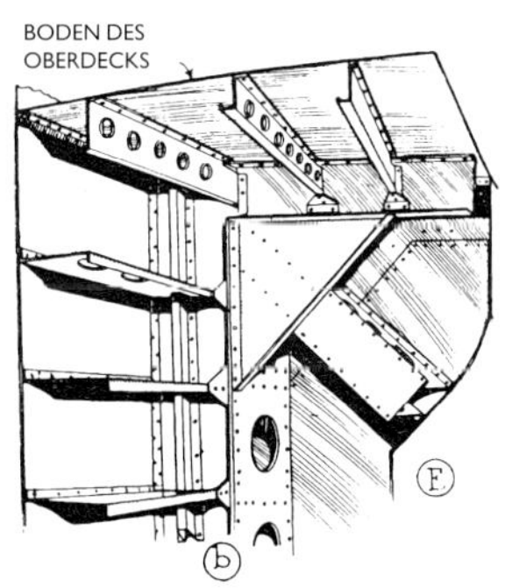

VERBINDUNGEN - Die Zeichnung links veranschaulicht einige wichtige Punkte, die im Zusammenhang mit dem Aufbau des Hauptspants interessant sind, dessen Position aus der großen Zeichnung hervorgeht. In den kleinen Ausschnittzeichnungen unten und rechts ist zu sehen, wo sich die verschiedenen Verbindungsstellen befinden.

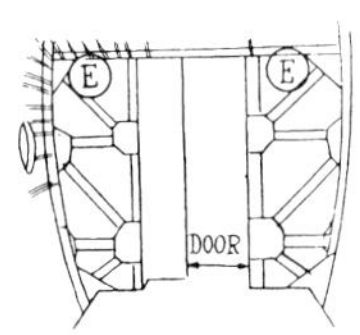

nahme erwies sich als außerordentlich vorteilhaft bei Attacken auf die schwerbewaffneten U-Boote, die sich bis dahin nicht gescheut hatten, Seegefechte mit Sunderlands während der Überwasserfahrt auszutragen.

Was Clark völlig ignorierte, waren die außerordentlichen Fähigkeiten der Sunderland beim Abwerfen von Bomben und speziell von Wasserbomben. Bis zu 2000, später bis zu 4000 Pfund Bomben konnten im Bomben-Laderaum auf dem Unterdeck transportiert werden. Von diesen Offensivwaffen wurde die jeweils benötigte Auswahl mit einer Winde hochgehievt und auf Transportwagen geladen, die durch die große Tür unter der Tragfläche (von Clark gleich links neben dem (D) eingezeichnet) unter dem hinteren Holm liefen. Was Clark darstellte, war ein stilisiertes Schneckengetriebe, das anscheinend etwas durch diese Luke hindurch beförderte. Doch diese Einzelheit war für den Betrachter eher verwirrend und zeigte wenig Ähnlichkeit mit dem tatsächlichen Lager-Transportwagen. Der Bombenschütze visierte das Ziel mit dem Bombenzielgerät durch die geöffnete Luke im Bug an.

Unter hydrodynamischen Gesichtspunkten bestand die einzige nennenswerte Modifikation gegenüber der ersten Sunderland-Version darin, daß bei der Mk III die zuvor abrupte Stufe in der Mitte des Rumpfes durch eine gleichmäßige Krümmung nach oben ersetzt worden war. Dies verbesserte das Verhalten bei Start und Landung minimal; der eigentliche Vorteil aber war, daß die neue Rumpfform den Luftwiderstand im Flug um mindestens 10 Prozent verringerte. Geringfügige Modifikationen gab es auch an den Stützschwimmern, die aber von Clark komplett weggelassen wurden! Die Verringerung des Luftwiderstands war eine höchst willkommene Verbesserung, denn ab Ende 1941 wurden die Sunderlands mit den abenteuerlichen Antennen des ASV-II-Radarsystems verziert. Uns Kadetten versetzte es damals in helle Aufregung, als wir die betreffende Nachtragsliste zur Air Publication 1480A (dem Erkennungshandbuch) erhielten. Bei späteren Radarsystemen kamen dann nur noch Reflektorantennen zur Anwendung, die unter den Flächenspitzen montiert wurden und mit Radomen verkleidet waren.

Meiner Ansicht nach vermittelt diese Zeichnung den Eindruck, daß die Kabinenheizung aus einem Heißwassertank ganz oben im Bootskörper gespeist wurde. Tatsächlich aber kam die Wärme aus dem Auspuff von Triebwerk Nr. 2 (also dem rumpfseitigen Triebwerk links), wo sie mit Hilfe eines Wärmetauschers ins Innere des Flugbootes geleitet wurde. Als Propeller wurden anfänglich Zwei-Stufen-Verstellpropeller verwendet, später jedoch Constant-Speed-Propeller (De Havilland Hydromatic), die in Segelstellung gebracht werden konnten, was für ein Flugzeug, das 1000 Meilen vom Land entfernt operieren konnte, von enormer Wichtigkeit war. Die Seriennummer N6133 auf dem Seitenruder, die auf das 22. Flugzeug der Serienproduktion hinweist, wurde anscheinend von einem zeichnerischen Laien eingefügt!

HURRICANE I

Diese Zeichnung wurde in The Aeroplane (Ausgabe vom 6. September 1940) während der heißen Phase der Luftschlacht um England veröffentlicht, in der Hurricanes die Hauptrolle bei der Bezwingung von Hitlers zuvor siegreicher Luftwaffe spielten. Eine Reproduktion erschien später in der zweiten Ausgabe von The Aeroplane Spotter; leider aber nur mit einer Diagonalen von 18 Zentimetern, was das Erkennen feiner Details erschwerte.

Es ist eine exzellente Zeichnung, insbesondere in Anbetracht ihres frühen Entstehungsdatums. Clarks Vorlage war ein nach neuesten Erkenntnissen konstruiertes Flugzeug, mit metallbeplankten Tragflächen und einem Rotol-Constant-Speed-Propeller mit abgerundetem Spinner. In mehreren dieser Texte habe ich die britische Industrie dafür kritisiert, wie zögerlich sie sich verhalten hat, wenn es darum ging, sich die Technologie zum Bau moderner Flugzeuge in Schalenbauweise anzueignen. Während der Prototyp der Messerschmitt Bf 109 im Mai 1935 mit selbsttragenden Tragflächen flog, hob der Hurricane-Prototyp sechs Monate später mit damals schon veralteten, stoffbespannten Diagonalfachwerk-Tragflächen, die von kompliziert verschraubten Metallkanälen zusammengehalten wurden, zum Erstflug ab. Wäre Großbritannien nicht so rückständig gewesen, hätten alle Hurricanes von vornherein Ganzmetallflügel gehabt. Tragflächen in Schalenbauweise waren erheblich belastbarer und hatten eine viel größere Steifigkeit, wenngleich auch beim ursprünglichen Flügel die Stoffbespannung aufgrund des raffinierten Befestigungsverfahrens viel zur Belastbarkeit des Flügels beitrug. Tatsache jedenfalls war: Der Ganzmetallflügel ließ noch bis April 1939 auf sich warten und hielt erst während der letzten Friedenswochen vor dem Krieg schrittweise Einzug in die Produktion. Weitere Neuerungen waren die kugelsichere Frontscheibe, der Rückspiegel und die Panzerung des Cockpits. Clark berücksichtigte in seiner Zeichnung sogar die damals noch neue Metallplatte, die den Piloten bei Nacht vor Blendung durch Abgasflammen schützte.

Zusammen bauten Hawker Aircraft in den Werken Kingston und Langley 10.300 Hurricanes, während bei Gloster Aircraft 2750 und bei Canadian Car & Foundry 1451 Exemplare vom Band rollten. Allerdings waren gegen Kriegsende die meisten in so entlegenen Ländern wie Indien und Burma gelandet, so daß der Autor nie eine von ihnen aus der Nähe zu sehen bekam. Die Hurricane hatte den Ruf einer stabilen MG-Plattform und konnte es, wenn sie bis an die Grenzen ihrer Belastbarkeit geflogen wurde, wahrscheinlich ohne weiteres mit der Bf 109E aufnehmen. Zur Zeit der Luftschlacht um England hatte es die Hurricane immer schwerer, sich gegen die feindlichen Verbände in Westeuropa durchzusetzen, und es gibt Berichte von Piloten, die es nicht schafften, einer Ju 88, die ihre Bomben abgeworfen hatte, den Garaus zu machen.

Mit Ausnahme der belgischen Hurricanes, die je zwei MGs vom Kaliber 0,5" und 0,303» hatte, waren alle Maschinen der frühen Serienproduktion - wie hier gezeigt - mit acht 0,303"-Brownings bewaffnet. Die Mk II wurde erstmals von einem Merlin XX angetrieben, der über ein wesentlich verbessertes Ansaugsystem verfügte. Dieser Motor besaß außerdem den neuen Lader (Supercharger),

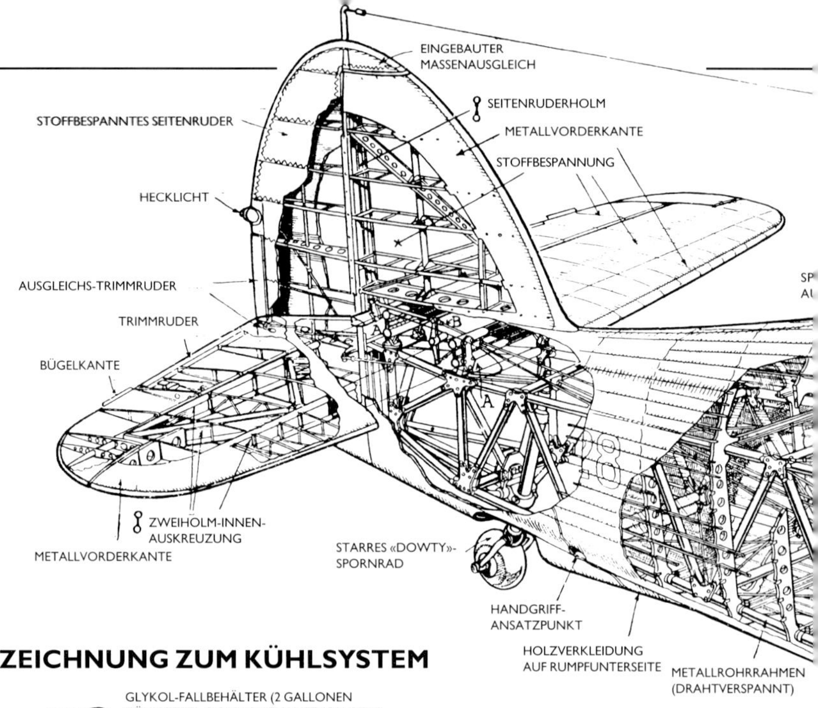

DETAILZEICHNUNG ZUM KÜHLSYSTEM

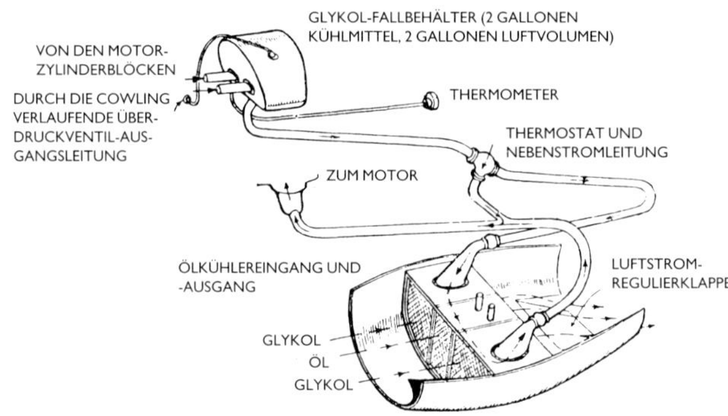

BILDLEGENDE

A Befestigung des Leitwerksholmes
B Höhenruderanlenkung
C Fahrwerksschacht
D Glykol-Wärmetauscher und Ölkühler
E Landeklappen-Arbeitszylinder
F Waffenstand-Heizrohr vom Wärmetauscher
G Glykolthermostat
H Fahrwerks-Schiebergelenk
I Mulde für Schwenkstrebe
K Tragflächenbefestigung
L Kraftstoff-Haupttank (je ein 33-Gallonen-Tank auf jeder Seite)
M Innenauskreuzung im Waffenstand
N Abwärts gerichtete Erkennungsleuchte
O Formationslicht

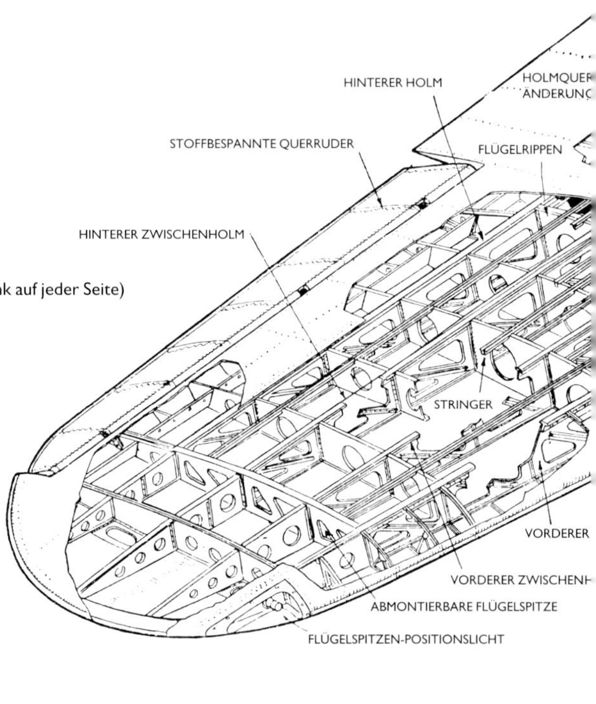

der von Dr. Stanley Hooker entwickelt worden war und genau das Zusatzsystem bildete, das die Hurricane angesichts der unvermeidlichen Gewichtszunahme benötigte. Die IIA hatte noch die mit acht MGs bestückten Metalltragflächen, während die IIB unter den Landescheinwerfern mit vier zusätzlichen Brownings ausgerüstet war, wodurch die Feuergeschwindigkeit auf - zugegebenermaßen nicht besonders effektive - 14.400 Schuß pro Minute stieg. Die IIC, die in größeren Stückzahlen als alle anderen Versionen gebaut wurde (4711 Exemplare), bot in puncto Bewaffnung ein völlig anderes Bild: Sie besaß vier 20-mm-Hispano-Bordkanonen mit 60-Schuß-Trommelmagazinen. Die IID hatte zwei Panzerabwehr-MGs vom Kaliber 40 mm, während die letzte Version (Mk IV) über «Universal»-Tragflächen verfügte, die mit unterschiedlichsten Bordwaffen ausgestattet werden konnten, und mit denen sie außerdem die ab Ende 1940 immer häufiger eingesetzten Unterflügel-Außenlasten mitgeführen konnte. Dies waren zunächst 250- und später 500-Pfund-Bomben, acht Raketen (vier unter jeder Tragfläche), Nebelgeräte oder Abwurftanks mit einem Fassungsvermögen von erst 45 und dann 90 Gallonen. In Maschinen, die für den Wüsteneinsatz bestimmt waren, wurden vor dem Vergaserlufteinlauf unter der Flugzeugnase Tropenfilter eingebaut.

Als der Prototyp der Hurricane zum Erstflug startete, bestand das qualifizierte Team von Konstrukteur Sydney Camm aus 98 Mitarbeitern; bis zum Ende des Krieges stieg es auf 320 an. Lediglich die Technologie des Metallflugels war für dieses Team neu, der Rest der Hurricane dagegen unterschied sich praktisch in nichts von den Doppeldeckern der zwanziger Jahre. Der Rumpf beispielsweise war aus Leichtmetallrohren aufgebaut, die durch Einziehen einen quadratischen Querschnitt erhielten, so daß sie über Knotenbleche an den Verknüpfungspunkten des Rumpffachwerks in Form von Gleitsitzverbindungen befestigt werden konnten. Überall wurden einfache Feinbeschläge verwendet, von denen man einige fast mit Bügelsäge und Feile hätte herstellen konnen. Ein Vorteil der primitiven Bauweise war, daß Reparaturen in der Kampfzone leicht ausgeführt werden konnten. Als weiteren Vorteil könnte man anführen, daß im Gegensatz zur Wellington, bei der es bei Sturzflügen mit 350 mph gelegentlich zu Rissen der Stoffbespannung kam, kein Bericht über ähnliche Schäden an einer Hurricane vorliegt, nicht einmal bei Geschwindigkeiten über 400 mph (vorausgesetzt natürlich, daß die Maschine nicht zuvor im Luftkampf beschädigt wurde).

Weil der große Kühler unter dem Rumpf aus der hier gewählten Perspektive schwer zu erkennen ist, hat Clark das Kühlsystem in einer Zusatzzeichnung separat illustriert. Ebenfalls wegen der Perspektive, aus der die rechte Seite des Motors zu sehen ist (die sich von der linken Seite unterscheidet), hielt er den Hinweis für zweckmäßig, daß der Öltank in der linken Tragfläche untergebracht war. Ein Merkmal, das auf beiden Seiten des Motors gleich war, bestand im Anwerfmechanismus, der hier als «ANDREHKURBELSCHAFT» bezeichnet wird. Die Motoren früherer Kampfflugzeuge wurden durch Anreißen des Propellers angeworfen, während dies bei den ersten Hurricanes von der Bodencrew dadurch bewerkstelligt wurde, daß man auf beiden Seiten nach Leibeskräften kurbelte. Die Öffnungen auf beiden Seiten der Cowling ziemlich weit unten blieb auch bei späteren Hurricanes unverändert, obwohl diese mit elektrischen Anlassern ausgerüstet waren. In der Bildlegende hat Clark übrigens den Buchstaben «P» vergessen, mit dem der SU-Steigstromvergaser beschriftet ist.

OBEN: Ein junger amerikanischer Freiwilliger studiert die Instrumente, nach vorn gebeugt im Cockpit seiner Hurricane I der No 71 «Eagle» Sqn in Kirton-in-Lindsey Ende 1940. Diese Maschine aus der V-Serie hat die Luftschlacht um England überlebt und ist ein typisches Beispiel für die kriegsmüden Hurricanes, die an die neu aufgestellte Staffel gingen und die völlig untauglichen Kampfflugzeuge vom Typ Brewster Buffalo ablösten.

LINKS: Stolze Vorführformation von zwei neuen Hurricane I der No 111 Sqn nach dem Start von Northolt Anfang 1938. Auf den Seitenflossen beider Flugzeuge ist das sehr klein geratene Emblem der Einheit zu erkennen.

HENLEY

Wohl nur wenige der heutigen Luftfahrtenthusiasten werden viel über die Hawker Henley wissen. Die meisten dürften eher überrascht sein, wenn sie erfahren, daß dieses Flugzeug in den ersten beiden Kriegsjahren heiß diskutiert wurde. Denn während die deutschen «Stukas» alles wegbombten, was sich ihnen in den Weg stellte, wurde das mutmaßlich viel bessere britische Gegenstück als Scheibenschleppflugzeug produziert. In beiden Luftfahrt-Wochenzeitschriften erschienen Schlagzeilen wie «Völlig verfehlter Einsatz eines ausgezeichneten Flugzeugs».

Die Henley wurde auf der Grundlage der Spezifikation P.4/34 konstruiert. Darin wurden die Anforderungen an einen schnellen, leichten Bomber beschrieben, der für die unmittelbare Luftunterstützung vorgesehen war und für steile Sturzflugangriffe geeignet sein sollte. Ein solches Flugzeug wäre sehr von Nutzen gewesen, um den deutschen Frankreichfeldzug zu stoppen, denn die Henley war nicht nur 50 mph schneller als die Fairey Battle, sondern auch bedeutend wendiger und in der Lage, auch kleine Ziele wirksam zu bekämpfen. Doch 1936 schien das Luftfahrtministerium das Interesse an der Henley zu verlieren und gab den Zuschlag für das Konkurrenzprodukt, die Fairey P.4/34. Aus dieser wurde dann der Marine-Fighter Fulmar, der aber viel zu langsam war, um es mit den deutschen Bombern aufzunehmen. Die Henley wurde zu einem Schleppflugzeug für Zielscheiben umgebaut. Der an Gloster vergebene Auftrag über die Lieferung von 350 Maschinen wurde auf 200 gekürzt, die alle bis Mai 1940 ausgeliefert waren, genau zu dem Zeitpunkt, an dem sie in ihrer ursprünglich vorgesehenen Rolle dringend gebraucht wurden.

Aber zuerst zum Ausgangskonzept der Henley als Bomber. Ihr geräumiger Rumpf unterschied sich in seiner Struktur nicht von allen anderen Konstruktionen von Sydney Camm: Er bestand aus Stahlrohren, deren Enden durch Einziehen einen quadratischen Querschnitt bekamen und somit auf einfache Weise über Knotenbleche miteinander verbunden werden konnten. Die Tragfläche indessen war eine moderne Metallblechkonstruktion und beinhaltete spanend bearbeitete Holmgurte und eine in Schalenbauweise hergestellte Beplankung. Die Außenflügel waren fast identisch mit denen der ab Mitte 1939 gebauten Hurricanes, jedoch nicht mit MGs bestückt. Der mittlere Flügelabschnitt war wegen des höheren Abfluggewichts von rund 3,8 Tonnen breiter, was die Spannweite auf 14,60 m erhöhte.

Die L3243 war die erste von 200 in Serie gebauten Henleys und ging 1941 in Langham an der Küste von Norfolk zu Bruch, wo sie bei der No I Anti-Aircraft Co-operation Unit im Einsatz war.

Der Pilot saß über dem Flügelholm unter einer klobig wirkenden Haube mit einer kleinen Seitentür. In die rechte Tragfläche war außerhalb des Propellerdrehkreises ein MG vom Typ Vickers Mk V eingebaut (die alte Version mit Patronengurten, also nicht die gasbetriebene K-Version). Der Bombenschütze, der zugleich das Funkgerät bediente, konnte zur Verteidigung ein frei bewegliches Lewis-MG benutzen. In seiner Hauptfunktion konnte er, auf dem Bauch liegend, mit Hilfe eines im Rumpfboden eingelassenen Zielgeräts Bomben abwerfen. Im Bombenschacht unter dem Tragflächenmittelstück konnte die Henley zwei 250-Pfund-Bomben mitführen, zwei weitere als Außenlast unter den Außenflügeln.

Während der Glykolkühler bei der Hurricane unter der Flügelhinterkante und hinter dem eingefahrenen Fahrwerk angeordnet war, saß er bei der Henley direkt unter dem Motor, was den Vorteil hatte, daß weniger störanfällige bzw. verwundbare Leitungen zu verlegen waren und zudem Gewicht eingespart wurde. Die Anordnung des Motorlufteinlaufs in der Mitte des Ölkühlers, der sich seinerseits in der Mitte des Hauptkühlers befand, war als Maßnahme gegen Vergaservereisung gedacht. In dem Begleitartikel zu Clarks Zeichnung in The Aeroplane vom 1. März 1939 schrieb «T.J.» (Thurstan James, der spätere Herausgeber dieser Zeitschrift): «Soweit sich feststellen läßt, wird der zusätzliche Luftwiderstand durch den Schub der ausströmenden Kühlluft kompensiert.» Ich will nicht verhehlen, daß ich diese Einschätzung im Falle der Henley für einen frommen Wunsch halte. Allerdings: Gegen Ende des Krieges wurden Kühlmittel-Wärmetauscher entwickelt, die netto tatsächlich zusätzlichen Schub lieferten.

Der Motor war ein früher Merlin II, also derselbe Typ, der zu jener Zeit in die Hurricane eingebaut wurde. Statt eines starren Zweiblatt-Holzpropellers von Watts besaß die Henley allerdings einen Hamilton-Propeller mit zwei Steigungsstellungen, der von de Havilland in Lizenz produziert wurde und mit einem Spinner ausgestattet war. Die Sekundärstruktur über und unter dem hinteren Bereich der Rumpfholme bestand überwiegend aus stoffbespanntem Holz. Wie die Zeichnung erkennen läßt, war der hintere untere Teil des Rumpfes leicht demontierbar. Clark kennzeichnet auf dem Bild zwar ein Knotenblech in der oberen Hauptstruktur mit einem eingekreisten B, aber eine zugehörige Detailzeichnung fehlt (die Detailzeichnung zum ähnlich gekennzeichneten Ausschnitts der Tragfläche ist jedoch vorhanden).

Im Februar 1939, als Thurstan James, Jimmy Clark und Fotograf Charles Sims auf dem Flugplatz Brockworth eintrafen, wurde die Henley als Scheibenschleppflugzeug Mk III produziert. Thurston, der mit Testpilot Maurice Summers, dem Bruder des berühmteren «Mutt» Summers von Vickers-Armstrong, fliegen durfte, hielt später Lobreden auf die Maschine, angefangen

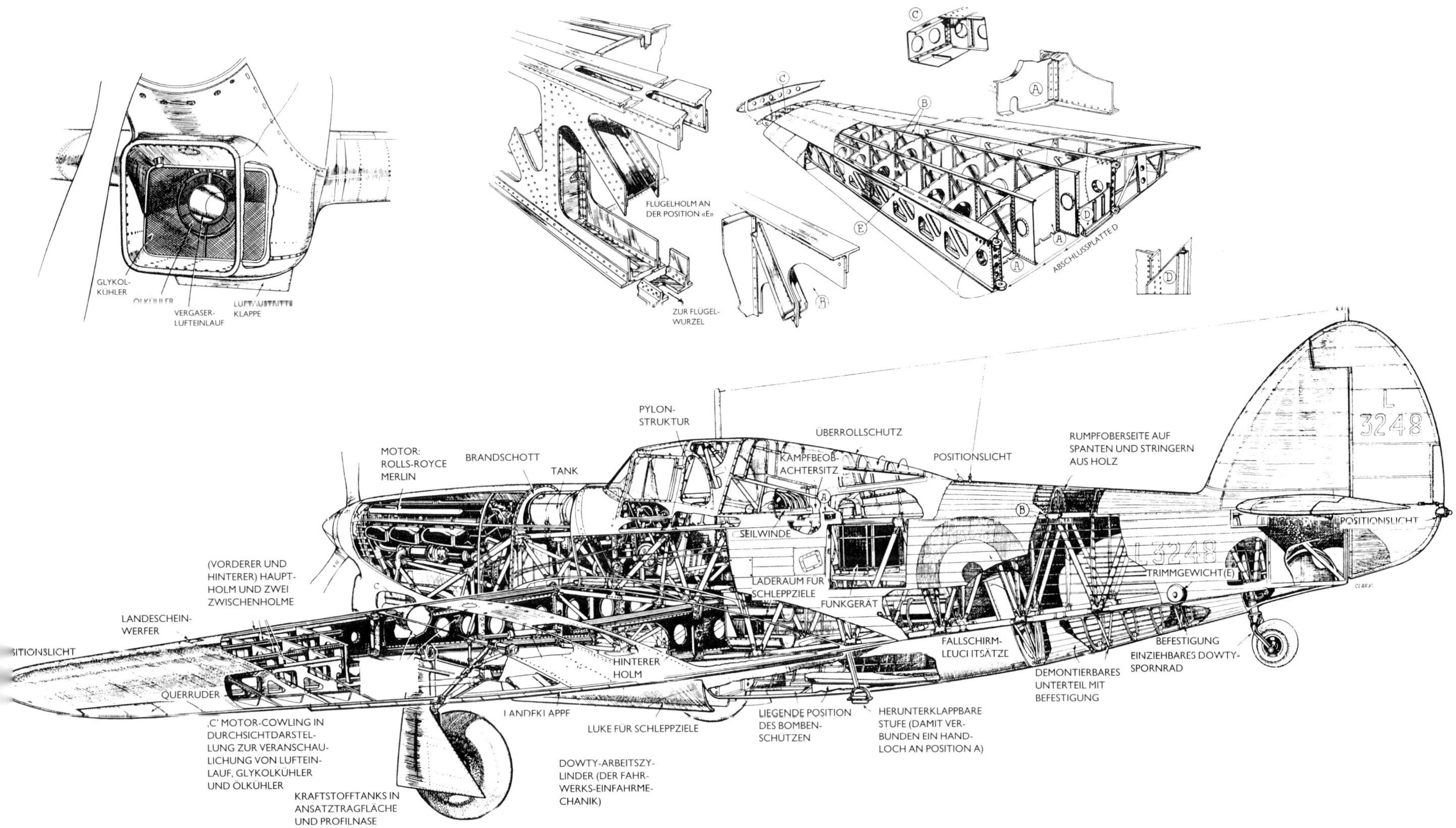

beim «Raketenstart» (mit 8,5 Minuten bis zum Erreichen von 10.000 Fuß aber eigentlich nicht gerade beeindruckend) bis zur geringen Geräuschentwicklung und dem Fehlen von jeglichem Zug im Cockpit. Nach einer Schießübung kommentierte er, wie das Schleppziel und das Seil ausgeklinkt und wieder aufgenommen werden konnten, und daß sich das Seil einziehen und aufwickeln ließ. Wahlweise konnte - was die Zeichnung von Clark nicht zeigt - auf der linken Rumpfseite eine große Luftschraube ausgefahren werden, die vom Fahrtwind angetrieben wurde und das Seil in der Luft aufwickelte. Schade, daß Clark nicht eine Schleppscheibe gezeichnet und illustriert hat, wie Aus- und Einziehen dieses simulierten Ziels in Wirklichkeit von Hand erledigt wurde (das hätte mich nämlich interessiert).

Ab August 1939 wurde die Henley von vielen Bordschützen- und Bombenschützen-Ausbildungseinheiten in Dienst gestellt. Nur: Das Schleppen von Zielscheiben war der schnellste Weg, um Probleme mit den Motoren zu bekommen. Zu diesem Thema mache ich ein paar Bemerkungen in der Beschreibung der Albemarle. Der Versuch, mit der bemitleidenswerten Henley auch nur den kleinen Mk-III-Luftsack mit Geschwindigkeiten zu schleppen, mit denen ein Fighter fliegen würde, führte schon nach kurzer Zeit zu hohem Motorverschleiß und Ausfällen. Andererseits vermittelte die Begrenzung der Geschwindigkeit auf 220 mph, die man deshalb vornahm, den Kampfpiloten kaum einen wirklichkeitsnahen Eindruck ihrer echten Gegner. Dementsprechend wurden die 130 noch fliegenden Maschinen ab Oktober 1939 zu Staffeln der AACU (Anti-Aircraft Co-operation Unit) abkommandiert, wo noch größere Luftsäcke verwendet wurden.

Zwei Henleys wurden zu Erprobungsträgern für den Rolls-Royce Vulture, und in einer weiteren wurde der Griffon getestet, der ideal zum Schleppen von Zielen gewesen wäre. Die von Clark gezeichnete Maschine war die sechste aus der Serienproduktion.

HAMPDEN I

Die Handley Page HP 52 Hampden war einer von mehreren wichtigen neuen Bombern, die von der RAF im Rahmen ihres Aufrüstungsprogramms der späten dreißiger Jahre in Dienst gestellt wurden. Wie bei den anderen Mustern handelte es sich auch hierbei um einen modernen, freitragenden Eindecker, der fast 100 mph schneller war als die stoffbespannten Doppeldecker. Mit ihren Motoren in der 1000-PS-Klasse verfügte sie zudem über doppelt so viel Leistung wie bei der RAF bis dahin üblich. Die Hampden bildete eine eigene Kategorie, die etwa zwischen den «leichten Bombern» Battle und Blenheim und den «schweren Bombern» Whitley und Wellington angesiedelt war. Man erwartete, daß sie ein überdurchschnittliches Flugzeug werden und in der Lage sein würde, sich in enger Formation am Tage gegen feindliche Verbände zu behaupten. Dementsprechend hatten die Konstrukteure für den Piloten ein fest nach vorn ausgerichtetes MG vorgesehen und stuften die Hampden als «Kampfbomber» ein, was andeuten sollte, daß sie andere Flugzeuge jagen und abschießen konnte. Ob sie das wirklich geglaubt haben?

Die Realität sah jedenfalls ganz anders aus. Wie alle übrigen RAF-Bomber war auch die Hampden selbst für eine einzelne Messerschmitt Bf 109E eine leichte Beute. Für ihre Größe - die Spannweite betrug 21 m, verglichen mit den 17,1 m der Blenheim und den 25,6 m der Whitley - war sie ziemlich wendig, aber diese Wendigkeit lag natürlich weit unter der eines Jägers. Eine Bf 109E konnte fast 100 mph schneller fliegen und wurde nicht im geringsten durch die Defensivbewaffnung in Form von zwei einzelnen Vickers-K-Maschinengewehrs gefährdet, mit denen die Bordschützen im oberen und unteren Schützenstand von Hand zielen und feuern konnten. Daher mußte man sich schon sehr bald eingestehen, daß die Hampden am Tage nichts gegen die Luftwaffe würde ausrichten können.

Die Hampden war nach derselben Spezifikation (B.3/32) wie die Wellington konstruiert worden. Auf dem Zeichenbrett hatte sie geradezu futuristisch ausgesehen, und der Prototyp, der im Juni 1936 die Flugerprobung aufnahm, wirkte immer noch ziemlich modern. Ihre in Schalenbauweise hergestellte Ganzmetallzelle war wie die der späteren Halifax in große Abschnitte aufgeteilt, die in kürzester Zeit zusammen- oder wieder auseinandergeschraubt werden konnten. Dies vereinfachte die Montage, den Transport per Schiene oder Straße und das Auswechseln von schwer beschädigten Teilen.

Mit Ausnahme der Nase war der Rumpf aus einer linken und einer rechten Halbschale aufgebaut, die weitestgehend vorgefertigt und mit allen Einbauten und Verkabelungen versehen wurden, bevor sie miteinander verbunden wurden. Dieses Konzept erwies sich als geradezu genial; wie bei der Mosquito wäre der stark eingeschnürte Leitwerksträger kaum auf eine andere Weise herzustellen gewesen.

Von der Hampden fertigte Max eine seiner klassischen Zeichnungen «mit Besatzung und Bomben» an. Dabei ignorierte er Dinge wie z.B. die Klappenantriebsbeschläge, bei denen es sich um Druckgelenkelemente handelte, die drehbar an zwei parallelen Steuerstangen befestigt waren und gleichzeitig als Scharniere für die Spaltklappen und als Elemente für die Übertragung der vom Arbeitszylinder erzeugten Druckkraft dienten. Weitere ungewöhnliche technische Merkmale waren die über den äußeren Tragflächenbereich verlaufenden Vorflügel, im Englischen «slats» genannt. Außergewöhnlich war auch die einfahrbare Peilantenne über dem eigentümlich schmalen Rumpf, der unter anderem eine Trennung zwischen den Positionen von Pilot und Navigator bewirkte, und durch den das Cockpit wie das eines Jagdflugzeugs wirkte. Von hier hatte der Pilot eine ausgezeichnete Sicht nach vorn und zu beiden Seiten nach unten. Zudem saß er so hoch, daß er noch die aufragenden Flügelspitzen sehen konnte. Was er aber nicht oder nur mit Schwierigkeiten sehen konnte, waren der Kompaß und der Kurskreisel. Dabei wäre es so einfach gewesen, die wuchtige Steuersäule - auf der sich ein Quersteuer befand, das fast die gesamte Cockpitbreite ausfüllte - geringfügig zu versetzen. Es war gängige Praxis (und machte auch noch Spaß), mit zurückgeschobener Cockpithaube zu fliegen. Die maximale Bombenlast betrug 1814 kg.

Handley Page baute 501 Hampdens, English Electric in Preston und Samlesbury stellte 770 Stück her, und bei einer Firmengruppe namens Canadian Associated Aircraft entstanden 160 Flugzeuge. Der kanadische Auftrag sollte den beteiligten Firmen Gelegenheit geben, Erfahrungen für den Bau von Stirling-Bombern zu sammeln, doch die Stirling-Pläne wurden nicht realisiert. Short & Harland in Belfast erhielten den Zuschlag für den Bau von 150 Maschinen einer Version, die als HP 53 Hereford bezeichnet wurde und mit Motoren des Typs Napier Dagger VIII ausgerüstet war. Diese erwiesen sich jedoch als so störanfällig, daß die letzten 11 von ihnen als Hampdens ausgeliefert wurden. Die 150. und damit allerletzte Maschine war der Prototyp Hampden TB 1, die mit zwei 18-Zoll-Torpedos und - falls nötig - mit zwei 500-Pfund-Bomben unter den Tragflächen beladen werden konnte.

Ende 1938: Drei Hampdens der No 49 Sqn ohne die Markierungen ihrer Einheit warten mit ihren Motoren im Leerlauf auf dem Vorfeld von Scampton. Diese Einheit gehörte zu den ersten 14 Staffeln im Bombergeschwader, die dieses Muster erhielten.

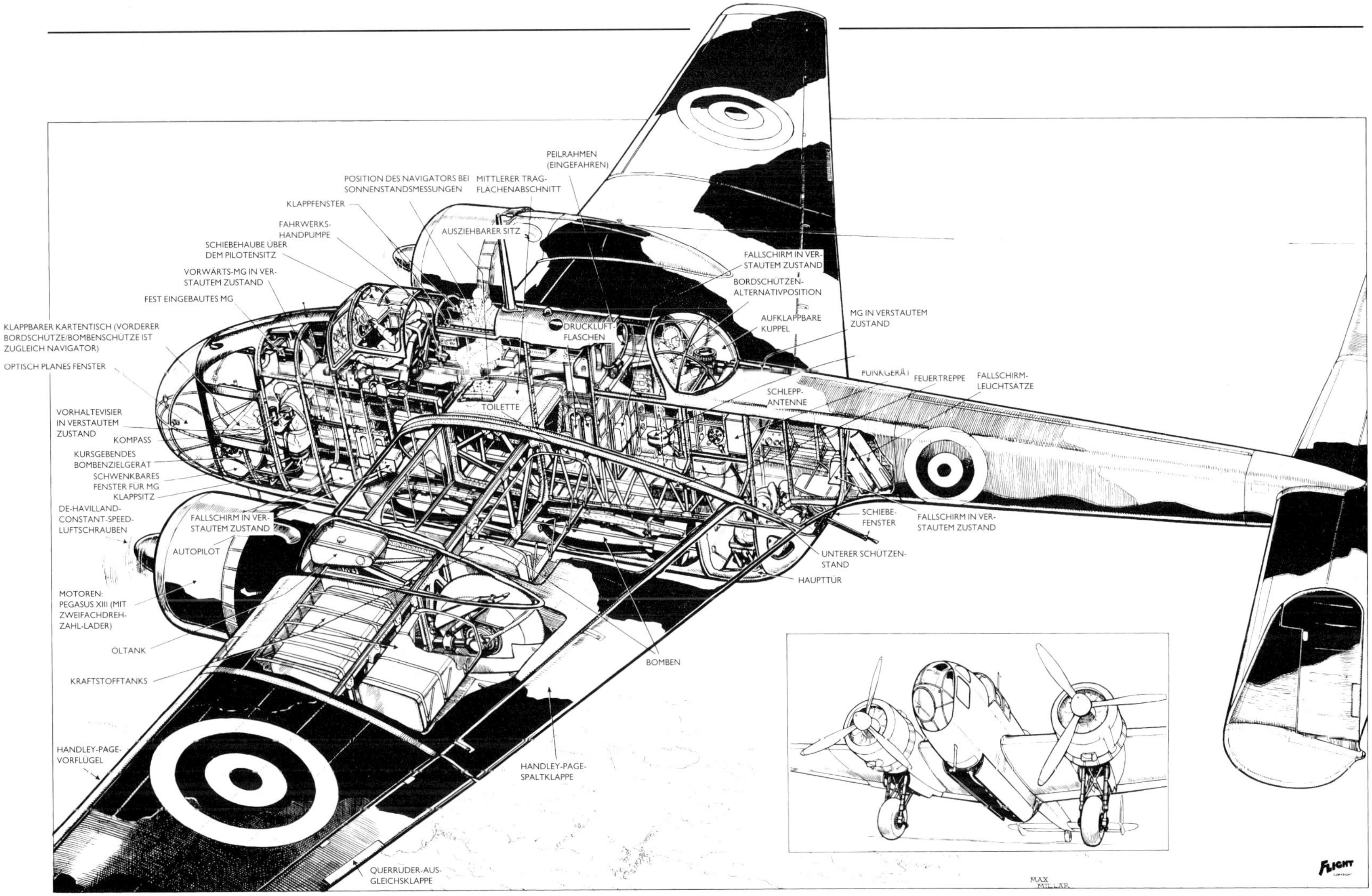

Die ersten Bombenangriffe am Tage waren mit schweren Verlusten verbunden. In No 44 Sqn brachte Guy Gibson, ein Pilot von eher geringer körperlicher Größe, aber dafür kolossaler Entschlossenheit, unter Umgehung des offiziellen Dienstweges die Werkstätten seines Stützpunktes dazu, zwei MGs in die hinteren Schützenstände aller Maschinen einzubauen. Auch eine Panzerung kam hinzu, ebenso lange, flammendämpfende Auspuffrohre. Danach wurden die Hampdens bis September 1942 in den Bomberverbänden eingesetzt. Bis zu diesem Zeitpunkt war auch der Peilrahmen in einem normal aufgebauten Radom verschwunden. Hampdens leisteten Pionierarbeit beim Auslegen von Seeminen, einer Operation mit dem Decknamen «Gardening». Die letzten von RAF-Hampdens geflogenen Einsätze waren Wetterflüge.

In mindestens zwei Büchern heißt es in einer Bildunterschrift, daß die Höhe des unteren hinteren Schützenstandes verringert worden sei. Ganz im Gegenteil: Der Torpedobomber TB.1 hatte einen Standard-Schützenstand (der freilich immer noch beengt genug war!), nur war das hintere Ende des Waffenstandes an eine tiefere Position verlegt worden. Diese Flugzeuge wurden häufig eingesetzt und flogen ab 1942 beim Coastal Command. Zwei Staffeln (144 und 455) verlegten ihre Maschinen in die Region Murmansk/Vaenga in der UdSSR, anfangs als Begleitschutz für PQ.18-Konvois.

Als die Staffeln nach Großbritannien zurückkehrten, ließen sie ihre Flugzeuge zurück, denn die Russen hielten die Hampden (anders als viele andere britische Flugzeuge) für brauchbar. So flogen sie - nun mit rotem Stern - noch bis 1943 im Fronteinsatz. Im Gegensatz zu den Briten haben die Russen das letzte Exemplar eines berühmten Flugzeugtyps nicht verschrottet, so daß es ihnen zu verdanken ist, wenn heute in Großbritannien eine Hampden im Rahmen eines Restaurationsprojekts wieder ihren einstigen Glanz erhält.

Die abgebildete Millar-Zeichnung erschien in der Flight-Ausgabe vom 4. Mai 1939, einen Tag nach der Veröffentlichung des Clark-Konkurrenzprodukts in The Aeroplane!

BOMBAY I

Eigentlich begann die Geschichte dieses kombinierten Bombers/Transporters schon 1922, als die neu gegründete Bristol Aeroplane Company (nicht zu verwechseln mit der British & Colonial Aeroplane Company) ein kleines Jupiter-getriebenes Rennflugzeug baute. Wenn der Pilot Querruder nach links gab, löste das eine Verwindung der Tragflächen aus, die zur Folge hatte, daß das Flugzeug nach rechts rollte! Derselbe beunruhigende Effekt stellte sich 1927 bei der Bagshot ein, einem Hochdecker-Kampfflugzeug mit zwei Jupiter-Motoren. Daraufhin beschloß das Luftfahrtministerium, an der Bagshot den Bau von Eindeckern mit torsionsfesten Tragflächen untersuchen zu lassen.

Damals müssen wir wirklich ziemlich inkompetent gewesen sein. Wir konnten zwar ausgezeichnete drahtverspannte Doppeldecker mit Stoffbespannung bauen, aber der Bristol-Chefkonstrukteur Frank Barnwell kam zu dem Schluß, daß die einzige Möglichkeit, der Bagshot zum gewünschten Flugverhalten zu verhelfen, der Umbau zu einem Doppeldecker sei! Das Luftfahrtministerium hielt sich dagegen weiterhin an den von Dornier, Junkers, Northrop und vielen anderen ausländischen Unternehmen erbrachten Nachweis, daß freitragende Eindecker realisierbar waren. Um es kurz zu machen: Bristol wurde schließlich mit dem Bau eines Eindeckers nach der Spezifikation C.26/31 beauftragt, in der ein Flugzeug beschrieben wurde, das entweder zum Abwerfen von Bomben oder zum Transport von 24 Soldaten oder Fracht geeignet sein sollte.

Das Ergebnis war einer der radikalsten Rundumschläge, die in der Geschichte der Konstruktion von Flugzeugstrukturen jemals unternommen wurden.

Als Charles Brown 1935 diese Aufnahme machte, hieß dieses Muster noch Bristol 130. Den Namen Bombay - hier der Prototyp K3583 - bekam die Maschine bei der RAF erst im April 1937.

Wie die Aufrißzeichnung zeigt, besaßen die Tragflächen nicht weniger als sieben Holme, von denen jeder als hochstabiler Vollwandträger mit Gurten aus hochfestem Stahl aufgebaut war! Von den stoffbespannten Rudern einmal abgesehen, war das gesamte Flugzeug eine massive Ganzmetallkonstruktion, in der überwiegend Alclad (eine aus Gründen des Korrosionsschutzes aluminiumbeschichtete Leichtmetallegierung) verarbeitet wurde. Kein Wunder also, daß der Prototyp der 130 angesichts seines Leergewichts von knapp 5,9 Tonnen gerade einmal 2,3 Tonnen Kraftstoff, Besatzung und Nutzlast transportieren konnte.

Die Bristol 130 war bis zur Brabazon das größte von Bristol gebaute Flugzeug. Sie absolvierte am 23. Juni 1935 ihren Erstflug und war immerhin schon ein Eindecker. Angetrieben wurde die Maschine von den exzellenten Pegasus-Motoren, besaß aber nur sehr bescheiden wirkende Spaltklappen geringer Tiefe, ein festes Fahrwerk mit verkleideten Haupträdern und erreichte alles andere als berauschende Geschwindigkeiten. Die von Hand betätigten Schützenstände in Bug und Heck sollten mit Lewis-MGs ausgerüstet werden; außerdem war geplant, unter dem Rumpf im Bereich des Schwerpunktes fünf 550-Pfund-Bomben mitzuführen.

Nach etlichen Verbesserungen entstand schließlich die Bombay, von denen 50 Stück bei einer in Belfast ansässigen Firma namens Short & Harland bestellt wurden. Für dieses von der Flugzeugfirma und der Schiffswerft von Belfast gegründete Gemeinschaftsunternehmen war die Bombay der erste Auftrag. Diesem folgte kurze Zeit später ein Auftrag über die Lieferung eines noch unzweckmäßigeren Flugzeugs, der Hereford (Näheres hierzu siehe unter «Hampden» und «Dagger»). Alle 50 Bombays wurden 1939 gebaut.

Die Serienmaschinen waren mit Motoren vom Typ Pegasus XXII ausgerüstet, die auf 1010 PS verstärkt und für 87-Oktan-Benzin umgerüstet worden waren. Von letzterem faßten die beiden Aluminiumtanks der Bombay bis zu 412 Gallonen. Die Bombay besaß noch immer die kurzen Cowlings und führte im Rumpfheck die zum manuellen Andrehen der Motoren nötigen Gerätschaften mit, obwohl die Motoren normalerweise elektrisch gestartet wurden. Die Pegasus-Motoren trieben Constant-Speed-Propeller vom Typ Hele-Shaw an, die das erste Produkt einer ebenfalls neu gegründeten Firma waren. Die beteiligten Unternehmen Rolls-Royce und Bristol gaben dieser Firma den Namen: Rotol.

Eine Hydraulikpumpe trieb die Landeklappen und die Schützenstände in Bug- und Heck an. Im Heck kamen die ersten motorgetriebenen Schützenstände - die von Bristol konstruierten Typen BII und BIII - zur Anwendung, die jeweils mit einem gasbetriebenen MG vom Typ Vickers K bewaffnet waren. Dieses MG lag auf der Seite, was das Einlegen neuer Trommelmagazine erschwert haben muß. Zwei weitere MGs gleichen Typs konnten aus den Seitenfenstern feuern. Mit einem primitiven Mechanismus konnten 250-Pfund-Bomben abgeworfen werden. Ein Wust von 20-Pfund-Bomben mußte jedoch von Hand aus internen Gestellen entnommen werden; anschließend mußte ein Sicherungsdraht gekappt werden, bevor die Bomben durch die geöffnete Haupteinstiegstür geworfen wurden!

Natürlich wurden diese Maschinen bei Kriegsbeginn ausschließlich als Transportflugzeuge eingesetzt, wenn man von einigen haarsträubenden Bom-

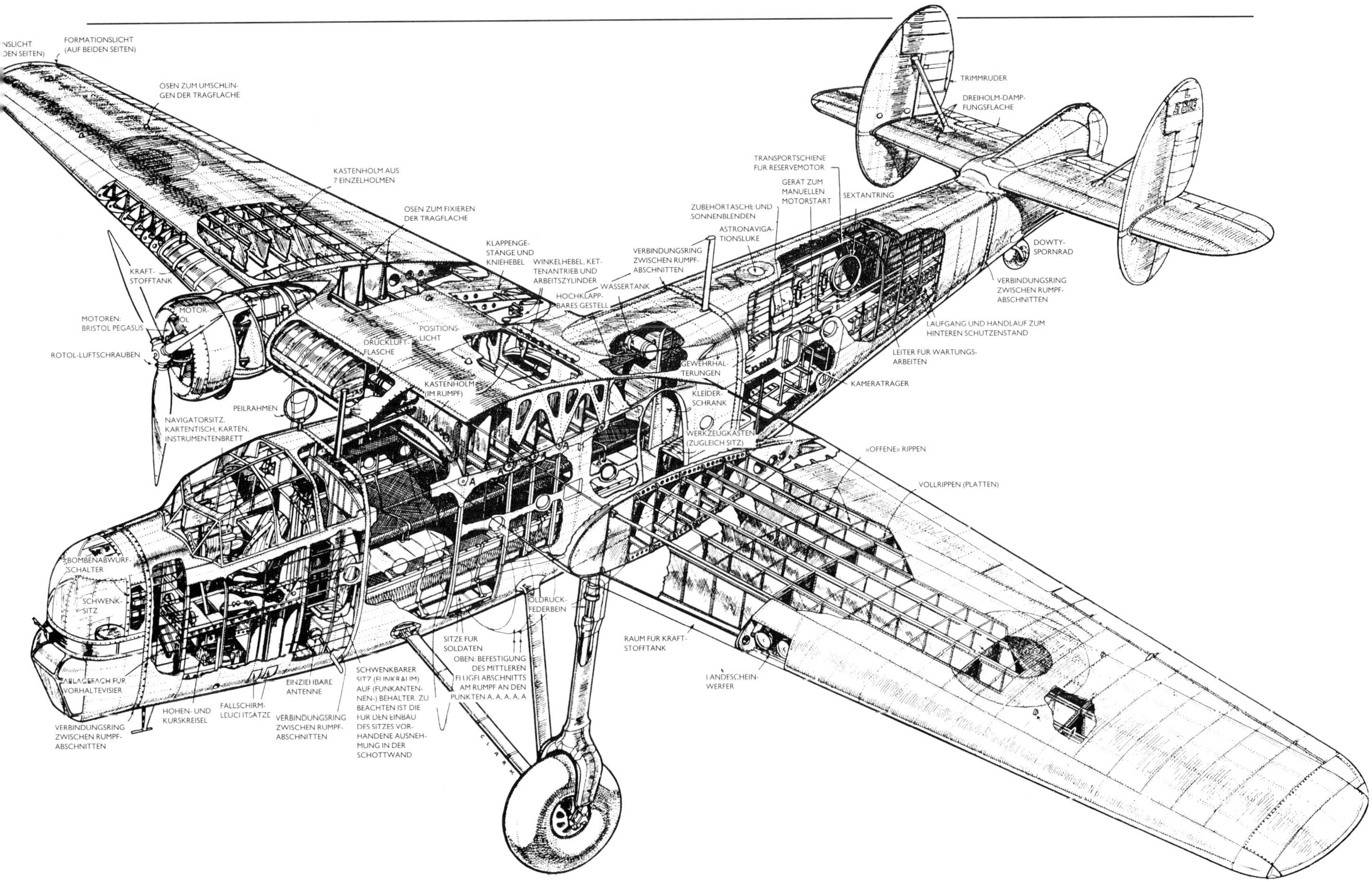

benangriffen in Abessinien und Italienisch-Somaliland sowie vom Irak-Feldzug und einem Nachteinsatz über Bengasi absieht. Im Mai und Juni 1940 wurden fieberhaft Einsätze nach Frankreich geflogen, mit denen zuerst Nachschub ein- und später Soldaten ausgeflogen wurden. Als ich 12 Jahre alt war, wohnte ich in Eastcote nahe dem Flugplatz Northolt und stieß dort eines Abends nicht weit von zu Hause auf eine Bombay, die eine Bauchlandung gemacht hatte. Diese Flugzeuge flogen den ganzen Krieg hindurch. Ihre letzten Aufgaben bestanden darin, Verwundete von der italienischen Front zu evakuieren, wobei sie auf jedem Einsatz zehn Tragbahren transportierten. Es gab damals eine Crew, die allein insgesamt 6000 Verwundete ausgeflogen hatte.

In dieser Zeichnung kommt unverkennbar das profunde Fachwissen von Clark zum Ausdruck. Die Kreisel unter dem Boden nahe den Seitenruderpedalen waren Teil eines primitiven Autopiloten. Etwas amüsiert hat mich die Astronavigationsluke - die meisten Flugzeuge hatten keine Luke, sondern eine Kuppel für die Astronavigation.

Ich möchte bezweifeln, ob irgendeine Serie von 50 Flugzeugen mehr harte Einsätze als die Bombays geflogen hat. Allerdings war es wohl von britischer Seite eine kluge Entscheidung, ansonsten den Amerikanern das Gebiet der Transportflugzeuge zu überlassen - ganz offensichtlich ließ sich mit 10.654 Maschinen des Typs DC 3 mehr erreichen.

SKUA I

Vor nicht allzu langer Zeit habe ich ein Buch über meine persönliche Auswahl von Flugzeugen geschrieben, die entweder die erwarteten Flugleistungen nicht erreichten oder sich gar als völlig unbrauchbar erwiesen. Wiederholt wird darin die bedauernswerte Firma Blackburn Aircraft genannt, in einigen Fällen deshalb, weil dort Flugzeugkonstruktionen entstanden, die sich exakt an eine unkluge Spezifikation hielten. Die Roc beispielsweise war ein für den Flugzeugträgereinsatz ausgelegtes doppelsitziges Kampfflugzeug, das 1940 in Dienst gestellt wurde, obwohl es nur eine Höchstgeschwindigkeit von lächerlichen 168 Knoten erreichte! Und die Wasserflugzeugversion der Roc war nochmals erheblich langsamer. Die offensichtlich unbrauchbare Roc war eine Fighterversion des «Sturzkampfbombers» Skua. Bei absoluter Motorhöchstleistung und einer Drehzahl von 2750/min (ein Betriebszustand, der nur für fünf Minuten zulässig war) erreichte die Skua Geschwindigkeiten, die zwischen 176 Knoten in Meereshöhe und schwindelerregenden 195 Knoten in 6500 Fuß lagen; darüber ging die Höchstgeschwindigkeit wieder zurück. Mußte der Pilot die Kühlluftklappen so weit öffnen wie in der Zeichnung dargestellt, kostete ihn das rund 20 Knoten!

Dennoch war die Skua zu ihrer Zeit fraglos ein fortschrittliches Flugzeug. Als sie von der Marineluftwaffe (Fleet Air Arm (FAA) im November 1938 in Dienst gestellt wurde, flogen alle FAA-Staffeln nur stoffbespannte Doppeldecker. Die Skua hingegen war nicht nur ein freitragender Eindecker in Ganzmetall-Schalenbauweise, sondern verfügte in den Außenflügeln auch über vier der neuen Browning-Maschinengewehre, mit denen der Pilot unter Verwendung des ebenfalls neuartigen Reflexvisiers nach vorn feuern konnte. An einem - normalerweise unter dem vorderen Rumpfteil versenkt liegenden - schwenkbaren Trägergestell konnte die Skua außerdem eine bedingt panzerbrechende 500-Pfund-Bombe mitführen; unter den Tragflächen konnten zudem Aufhängungen für Übungsbomben angebracht werden.

Die Tragflächen konnten von Hand mit Hilfe eines Drehgelenks derart beigeklappt werden, daß die Flügelunterseiten am Rumpf anlagen. Bei Blackburn war man mächtig stolz darauf, ein Flugzeug konstruiert zu haben, das sowohl über Klappflügel als auch über ein Einziehfahrwerk (damals etwas ganz Neues für die FAA) verfügte. Dennoch muß man sich fragen, warum Blackburn zwar ein Hydrauliksystem realisiert hatte, das von einer Motorpumpe angetrieben wurde, aber dieses System dann nicht für den Beiklappmechanismus der Tragflächen nutzte. In einem arktischen Sturm oder auf dem Deck eines in rauher See stampfenden und rollenden Flugzeugträgers war es bestimmt keine leichte Übung, den Handgriff an der Flügelspitze zu packen und eine Tragfläche dieser Größe herumzuwuchten!

Mit dem Hydrauliksystem wurden das Einziehfahrwerk und die Landeklappen gefahren. Ersteres war außergewöhnlich sauber aufgebaut, verglichen mit den eher klobigen Konstruktionen, die in den dreißiger Jahren sonst üblich waren. Die Fahrwerksbeine klappten nach außen und ließen die Räder in den Außenflügeln verschwinden. Bei den Landeklappen handelte es sich um modifizierte «Zap»-Klappen (einen nach ihrem Erfinder Zaparka benannten Spreizklappentyp), die etwa in Höhe der Profilsehnenmitte von stabilen Antriebsstangen ausgefahren wurden. Die Blackburn-Konstrukteure änderten die Geometrie derart ab, daß der Arbeitszylinder die Klappen nicht über deren Vorderkante anlenkte, so daß sich die Klappen auf Schienen bewegten, sondern daß er auf einen Hebel wirkte, der auf der Klappenoberseite angebracht war, die in der 90°-Stellung zur Klappenrückseite wurden. Diese Klappen hatten den Vorteil, daß das Rudermoment (also die erforderliche Betätigungskraft) erheblich geringer war, und daß sie hydraulisch in jeder beliebigen Stellung arretiert werden konnten, ohne daß das Antriebssystem unter Last stand. Die Klappen wurden natürlich nicht nur zum Landen, sondern auch als Sturzflugbremse eingesetzt.

Die Klappen begrenzten die Geschwindigkeit im senkrechten Sturzflug auf etwa 243 Knoten, wobei der Propeller allerdings immer noch überdrehen konnte. In diesem Flugzustand visierte der Pilot sein Ziel an und klinkte dann die Bombe aus, die an dem zuvor eingefahrenen großen Trägergestell angebracht war. Höchst bemerkenswert ist, daß die Bewaffnung der Skua zwar im Begleitartikel zu Clarks Zeichnung in The Aeroplane ziemlich eingehend beschrieben wurde, während Clark offensichtlich die Anweisung erhalten hatte, nichts davon preiszugeben! Irgendwelche Hinweise auf Bomben fehlen völlig, und anstelle der Browning-MGs zeichnete Clark nur vier kleine Ringe in die Flügelvorderkante ein. Weder die für die MGs erforderlichen Ausnehmungen im Holm noch die Magazine oder das MG-Pneumatiksystem sind der Zeichnung zu entnehmen.

Die Bewaffnung des Kampfbeobachters läßt Clark unerwähnt. Es handelte sich um eine Lewis Mk IIIE (seltener um eine Vickers K) mit Trommelmagazinen, die wie bei der Battle und verschiedenen anderen Mustern auf einer Fairey-Lafette montiert war. Clark kennzeichnete den eher banalen Gashebel, anstatt auf das weitaus interessantere Reflexvisiersystem Mk II hinzuweisen. Auch die Zielkamera in der rechten Flügelwurzel fehlt.

Der Perseus XII-Motor besaß neun Hülsenschieberzylinder, die jeweils mit denen des an anderer Stelle beschriebenen 14-Zylinder-Hercules-Triebwerks identisch waren. Bei Veröffentlichung dieser Zeichnung wurde die Motorlei-

Skua I in «Kriegsbemalung». Diese Maschine mit dem Kennzeichen L2928 besaß zuvor ein Silber-Finish und gehörte zu den ersten 140 Exemplaren, die das Luftfahrtministerium 1936 bei Blackburn bestellte.

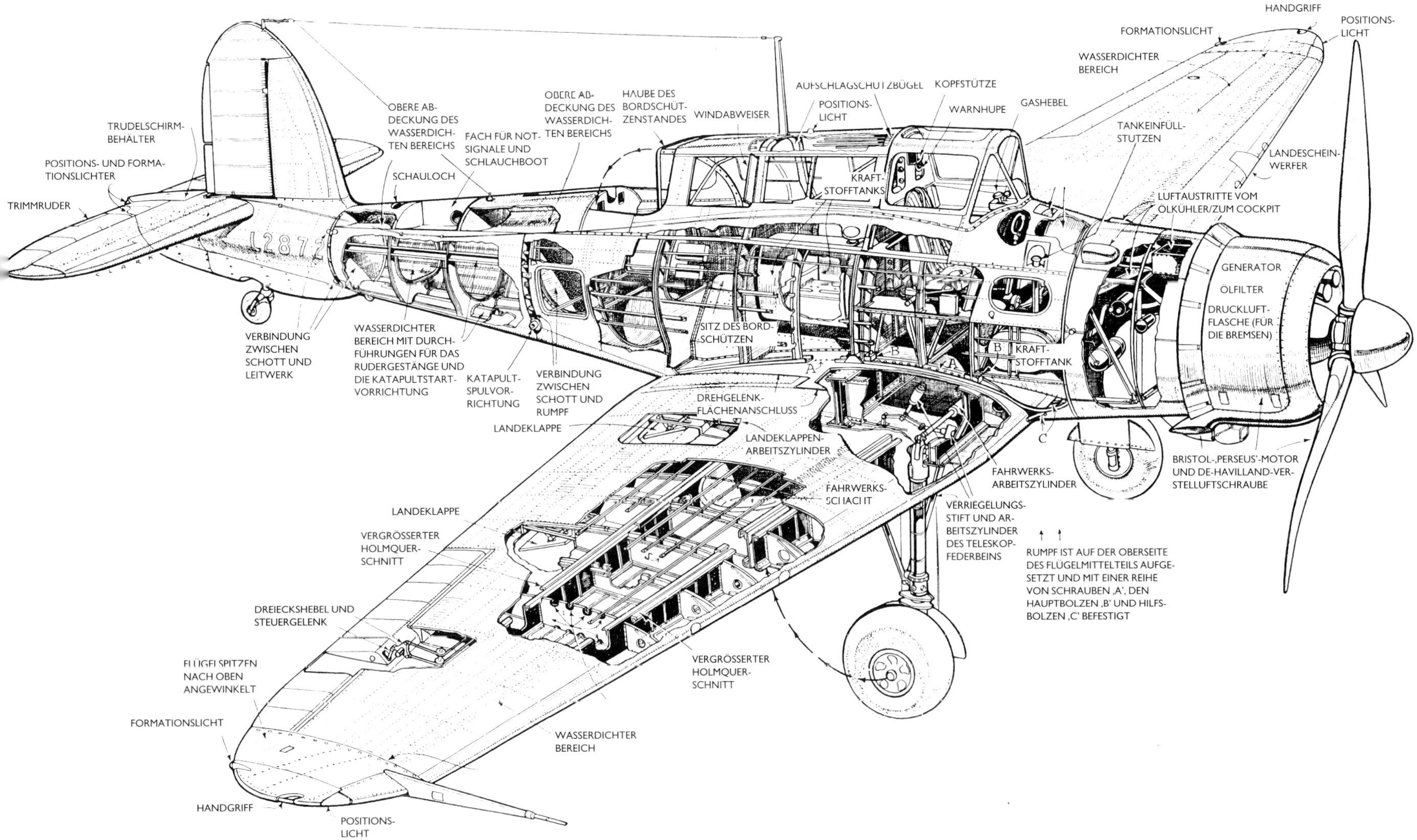

stung mit 830 PS angegeben, bei ihrem Erscheinen in The Aeroplane Spotter zwei Jahre später bereits mit 905 PS. Kurios ist die von Clark gezeichnete Sichelform bei einem Blatt des Propellers, der keine Constant-Speed-Ausführung war, sondern eine in Lizenz gefertigte Hamilton-Luftschraube. Sie hatte nur zwei um gerade einmal 10° unterschiedliche Steigungen, was das Überdrehen im Sturzflug erklärt. Gestartet wurde der Motor mit einem der ersten Patronenanlasser, der auch in Form des kleinsten der drei trommelförmigen Komponenten hinter dem Motor eingezeichnet ist, aber nicht kommentiert wird. Bei den beiden anderen handelt es sich um den Druckluft-Ausgleichsbehälter und den Alkoholtank der Enteisungsanlage.

Die Hauptkraftstofftanks waren identisch (d.h. spiegelsymmetrisch) aufgebaute 62-Gallonen-Zellen in der Rumpfmitte. Dies geht aus der Zeichnung nicht sofort hervor, in der auch nicht wiedergegeben ist, daß der ovale Gegenstand gleich darüber eigentlich der Haupttankkopf war. Die beiden kreisrunden Einläufe oben auf der Motor-Cowling leiteten Luft an den oberen Zylindern vorbei zum Ölkühler.

Ju 86A-I

Nach 15 Jahren Pionierarbeit im Bau von Flugzeugen mit einer Außenhaut aus Leichtmetall-Wellblech ging Junkers in den frühen dreißiger Jahren zu glatten, selbsttragenden Beplankungen über. Die erste große zweimotorige Maschine dieses Typs war der Prototyp der Ju 86, der erstmals am 4. November 1934 flog und den Ausgangspunkt für eine ganze Erfolgsserie von Passagiermaschinen und Bombern bildete. Mitte der dreißiger Jahre war die Ju 86 ein modernes, wettbewerbsfähiges Flugzeug. Fünf Bomber der Version Ju 86D-1 wurden nach Spanien entsandt und dort auch mit einigem Erfolg eingesetzt, aber die Ju 86-Bomberversionen wurden von der Luftwaffe von Anfang an nur als Zwischenlösungen angesehen, die möglichst bald von der Do 17, der He 111 und der Ju 88 abgelöst werden sollten. Von daher spielten sie im Zweiten Weltkrieg nur eine Nebenrolle, wenn man einmal von ein paar Maschinen absieht, die von den ungarischen und (ironischerweise) südafrikanischen Luftstreitkräften geflogen wurden. Weitere Maschinen flogen während des Polenfeldzuges bei der Luftwaffe, und einige wenige - vielleicht 20 - wurden zu Fernaufklärern mit Druckkabine umgebaut und in Höhen von deutlich über 40.000 Fuß eingesetzt. Die Dienstgipfelhöhe der hier gezeigten Bomberversion lag bei knapp 20.000 Fuß.

Clark muß diese Zeichnung ganz zu Anfang des Krieges begonnen haben. Angesichts dieser Entstehungsphase ist sie ziemlich detailliert, aber seine Auftraggeber hätten natürlich nicht im Traum daran gedacht, ihn nach Dessau zu schicken! Es ist daher anzunehmen, daß er sich auf die reichhaltigen Veröffentlichungen in der deutschen Literatur stützte. Ich bezweifle, daß er Zugang zu den Betriebshandbüchern der mit Kestrel-Triebwerken ausgerüsteten Passagiermaschinen hatte, die ab 1936 an South African Airways geliefert wurden. Nur eines dieser 18 nach Südafrika exportierten Flugzeuge war ein Bomber. Alle 18 erhielten später Hornet-Triebwerke von Pratt & Whitney und wurden von der südafrikanischen Luftwaffe (SAAF) zu Aufklärern bzw. Bombern umgerüstet. Sie spielten eine wichtige Rolle in verschiedenen Militäraktionen in Afrika; bei Waterkloof (Oranjefreistaat) bin ich später auf eine ausgemusterte Ju 86 gestoßen, die mit zahlreichen Einsatzemblemen verziert war.

Pech gehabt: Eine mit BMW-Motoren ausgerüstete Ju 86E-2 nach einem immerhin weichen Kopfstand im hohen Schnee auf einem unbekannten Flugplatz im Winter 1940.

In jener Zeit hängten die Briten an fast jede Typenbezeichnung deutscher Militärflugzeuge ein «K» an. Im Fall der Ju 86 war das allerdings korrekt, denn die Bomberversionen, die in den Export gingen, hatten tatsächlich die Bezeichnung «Ju 86K» mit angehängter Suffixnummer. Der wichtigste Exportkunde war Ungarn (Ju 86K-2) vor Schweden (K-4 und K-5). Die schwedischen Maschinen waren mit Lizenznachbauten des Bristol Pegasus motorisiert.

Die von Clark porträtierte Maschine gehörte zu den ersten (etwa 18) in Serie gebauten Flugzeugen (Ju 86A-1). Diese Version wurde bald von der Ju 86D-1 verdrängt, deren Rumpf zur Verbesserung der Stabilität über das Leitwerk hinausragte. Alle Versionen hatten dasselbe ungewöhnliche Hauptfahrwerk, bei dem das Flugzeug auf vertikalen Federbeinen nahe dem Ende des sehr kleinen Mittelabschnitts ruhte. Beim Einfahren wurde das obere Ende des Federbeins entlang einer horizontalen Führung eingezogen, bis das Rad schließlich flach im Außenflügel verschwand. Diese ausgefeilte Konstruktion machte es möglich, eine Tragfläche auszuwechseln, ohne das Flugzeug auf ein Stützgerüst stellen zu müssen. Andererseits verringerte sich dadurch aber auch der Achsabstand, und zwar stärker als es in der Zeichnung aussieht. Die Prototypen hatten noch einen Schleifsporn, die Serienmaschinen dagegen ein schwenkbares und selbstzentrierendes Spornrad.

Wie bei der He 111 wurden auch an Bord der Ju 86 die Bomben in vertikalen Halterungen in der Rumpfmitte transportiert. Hier löste sich Clark etwas von der Vorlage, indem er in jeder Zelle zwei Bomben zu angeblich 125 kg einzeichnete. Eine solche Bombe habe ich aber in keinem einzigen Handbuch der Luftwaffe und auch nicht in dem sehr umfassenden sowjetischen Nachschlagewerk über deutsche Bomben gefunden. Auf jeder Seite befanden sich vier Zellen, von denen in jeder genau eine 100-kg-Bombe vom Typ SC 100 untergebracht werden konnte. Alternativ dazu konnte die Ju 86 eine Bombenlast von 16 SC 50 tragen. Die drei von Hand ausrichtbaren Maschinengewehre vom Typ MG 15 waren dagegen tatsächlich vorhanden.

Als Randbemerkung sei erwähnt, daß Clark die erste Version dieses Flugzeugs gezeichnet hat, das ebenso wie die erste Passagierversion von Zweitakt-Dieselmotoren Jumo 205-4 angetrieben wurde. Diese Motoren hatten nicht 700 PS (wie von The Aeroplane angegeben), sondern 600 PS Nennleistung und sechs lange Zylinder, in denen 12 gegenüberliegende Kolben untergebracht waren. Sie liefen mit Schweröl, so daß die Behälter unmittelbar auf der Außenseite jedes Motors eigentlich mit «Schmieröl» hätten beschriftet werden müssen, um den Unterschied zum Schweröl kenntlich zu machen.

Diese Zeichnung wurde am 19. Oktober 1939 in The Aeroplane veröffentlicht. Eine weitere Veröffentlichung erschien in The Aeroplane Spotter am 22. Mai 1941, zu einem Zeitpunkt also, zu dem ein solches Flugzeug unmöglich über den Britischen Inseln auftauchen würde, um einen Bombenangriff zu fliegen. Auf den ersten Blick schien die einzige Änderung darin bestanden zu haben, daß auf dem Seitenleitwerk der Ring um das Hakenkreuzabzeichen herum entfernt worden war (die Original-Seitenflossen und -Seitenruder von 1937 waren in Rot gehalten und trugen in der Mitte das

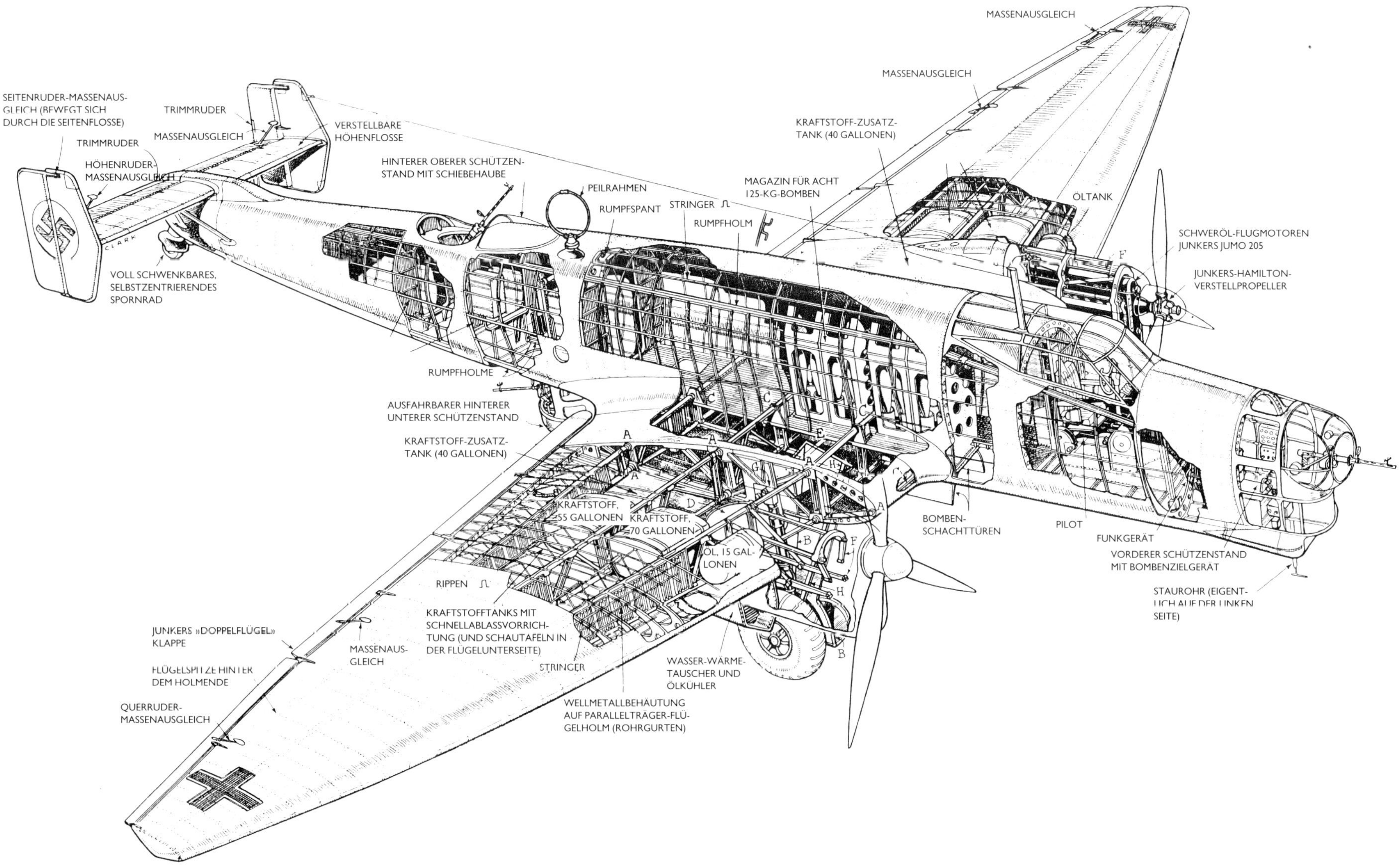

Hakenkreuz inmitten einer weißen Kreisfläche). Bei näherer Betrachtung konnte man jedoch erkennen, daß die gesamte Zeichnung mit neuen Beschriftungen aus serifenlosen Großbuchstaben versehen worden war.

Eine Kritik an Clarks Zeichnung muß fraglos lauten, daß die Steigung der Propellerblätter absolut nicht stimmt. Insbesondere das unterste Blatt des rechten Propellers hätte um mindestens 30° im Uhrzeigersinn gedreht eingezeichnet werden müssen - eine mißglückte Darstellung, die von Clarks späteren Imitatoren originalgetreu übernommen wurde.

Bf 109E

Diese Zeichnung ist eine wirklich außergewöhnliche Mischung aus Gutem, Schlechtem und - blankem Unsinn. Gut sind die stets präzise Arbeit von Clark beim Anfertigen von Stiftzeichnungen, die korrekte Wiedergabe der Gesamtansicht und der allgemeine Eindruck, den das Bild vermittelt. Eher schlecht dagegen sind die veralteten Insignien auf dem Leitwerk, der mikroskopisch klein geratene Kraftstofftank (der in Wirklichkeit 88 Gallonen faßte und sich in L-Form über die gesamte Rumpftiefe bis unter den Sitz erstreckte) und die nutzlos vertane Zeit für die komplizierten Schattierungen. Und der Unsinn? Zweifellos die Bewaffnung, das Fahrwerk und die Kühler. Praktisch alle Fehler wurden aber korrigiert, als Clark später im Krieg die Bf 109F zeichnete.

Der größte Teil der Hintergrundinformationen geht aus dem Begleittext zu dieser späteren Zeichnung hervor, und der hier gezeigte Aufriß von 1939 wurde lediglich zu Vergleichszwecken in dieses Buch aufgenommen. Er erschien am 26. Oktober 1939 in The Aeroplane, als bereits eine Menge über alle Versionen der Bf 109 veröffentlicht worden war, ohne daß jedoch den Alliierten je ein Exemplar dieses Typs in die Hände gefallen war. Was mit der Bemerkung im Begleittext, diese Zeichnung sei «...aufgrund von bislang nicht verfügbaren Informationen zusammengestellt worden», ist mir nicht recht klar.

Einige dieser Informationen, die zweifelsohne Einfluß auf die Zeichnung hatten, waren absolut unzuverlässig. Beispielsweise hieß es im Text über die Bewaffnung: «Diese besteht aus einer fest eingebauten 23-mm-Bordkanone, mit der durch die Nabe des VDM-Verstellpropellers gefeuert werden kann, ferner aus zwei oben auf der Cowling versenkt angeordneten Maschinengewehren vom Kaliber 7,7 mm (0,312 Zoll) und zwei weiteren MGs außerhalb der Propellerkreisfläche.» Dem fügte der Autor noch hinzu, die britischen Jagdflugzeuge hätten «...acht MGs vom Kaliber 7,6 mm (0,303 Zoll)».

Zunächst einmal sei gesagt, daß 0,303 Zoll nicht 7,6, sondern 7,7 mm sind, und daß das 0,312 Zoll entsprechende deutsche Kaliber tatsächlich 7,92 mm und nicht 7,7 mm war. Eine 23-mm-Bordkanone wurde von der Luftwaffe niemals eingesetzt; einige Flugzeuge der Baureihe E-3 waren zwar ursprünglich mit einem FF-MG vom Kaliber 20 mm ausgerüstet, mit dem durch den Spinner gefeuert werden konnte, doch dieses MG erwies sich als ebenso störanfällig wie die früheren im Motorraum untergebrachten Maschinengewehre und wurde daher sehr bald wieder abgeschafft. Die große Öffnung im Spinner blieb erhalten, diente aber lediglich der Zuführung von Kühlluft und sorgte dafür, daß sich die Legende vom «Propellernaben-MG» noch jahrelang hielt. Den bei weitem wichtigsten Teil der Bewaffnung bei der überwiegenden Mehrheit der Unterversionen der Bf 109E bildeten die beiden 20-mm-FF-Kanonen in den Tragflächen, und zwar an den Stellen, an denen nach Clarks Beschriftung MGs eingebaut sein sollten. Zu jeder von ihnen gehörte ein Trommelmagazin zu 60 Schuß, für das auf der Flügelunterseite eine breite Auswölbung sowie ein Geschoßhülsenauswurf erforderlich waren. Die gänzlich anders aussehende Hutze, die Clark eingezeichnet und mit «PATRONENHÜLSENAUSWURF» beschriftet hat, kann ich mir einfach nicht erklären.

Zum Thema «WASSERKÜHLER» ist anzumerken, daß es sich beim Kühlmittel um eine Mischung von Wasser und Glysantin (Ethylenglykol) zu gleichen Teilen handelte, eine glykolhaltigere Mischung also als sie bei den britischen Merlin-Motoren während des Zweiten Weltkriegs überwiegend verwendet wurde. Gekühlt wurde es beim Durchströmen der beiden Kühler unter dem hinteren Teil der Tragflächen unmittelbar hinter der Flügelwurzel. Die Landeklappen waren in Wirklichkeit viel schmaler und lagen direkt hinter den Kühlluftaustritten, wie dies auch im Text zur Bf 109F erklärt wird. Das zeigt: Clark hat dieses Flugzeug nie zu Gesicht bekommen. Was den Kühler unter dem Motor angeht, so enthielt dieser nicht Wasser, sondern Schmieröl. Die Ausbuchtungen, die man auf der Zeichnung neben dem Kühler sieht, waren wegen der Kühlmittelleitungen nötig, die vom Vorderende des Motors zu den Unterflügelkühlern verliefen.

Im Begleittext zu dieser Zeichnung hieß es weiter: «Die Federbeine des Fahrwerks fahren nach außen ein und liegen dann in den Fahrwerksschächten, die den gesamten Platz zwischen dem Holm und der Profilnase einnehmen. In der letzten Version wird

Leutnant Steindl, hier im Cockpit einer der letzten im Frühjahr 1942 noch im Fronteinsatz befindlichen «Emils», beim Fototermin für seine mit den passenden Markierungen versehene BF 109E-4/B auf dem Flug nach Stalingrad. Die winkelförmige Markierung auf dem in Tarnfarben gehaltenen Flugzeug deutet auf seinen Rang als Geschwaderadjutant des Jagdgeschwaders 54 hin.

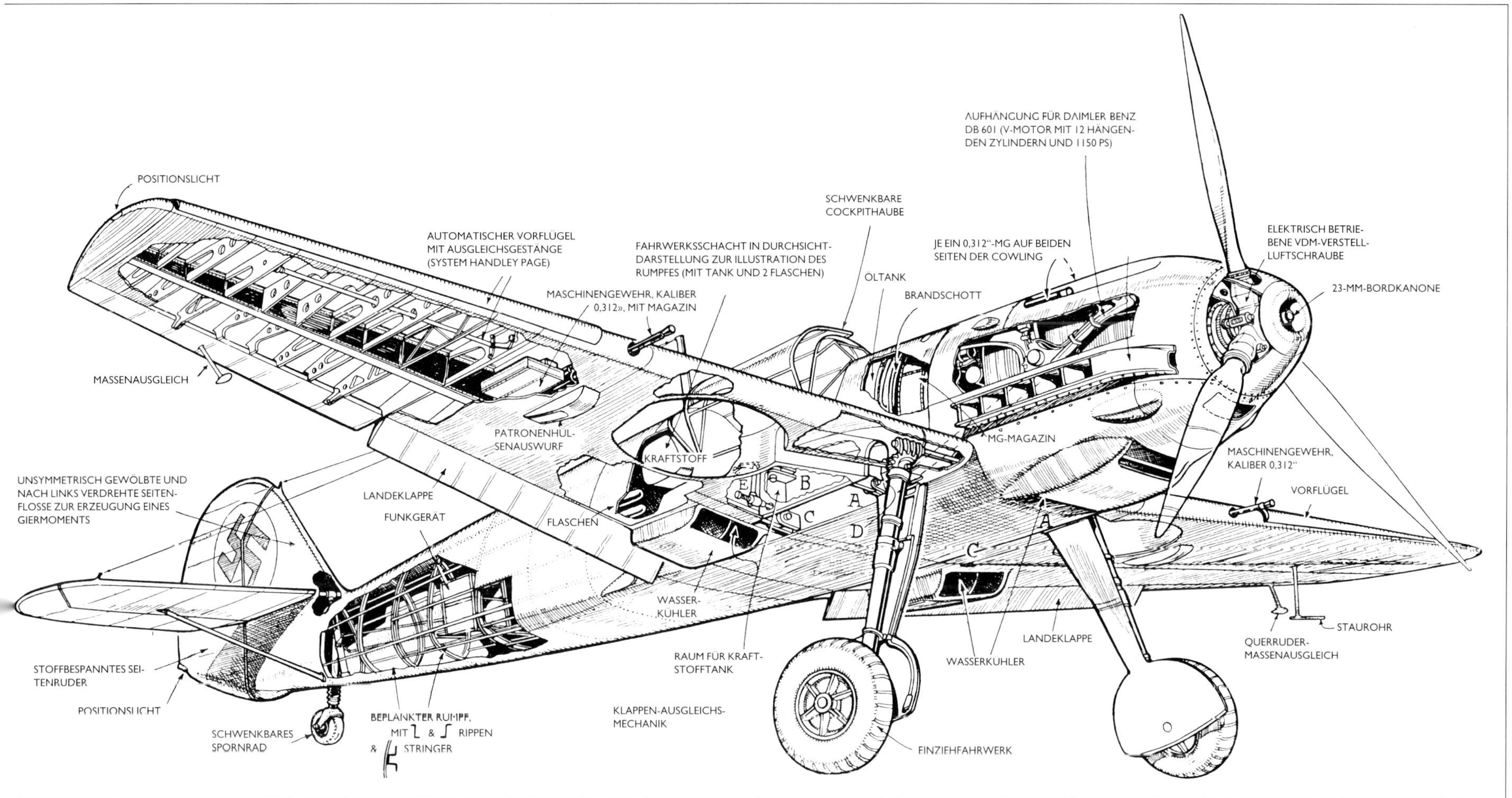

das Fahrwerk vermutlich von einem Elektromotor über ein Schneckenradgetriebe angetrieben, zu dem auch ein manueller Hilfsantrieb gehört.» Clark hat nicht nur die Dimensionen der zugegebenermaßen großen Schächte zur Aufnahme der Räder übertrieben, sondern auch einen wunderbar vereinfachten Schneckentrieb erfunden. Tatsächlich befand sich der Radschacht nämlich hinter dem vorderen Holm, und die Fahrwerksbeine wurden - wie auch bei allen anderen Versionen - mit einem Hydraulikzylinder eingefahren.

Ein Detail, das im Text richtig beschrieben, dem Zeichner aber nicht mitgeteilt wurde, war die Tatsache, daß die Höhenruder-Dämpfungsfläche um einen Lagerzapfen drehbar und abgestrebt war. Ihr Einstellwinkel konnte vom Piloten über eine selbsthemmende Schraubspindel im Bereich von +3° bis -8° justiert werden. In den späteren Versionen der Bf 109 war die Dämpfungsfläche nicht mehr abgestrebt und mit der Seitenflosse fest verbunden.

Außerdem möchte der Autor der Stelle im Text von 1939 widersprechen, an der es heißt: «Insbesondere die Querruderbetätigung ist brillant.» Wahr ist: Die Querruder waren wohl in der Platzrunde leicht zu bedienen, aber im Krieg fliegen die Piloten nun einmal etwas schneller, und bei Geschwindigkeiten über 500 km/h erforderte der Ruderdruck schon enorm viel Kraft. In einem Sturzflug gar wirkten sie wie festgeschweißt - aber die ersten Spitfires glänzten ja beim Rollen auch nicht gerade durch besonders niedrige Ruderkräfte.

Und selbstverständlich hatte die Messerschmitt bis Ende 1941 gegenüber ihren Gegnern den großen Vorteil, daß der Motor unter negativen g-Belastungen nicht stotterte und stehenblieb. Der DB 601 besaß nämlich schon eine Direkteinspritzung, was eine höchst nützliche technische Finesse war. Der Lufteinlauf zum seitwärts ausgerichteten Lader befand sich auf der linken Seite, war also in Clarks Zeichnung nicht zu sehen.

Die zusammen mit diesem Aufriß veröffentlichte Spezifikation schließlich gab die meisten technischen Daten weitgehend richtig wieder. Nur die Gesamtlänge wurde, aus welchem Grund auch immer, mit «9,8 m» angegeben, was nicht stimmt - tatsächlich war die «Emil» nur 8,64 m lang.

Bf 109F

Wenn erbeutete Feindflugzeuge zu zeichnen waren, stand der Künstler oft vor Problemen. Schließlich konnte er ja nicht mit der Unterstützung des Herstellers rechnen, und auch die ausführlichen Konstruktionsunterlagen gab es natürlich in keiner Leihbibliothek. Wenn das Flugzeug zwar beschädigt, aber vollständig und vielleicht sogar flugfähig war, mußte er mehr oder weniger das zeichnen, was von außen zu sehen war, und sich möglicherweise auch noch auf Notizen und Skizzen beschränken, die er an einem einzigen Nachmittag machen konnte. Um diese Zeichnung anzufertigen, benutzte Clark sein früheres Porträt der Bf 109E (allerdings nicht das auf Seite 49), das er dann modifizierte. Wie weiter vorn schon einmal erwähnt, war diese Originalzeichnung nicht gerade eines seiner Meisterwerke, und dasselbe gilt auch für diese Zeichnung. Sie ist um den Daimler-Benz-Motor herum aufgebaut, von dem er ein erbeutetes Exemplar, das aus der Bf 109 ausgebaut und in einem Hangar in Farnborough ausgestellt war, eine ganze Weile studieren konnte.

Natürlich war der Motor das dominierende Element der Bf 109. Der DB 601N, mit seiner Startleistung von 1200 PS nicht stärker als ein zeitgenössischer Merlin, hatte einen Hubraum von 34 Litern (der DB 605 der in viel größeren Stückzahlen gebauten Bf 109G brachte es sogar auf 35,7 Liter), verglichen mit den gerade einmal 27 Litern des Merlin. Umgekehrt war die Bf 109 deutlich kleiner als eine Hurricane oder Spitfire, ein Faktor, der sofort auffällt, wenn man sich heute auf einer Airshow aus der Ferne einen simulierten Luftkampf zwischen diesen einst verfeindeten Oldtimern ansieht. Hinzu kam, daß die Struktur des deutschen Jägers bemerkenswert einfach aufgebaut war.

So enthielt beispielsweise der Rumpf, der aus einer linken und einer rechten Halbschale bestand, nur einige leicht gebaute Stringer, die mit Beplankungsstreifen umwickelt und an ihren Enden über Flanschbefestigungen überlappend verbunden waren. (Die von Willy Messerschmitt stammende Originalskizze dazu gibt es noch.) Wie bei der Spitfire wurde fast die gesamte Stabilität des Flügels aus einem einzelnen Holm geholt. Dieser unterschied sich aber nicht nur im Hinblick auf seine Form (er bestand aus einem konventionellen vertikalen Blechsteg in Form eines Doppel-T-Trägers) vollständig von dem des Spitfire-Flügels, sondern lag auch wesentlich weiter hinten, bei fast 50 Prozent der Profilsehne. In der Zeichnung ist die simple Drei-Zapfen-Befestigung des Flügels an der Wurzelrippe gut zu erkennen. Der vordere Befestigungspunkt dient zugleich als Fixierstift für das Drehgelenk des Hauptfahrwerks.

Die Konstrukteure der Bayerischen Flugzeugwerke (wie diese Firma hieß, als die Bf 109 entstand) hatten sich dafür entschieden, diese Drehgelenke jeweils an der Wurzelrippe zu montieren, so daß die Fahrwerksbeine ausgewechselt werden konnten, ohne das Flugzeug aufzubocken. Zu Anfang war in den Tragflächen nur das Steuergestänge zu den Spaltklappen und Querrudern untergebracht. Die Vorflügel wurden automatisch ein- und ausgefahren, und in Luftkampfmanövern konnte es schon einmal vorkommen, daß dies nur bei einer Tragfläche funktionierte. Dies löste nicht selten auch ein Umschlagen der Querruder aus, auf jeden Fall aber eine Gierbewegung des Flugzeugs, was das Zielen sehr schwierig machte. Bei allen im Krieg eingesetzten Bf 109 waren die beiden Motorkühler versenkt unter dem hinteren Teil der Innenflügel angeordnet. Hinter den breiten, aber flachen Kühlern (in der Zeichnung mit «Z» beschriftet) befanden sich obere und untere Kühlluftklappen zur Regulierung des Kühlluftstromes (Y). Die turbulente Grenzschicht wurde über den Kühler und durch die obere Klappe (X) geleitet. Beim Starten wurden beide Klappen auf 15° oder 20° eingestellt, zum Landen auf 45°.

Bei allen Versionen der Bf 109 wurde die Haube zum Öffnen nach rechts geklappt. Zu den bleibenden Eindrücken des Autors gehörte es, daß dieser Piloten-Arbeitsplatz (insbesondere in der Breite) derart beengt war, daß man nach Schließen der Haube das Gefühl hatte, nie wieder aus dem Cockpit zu kommen, und daß das Schiebefenster schwächlich wirkte und leicht zum Verkanten neigte. Die Sicht nach hinten war miserabel, und man mußte den Arm schon weit ausstrecken, um den Knüppel zu erreichen. Dessen Betätigung nach vorn und hinten war leicht angesichts des großen Höhenruderdrucks, während Querruderausschläge sehr viel Kraft erforderten und im schnellen Sturzflug kaum noch möglich waren. Sehr unbequem war auch das Fehlen einer Seitenrudertrimmung, was dazu führte, daß die Beine schnell ermüdeten. Clark wies auf die leicht nach links verdrehte Seitenflosse hin, eine Maßnahme zur Kompensation des Motor-Gegendrehmoments beim Start. Dennoch konnte die beim Gasgeben entstehende Ausbrechtendenz der Maschine nach links einen unvorbereiteten Piloten schon ins Schwitzen bringen.

Nur eines der mit «N» beschrifteten Handräder war der mühsam zu bedienende Fahrwerksantrieb; der andere war

Herbst 1940: Vier Bf 109F-2 ohne Markierungen lassen an der Abstellposition auf einem Feldflugplatz irgendwo in Westrußland ihre Motoren warmlaufen.

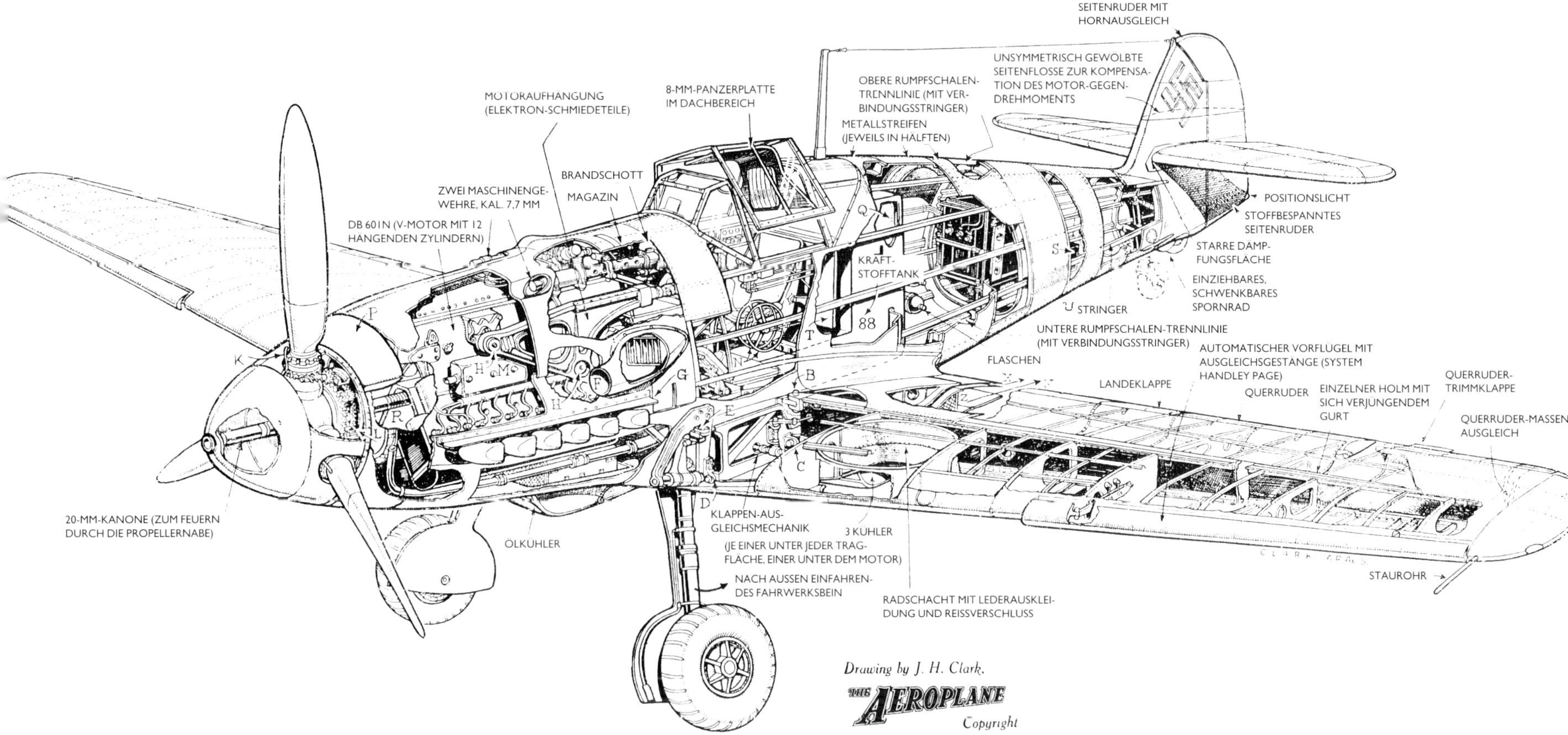

die Höhenrudertrimmung. Die Bf 109F hatte den Ruf, die beste Version zu sein, die jemals geflogen war, verfügte aber nur über eine schwache Bewaffnung. Oft wurde eine Hochgeschwindigkeits-Bordkanone MG 151/15 anstelle des alten MG/FF oder des MG 151/20 eingebaut. Die Vorgängerversion Bf 109E war normalerweise mit je einem MG/FF, Kaliber 20 mm, in jeder Tragfläche bewaffnet. Zu deren Unterbringung hatte der Holm mit einer Ausnehmung versehen werden müssen - mit entsprechenden Einbußen beim höchstzulässigen Lastvielfachen, die auch durch eine verstärkte Beplankung natürlich nicht ausgeglichen werden konnten. Eine gravierenderen Schwachpunkt, ausgerechnet in einem Jagdflugzeug, hätte es wohl kaum geben können!

Bei der späteren Bf 109G waren die Kanonen wieder in oder unter den Tragflächen montiert. Die Bf 109F hatte oben auf dem Motor zwei MG 17 vom Kaliber 7,92 (nicht 7,7 mm, wie von Clark angegeben), während diese bei der «Gustav» normalerweise durch Maschinengewehre vom Typ MG 131, Kaliber 13 mm, ersetzt wurden, wodurch Hutzen auf beiden Seiten des Rumpfvorderteils erforderlich wurden.

Wie bei den meisten deutschen Kriegsflugzeugen war auch bei der Bf 109 der Motor auf einteiligen Trägern montiert, die aus Elektron (einer Magnesiumlegierung geringer Dichte) geschmiedet waren. Fast alle der wassergekühlten V12-Motoren - sowohl die von Junkers als auch die von Daimler-Benz - besaßen hängende Zylinder und waren auf einer Seite (bei den DB-Motoren war das die linke) mit einem Lader ausgerüstet, der von einem seitlich vorstehenden Staudrucklufteinlauf mit Luft versorgt wurde. Nach Clarks Beschriftung «3 KÜHLER» könnte man meinen, alle drei seien identisch aufgebaut gewesen. Tatsächlich aber unterschied sich der Ölkühler unter dem Motor völlig von den beiden Motorkühlern. Das einziehbare Spornrad war nur bei wenigen Versionen der Bf 109 vorhanden. Bei der «Gustav» konnte es arretiert werden, um die Schwingneigung zu Beginn des Startlaufes zu unterdrücken.

Alles in allem war dies eine ziemlich einfache Zeichnung eines einfachen Flugzeugs. Man kann den Piloten, die auf einem Flugzeug mit so vielen ernsthaften Schwächen 200 oder gar 300 Luftsiege errangen, nur Respekt zollen.

He 111

Siegfried und Walter Heinkel machten 1932 mit dem für die damalige «Luft Hansa» gebauten und 374 km/h schnellen Passagier- bzw. Kurierflugzeug He 70 den Namen Heinkel zu einem feststehenden Begriff in der Luftfahrttechnik. Auf der Grundlage dieser Maschine entstand die größere He 111, die am 25. Februar 1935 erstmals flog. Wie die He 70 wurde auch die He 111 in Bomberversionen gebaut. Sie war trotz ihrer Verwundbarkeit eines der erfolgreichsten Flugzeuge des Zweiten Weltkriegs. Wie bei der Bf 109, der Bf 110 und der Ju 88 waren Nachfolgerversionen vorgesehen, die aber nie in Dienst gestellt wurden, und so mußte auch die alte Heinkel bis zum Ende des Krieges durchhalten. Insgesamt waren 7300 Exemplare ausgeliefert worden, die über ganz Europa und Nordafrika mehr Bomben abluden als irgendein anderer Flugzeugtyp der Luftwaffe.

Die vielen Versionen der He 111, die vor der ab Ende 1937 gebauten F-Version entstanden, besaßen wie die He 70 gefällig geformte Tragflächen von fast elliptischem Grundriß. Am 2. November 1939 veröffentliche The Aeroplane eine Clark-Aufrißzeichnung einer als «He 111K Mk V» bezeichneten Heinkel, die über genau diese Tragflächen und eine neue, voll verglaste Flugzeugnase ohne separate Windschutzscheibe für den Piloten verfügte. Normalerweise blickte der Pilot durch die ziemlich weit entfernten vorderen Glasscheiben, hatte aber die Möglichkeit, zum Landen seinen Sitz nach oben zu verstellen und durch eine nach oben ausstellbare Windschutzscheibe nach vorn zu sehen. Eine solche Flugzeugnase gab es tatsächlich; allerdings war sie unsymmetrisch aufgebaut, da der Bereich des Bordschützen nach rechts versetzt war, um die Sicht des Piloten zu verbessern. Bedauerlicherweise gab es aber nur einen einzigen Prototypen (mit dem zivilen Kennzeichen D-AQUO), der sowohl über diese neue Flugzeugnase als auch über die Originaltragfläche verfügte (deren Struktur Clark frei erfunden hatte).

Eine He 111H-11 läßt die Jumo 211-Motoren sorgfältig warmlaufen, damit sie einwandfrei arbeiten, bevor der Pilot das Signal «Bremsklötze weg» gibt und der Einsatz beginnt.

Ab 1938 hatten alle Serienflugzeuge einen Trapezflügel, der einfacher herzustellen war. Bis zum Frühjahr 1938 konzentrierte sich die Produktion auf die von zwei Jumo 211-Motoren angetriebene He 111H und die mit Motoren vom Typ Daimler-Benz DB 601 bestückte, aber ansonsten weitgehend identische Version He 111P. Beide Motortypen hatten eine Nennleistung von 1100 PS. Entgegen der Mutmaßung von The Aeroplane, daß «...der DB 601 wahrscheinlich zum Standardmotor werden dürfte, weil der Jumo 211 für ... die Ju 88, die viermotorige Ju 89 und die kleine Ju 87 benötigt wird...», blieb die He 111H mit Jumo-Motoren die Standardversion bis zum Kriegsende. Sie wurde in 23 Varianten gebaut, zuletzt mit dem leistungsstärkeren Jumo 213.

Die He 111 war zweifellos eine sauber durchkonstruierte und in Schalenbauweise hergestellte Maschine mit einem bemerkenswert stromlinienförmig geformten Rumpf. Als Junge besaß ich eine Zigaretten-Sammelkarte mit dem Farbfoto einer früheren Version, deren Höchstgeschwindigkeit mit 500 km/h angegeben war. Als ich aber gegen Ende des Krieges selbst mit einer He 111 flog, stellte sich heraus, daß sie in geringer Höhe nur etwa 350 km/h erreichte. Es war eben ein schönes, ausgeglichenes Flugzeug, das sich nicht hetzen ließ. Umgekehrt baute es allerdings, wenn man das Gas herausnahm, nur sehr langsam Fahrt ab, wenn das Fahrwerk nicht ausgefahren war. Bei der Luftwaffe hatte sie wegen ihrer enormen Profiltiefe den Spitznamen «Spaten». Wer sich die Heinkel im RAF-Museum ansieht, wird sofort feststellen, daß die Tragflächen eine wesentlich größere Tiefe aufweisen als in der Zeichnung von Clark. Die Flügelfläche war mit 87,5 m² bedeutend größer als die der Wellington (78 m²) mit ihrer um vier Meter größeren Spannweite.

Die normale Bombenlast bestand aus acht 250-kg-Bomben vom Typ SG 250, die in acht vertikalen Halterungen mit der Spitze nach oben transportiert wurden. Zwischen zwei Vierergruppen dieser Halterungen befand sich ein schmaler Durchgang. Es konnten aber auch zahlreiche andere Lasten mitgeführt werden, und die meisten P- oder H-Versionen konnten als Außenlast eine 2000-kg-Bombe transportieren. Eine wichtige Version war die He 111H-6, von der aus zwei Torpedos gestartet werden konnten. Sie war eine der wenigen Varianten, die gelegentlich mit dem hier gezeigten Heckgeschütz anzutreffen war. Ein anderer, in allerletzter Minute unternommener Versuch zur Abschreckung feindlicher Jäger war ein Granatwerfer.

Wie oberflächliche Autoren, so werden wohl auch nachlässige Zeichner immer wieder von Nachahmern kopiert. Die Mängel in der He 111-Zeichnung vom November 1939 wären ja noch zu entschuldigen gewesen, aber spätestens bei der nächsten Version wären die nötigen Korrekturen eigentlich fällig gewesen! Über dem linken Motor ist mit dem Buchstaben «F» eine Einzelheit gekennzeichnet, die schlicht als «LUFTEINLAUF» beschrieben wird, und in der Profilnase des Innenflügels ist ein merkwürdiger «ÖLKÜHLER» eingezeichnet. Nach dem Krieg erschien in Pilot Press eine redigierte Zeichnung, in der die große Öffnung oben in der Cowling zwar korrekt als «Ölkühler-Lufteinlauf» erläutert wurde, aber ebenfalls den von Clark in die Welt gesetzten Fehler des Ölkühlers in der Profilnase des Innenflügels enthielt. Noch später veröffentlichte derselbe Verlag eine detaillierte Zeichnung der mit DB-Motoren ausgerüsteten He 111P-2. Hier wurde der Lufteinlauf oben in der Cowling zum «Vergaserlufteinlauf» (wobei leider die Tatsache übersehen wurde, daß der

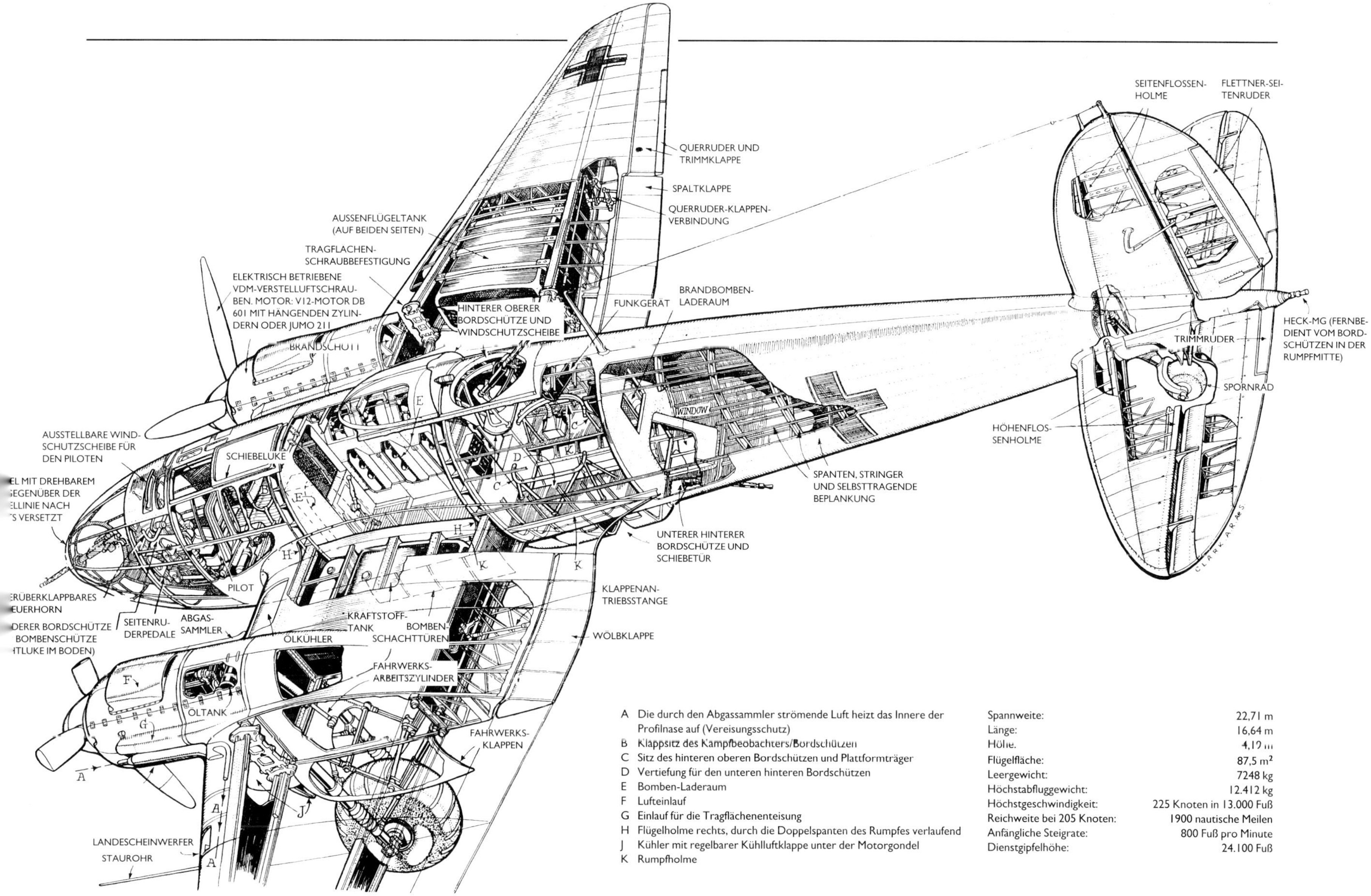

A Die durch den Abgassammler strömende Luft heizt das Innere der Profilnase auf (Vereisungsschutz)
B Klappsitz des Kampfbeobachters/Bordschützen
C Sitz des hinteren oberen Bordschützen und Plattformträger
D Vertiefung für den unteren hinteren Bordschützen
E Bomben-Laderaum
F Lufteinlauf
G Einlauf für die Tragflächenenteisung
H Flügelholme rechts, durch die Doppelspanten des Rumpfes verlaufend
J Kühler mit regelbarer Kühlluftklappe unter der Motorgondel
K Rumpfholme

Spannweite:	22,71 m
Länge:	16,64 m
Höhe:	4,12 m
Flügelfläche:	87,5 m²
Leergewicht:	7248 kg
Höchstabfluggewicht:	12.412 kg
Höchstgeschwindigkeit:	225 Knoten in 13.000 Fuß
Reichweite bei 205 Knoten:	1900 nautische Meilen
Anfängliche Steigrate:	800 Fuß pro Minute
Dienstgipfelhöhe:	24.100 Fuß

Motor gar keinen Vergaser besaß), und der große Ölkühler erhielt den Hinweis «Filterbaugruppe». Links neben dem Motor befand sich der «Lader-Lufteinlauf». Da muß man sich schon fragen, auf welche geheimnisvolle Weise der Motor die Auswahl traf, woher er nun die benötigte Luft bezog...

Das Steuerhorn beschrieb Clark als «herüberklappbar», so daß der Copilot auf dem rechten Sitz die Steuerung übernehmen konnte. Ich habe allerdings nie eine Heinkel mit Copilotensitz gesehen, denn dieser hätte dem vorderen Bordschützen bzw. Bombenschützen den Weg zu seiner Position versperrt. Die wuchtige Steuersäule war in etwa auf der Centerline angeordnet und trug oben einen nach links zeigenden waagerechten Arm, an dessen Ende sich das Querruder-Steuerhorn befand. Ich vermute vielmehr, daß man die Möglichkeit zum Umklappen des Steuerhorns vorgesehen hat, damit irgend jemand schnell die Maschine übernehmen konnte, falls der Pilot getroffen war. Ein weiterer sonderbarer Hinweis lautet «SCHIEBETÜR» und bezeichnet den in der Rumpfgondel angeordneten Einstieg für die Besatzung. Ich habe jedoch nie eine Eingangstür gesehen, die nicht von innen heruntergeklappt wurde. Zieht man spätere Aufrißzeichnungen zu Rate, so stellt man außerdem fest, daß das, was von Clark als «BRANDBOMBEN-LADERAUM» bezeichnet wurde, tatsächlich das Fach zeigt, in dem Leuchtsätze und Signalzeichen untergebracht wurden. Der (zu) kleine Zylinder unmittelbar vor dem oberen Bordschützen enthielt die Peilantenne, und das Staurohr befand sich weiter außen an der linken Tragfläche. Clark mußte es wohl gleich neben dem Landescheinwerfer einzeichnen, um mit dem verfügbaren Platz auf dem Zeichenblatt auszukommen, auf dem der größte Teil dieses Flügels einfach abgeschnitten wurde.

STIRLING I

Heutzutage haben die meisten Luftfahrtenthusiasten entweder noch nie von der Stirling gehört, oder sie erinnern sich, daß dieser Bomber eine unpopuläre Todesfalle war, weil er nicht über 12.000 Fuß steigen konnte und daher in hellen Scharen abgeschossen wurde. Die Experten der letzteren Kategorie dürfte die Tatsache überraschen, daß die Stirling-Besatzungen, obwohl sie sicherlich eine bessere Dienstgipfelhöhe als 17.000 Fuß begrüßt hätten, dieses große Flugzeug wegen seines majestätischen Erscheinungsbildes, seiner leichten Handhabung und seiner technischen Finessen durchaus schätzten. Die Crews, die überlebten, wurden meist auf die Lancaster umgeschult, die im Vergleich zur Stirling unkultiviert, laut und beengt wirkte und übrigens auch kein Doppelsteuer besaß.

Die Firma Short Brothers in Rochester (Kent) erhielt den Zuschlag für die Lieferung des ersten viermotorigen schweren Bombers an die RAF seit der V/1500 von 1918. Offiziell wurde die Auffassung vertreten, daß die Stirling, welche anderen schweren Bomber ihr auch immer folgen würden, ein überlegenes Flugzeug war, das jeden künftigen Krieg gewinnen würde. Die Firma gründete bald in Belfast die Tochtergesellschaft Short & Harland (später zog die Muttergesellschaft selbst nach Belfast um), und beide Betriebe begannen mit der Herstellung der Werkzeuge für die Produktion von Stirlings. Zuerst baute das Werk Rochester ein Testflugzeug im Maßstab 1:2; die erste Maschine in Originalgröße flog erstmals am 14. Mai 1939. Die erste Stirling aus Belfast startete im Oktober 1940 zum Erstflug. Später übertraf ein riesiges Schattenwerk, das von der Austin Car Co. in Lingbridge bei Birmingham betrieben wurde, bei den Stückzahlen beide Short-Werke zusammen. Ein weiteres Schattenwerk, das von der aus dem Automobilbau stammenden Rootes-Unternehmensgruppe betrieben wurde, wurde auf die Produktion von Kriegsflugzeugen der Typen Blenheim und Beaufighter umgerüstet.

Aber oft rächt es sich, Erster gewesen zu sein. Mit geradezu bemerkenswerter Kurzsichtigkeit schrieb die Spezifikation des Luftfahrtministeriums vor, daß der neue schwere Bomber in vorhandene Hangars passen sollte, was zur Folge hatte, daß die Spannweite nur höchstens 30,20 m betragen durfte. Und dies erwies sich als Hauptgrund für die miserable Dienstgipfelhöhe. Der andere wirklich ernsthafte Nachteil dieser frühen Konstruktion bestand darin, daß 1936 Bomben der Größen 250 oder 500 Pfund gängig waren; im Gespräch war außerdem eine schlanke, panzerbrechende 2000-Pfund-Bombe. Dementsprechend erhielt die Stirling sechs Bombenzellen in den Flügeln und im Rumpf einen mehr als 14 m langen, geradezu gigantischen Bombenschacht, der allerdings in drei schmale Teilbereiche voller Länge unterteilt war. Diese erwiesen sich später als völlig ungeeignet für den Transport der schweren Luftminen, die ab 1940 entwickelt worden waren.

Eine weitere Unzulänglichkeit (unter der auch alle anderen schweren Bomber Großbritanniens litten) war das Fehlen eines Schützenstandes auf der Rumpfunterseite. Dabei war das Interesse an derartigen Schützenständen vor dem Krieg noch sehr groß gewesen, was sich daran ablesen läßt, daß die Stirling ursprünglich einen Boulton Paul-Schützenstand, Typ O, mit 20-mm-Zwillingskanone erhalten sollte, der in der Tat sehr von Nutzen gewesen wäre. Doch dieses Interesse an Abwehrmaßnahmen gegen Angriffe von unten ging immer weiter zurück, und die Stirling wurde nie mit einem Bodenwaffenstand ausgerüstet. Als es dann um Leben und Tod ging, war die Stirling den nach oben feuernden Nachtjägern der Luftwaffe wehrlos ausgeliefert.

Eine Stirling der No 7 Sqn, bereit zur Aufnahme der Bombenlast, wartet an der Straße, die am Rande des Fliegerhorstes Oakington entlangführt. Um die Maschine herum herrscht emsiges Treiben während der Stunden vor dem nächsten nächtlichen Bombenangriff im Jahr 1941. Diese Staffel erhielt als erste RAF-Einheit die ersten schweren viermotorigen Bomber des Zweiten Weltkriegs, als sie im August 1940 die Stirlings in Dienst stellte. Sie flog diesen Short-Bomber bis zu dessen Ablösung durch die Lancaster im Mai 1943.

HALIFAX I

Noch in Jahrhunderten werden alle, die an Flugzeugen aus dem Zweiten Weltkrieg interessiert sind, mit der Lancaster und der B-17 bestens vertraut sein, denn über diese Typen wurden ganze Wagenladungen von Büchern geschrieben. Kaum jemand wird dagegen noch wissen, daß die B-24 Liberator in wesentlich mehr Exemplaren gebaut wurde als die B-17, und daß von Mustern wie der Wellington oder der Pe-2 über 11.000 Stück vom Band rollten. Die Halifax aber wird praktisch vergessen sein. Was natürlich eine himmelschreiende Ungerechtigkeit ist, denn die Halifax war eines der ganz großen Flugzeuge des Krieges. Zehntausende von Luftwaffensoldaten - unter ihnen fast alle Kanadier in der No 6 Group und die Freien Franzosen von No 346 Sqn und No 347 Sqn - kämpften auf diesem Bomber, ohne daß freilich Tausende von ihnen ihr Leben dabei ließen. Denn anders als die Lancaster wurde die Halifax für andere Aufgaben eingesetzt als für Bombenangriffe. Ebenfalls im Gegensatz zur Lancaster unterschieden sich die vielen Halifax-Versionen sehr deutlich voneinander.

Die ursprüngliche Spezifikation sollte mit einem 13 Tonnen schweren Bomber vom Typ HP 56 mit zwei Vulture-Motoren von Rolls-Royce erfüllt werden, doch als der Prototyp am 25. Oktober 1939 flog, war daraus bereits der mit vier Merlins motorisierte 20-Tonnen-Bomber HP 57 geworden. Er sah der Maschine in Clarks Zeichnung sehr ähnlich, nur daß er über Vorflügel verfügte und nicht mit einem Schützenstand oben auf dem Rumpf, sondern mit MGs zur seitlichen Verteidigung ausgerüstet war. Zur Vereinfachung von Produktion, Transport und Instandsetzung bestand die Zelle aus 24 Einzelsegmenten, die praktisch komplett einschließlich aller Einbauten vorgefertigt und dann in kürzester Zeit an den von Clark gekennzeichneten Verbindungsstellen zusammengeschraubt wurden.

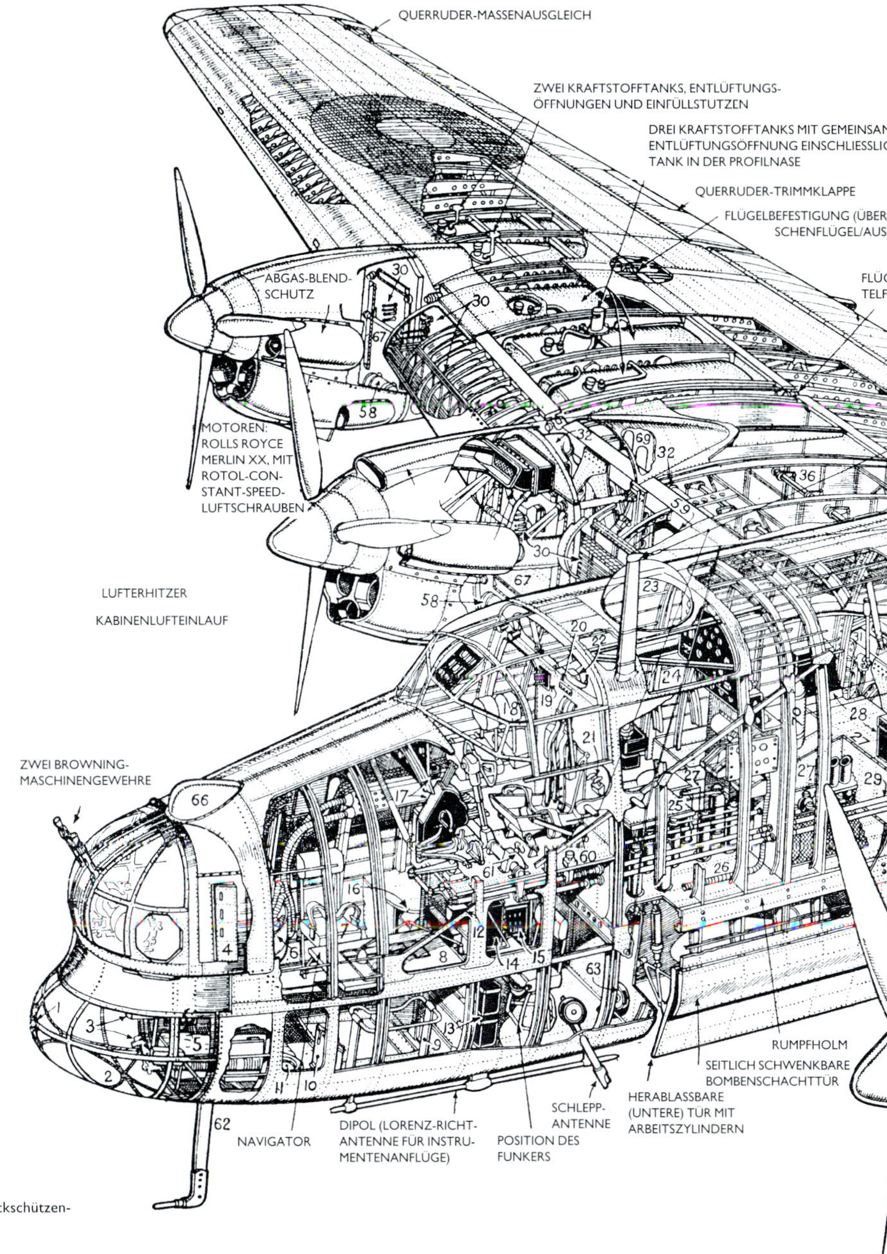

1 Positionslicht
2 Optisch planes Fenster des Bombenschützen
3 Bombenzielgerät und Armstütze
4 Schützenstand-Luftkraftausgleichklappe
5 Bombenschützensitz
6 Heißluftschläuche im Geschoßhülsen-Auffangbehälter
7 Navigator-Klappsitz
8 Navigatortisch, Lampe und Karte
9 Kamera
10 Fallschirmbehälter
11 Kurskreisel
12 Tochterkompaß
13 Hoch- und Niederspannungsteil des Funkgeräts
14 Sender und Empfänger des Funkgeräts
15 Hauptschalttafel
16 Aufgang zum Cockpit (mit darunterliegendem Fallschirmfach)
17 Hauptinstrumentenbrett und Motor-Bedienungselemente
18 Klappsitze (Copilot und Bordingenieur)
19 Brandhahnbetätigung
20 Motor-Anlasserschalter
21 Auslösehebel für Notfall-Leuchtsätze
22 Sextant
23 Kuppel für Astronavigation
24 Instrumentenbrett des Bordingenieurs
25 Bordingenieur-Plattform
26 Heißluftleitung zum Funkraum (gleich daneben Sauerstoffflaschen)
27 Separat geführte Steuerseile zu den Motoren
28 Akkumulatoren
29 Steuerseile für Seiten- und Höhenruder
30 Motor-Steuerseile (von Pos. 27)
31 Hydraulik-Handnotpumpen und Hydraulikdruckspeicher
32 Heißluftkanäle vom Wärmetauscher in den inneren Motoren
33 Unterer Holmgurt
34 Schwenkbare Bombenschachttüren mit Arbeitszylinder
34a Hinteres Scharniergelenk, kein Hydraulikzylinder
35 Tür zu den Tragflächen-Bombenschächten
36 Antriebsgestänge und Arbeitszylinder des Tragflächen-Bombenschachtes
37 Profilnasensegment
38 Ruheplatz (auf jeder Seite)
39 Dichtungsrahmen
40 Aufgang zum Schützenstand
41 Schwimmende Signalfeuer und Seezeichen
42 Munitionsschienen
43 Fallschirmleuchtsätze
44 Halterung für Notaxt
45 Elsan-Toilette
46 Fernkompaß
47 Schottwand und Tür zum Heckschützenstand
48 Höhenflossenbefestigung
49 Höhenrudergelenkhebel
50 Höhenruderbetätigungshebel
51 Seitenrudertrimmung
52 Seitenruderanlenkung
53 Klappenantrieb und Arbeitszylinder
53a Verbindungsseile (zwischen der linken und rechten Klappe)
54 Querruderantrieb
55 Fahrwerksklappen und Arbeitszylinder
56 Kraftstofftank-Stützwände
56a Fahrwerksklappen-Spannseile
57 Vergaserlufteinlauf
58 Glykoltank (für Luftschraubenenteisung)
59 Öltank des inneren Motors
60 Seitenrudertrimmung
61 Querrudertrimmung
62 Staudruckabnahme
63 Schleppantennen-Aufrollvorrichtung
64 Glykol-Fallbehälter
65 Kontrollklappe entlang der Profilnase
66 Verkleidung am Schützenstand-Rumpf-Übergang
67 Brandschott
68 Fahrwerks-Arbeitszylinder
69 Hydraulikdruckspeicher für Fahrwerk und Fahrwerksklappen
70 Kühler und Hydraulikdruckspeicher für Landescheinwerfer-Arbeitszylinder
71 Arbeitszylinder für Kühler
72 Landescheinwerfer-Arbeitszylinder
73 Vierfach-Verteiler im Instrumentenbrett des Bordingenieurs (24)
74 Verteiler
75 Tank (neben dem Glykoltank 58)
76 Pumpen-Hydraulikdruckspeicher (neben dem Glykoltank 58)
77 Motorgetriebene Pumpe
78 Unterverteiler

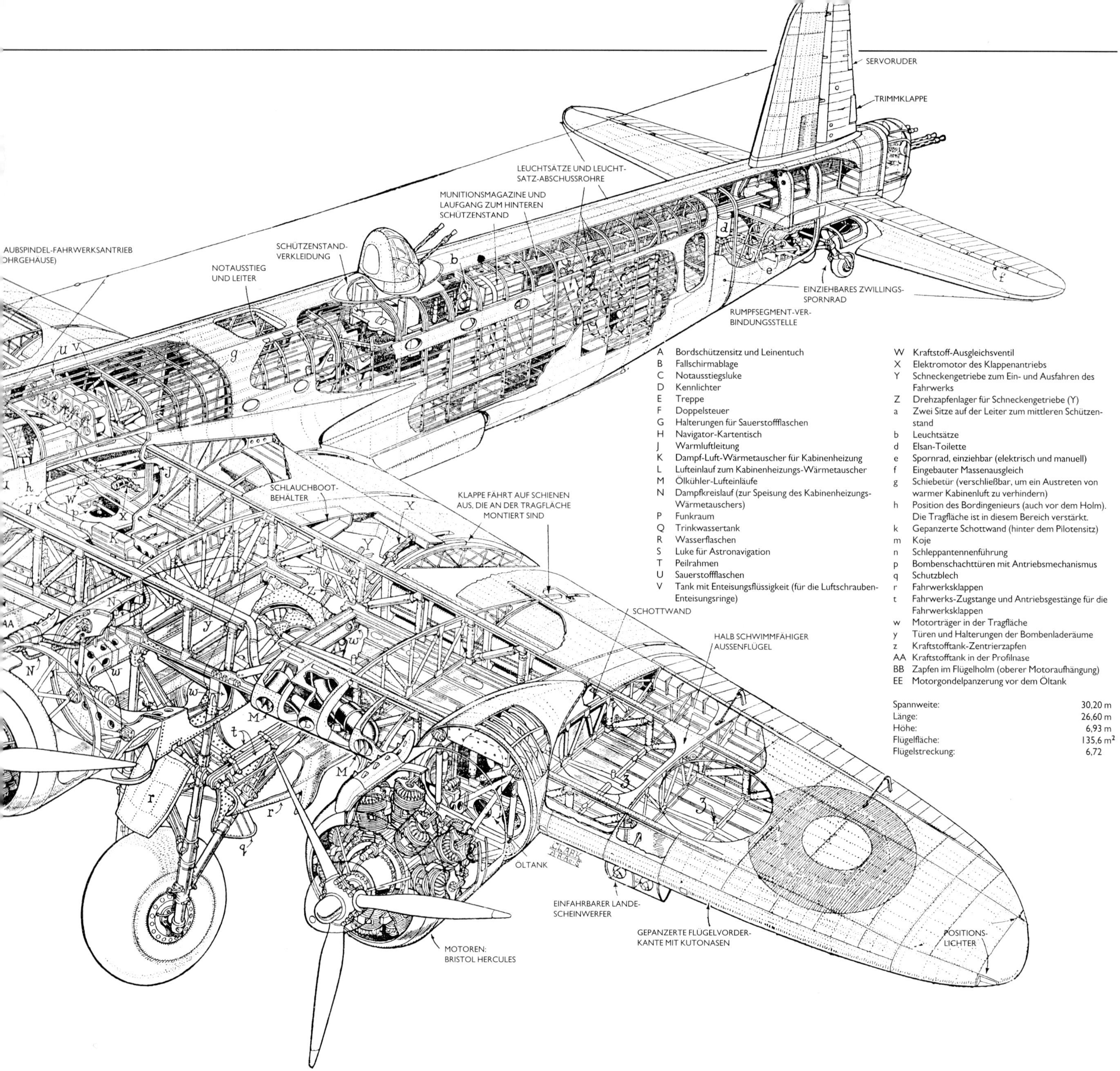

A Bordschützensitz und Leinentuch
B Fallschirmablage
C Notausstiegsluke
D Kennlichter
E Treppe
F Doppelsteuer
G Halterungen für Sauerstoffflaschen
H Navigator-Kartentisch
J Warmluftleitung
K Dampf-Luft-Wärmetauscher für Kabinenheizung
L Lufteinlauf zum Kabinenheizungs-Wärmetauscher
M Ölkühler-Lufteinläufe
N Dampfkreislauf (zur Speisung des Kabinenheizungs-Wärmetauschers)
P Funkraum
Q Trinkwassertank
R Wasserflaschen
S Luke für Astronavigation
T Peilrahmen
U Sauerstoffflaschen
V Tank mit Enteisungsflüssigkeit (für die Luftschrauben-Enteisungsringe)
W Kraftstoff-Ausgleichsventil
X Elektromotor des Klappenantriebs
Y Schneckengetriebe zum Ein- und Ausfahren des Fahrwerks
Z Drehzapfenlager für Schneckengetriebe (Y)
a Zwei Sitze auf der Leiter zum mittleren Schützenstand
b Leuchtsätze
d Elsan-Toilette
e Spornrad, einziehbar (elektrisch und manuell)
f Eingebauter Massenausgleich
g Schiebetür (verschließbar, um ein Austreten von warmer Kabinenluft zu verhindern)
h Position des Bordingenieurs (auch vor dem Holm). Die Tragfläche ist in diesem Bereich verstärkt.
k Gepanzerte Schottwand (hinter dem Pilotensitz)
m Koje
n Schleppantennenführung
p Bombenschachttüren mit Antriebsmechanismus
q Schutzblech
r Fahrwerksklappen
t Fahrwerks-Zugstange und Antriebsgestänge für die Fahrwerksklappen
w Motorträger in der Tragfläche
y Türen und Halterungen der Bombenladeräume
z Kraftstofftank-Zentrierzapfen
AA Kraftstofftank in der Profilnase
BB Zapfen im Flügelholm (oberer Motoraufhängung)
EE Motorgondelpanzerung vor dem Öltank

Spannweite:	30,20 m
Länge:	26,60 m
Höhe:	6,93 m
Flügelfläche:	135,6 m^2
Flügelstreckung:	6,72

Vor ein zusätzliches Problem wurden die Stirling-Konstrukteure durch die Forderung gestellt, daß die große Zelle in kurzer Zeit in Einzelteile zerlegbar sein sollte, die in kleinen britischen Eisenbahncontainern transportiert werden konnten. Die meisten Verbindungsstellen sind in der Clark-Zeichnung zu erkennen. Ebenfalls zu sehen sind die großen, nach ihrem Konstrukteur benannten «Gouge»-Klappen, die auf einer gekrümmten Kulissenführung ausgefahren wurden. Wegen der Spannweitenbegrenzung verlieh Arthur Gouge ihnen eine enorme Tiefe, die 48 Prozent der gesamten Profilsehne der Tragfläche entsprach. Wie das mächtige Hauptfahrwerk und das Zwillingsspornrad wurden auch die Klappen über elektrisch angetriebene Schraubspindeln betätigt. Die Hauptfahrwerksbeine wurden 1939 dahingehend modifiziert, daß die Fahrwerksklappen halb herabhingen, was zwar höchst ungewohnt aussah, aber die ganze Fahrwerkskonstruktion vereinfachte und ihre Stabilität erhöhte. Beim Einfahren wurde das Fahrwerksbein um eine Falttafel geschwenkt, wobei sich der untere Teil nach hinten und der obere Teil nach vorn bewegte. Auf diese Weise verschwand das gesamte Fahrwerksbein einschließlich der Fahrwerksklappe in der Motorgondel. Angeblich soll das Fahrwerk einen schlechten Ruf in puncto Zuverlässigkeit gehabt haben, aber ich persönlich habe von keinem ehemaligen Stirling-Crewmitglied diesbezüglich jemals etwas Negatives gehört.

Die Stirling war eines der größten Flugzeuge ihrer Zeit - ihre Gesamtlänge betrug 26,60 m, die der Mk V sogar über 27,40 m - und in jeder Beziehung entsprechend kompliziert aufgebaut. Man braucht sich nur einmal die Kraftstofftanks anzusehen, um Mitleid für die Bordingenieure zu empfinden, besonders deshalb, weil jeder Tank in den beiden Tragflächen ein anderes Fassungsvermögen hatte. Ein weniger offenkundiges Problem war, daß sich das Luftfahrtministerium über den in den USA erzielten Erfolg mit einfachen mechanischen Gelenkverbindungen einfach hinwegsetzte und darauf bestand, daß bei Flugzeugen dieser Größe die Verbindungen zwischen dem Cockpit und andere Teilen des Flugzeugs (namentlich den Gashebeln) mit einem raffinierten neuartigen Mechanismus zu bewerkstelligen seien. Vor meinem einzigen Flug in einer Stirling I wurde mir beim Briefing eingeschärft, die vier langen, schlanken Gashebel nicht abrupt zu betätigen. Diese Hebel waren mit patentierten «Exactor»-Stellgliedern gekoppelt, die die oft nur minimalen Hebelbewegungen des Piloten oder Bordingenieurs über eine vermutlich nicht kompressible Hydraulikflüssigkeit präzise über lange Druckleitungen übertrugen.

Die RAF erhielt 1771 Bomber der Versionen Mk I und Mk III, 450 Transporter bzw. Lastensegler-Schleppflugzeuge Stirling IV und 160 unbewaffnete Mk V-Transporter. Alle waren mit den Standardtriebwerken vom Typ Hercules XVI motorisiert, einem 1650 PS starken Hülsenschiebermotor mit flammendämpfender Auspuffanlage, die auch von Clark eingezeichnet wurde. Clark hatte offenbar auch die Genehmigung, die Kutonasen auf der Flügelvorderkante zu erwähnen, aber natürlich nicht das Radarsystem H2S, das auf Stirling-Bombern erstmals zum Einsatz kam. Daß Clark beim Legendieren der Zeichnung auf die Kleinbuchstaben «i», «l» und «o» verzichtete, ist für mich nachvollziehbar, aber warum fehlen die Buchstaben «c», «s» und «u»? Vielleicht hatte er die damit gekennzeichneten Details aus Geheimhaltungsgründen nicht in die Legende aufnehmen dürfen.

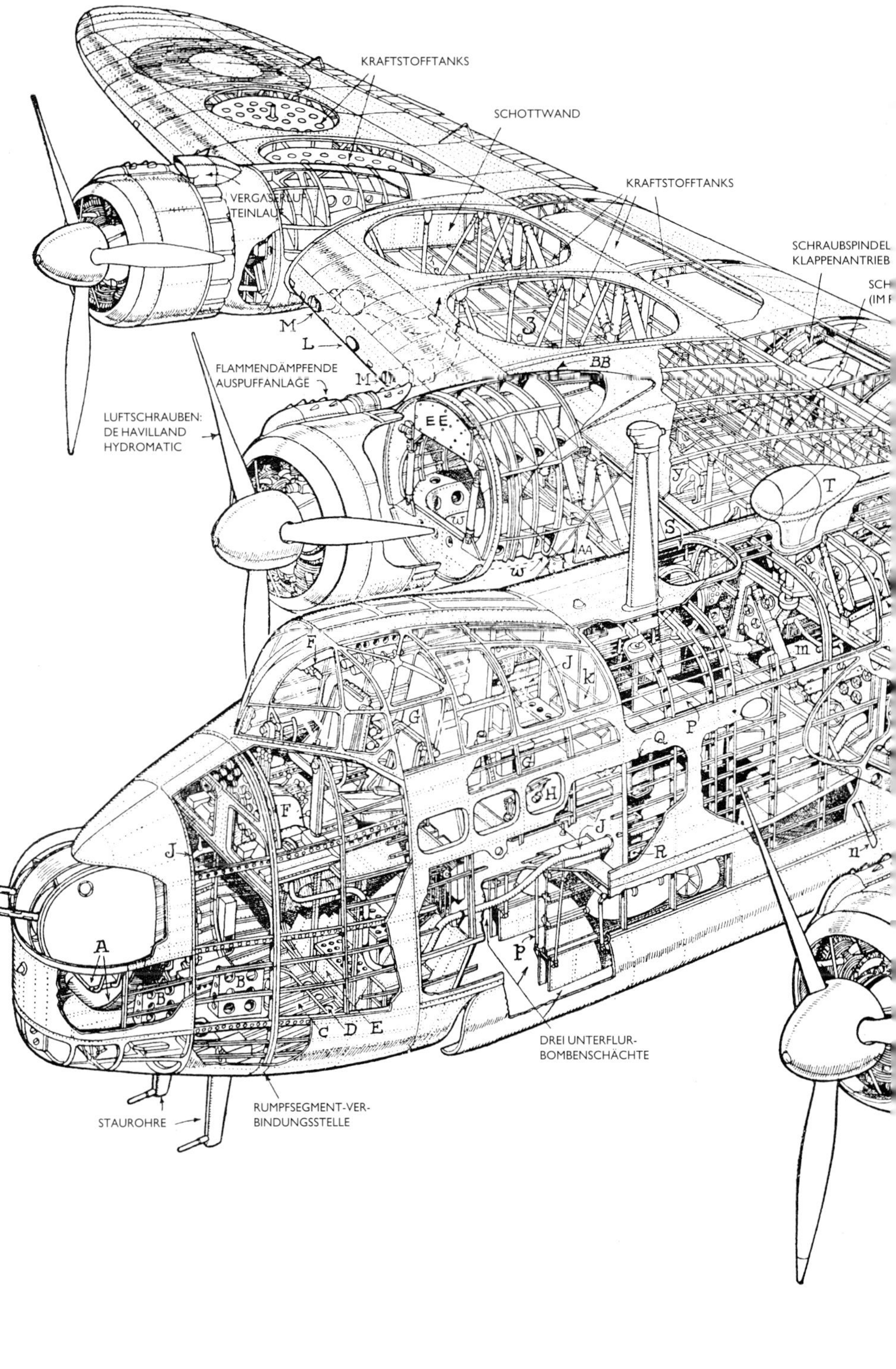

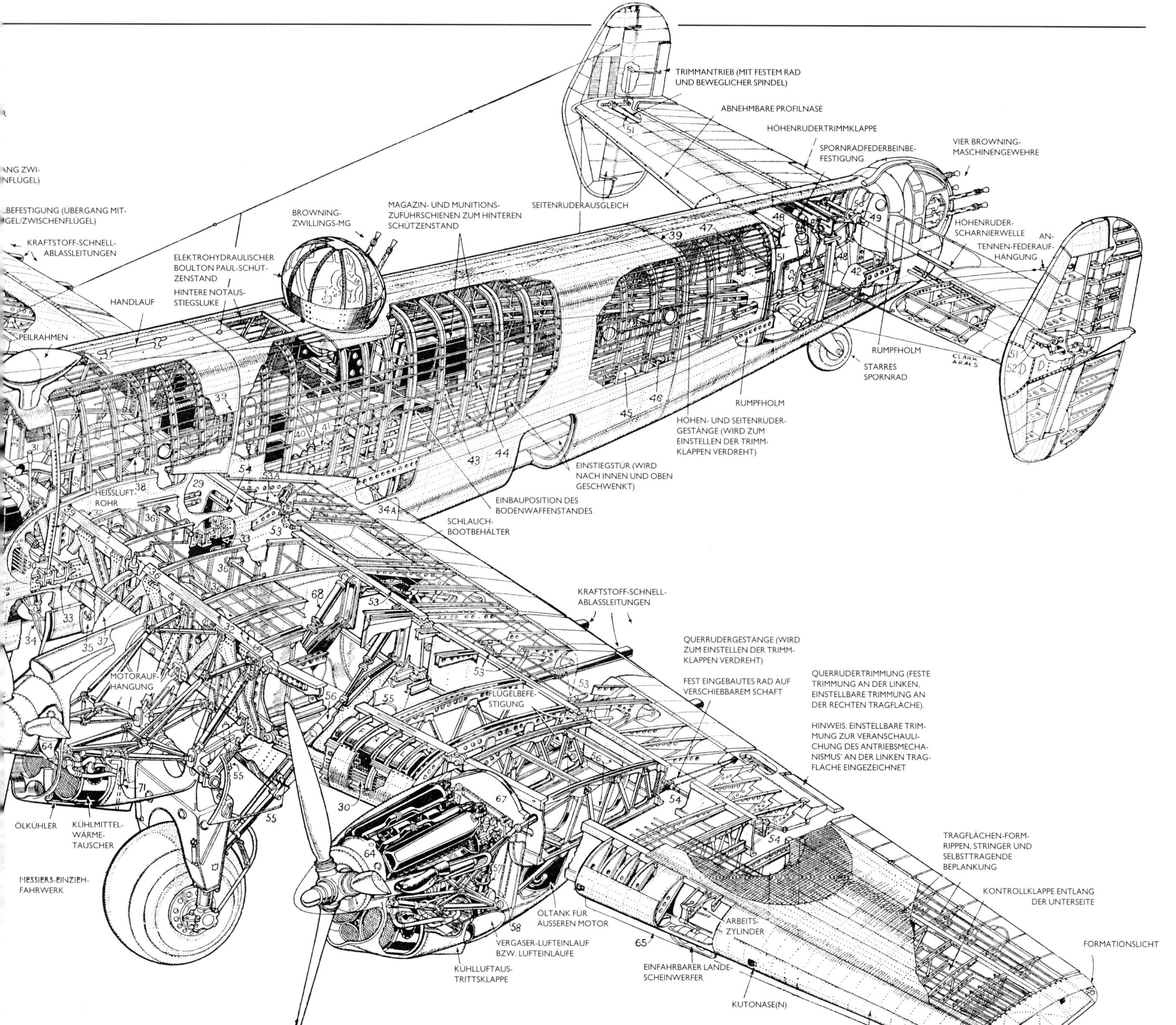

TRIMMANTRIEB (MIT FESTEM RAD UND BEWEGLICHER SPINDEL)
ABNEHMBARE PROFILNASE
HÖHENRUDERTRIMMKLAPPE
SPORNRADFEDERBEINBE-FESTIGUNG
VIER BROWNING-MASCHINENGEWEHRE
ANG ZWI-
NFLÜGEL)
BEFESTIGUNG (ÜBERGANG MIT-
GEL/ZWISCHENFLÜGEL)
KRAFTSTOFF-SCHNELL-ABLASSLEITUNGEN
BROWNING-ZWILLINGS-MG
MAGAZIN- UND MUNITIONS-ZUFÜHRSCHIENEN ZUM HINTEREN SCHÜTZENSTAND
SEITENRUDERAUSGLEICH
HÖHENRUDER-SCHARNIERWELLE
AN-TENNEN-FEDERAUF-HÄNGUNG
ELEKTROHYDRAULISCHER BOULTON PAUL-SCHÜT-ZENSTAND
HINTERE NOTAUS-STIEGSLUKE
HANDLAUF
PEILRAHMEN
RUMPFHOLM
STARRES SPORNRAD
RUMPFHOLM
HÖHEN- UND SEITENRUDER-GESTÄNGE (WIRD ZUM EINSTELLEN DER TRIMM-KLAPPEN VERDREHT)
EINSTIEGSTÜR (WIRD NACH INNEN UND OBEN GESCHWENKT)
EINBAUPOSITION DES BODENWAFFENSTANDES
SCHLAUCH-BOOTBEHÄLTER
HEISSLUFT-ROHR
KRAFTSTOFF-SCHNELL-ABLASSLEITUNGEN
QUERRUDERGESTÄNGE (WIRD ZUM EINSTELLEN DER TRIMM-KLAPPEN VERDREHT)
FEST EINGEBAUTES RAD AUF VERSCHIEBBAREM SCHAFT
QUERRUDERTRIMMUNG (FESTE TRIMMUNG AN DER LINKEN, EINSTELLBARE TRIMMUNG AN DER RECHTEN TRAGFLÄCHE).
HINWEIS: EINSTELLBARE TRIM-MUNG ZUR VERANSCHAULI-CHUNG DES ANTRIEBSMECHA-NISMUS' AN DER LINKEN TRAG-FLÄCHE EINGEZEICHNET
MOTORAUF-HÄNGUNG
FLÜGELBEFE-STIGUNG
ÖLKÜHLER
KÜHLMITTEL-WÄRME-TAUSCHER
MESSIERS-EINZIEH-FAHRWERK
TRAGFLÄCHEN-FORM-RIPPEN, STRINGER UND SELBSTTRAGENDE BEPLANKUNG
KONTROLLKLAPPE ENTLANG DER UNTERSEITE
ÖLTANK FÜR ÄUSSEREN MOTOR
ARBEITS-ZYLINDER
VERGASER-LUFTEINLAUF BZW. LUFTEINLÄUFE
KÜHLLUFTAUS-TRITTSKLAPPE
EINFAHRBARER LANDE-SCHEINWERFER
FORMATIONSLICHT
KUTONASE(N)
GEPANZERTE FLÜGELVORDERKANTE
POSITIONSLICHT
CLARK ARAeS

Von Clark gezeichnet, aber nicht erwähnt wurden die großen, flexiblen Zwischenstücke in den auffälligen Kraftstoff-Schnellablaßleitungen, die erforderlich waren, um die Landeklappen ausfahren zu können. Ein kleiner Lapsus ist Clark auch an Position 28 unterlaufen: Trotz der unmittelbaren Nähe zu den Hydraulikdruckspeichern muß es natürlich richtig Bordbatterien heißen, und bei Position 46 handelt es sich um die Gebereinheit des Fernkompaßsystems, die die Kursinformation für die Anzeige im Cockpit lieferte und so angeordnet war, daß sie möglichst wenig durch störende Magnetfelder beeinflußt wurde.

Für die Halifax wurde schnell ein landesweites Produktionsprogramm organisiert. Handley Page baute in Cricklewood 1592 Maschinen, die in den beiden Werken in der Park Street und der Colney Street in Radlett endmontiert wurden. English Electric produzierte 2145 Stück in Lancashire (die Endmontage befand sich in Samlesbury). Fairey baute 661 Exemplare in Stockport, die Rootes Group 1070 in Speke (Liverpool) und die LAPG (London Aircraft Production Group) weitere 710. Zur LAPG gehörten Karosseriewerke im Nordwesten von London und das Busdepot von London Transport in Aldenham. Die Endmontage fand in Leavesden statt. Die Gesamtstückzahl betrug 6178.

Als ATC-Kadett konnte ich 1942 in der Produktionsstätte Radlett gespannt verfolgen, wie die Mk II, also genau die von Clark gezeichnete Version, gebaut wurde. Die makellose Tarnung, die absolut fabrikneuen Komponenten und die Lichtreflexe in den vielen kristallklaren Plexiglasfenstern hinterließen bei mir einen bleibenden Eindruck. 1944 - ich flog inzwischen in Leavesden die Mosquito - konnte man die stark verbesserte Mk III studieren, die ebenfalls aus dem Werk Radlett kam. Sie hatte eine Nase aus Plexiglas, verlängerte Flügelspitzen, Motoren vom Typ Bristol Hercules mit 1615 PS, rechteckige Seitenflossen und sowohl oben auf dem Rumpf als auch im Heck je einen elektrisch drehbaren Boulton Paul-Schützenstand mit zwei bzw. vier MGs. Einige Staffeln erkannten die Bedrohung von unten und bauten deshalb unter dem Rumpf einen weiteren Schützenstand mit einem einzelnen Browning-MG vom Kaliber 0,5“ ein.

Bodenwaffenstände eines anderen Typs (FN 64 mit zwei 0,303“-MGs) waren in zwei frühen Halifax-Bombern eingesetzt worden, doch diese Ausrüstung kam just zu dem Zeitpunkt aus der Mode, wo man sie eigentlich dringend gebraucht hätte. Statt dessen wurde unter dem Rumpf oft ein H2S-Radarsystem eingebaut. Diese wuchtige Anlage wurde erstmals am 27. März 1942 an Bord der Halifax V9977 (der zweiten von English Electric gebauten Mk II) im Flug getestet. Zwei Monate später flog diese Maschine in Wales gegen einen Hügel, wobei fünf der führenden Köpfe aus dem Radar-Entwicklerteam, das vom brillanten Dr. Alan Blumlein geleitet wurde, ums Leben kamen.

Die bleibenden Eindrücke von der Halifax werden etwas dadurch getrübt, daß sich die frühen Versionen stark von den späteren unterschieden. Alle jedoch zeichneten sich durch eine angenehme Pilotenposition mit einem Steuerhorn aus, das wie ein liegendes X mit zwei seitlichen Handgriffen aussah und Bremshebel besaß, die vom Piloten mit allen acht Fingern bedient wurden. Die langen, rohrförmigen Gashebel waren mit den Motoren über sogenannte «Bloctubes» gekoppelt, bei denen es sich um reibungsarme Seilzug-Führungsrohre handelte, an denen Gewinde-«Oliven» und Verbindungselemente wie auf einer Perlenkette aufgereiht montiert waren, so daß Druck- und Zugkräfte übertragen werden konnten. Hinter dem Piloten befand sich der zum Heck ausgerichtete Bordingenieur, während - anders als in der Lancaster - der Funker und der Navigator vor oder unter dem Cockpit saßen, obwohl die Kuppel für die Astronavigation dahinter angeordnet war.

Die Einstiegstür befand sich im Vergleich zur Lancaster auf der gegenüberliegenden Seite. Im Durchschnitt gelang es 2,45 Besatzungsmitgliedern, aus einer abstürzenden «Halli» auszusteigen, ein Wert, der deutlich höher lag als der entsprechende Wert für die Lancaster (1,7 Crewangehörige, von jeweils sieben bzw. acht bei speziellen Pathfinder-Versionen). Ein weiterer Unterschied zur «Lanc» waren die drei großen Bombenschächte im Tragflächen-Mittelsegment zu beiden Seiten des Rumpfes. Die meisten «Hallis» waren mit einem Hauptfahrwerk vom Typ British Messier ausgestattet, das auf einem gigantischen Magnesium-Gußteil basierte; nur die Mk V besaß ein konventionelles Dowty-Fahrwerk aus einer Stahl- und Duralrohrkonstruktion. Das Spornrad war bei der Mk I einziehbar, bei der Mk II und den meisten Mk III starr und in den späteren Versionen wieder einziehbar.

Es gab, wie gesagt, zahlreiche Halifax-Versionen. Selbst Standardbomber waren häufig mit Hochleistungs-Störsendern (bei der No 100 Group) vollgestopft oder wurden zum Schleppen von Hamilcars eingesetzt, wofür sich natürlich auch die Stirling IV eignete. Andere «Hallis» dienten wiederum als Plattformen für meteorologische Zwecke, und mehrere weißlackierte Varianten flogen sehr erfolgreich beim Coastal Command. Insgesamt durchlief die Halifax eine bemerkenswerte Karriere und braucht sich gewiß nicht hinter den allseits bekannten «Stars» des Zweiten Weltkriegs zu verstecken.

Auffällig an dieser Halifax I ohne charakteristische Rumpfmarkierungen sind die unlackierten Abgas-Blendschutzbleche auf allen vier Motor-Cowlings. Das Foto wurde im Januar 1943 aufgenommen.

HALIFAX III

Einen krasseren Kontrast zwischen zwei Aufrißzeichnungen desselben Flugzeugs als zwischen den beiden Zeichnungen von Clark und Millar ist wohl schwer vorstellbar. Die Darstellungsweisen unterscheiden sich ebenso stark wie die beiden Versionen, die hier abgebildet sind.

Über die Geschichte der Halifax wird zwar einiges im Text zur Clark-Zeichnung erzählt, aber auf die verschiedenen Versionen soll an dieser Stelle etwas ausführlicher eingegangen werden. Der Prototyp, durch den die Spannweite mit 30,12 m festgelegt wurde, war mit den für Handley Page patentierten Vorflügeln an den trapezförmigen Außenflügeln ausgestattet. In der Flugzeugnase und auch im Heck befanden sich mechanisch angetriebene Schützenstände, aber in der Rumpfmitte gab es weder im Dach noch im Boden einen Schützenstand; statt dessen wurden zum Schutz vor Angriffen von der Seite von Hand ausrichtbare MGs eingebaut. Die Halifax I, die dann in Serie gebaut wurde, unterschied sich nur in Kleinigkeiten von diesem Prototypen. Die auffälligste bestand wohl darin, daß man bei der Serienversion auf die Vorflügel verzichtete.

Unter den linken Hercules XVI-Motoren mit den hier gut erkennbaren Flammendämpfern ist eine fabrikneue Halifax III zu sehen, die gerade einen Leistungstest absolviert, bevor sie zum Erstflug startet.

In der Mk II, der ersten in Großserie gefertigten Version, dienten vier 1280 PS starke Merlin XX als Antrieb. Diese Motoren waren mit der effizienteren Lufteinlauf-Lader-Baugruppe ausgestattet, der ersten Entwicklung von Dr. Stanley Hooker für Rolls-Royce. Die Seitenabwehr-MGs wurden durch einen auf der Rumpfoberseite montierten Boulton Paul-Schützenstand ersetzt, ähnlich dem, der in die Lockheed Hudson und in die Ventura I eingebaut wurde. Diese Maßnahme erzeugte natürlich sehr viel Widerstand und entfiel daher in der Mk II, Serie I, ebenso wie der vordere Schützenstand, an dessen Stelle eine einfache Aluminiumverkleidung trat. Während der Produktion der Mk II wurden außerdem die Kühler durch leistungsfähigere Morris-Blockausführungen ersetzt, die in ähnlicher Form auch in der Beaufighter II und der Lancaster verwendet wurden.

Schon in einem ziemlich frühen Stadium der Produktion geriet British Messier in arge Bedrängnis, was die Auslieferung von genügend Hauptfahrwerken anging, deren zentrale Komponente ein großes Elektron-Gußteil war, und bei Dowty wurde als Alternative ein konventionelleres Fahrwerk in Stahlrohrbauweise entwickelt. Dieses Fahrwerk wurde in die von Fairey und Rootes produzierte Mk V eingebaut, von der es dieselben Varianten mit denselben Serien-Suffixnummern gab wie bei der Mk II. Die GR II und die GR V waren für extrem lange Strecken optimierte Versionen, die vom Coastal Command eingesetzt wurden und eine Lackierung in Meergrau und Weiß erhielten. Häufig wurden diese Maschinen mit einem FN64-Bodenwaffenstand, einer 0,5"-Browning in der verstärkten Flugzeugnase und Vierblattpropellern ausgerüstet.

Was die Bomber anging, wurde mit den meisten Modifikationen das Ziel verfolgt, die Flugleistungen zu verbessern, und dieses Ziel blieb stets dominierend. Dementsprechend hatte die Serie IA der Mk II in der Flugzeugnase einen vollkommen neuen und stromlinienförmig optimierten Plexiglas-Schützenstand, in dessen Mitte eine einzelne Vickers K frei drehbar aufgehängt war. Die sechs herausragenden Kraftstoff-Schnellablaßleitungen entfielen, auf der Rumpfoberseite wurde ein mit vier MGs bewaffneter Boulton Paul-Schützenstand montiert, und das Spornrad wurde einziehbar gemacht. Außerdem wurde die Höhe der Astronavigationskuppel verringert, der Antennenmast wurde eingespart, indem der Antennendraht am Radom der Peilantenne befestigt wurde, und die Außenoberflächen erhielten ein aerodynamisch günstigeres Lackfinish. Mehrere Hersteller bemühten sich zudem intensiv darum, die Bombenschachttüren und Fahrwerksklappen sauberer einzupassen und auch andere Übergangsstellen im Hinblick auf ihren Luftwiderstand zu «entschärfen». Wo möglich, wurden auch Abdichtbänder verwendet.

Die meisten Bomber der Mk II, Serie IA, waren mit dem Merlin XXII (dessen Leistungsdaten unverändert waren) motorisiert, und eine Maschine wurde getestet, bei der die inneren Motorgondeln über die Flügelhinterkante hinausragten. Eine andere, als Serie II bezeichnete Variante der Mk II wurde von tiefer montierten Zweistufen-Triebwerken des Typs Merlin 61 angetrieben und

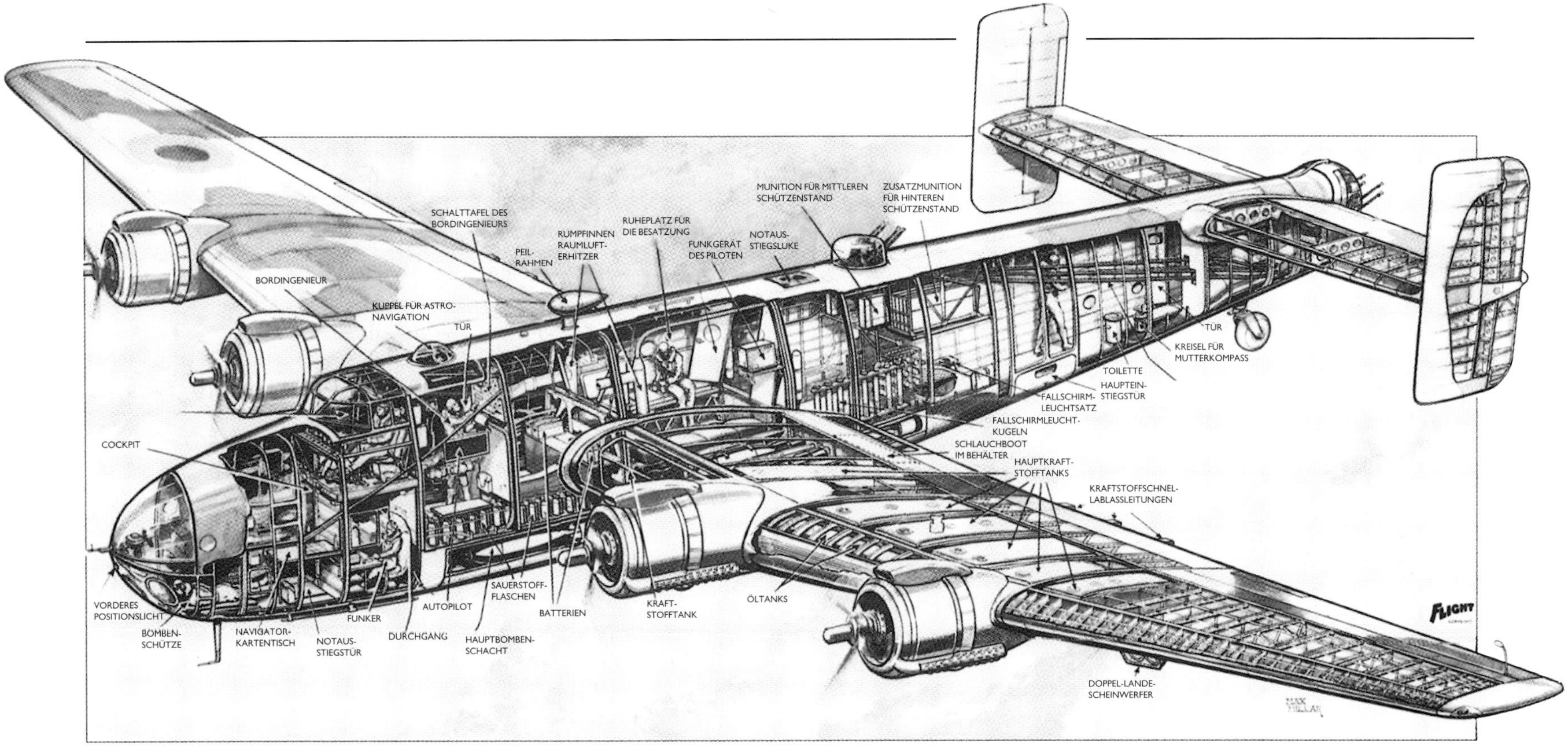

hatte verlängerte innere Motorgondeln sowie Vierblattpropeller. All dies waren vorbereitende Maßnahmen für den Bau des Höhenbombers B IV, der aber nie realisiert wurde. Dafür testete man an mehreren Flugzeugen größere rechteckige Seitenflossen. Mit Erfolg: Durch diese Maßnahme wurden Probleme mit Strömungsabrissen an Seitenflosse und -ruder behoben, und außerdem verbesserte sich die Treffgenauigkeit bei Bombenangriffen. Diese Seitenflossen wurden deshalb bei allen späteren Versionen beibehalten.

Die hier abgebildete Mk III hob am 12. Oktober 1942 zum Erstflug ab und hatte bereits die 1615 PS starken Hülsenschieber-Sternmotoren vom Typ Bristol Hercules XVI. Durch diese Änderung stieg das Höchstabfluggewicht der Mk III-Serienmaschinen ab Sommer 1943 auf 29.500 kg, lag also um rund 4500 kg über dem der Mk I. Einige Staffeln, die sich plötzlich mit Nachtjägerangriffen von unten konfrontiert sahen, schafften das H2S-Radarsystem kurzerhand ab und bauten statt dessen ein einzelnes Browning-MG vom Kaliber 0,5" ein. Einzelne Maschinen wurden sogar mit dem FN64-Bodenwaffenstand ausgerüstet.

Bis 1944 waren die Tragflächen der B III um abgerundete Flügelspitzen verlängert worden und hatten nun eine Spannweite von 31,70 Metern. Dieses exzellente Flugzeug wurde von allen Versionen in der größten Stückzahl gebaut. Alle Exemplare der späten Serienproduktion verfügten über den wesentlich verbesserten «Rose»-Heckschützenstand mit einem Zwillings-MGs vom Kaliber 0,5". Einige Maschinen der Serie III wie auch der Serien V und VII wurden zum Absetzen von Fallschirmjägern und zum Schleppen von Lastenseglern modifiziert.

Letzte Bomberversion war die 512 km/h schnelle und voll tropentaugliche B VI mit 1800-PS-Motoren vom Typ Hercules 100. Die C VIII war eine reine Transportmaschine, die keine Bewaffnung besaß und statt dessen mit 11 Passagiersitzen ausgestattet war. Der Waffenschacht war für die Montage eines markant vorspringenden, riesigen Außenlastbehälters umgerüstet worden, in dem vier Tonnen Fracht transportiert werden konnten. Die A IX, ein Truppentransporter mit speziellen Navigationssystemen, war für das Absetzen von Fallschirmjägern und den Lastenseglerschlepp ausgerüstet. Daneben entstand eine Vielzahl von Untervarianten, unter anderem Halifax-Bomber, die für den zivilen Betrieb umgerüstet worden waren, und - nach dem Krieg - auch stark modifizierte Verkehrsflugzeuge mit der zivilen Bezeichnung «Halton».

Angesichts des Wolkenhintergrundes und der eifrig beschäftigten Crew war diese Zeichnung einer frühen B III für Max fast so etwas wie ein Rückfall in alte Zeiten. Er konzentrierte sich weniger auf das eigentliche Flugzeug, sondern mehr auf die Bordausstattung. Auf die Constant-Speed-Propeller von Rotol ging er ebensowenig ein wie auf die Vergaserlufteinläufe oben in den Cowlings und die langen, flammendämpfenden Auspuffrohre.

Warum er die Magazine im Heckschützenstand als «Zusatzmunition» bezeichnete, kann ich mir nicht erklären. Ein Irrtum waren meiner Meinung nach auch die eingezeichneten Kraftstoff-Schnellablaßleitungen.

Hs 126

Gleich zu Beginn muß ich anmerken, daß ich nicht weiß, ob diese Zeichnung stimmt oder nicht. In der Vorkriegszeit war Clark nicht abgeneigt gewesen, das Innenleben deutscher Flugzeuge einfach zu erfinden. In den sechziger Jahren wurde diese Zeichnung von einem anderen britischen Verlag exakt kopiert, wenn man davon absieht, daß der «Generator für Funkgerät» und die Spornradverkleidung weggelassen wurden, was aber unwesentlich ist. Die Zeichnung sieht recht authentisch aus, insbesondere deshalb, weil Clark sich die Zeit für einige Detailzeichnungen nahm. Ich gehe deshalb zugunsten von Clark einfach von den sehr wahrscheinlichen Fall aus, daß dieser Aufriß aufgrund von veröffentlichten Fachartikeln entstanden ist.

Ganz offensichtlich war dieses Flugzeug als doppelsitziger taktischer Aufklärer das deutsche Gegenstück zur britischen Lysander, nur daß es keine Vorflügel besaß und niemals auch nur annähernd die Kurzstarteigenschaften der «Lizzie» erreichte. Der von einem hängenden V-Motor Jumo 210 angetriebene Prototyp flog erstmals Ende 1936. Seltsamerweise sollte die Hs 126 eigentlich eine Weiterentwicklung der früheren Hs 122 mit einem Bramo-Fafnir-Sternmotor sein, der schließlich auch zum Standardmotor wurde; die erste Serie (Hs 126A), die 1938 gebaut wurde, hatte jedoch den in der Clark-Zeichnung abgebildeten Motor.

Viele der ersten Hs 126A flogen bei der Legion Condor in Spanien, und einige von ihnen flogen noch bis in die fünfziger Jahre hinein bei Francos verschiedenen Einheiten von Luftwaffe. 16 von der Königlich Hellenischen Luftwaffe beschaffte Exemplare spielten eine nicht unbedeutende Rolle bei hartnäckigen Angriffen auf die italienische Armee, die ohne großen Erfolg versuchte, in Griechenland einzumarschieren. So kam es, daß die Hs 126, als Hitler seinem Alliierten zu Hilfe eilte, nicht nur auf seiten der Wehrmacht kämpfte, sondern auch auf der des Gegners.

Zu diesem Zeitpunkt stellte Clark bereits hohe Anforderungen an seine Arbeit, und diese Zeichnung legt auch fast alles Interessante offen. Bis auf die stoffbespannten Steuerflächen war dieses extrem ansprechende Flugzeug vollständig metallbeplankt. Wie so viele andere Flugzeuge aus dem Krieg schien auch die Hs 126 zu Beginn ihres Werdegangs sehr modern und schnell zu sein, doch 1942 wurde es nur noch als Arbeitspferd betrachtet, mit dem man ein paar Partisanen das Leben schwer machen oder DFS 230-Lastensegler schleppen konnte. Wie mir ein Südafrikaner einmal erzählte, standen diese Flugzeuge in der libyschen Wüste als Kriegsbeute hoch im Kurs, weil sie höchst praktische Transportmittel waren, aber leider gab es nur sehr wenige von ihnen. Das traf in der Tat zu: Obwohl dieses Muster in über 780 Exemplaren produziert worden war, hatte es im Zweiten Weltkrieg kaum Bedeutung und wurde im Fronteinsatz bald von der Fw 189 abgelöst.

Möglicherweise war eine Maschine aus der Vorserie (A-0) die Vorlage für Clarks Zeichnung, worauf insbesondere ein roter Streifen und ein Hakenkreuz inmitten einer weißen Kreisfläche auf dem Leitwerk hindeuten. Die meisten Maschinen dieser Baureihe hatten den impellergetriebenen Generator auf der Rumpfunterseite und ein verkleidetes Spornrad. Die Kraftstofftanks faßten immerhin stolze 119 Gallonen, und für mich ist einfach unbegreiflich, warum die Höchstflugdauer dann nur zwei Stunden betrug (was einer Reichweite von 640 km entsprach). Im Fronteinsatz wurden die Verkleidungen der Hauptfahrwerksräder - wie im Zweiten Weltkrieg allerorts üblich - abmontiert.

In der Clark-Zeichnung ist das fest nach vorn ausgerichtete MG 17 mit dem zugehörigen 500-Schuß-Patronengurt deutlich zu erkennen, ebenso das MG 15 des Kampfbeobachters auf einer drehbaren Arado-Lafette, das mit nicht weniger als 13 Sattelmagazinen zu je 75 Schuß - die wechselweise von Spulen auf der rechten und linken Seite zugeführt wurden - «gefüttert» werden konnte. Zu den Aufgaben des Kampfbeobachters gehörte außerdem die Bedienung der vertikal ausgerichteten Topographiekamera Zeiss Rb sowie der Handkamera, die normalerweise auf der linken Cockpitseite festgeklemmt war. Ein Zielsystem für die SC10-Bomben, deren Positionierung einen deutlichen Einfluß auf die Schwerpunktlage gehabt haben muß, war vermutlich nicht vorhanden. Worauf Clark nicht hinwies, war die Tatsache, daß unmittelbar unter der linken Tragflächenstrebe eine Halterung für eine einzelne 100-kg-Bombe vom Typ SC100 angebracht werden konnte.

Während des ersten Kriegsjahres, als für die Luftwaffe beim Überfall auf Polen und beim Frankreichfeldzug noch alles nach

Der Pilot läßt den Motor laufen, während der Kampfbeobachter aus der Hs 126 klettert, um eine Meldung für die Bodentruppen zu übergeben, die während der sowjetischen Offensive im Sommer 1943 an den Nahkämpfen auf der Krim beteiligt sind.

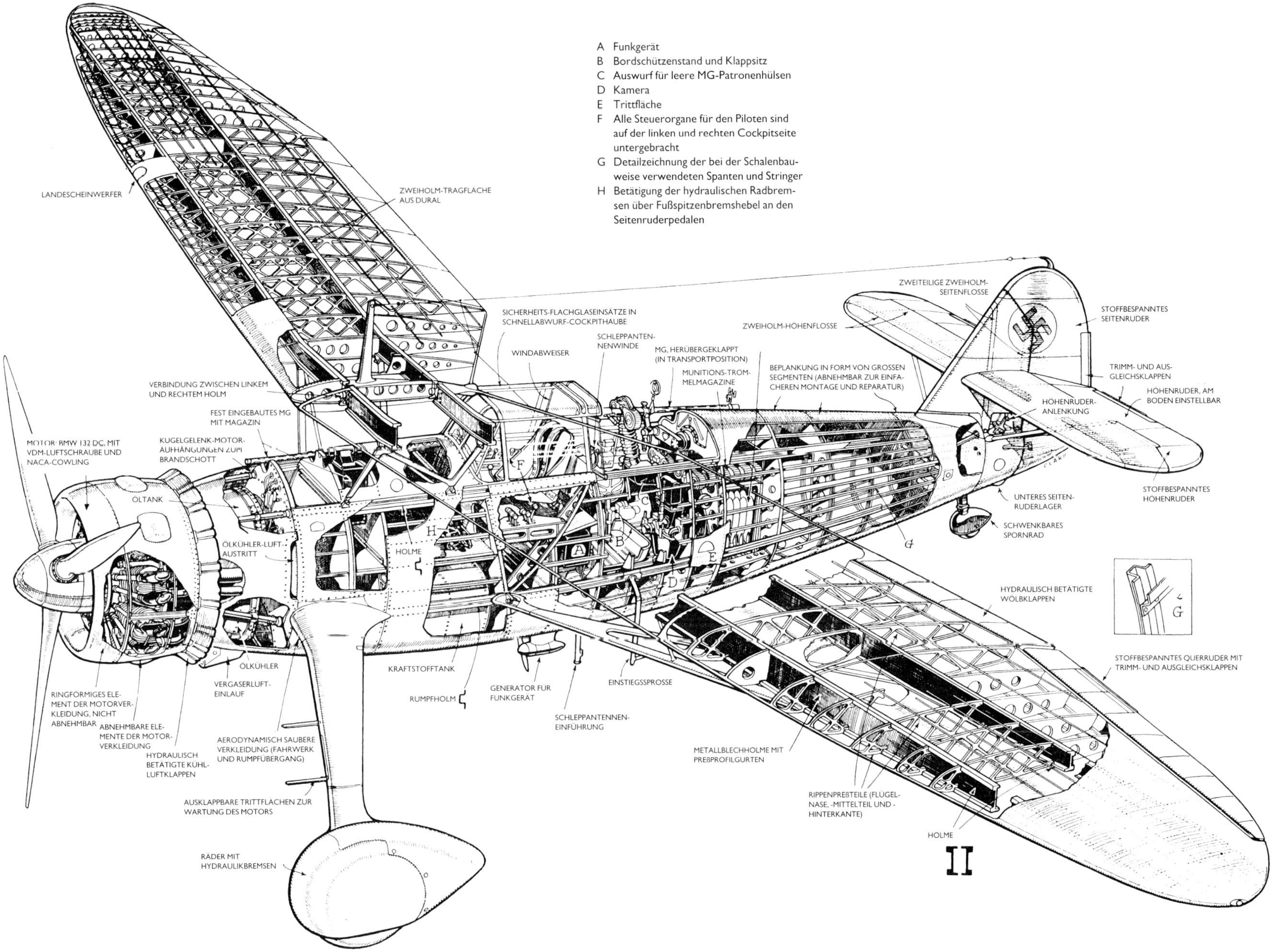

Wunsch lief, flog die Hs 126A mit dem BMW-Motor Hunderte von Aufklärungs-, Erdzielbekämpfungs- und Bombereinsätzen. Zu diesem Zeitpunkt befand sich die Hs 126B in Produktion, die mit dem leistungsstärkeren 900-PS-Motor Bramo Fafnir ausgerüstet war. Doch allmählich wurden die Zeiten auch für die Hs 126 härter: Im Wüsteneinsatz wurde eine einzige Staffel schwer aufgerieben, und an der endlos langen Ostfront kamen diese Flugzeuge - ebenso wie ihre Henschel-Vorgänger, die Sturzkampfbomber Hs 123 - bald nur noch bei Nachtangriffen und zu Ausbildungszwecken zum Einsatz.

Do 17/215

Zu Beginn des Zweiten Weltkriegs leisteten Dornier-Flugzeuge, die etwa der Blenheim-Kategorie entsprachen und Motoren mit rund 1000 PS besaßen, wichtige Beiträge zur Schlagkraft der Luftwaffen-Bomberverbände. Selbst die britische Öffentlichkeit kannte ihre typischen schmalen Rümpfe und bezeichnete sie als «fliegende Bleistifte». Die letzte Version, so glaubte man, war die Do 215, aber als diese Zeichnung am 17. April 1941 in The Aeroplane Spotter ein zweites Mal veröffentlicht wurde, hieß es in der Bildunterschrift: «Die Do 17Z ist - strukturell gesehen - mit der Do 215 praktisch identisch, mit dem einzigen Unterschied, daß die flüssigkeitsgekühlten, hängenden 12-Zylinder-Motoren DB 601 durch luftgekühlte 9-Zylinder-Sternmotoren vom Typ Bramo Fafnir mit je 1000 PS ersetzt wurden.» Also stellten der Autor und seine Freunde Modelle der Do 215 her, ohne zu ahnen, daß es sich um eine unwichtige und nur für Exportkunden bestimmte Version handelte.

Eine andere weitverbreitete Vermutung war, daß die gerissenen Deutschen, nachdem sie nun einmal unter Mißachtung der Versailler Verträge mit ihrer Wiederbewaffnung begonnen hatten, ihre tödlichen neuen Bomber als Airliner tarnten und ihnen einfach falsche zivile Kennzeichen gaben. Im Fall der Do 17 war es aber genau umgekehrt: Der erste von insgesamt drei Prototypen hob im Herbst 1934 in einer Konfiguration als schnelle sechssitzige Reisemaschine zum Erstflug ab. Er besaß bereits eine moderne, in Schalenbauweise hergestellte Zelle, denn nur die Firma Dornier Metallbauten hatte so lange Erfahrungen mit derartigen Strukturen sammeln können. Bei diesem von zwei BMW-Motoren zu je 660 PS angetriebenen Prototypen liefen die relativ hoch angesetzten Tragflächen in einem Rumpf zusammen, in dem die Passagiere wegen der geringen Höhe (nur 1,4 m vom Boden bis zur Decke) bei weitem keine Stehhöhe hatten! Weitere technische Merkmale waren die Spaltklappen und das voll einziehbare Fahrwerk.

Diese DB 601-motorisierte Do 215B-0 war eine von 18 Maschienen, die von der schwedischen Luftwaffe bestellt und während der Fertigung wieder Storniert worden waren. Sie alle wurden später bei der Luftwaffe eingesetzt.

Schnell und attraktiv war die Do 17 schon, aber eine Karriere als Passagierflugzeug schien schon von vornherein ausgeschlossen zu sein, und nach einer eingehenden Prüfung durch die «Deutsche Luft Hansa» interessierte sich denn auch niemand mehr für die Prototypen. So war es purer Zufall, daß ein Kapitän der Luft Hansa und ehemaliger Dornier-Testpilot auf die Idee kam, mit einem von ihnen Testflüge zu unternehmen. Unmittelbar im Anschluß daran äußerte er im Reichsluftfahrtministerium in Berlin die Ansicht, daß diese Konstruktion zu einem Bomber weiterentwickelt werden sollte. Das Ergebnis war eine Reihe von Bomberversionen der Do 17, die ein doppeltes Seitenleitwerk erhalten hatte und von verschiedenen Triebwerken - hängenden V-Motoren oder luftgekühlten Sternmotoren - der Hersteller BMW bzw. Bramo und Daimler-Benz angetrieben wurde. Die von Clark in einer Einschubzeichnung dargestellte Version war wahrscheinlich die Do 17P mit 865-PS-Motoren vom Typ BMW 132N (nicht 132Dc). Normalerweise waren diese Maschinen nur mit zwei Kameras bestückt, hatten aber immer ein drittes MG 15, mit dem durch eine Bodenluke nach hinten gefeuert werden konnte. In der in Spanien eingesetzten Legion Condor waren dies ziemlich moderne Maschinen, wenngleich auch ihre Verteidigung nach unten und hinten so gut wie nicht vorhanden war, weil das Boden-MG ein viel zu kleines Schußfeld hatte. 1940 wurden einige Do 17P mit zwei zusätzlichen MG 15 aufgerüstet; ab 1941 allerdings war die «P» nur noch auf dem Balkan anzutreffen. Etwas verwundert bin ich über die höchst ungewöhnliche Einbauposition des Peilrahmens, der nach der Clark-Zeichnung oben auf dem linken Motor angeordnet gewesen sein soll - tatsächlich befand sich diese Antenne aber auf der Tragfläche unmittelbar links neben der Flugzeuglängsachse.

Wie so viele Bomber der späten dreißiger Jahre begann auch die Do 17 ihre Karriere mit drei einzeln ausrichtbaren Maschinengewehren und erhielt erst später eine weitergehende Bewaffnung. 1938 konstruierte Dornier ein völlig neues Rumpfvorderteil, wodurch die Zahl der Besatzungsmitglieder auf vier (bei einer Version auf fünf) stieg. Die entscheidende Modifikation war dabei eine größere Tiefe, so daß ein liegender Bordschütze mit einem im Rumpfboden angeordneten MG 15 ein weitaus größeres Schußfeld abdecken konnte als durch die enge Bodenluke. Auch die Flugzeugnase war komplett überarbeitet worden und enthielt nun zahlreiche optisch plane Glasscheiben. Das gesamte Besatzungsabteil war nun von einer verglasten Kabinenhaube bedeckt. Damit war eine neue Familie verschiedener Varianten der Do 17Z entstanden.

Vier Mann eng beieinander - dieses Konzept würde, so glaubte man, die Kampfmoral heben und wandte es deshalb auch in mehreren anderen Bombern der Luftwaffe an. Zunächst blieb es bei der eher bescheidenen Defensivbewaffnung aus drei MGs, wobei das vordere MG 15 entweder fest eingebaut war und vom Piloten abgefeuert werden konnte oder aber auf einem Kardangelenk montiert war und vom Navigator/Bombenschützen bedient wurde. Für die Luftschlacht um England wurden zwei weitere MG 15 eingebaut, mit denen durch je ein Fenster auf jeder Seite gefeuert werden konnte, und in einigen Flugzeugen hatte man im Heck zwei MGs provisorisch befestigt, um auch direkt nach hinten schießen zu können. Die Bombenlast betrug eine Tonne. Wie bei einigen der Versionen mit dem schmalen Rumpf wurden die Spaltklappen durch Spreizklappen ersetzt.

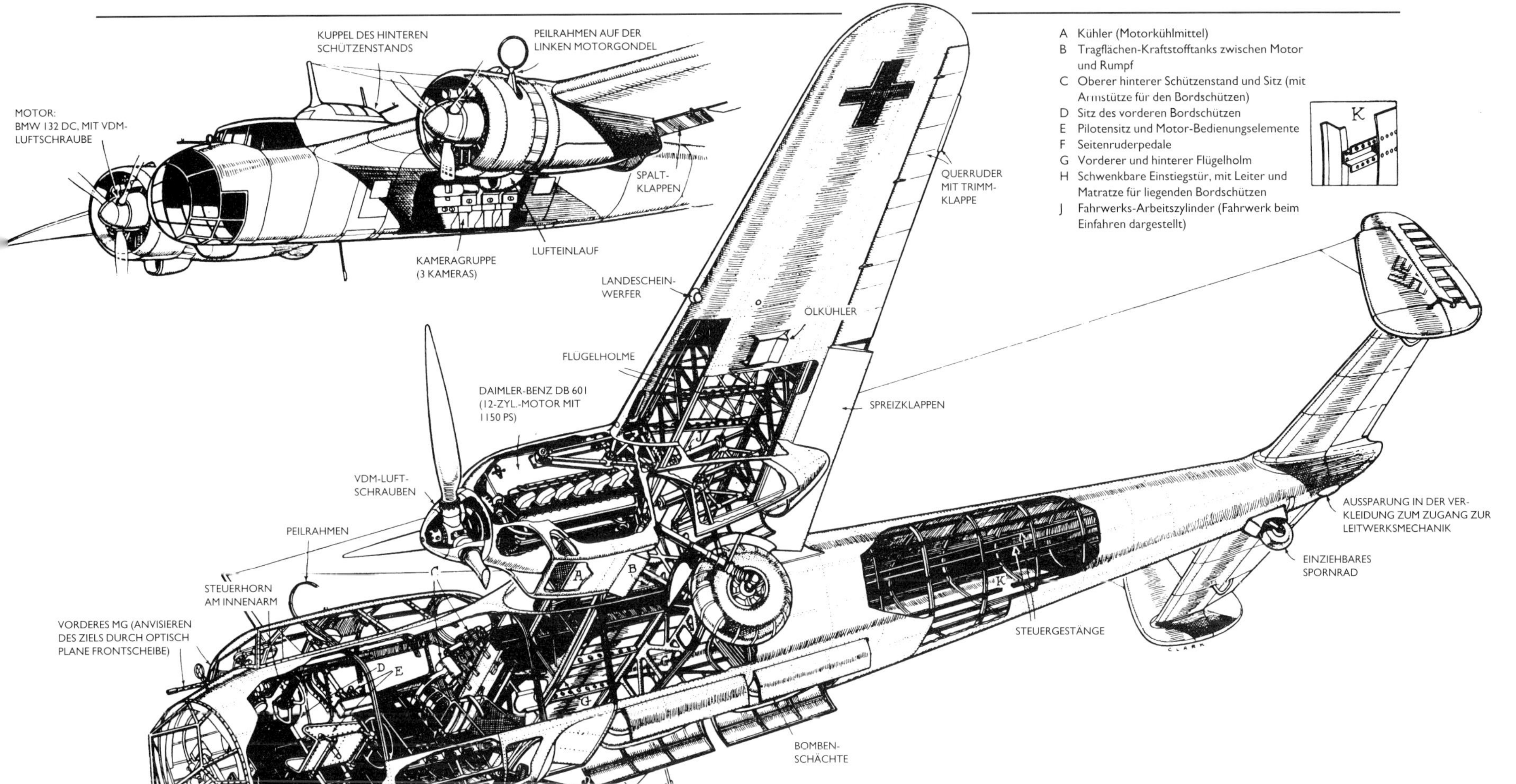

Der Standardmotor der Do 17Z war der Fafnir-Sternmotor von Bramo (BMW) mit einer Nennleistung von 1000 PS. Das war gerade eben ausreichend für ein Flugzeug, dessen Gewicht schließlich beträchtlich erhöht worden war, aber die Do 17Z erwies sich als zuverlässige und beliebte Maschine, deren einzige schwache Stelle ihre Verwundbarkeit durch moderne Jagdflugzeuge war.

Die Do 17Z war nur im ersten Kriegsjahr von Bedeutung und verschwand bis Mitte 1941 ganz aus Frankreich. Danach war sie nur noch in den Luftstreitkräften der Hitler-Alliierten anzutreffen, beispielsweise in denen von Kroatien, Ungarn und Finnland.

Was war denn nun mit der Do 215? Nun, dies war nur eine Exportversion, die mit verschiedenen Motoren getestet wurde. Von einer Variante mit Motoren vom Typ Daimler-Benz DB 601 bestellte Schweden 18 Exemplare. Nach Beginn des Krieges wurde dieses Exportgeschäft jedoch aufgrund eines Embargos storniert, und die Maschinen gingen an die Luftwaffe. Dornier erhielt den Auftrag, die Produktion der mit DB 601-Motoren bestückten Maschine (der in verschiedenen Aufklärer- und Bombervarianten gebauten Do 215B) fortzusetzen, doch Anfang 1941 wurde die Produktion nach 101 ausgelieferten Flugzeugen eingestellt. Mitte 1941 wurde eine Maschine zu einem Nachtjäger umgerüstet, auf dem die erste Version des Bordradarsystems «Lichtenstein» getestet wurde. Durch eine Folge von Luftsiegen, die Oberleutnant Ludwig Becker mit dieser Maschine erzielte, wich allmählich die Skepsis der Bomberbesatzungen gegenüber neuen Technologien. Dies ebnete den Weg für die gefährlichen, mit Radar ausgerüsteten Nachtjäger der Luftwaffe, fast alles Flugzeuge der Muster Bf 110 oder Ju 88.

Bf 110

Wenn man sich überlegt, wieviel Material über Flugzeuge der Luftwaffe in der frei zugänglichen deutschen Literatur der Jahre 1936 bis 1940 veröffentlicht wurde, und die Tatsache berücksichtigt, daß praktisch alle diese Flugzeuge zumindest bis zum Kriegsausbruch von öffentlichen Landstraßen aus eingehend studiert werden konnten, ist die offenkundige Unkenntnis dieser Flugzeug bei den Briten einfach unverständlich. 1937, ich war damals zehn Jahre alt, nahm mich ein Onkel mit zu den Fertigungsstätten und Konstruktionsbüros der Bayerischen Flugzeugwerke vor den Toren Augsburgs. Dort bekam ich neben jeder Menge Bf 109 (und damals wäre in Großbritannien noch niemand auf die Idee gekommen, dieses Muster «Me 109» zu nennen!) auch ein beeindruckendes Jagdflugzeug mit der wenig überraschenden Typenbezeichnung Bf 110 zu sehen. Wir konnten rund um die Maschine herumgehen und sie auch berühren. Willy Messerschmitt erklärte mir damals, sie sei «genauso schnell wie die Bf 109».

Als dann der Krieg kam, mußten wir in Großbritannien wohl alles vergessen haben, was wir jemals über deutsche Flugzeuge erfahren hatten. Am 12. Januar 1940 - wir hatten an diesem sogar als Studienobjekt die merkwürdige Bf 110 zur Verfügung, die in Frankreich abgestürzt war - erschien eine Zeichnung in The Aeroplane, unter der ich zu meinem großen Erstaunen den Namen von Clark entdeckte. Nicht nur, daß die dort abgebildete Maschine (und zwar nur von uns) als «Me 110» bezeichnet wurde - sowohl der Text als auch die Zeichnung selbst waren eine Mischung aus unbedarften Spekulationen und völlig falschen Annahmen. Aber genug davon!

Etwas mehr als ein Jahr später ließ sich diese Ignoranz nicht länger durchhalten. Clark wählte dieselbe Perspektive wie zuvor, fertigte aber eine vollkommen neue Zeichnung an, die im wesentlichen auf einer Bf 110C-4 basierte, obwohl zu diesem Zeitpunkt bereits mehrere Untervarianten zur Auswahl standen. Der Kontrast zwischen den beiden Zeichnungen hätte größer nicht sein können. Natürlich haben wir hier die zweite Zeichnung wiedergegeben. Inzwischen hatten wir registriert, daß die Kühler in der Bf 110 denen der DB-motorisierten Bf 109 glichen und in Höhe des hinteren Teils der Motorgondel in die Unterseite des Außenflügels integriert war. Außerdem stellten wir fest, daß sich oben in der Nase vier MG 17 befanden, daß (außer bei Aufklärerversionen) nicht unter der Rumpfspitze, sondern unter dem Cockpit zwei Kanonen montiert waren, und daß das Hauptfahrwerk aus einem einzelnen und - bezogen auf das Rad - innenliegenden Federbein bestand. In seinem ersten Abriß hatte Clark eine völlig andere Anordnung erfunden und höchst überzeugend eingezeichnet (man kann wirklich niemandem trauen!). Diesmal zeichnete Clark die Seitenflossen und -ruder nicht oval, sondern gab ihre Form richtig wieder, und wies auf die damals ungewöhnliche konstruktive Einzelheit hin, daß der Einstellwinkel der Höhenflosse verändert werden konnte. Er wurde beim Ausfahren der Landeklappen automatisch verringert (wobei übrigens zugleich die Querruder ausgefahren wurden).

Meines Erachtens hat Clark den Hauptholm zu weit hinten (fast in der Mitte der Profilsehne) eingezeichnet, obwohl er richtig anmerkte, daß er bei 39 Prozent der Profilsehne verlief. Angesichts der richtig wiedergegebenen fest eingebauten Maschinengewehre hätte er auch darauf hinweisen können, daß es sich um FF-MG-Kanonen und im Falle des hinteren MGs um ein MG 15 handelte. Ich wüßte außerdem nur zu gern, was er mit seinem Hinweis, die «GESAMMTE VERGLASUNG» sei abwerfbar gewesen, gemeint hat. Bill Green, der es wissen muß, erklärt dazu jedenfalls, daß an Bord der Nachtjäger mit DB 605-Motoren das zusätzliche (für die Radaraufklärung zuständige) Crewmitglied in der Mitte festsaß, falls der Bordschütze getötet worden war, da der einzige Fluchtweg dann blockiert war. Ich erinnere mich, daß in der Bf 110 nicht nur über dem Piloten, sondern auch hinter dem Antennenmast eine rechts angeschlagene Haube und nach oben schwenkbare vorhanden war. Diese befand sich also in einiger Entfernung vom Heck, in dem bei vielen G-Versionen eine nach oben gerichtete Zwillingskanone montiert war, die dort einen Notausstieg unmöglich machte.

In allen Kriegsversionen vor der «G» wurden Daimler-Benz-Motoren vom Typ DB 605 mit Nennleistungen von 1100 oder 1350 PS verwendet. Um die richtige Schwerpunktlage zu erzielen, waren sie tief in die Tragflächen integriert, und deshalb war der Lufteinlauf zum links eingebauten Lader nicht oben in der Cowling, sondern in der Profilnase untergebracht. Ein von Clark eingezeichnetes Detail läßt den einfachen Aufbau des Rumpfhecks erkennen, das fast mit dem der Bf 109 identisch ist (während der Rumpf der Me 210/410 entlang der Längsachse in zwei Hälften unterteilt war). Der Hinweis «BEHÄLTER FÜR

Inmitten von leeren Benzinfässern stehen diese zurückgelassenen Bf 110 dort, wo sie gerade waren, nachdem Ende 1943 der deutsche Rückzug über Italien nach Norden eingesetzt hat. Die vorderen Kanonen sind bereits ausgebaut, ebenso die Motoren und Leitwerksteile.

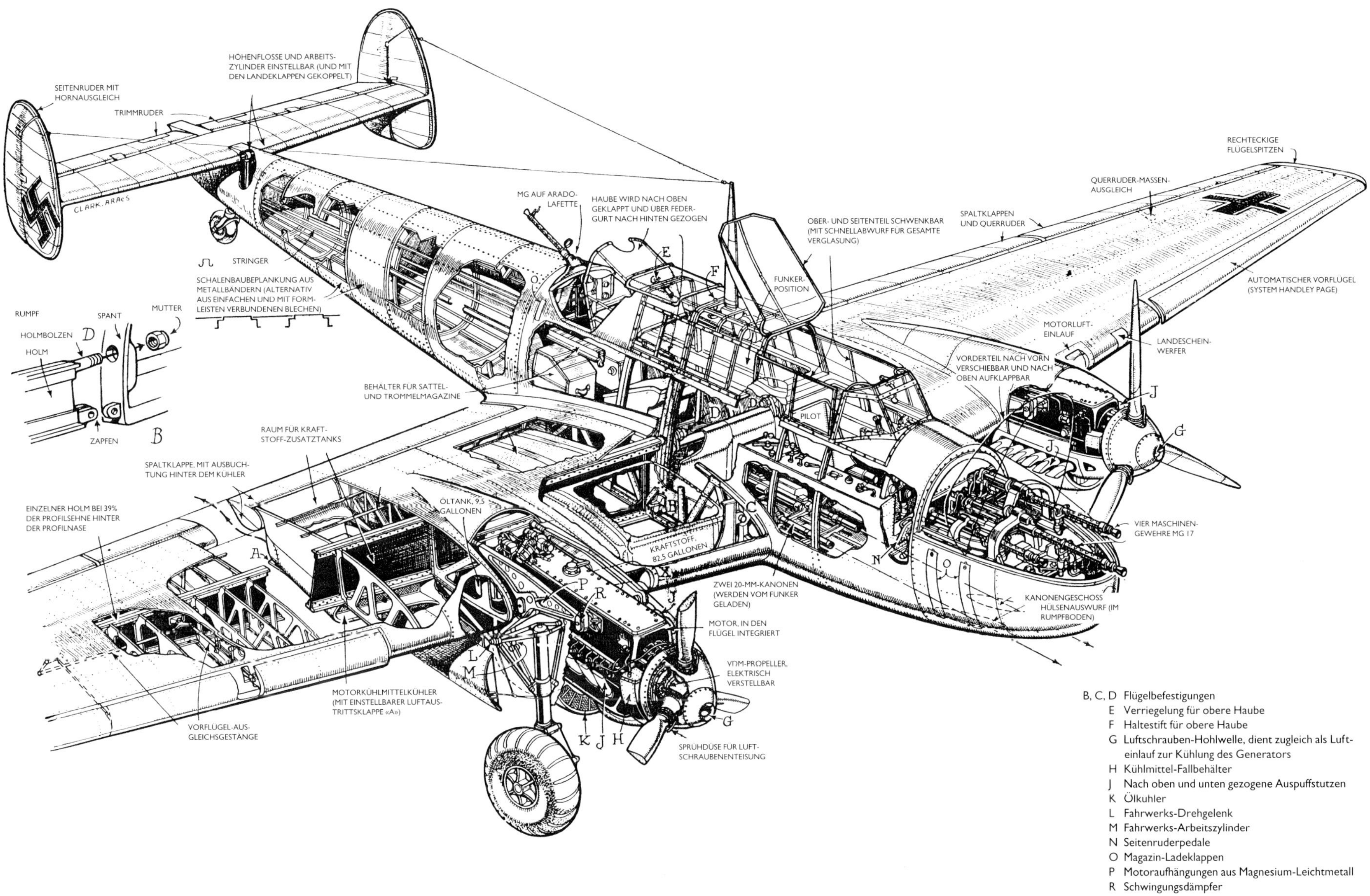

SATTEL- UND TROMMELMAGAZINE» bedarf wohl einer zusätzlichen Erläuterung: Der Funker bediente nicht nur das hintere MG 15, das durch Einlegen eines 75-Schuß-Sattelmagazins (das wie ein liegendes «B» aussah) oben im MG geladen wurde, sondern auch die FF-MG-Kanone. Dazu mußte er die 60-Schuß-Trommelmagazine - jedes mit einem Gewicht von immerhin 28 kg - aus der großen Kiste holen und die im Boden eingebaute Kanone damit laden. Vermutlich meinte Clark diese Trommelmagazine.

Wie im Begleittext zur Me 210 erwähnt wird, mußte die Bf 110, von der insgesamt 6030 Stück ausgeliefert wurden, bis zum Ende des Krieges durchhalten. 1943/44 holten sie mehr schwere RAF-Bomber vom Himmel als alle anderen Nachtjäger zusammen - eher Tausende als Hunderte. Nur wenige Flugzeuge wurden mit ähnlich reichhaltiger Ausrüstung ausgestattet, beispielsweise zusätzlichen MGs, einem Radarsystem und den verschiedensten Unterflügel-Außenlasten. Ich hatte das Glück, einmal eine G-Version zu fliegen, aus der man diesen ganzen Kram ausgebaut hatte, und muß sagen: Ich habe selten ein angenehmeres Flugzeug kennengelernt. Erst viele Jahre später las ich, daß die Bf 110 beim Starten und Landen angeblich eine beunruhigende Schwingneigung entwickelte. Schade, daß es heute kein einziges flugtaugliches Exemplar mehr gibt!

Ju 87B

Drei der wichtigsten Flugzeuge des Krieges waren die Fairey Battle, die Junkers Ju 87 und die Iljuschin Il-2. Alle drei waren einmotorige Angriffsmaschinen für den Fronteinsatz und - leichte Beute für Jagdflugzeuge. Aber damit enden die Gemeinsamkeiten auch schon. Die berühmte Il-2, ein gepanzertes und schwer bewaffnetes Erdkampfflugzeug, zerstörte mit ihrer enormen Feuerkraft die Hälfte aller Panzer an der Ostfront. Der Sturzkampfbomber («Stuka») Ju 87 war speziell dafür konstruiert, schwere Bomben im senkrechten Sturzflug auf Bodenziele wie Brücken, Kreuzungen oder Schiffe zu lenken, und brachte Europa in den Jahren von 1937 bis 1940 von Spanien über Polen bis zum Ärmelkanal Terror und Verwüstung. Im Gegensatz dazu war die Battle zum Abwerfen von Bomben im Horizontalflug ausgelegt, und ihre Bedeutung besteht lediglich darin, daß mit ihr und der Blenheim fast eine ganze Generation von tapferen und voll einsatzfähigen Flugzeugbesatzungen unterging, ein kaum zu verschmerzender Verlust für eine ohnehin noch im Aufbau befindlichen Royal Air Force.

Der heute bekannteste Typ ist wahrscheinlich der «Stuka», ein Begriff, der zum Synonym für die Ju 87 wurde. Von 1928 bis 1931 hatte Junkers für verschiedene Luftstreitkräfte eine stattliche Zahl von Sternmotorflugzeugen des Typs K 47 gebaut. In Deutschland dienten diese Maschinen zur Untersuchung der Frage, mit welcher Genauigkeit Bomben im steilen Sturzflug ins Ziel gelenkt werden konnten. Die Ergebnisse waren ermutigend, war es doch gelungen, im senkrechten Sturzflug fast immer Treffgenauigkeiten von 30 Metern zu erzielen. Daraufhin startete man ab 1933 das von Dipl.-Ing. Hermann Pohlmann geleitete Projekt zur Entwicklung der Ju 87, und der erste Prototyp (der mit einem Kestrel-Motor flog, von dem Rolls-Royce glaubte, er gehe direkt nach Warnemünde, um dort in die firmeneigene Heinkel He 70 eingebaut zu werden) nahm im April 1935 die Flugerprobung auf.

Geschwaderkommodore Oberstleutnant Walter Siegel vom StG 3 flog diese Ju 87D-1/Trop, bis sie Mitte 1942 in Derna (Libyen) zurückgelassen wurde. Zu diesem Zeitpunkt gehörte sie zur 8./StG 3.

Von Anfang an hatte die Ju 87 eine fast unzerbrechliche Struktur und war mit einer selbsttragenden, glatten Beplankung anstelle der bei Junkers früher üblichen Wellblechbeplankung versehen. Zu ihren unverwechselbaren Kennzeichen gehörten der (aus offensichtlichen Gründen gewählte) markante Knickflügel, das starre und vollständig verkleidete Fahrwerk, die patentierten «Doppelflügel»-Steuerflächen an der Tragflächenhinterkante, die nach außen zunehmend als Querruder, nach innen dagegen zunehmend als Landeklappen dienten, ferner die doppelte Seitenflosse und das Tandemcockpit für den Piloten und den Funker/Bordschützen, bei dem die beiden Hauben hochklappbar waren.

Als die ersten Ju 87A aus der Serienproduktion Ende 1937 in Spanien zum Einsatz kamen, hatten sie nur noch eine Seitenflosse, Sturzflugbremsen unter den Außenflügeln, ein MG 17 (Kaliber 7,92 mm) in der rechten Tragfläche, ein MG 15 im hinteren Cockpitbereich, eine Halterung für eine 500-kg-Bombe und - natürlich - auflackierte Striche auf dem Seitenfenster des Piloten, die zusammen mit dem Horizontbild den Sturzflugwinkel von bis zu 90° anzeigten.

Die Technik der Sturzflug-Bombenangriffe wurde von der Legion Condor in Spanien perfektioniert. Als The Aeroplane die Clark-Zeichnung am 23. Februar 1940 veröffentlichte, wurde dort auch ein Bericht über diese Einsätze wiederholt, der bereits im Juni 1939 in den «Junkers-Nachrichten» erschienen war. Darin wurde erklärt, wie eine Kette von Ju 87 einen Bombenangriff flog, indem eine Maschine nach der anderen in einen senkrechten Sturzflug überging. Was die aufwendig produzierte Firmenzeitschrift freilich nicht berichtete, war ein mißglückter Angriff dieser Art, bei dem sich sämtliche Maschinen einer solchen Kette senkrecht in die Erde gebohrt hatten.

Als Folge dieses Ereignisses ersann man bei dem Instrumentenhersteller Askania ein automatisches System, das solche Unfälle verhindern sollte. Dabei löste ein empfindlicher Kontakthöhenmesser das Aufleuchten einer roten Lampe im Instrumentenbrett aus. Daraufhin leitete der Pilot durch Drücken einer Taste am Steuerknüppel ein Abfangmanöver mit 6g ein, das eine unkoordinierte Bodenberührung des Stukas sicher verhinderte!

Die Luftwaffe begann den Zweiten Weltkrieg am 1. September 1939 um 4 Uhr 26 mit dem Angriff dreier Ju 87B auf eine Brücke in Polen. Diese Stukaversion, ausgerüstet mit dem 1200-PS-Junkers-Motor Jumo 211D mit Direkteinspritzung, hat Clark in seiner Zeichnung wiedergegeben. Sie hatte einen weiterentwickelten Rumpf, Schiebehauben, MG 17-Maschinengewehre in beiden Tragflächen und - zur Verbreitung von Psychoterror - Motorsirenen am modifizierten und mit normalen Verkleidungen versehenen Fahrwerk. Ihre zentrale Rolle in Hitlers «Blitzkrieg» konnte sie selbstverständlich nur spielen, weil die Luftwaffe den Luftraum beherrschte.

Ich selbst bin nie an Bord einer Ju 87 gewesen, aber Capt Eric «Winkle» Brown von der Royal Navy erweiterte die Sammlung der von ihm geflogenen 487 Flugzeugtypen (wobei in diese Zahl so eng verwandte Flugzeuge wie beispielsweise

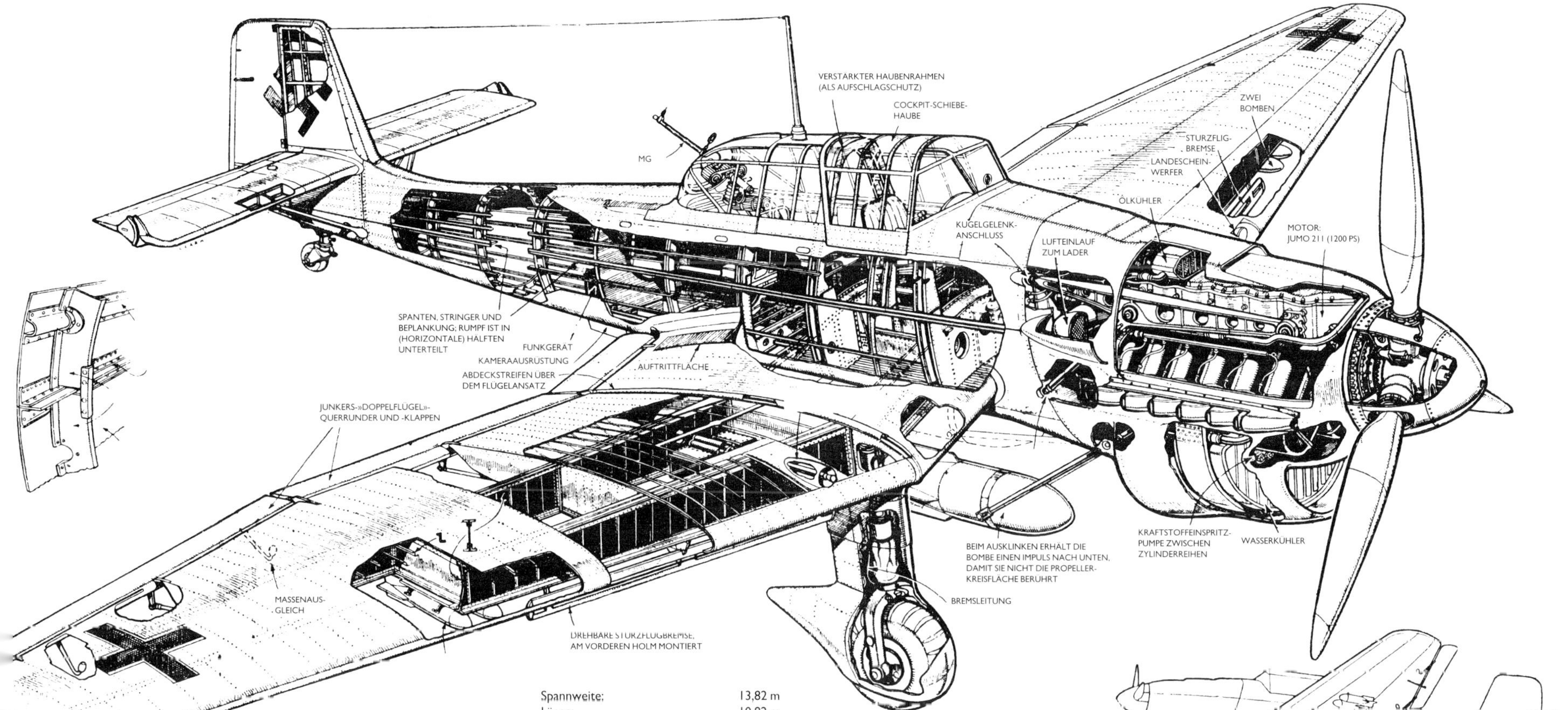

Spannweite:	13,82 m
Länge:	10,82 m
Höhe:	3,89 m
Flügelfläche:	32 m²
Abflugmasse:	4213 kg
Höchstgeschwindigkeit:	387 km/h in 4200 m
Anfängliche Steigrate:	7,6 m/s

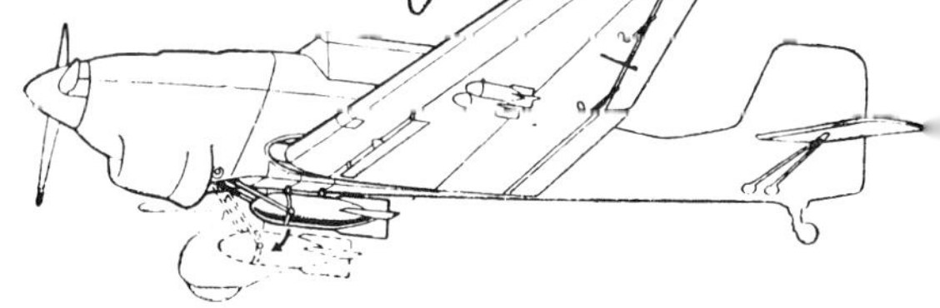

die Spitfire und die Seafire als ein Typ eingingen) um die spätere Ju 87D. Zu den Verbesserungen der «D» gehörten unter anderem der leistungsstärkere Jumo 211J, bei dem der Ölkühler nicht über, sondern unter dem Motor angeordnet war, sowie Kühler unter den Tragflächen und eine neue Haube.

In einem Artikel in Air International erinnerte er sich: «Von den breiten Blättern des Junkers-VS11-Propellers bis zu den Trimmrudern am großen quadratischen Seitenruder machte die Ju 87D den Eindruck eines etwas zu großen Flugzeugs für einen einzelnen Motor... Hatte man einmal die Reisefluggeschwindigkeit erreicht, machte sich unwillkürlich das fast schon bedrückende Gefühl von Verwundbarkeit breit. Was diesen Eindruck noch verstärkte, war die hohe Sitzposition des Piloten, aus der man eine ausgezeichnete Rundumsicht durch die voll verglaste Haube hatte... Ein senkrechter Sturzflug treibt die Pulsfrequenz ganz schön nach oben, denn man fürchtet, die Maschine könnte über die 90° hinausschießen... Aber die Ju 87 war dafür konstruiert, und aus irgendeinem unerfindlichen Grund hatte man das Gefühl, daß die Fluglage mit der Nase nach unten genau richtig war!»

Diese Zeichnung von Clark war von mittelmäßiger Qualität und dem damaligen Propagandakrieg ganz angemessen. Sie entstand lange, bevor Clark die Möglichkeit hatte, ein abgestürztes Exemplar zu studieren, und zeigt die Ju 87 noch mit Vorkriegsmarkierungen. Der Hauptkühler befand sich unter dem Motor und arbeitete nicht mit Wasser, sondern mit Glysantin (Ethylenglykol). Viele Zeichnungsdetails dürften der bereits erwähnten Junkers-Firmenzeitschrift entnommen worden sein. Die Zeichnung wurde in The Aeroplane Spotter vom 20. März 1941 reproduziert.

Zu diesem Zeitpunkt hätte Clark die auffallende Motorsirene oben am Fahrwerks-Federbein einzeichnen können, doch die einzige Änderung, die er vornahm, bestand darin, den Junkers-Hamilton-Propeller durch die tatsächlich eingebaute VDM-Luftschraube zu ersetzen.

Do 217E-2

Dieses Flugzeug war ein weiteres Beispiel dafür, daß die Briten vor dem Zweiten Weltkrieg anscheinend überhaupt keine Militäraufklärung betrieben. Der Prototyp war schon im August 1938 geflogen, und noch vor Kriegsbeginn verließen weitere sechs Maschinen das Werk Friedrichshafen. Jedes Kind hätte sie fotografieren können! Selbst nach Beginn der Kampfhandlungen konnte man noch die Testflüge verfolgen, die von Flugplätzen in der neutralen Schweiz aus unternommen wurden. Aber irgendwie gelang es uns, die Existenz der Do 217 einfach nicht zur Kenntnis zu nehmen. Im Januar 1942 endlich veröffentlichte The Aeroplane Spotter ein verschwommenes Bild der Do 217 mit merkwürdig dickbauchigen Motorgondeln, und im zugehörigen Artikel hieß es, die Zeichnung sei eine echte Offenbarung, da sie ja nicht den Stempel der deutschen Militärzensur trage. Nur: Zu diesem Zeitpunkt konnte man sich schon bei verschiedenen abgeschossenen Exemplaren davon überzeugen, daß die Motorgondeln ziemlich normal aussahen...

Die Do 217 war sicherlich eine beeindruckende Maschine, wenngleich sie auch im Grunde nichts anderes darstellte als die Fortsetzung der klassischen Bomber-Faustformel der Luftwaffe: Man nehme zwei Motoren, stark genug für eine Höchstgeschwindigkeit von 500 km/h und eine Dienstgipfelhöhe gerade einmal von 20.000 Fuß, und fertig ist - eine leichte Beute für jeden Abfangjäger. Einen Vorteil allerdings hatte die Do 217, und der bestand darin, daß sie intern eine Bomben- bzw. Torpedolast von nicht weniger als vier Tonnen transportieren konnte, und daß sie in den hinteren Schützenständen oben und unten mit dem exzellenten MG 131, Kaliber 13 mm, bewaffnet war. Der Schützenstand auf der Rumpfoberseite war eine elektrisch betriebene Ausführung vom Typ EDL131. Vorn befand sich ein fest eingebautes MG 151/15, und - in der von Clark gezeichneten E3-Version - eine von Hand ausrichtbare 20-mm-MG-FF für Angriffe auf Schiffe. Gewöhnlich waren außerdem zwei MG 15 für die seitliche Verteidigung eingebaut, obwohl Clark vier davon eingezeichnet hat. Einzelne Exemplare besaßen im Heckkonus ein nach hinten ausgerichtetes Zwillings-MG vom Typ MG 81.

In diesem Heckkonus war anfangs eine ähnlich wie eine Fallschirmkappe geformte Sturzflugbremse untergebracht, da die Do 217 ursprünglich auch für Sturzflug-Bombenangriffe eingesetzt werden sollte. Wegen anhaltender technischer Probleme wurde diese Idee aber aufgegeben. Die zum automatischen Abfangen an den Höhenrudern vorgesehenen Hilfsruder wurden beibehalten, aber ebenso wenig benutzt wie die extrem lange Torsionsstange, die vom Cockpit bis ins Heck verlief und zum Betätigen der Sturzflugbremse diente. So flogen die E-Versionen des KG 2, das von französischen Flugplätzen aus operierte, also weiterhin bei Nacht in 20.000 Fuß ihre Bombenangriffe über Großbritannien und waren jedesmal froh, wenn sie es zurück zu ihrer Basis schafften. Erst 1942 kam die Do 217 in großen Stückzahlen zum Einsatz. Zu spät, denn inzwischen hatten die Besatzungen der Beaufighter- und Mosquito-Nachtjäger gelernt, die kleinen grünen «Blips» zu interpretieren, die auf ihren Radarschirmen flimmerten. Damit waren die Karten völlig anders verteilt als während des «Blitzkriegs» von 1940.

Während die Do 17Z von der ganzen Luftwaffe geschätzt wurde, war die Do 217 von Anfang an schwer zu zähmen gewesen. Sie tendierte beim Starten und Landen zum Schlingern und entwickelte im Reiseflug Schwingungen um alle Achsen (besonders um die Hochachse), selbst nachdem die Innenkanten der Seitenflossen mit Vorflügeln ausgerüstet worden waren. Die Do 217 hatte nur einen Trumpf, und das war der BMW 801, von dem in diesem Buch ebenfalls eine Aufrißzeichnung zu sehen ist. Wenn sich ein Abfangjäger nachts von hinten an einen Do 217-Bomberverband heranmachte, konnte der Pilot nur kleine rote Pünktchen erkennen. Im Gegensatz dazu waren die Auspuffanlagen des Nachtjägers He 219A von 1944 geradezu eine Festbeleuchtung und meilenweit zu sehen!

Wie von Max dargestellt, konnten bei Start und Landung die Querruder zusammen mit den Klappen ausgefahren werden. Jede Hilfe war willkommen, denn die Do 217 hatte eine außerordentlich hohe Flächenbelastung, was jeden Start im voll beladenen Zustand zu einem echten Abenteuer machte. Heute würden wir wahrscheinlich die Spaltklappen durch Fowlerklappen ersetzen, die außerdem bis zu den Flügelspitzen reichen würden, und die Quersteuerung durch Spoiler realisieren. Die Klappen wurden ebenso wie das Fahrwerk und fast alle anderen mechanischen Systeme der Do 217 elektrisch betätigt und konnten bis maximal 55° ausgefahren werden. Das Ausfahren der Klappen bewirkte zugleich eine proportionale Verringerung des Höhenruder-Einstellwinkels. Eine weitere vorteilhafte Eigen-

Die «Rüstsätze» Do 217N-2/R22 waren zwar weder so schnell noch so wendig wie andere Nachtjäger der Luftwaffe, aber dennoch ein schlagkräftiges Kampfgerät, bewaffnet mit einer tödlichen Mischung aus MG 17-Maschinengewehren vom Kaliber 7,92 mm und einer 20-mm-Bordkanone MG 151, die sowohl horizontal als auch in einem Winkel von jeweils 70° feuern konnten.

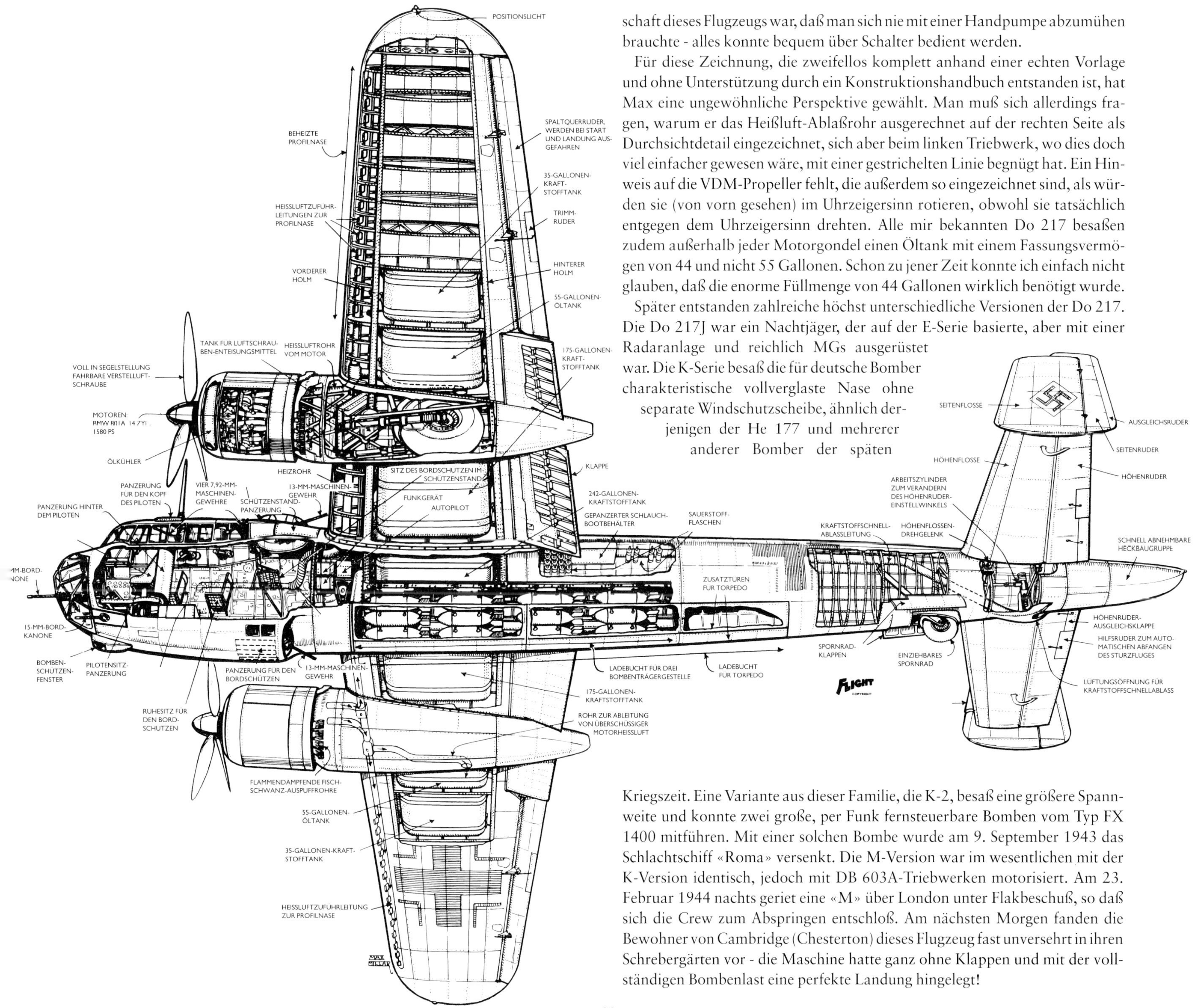

schaft dieses Flugzeugs war, daß man sich nie mit einer Handpumpe abzumühen brauchte - alles konnte bequem über Schalter bedient werden.

Für diese Zeichnung, die zweifellos komplett anhand einer echten Vorlage und ohne Unterstützung durch ein Konstruktionshandbuch entstanden ist, hat Max eine ungewöhnliche Perspektive gewählt. Man muß sich allerdings fragen, warum er das Heißluft-Ablaßrohr ausgerechnet auf der rechten Seite als Durchsichtdetail eingezeichnet, sich aber beim linken Triebwerk, wo dies doch viel einfacher gewesen wäre, mit einer gestrichelten Linie begnügt hat. Ein Hinweis auf die VDM-Propeller fehlt, die außerdem so eingezeichnet sind, als würden sie (von vorn gesehen) im Uhrzeigersinn rotieren, obwohl sie tatsächlich entgegen dem Uhrzeigersinn drehten. Alle mir bekannten Do 217 besaßen zudem außerhalb jeder Motorgondel einen Öltank mit einem Fassungsvermögen von 44 und nicht 55 Gallonen. Schon zu jener Zeit konnte ich einfach nicht glauben, daß die enorme Füllmenge von 44 Gallonen wirklich benötigt wurde.

Später entstanden zahlreiche höchst unterschiedliche Versionen der Do 217. Die Do 217J war ein Nachtjäger, der auf der E-Serie basierte, aber mit einer Radaranlage und reichlich MGs ausgerüstet war. Die K-Serie besaß die für deutsche Bomber charakteristische vollverglaste Nase ohne separate Windschutzscheibe, ähnlich derjenigen der He 177 und mehrerer anderer Bomber der späten Kriegszeit. Eine Variante aus dieser Familie, die K-2, besaß eine größere Spannweite und konnte zwei große, per Funk fernsteuerbare Bomben vom Typ FX 1400 mitführen. Mit einer solchen Bombe wurde am 9. September 1943 das Schlachtschiff «Roma» versenkt. Die M-Version war im wesentlichen mit der K-Version identisch, jedoch mit DB 603A-Triebwerken motorisiert. Am 23. Februar 1944 nachts geriet eine «M» über London unter Flakbeschuß, so daß sich die Crew zum Abspringen entschloß. Am nächsten Morgen fanden die Bewohner von Cambridge (Chesterton) dieses Flugzeug fast unversehrt in ihren Schrebergärten vor - die Maschine hatte ganz ohne Klappen und mit der vollständigen Bombenlast eine perfekte Landung hingelegt!

Fw 190

Im Herbst 1941 trafen die RAF-Jagdflieger bei ihren Attacken über Nordfrankreich immer öfter auf beängstigend wendige Jagdflugzeuge mit einem Sternmotor. Das erste Zusammentreffen endete mit einem 3:0-Sieg von vier feindlichen Maschinen über einen deutlich größeren Spitfire Mk V-Verband. In London wurde die offizielle Auffassung vertreten, bei diesen neuartigen Jagdflugzeugen müsse es sich um «erbeutete französische Curtiss Hawks» gehandelt haben. Das konnten aber die RAF-Piloten kaum glauben, denn diese neuen Feindmaschinen waren ihren Mk VB in jeder Hinsicht überlegen, abgesehen vielleicht davon, daß die Spitfire enger kurven konnte. Dann stieß der britische Geheimdienst auf Berichte in deutschen Fachzeitschriften, in denen die Focke-Wulf Fw 190 als schnellstes Jagdflugzeug der Welt gepriesen wurde. Hätte er sich in den letzten drei Friedensmonaten vor dem Krieg an kleine Jungen in der Umgebung des Bremer Flughafens gewandt, wäre die Fw 190 schon zwei Jahre früher bekannt gewesen. Hier nämlich rollte der Prototyp im Mai 1939 zum ersten Mal an den Start und nahm am 1. Juni die Flugerprobung auf.

Aber erst in The Aeroplane Spotter vom 26. März 1942 erschienen Informationen über die «neue Fw 190H» - wieder eine dieser unsinnigen Bezeichnungen, die irgend jemand in London einfach erfunden hatte. In diesem Bericht hieß es: «Die Fw 190H hat nicht sonderlich beeindruckt. Im Luftkampf dürfte die Spitfire klar überlegen sein.» Aber Kriege werden nicht durch Wunschdenken entschieden, und selbst als den Briten durch einen glücklichen Zufall am 23. Juni 1942 ein intaktes Exemplar in die Hände fiel, äußerte sich der oberlehrerhafte Spotter mißbilligend über dessen «geringe Reichweite» und den «Kraftstoffvorrat von nur 115 Gallonen», ohne freilich zu erwähnen, daß die Spitfire nur über 85 Gallonen verfügte.

Nach und nach mußte man einräumen, daß die Fw 190 ein hervorragendes Jagdflugzeug ohne schwache Stellen war. Es war damals ein Schock, in den Ein-Uhr-Nachrichten von Peter (heute Sir Peter) Masefield zu erfahren, daß ihre Bewaffnung aus vier Kanonen und zwei MGs bestand. Schlimmer noch: Zwei dieser Kanonen waren vom gefürchteten Typ Mauser 151/20 mit besonders hoher Mündungsgeschwindigkeit und Feuergeschwindigkeit sowie elektrisch abgefeuerter Munition. Auf seiten der Alliierten untersuchten Flugzeugkonstrukteure die Einbaulage des Motors, um zu ergründen, wie ein luftgekühlter Sternmotor einen solchen beeindruckenden Fighter antreiben konnte. Sie staunten nicht schlecht über die Komplexität der elektrischen Systeme der Fw 190, die überall mit kleinen und großen Stellmotoren ausgestattet war. Sogar ein bis dahin einmaliger elektromechanischer Rechner zur kompletten Triebwerksüberwachung war vorhanden.

Jimmy Clark war der erste Zeichner, der in Farnborough auf das erbeutete Exemplar angesetzt wurde, und er fertigte eine exzellente Zeichnung an, insbesondere angesichts der Tatsache, daß ja nichts aufgeschnitten oder demontiert werden konnte, um einen ungehinderten Blick auf das Innenleben zu haben. Er muß wohl unter so großem Zeitdruck gearbeitet haben, daß er den Buchstaben «A» für zwei verschiedene Details verwendete und mit dem «J» nicht nur die Haubenrahmen-Haltestifte, die zur Befestigung der Haube mit ihrer uneingeschränkten Rundumsicht dienten, sondern auch die auf dem Rahmen verschiebbaren Kipphebel bezeichnete. Als er bei «Z» angelangt war, fuhr er mit Kleinbuchstaben fort, wobei er allerdings das «c» übersprang. Konfus war auch die Zuordnung von «U» und «j», und in einer Detailzeichnung sah das «U» wie ein «u» aus.

Lange nach dem Krieg veröffentlichte Macdonald das von Bill Green verfaßte Meisterwerk «Warplanes of the Third Reich», in dem eine exakte Kopie der Clark-Zeichnung erschien, die nur an wenigen Stellen (beispielsweise bei der Schattierung des Kraftstofftanks) verändert worden war, aber auch Fehler (z.B. in Form der Stringernieten, die durchgehend bis zur Flügelspitze dargestellt waren) und eine numerierte Legende enthielt. Noch später fertigte John Weal

OBEN: Das «Geschenk» von Oberleutnant Armin Faber an die RAF war diese Fw 190A-3, eine ehemalige Maschine der III./JG2.

LINKS: Eine namenlose Fw 190 im Reiseflug in großer Höhe über der deutschen Landschaft Ende 1942.

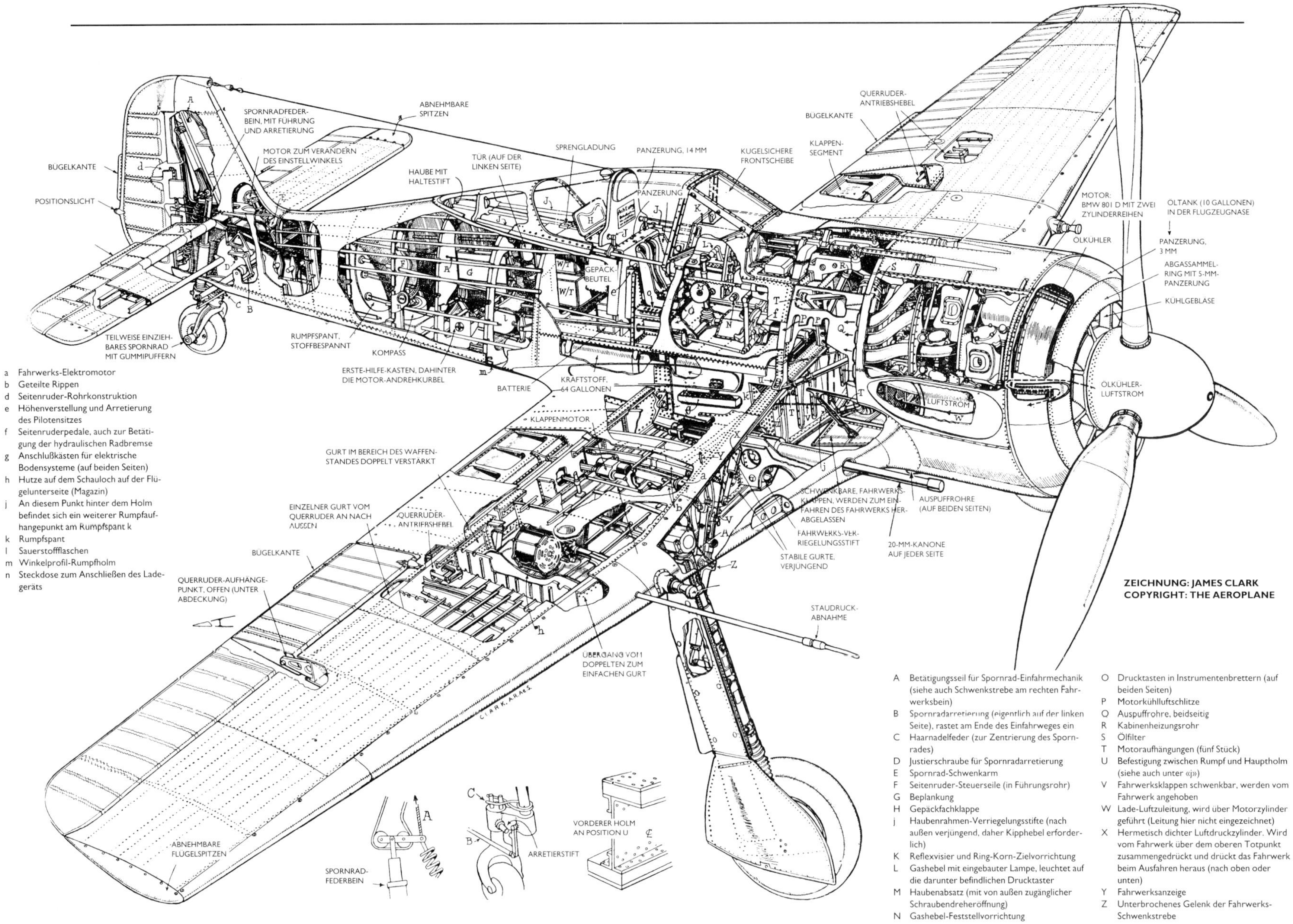

eine ganz neue Zeichnung aus derselben Perspektive an, und zuletzt entstand die beste Zeichnung von allen, in der Mike Badrocke eine Fw 190A-8 porträtierte, allerdings aus einem völlig anderen Blickwinkel.

Ich bezweifle, daß irgendeine andere Flugzeug-Aufrißzeichnung mit ähnlich lebhaftem Interesse begutachtet wurde wie dieser wertvolle Beitrag von Clark vom Sommer 1942. Wertvoll, weil er über Leben und Tod entscheiden konnte: Natürlich ist ein feindliches Flugzeug nicht einfacher abzuschießen, nur weil man es kennt, aber immerhin hilft ein solcher visueller Eindruck, die Angst vor dem Unbekannten zu mindern.

Für den Fall der Fw 190 galt das allerdings nicht. Je eingehender man dieses Flugzeug studierte, desto größer wurde der Respekt vor der Zelle, den Bordsystemen, der Bewaffnung, der Sicht des Piloten und nicht zuletzt der enormen Wendigkeit im Luftkampf (besonders die Rollgeschwindigkeit wurde von kaum einem Flugzeug der Alliierten erreicht). Ungefähr 19.500 Exemplare wurden gebaut; genaue Angaben über die Gesamtstückzahl sind wie bei allen im Zweiten Weltkrieg in Großserie produzierten deutschen Flugzeugen nicht möglich. Es entstanden Dutzende von Untervarianten mit einer unglaublichen Vielfalt von Waffensystemen, darunter auch eine zum Transport eines Torpedos oder einer 1,8-Tonnen-Bombe!

DEUTSCHE «ZWEIMOTS» IM DETAIL

Statt einer weiteren Zeichnung eines ganzen Flugzeugs sollen hier einige Detailzeichnungen mit Bildunterschriften vorgestellt werden, die in The Aeroplane vom 18. Oktober 1940 erschienen. Sie vermitteln zugleich einen Eindruck vom damaligen Zeitgeist.

Zu jenem Zeitpunkt wurde die Luftschlacht um England von der Taktik der nächtlichen «Blitzangriffe» abgelöst, die für die Reichsluftwaffe weitaus weniger verlustreich waren, aber so gut wie nichts zu einem schnellen Sieg der Deutschen beitrugen. Die Militäroperation mit ihren am Tage ausgefochtenen Luftkämpfen wurde am 31. Oktober offiziell für beendet erklärt. Bis zu diesem Tag hatte die Luftwaffe 1733 Flugzeuge verloren, die meisten davon über den Britischen Inseln. Damit war es für die Deutschen viel schwieriger geworden, technische Details der deutschen Flugzeuge weiterhin geheimzuhalten.

Nichtsdestoweniger weigerten wir uns weiterhin stur, für einige der wichtigsten Typen die korrekten Bezeichnungen zu verwenden. Klassische Fälle waren bekanntermaßen die Bezeichnungen «Messerschmitt 109» und «Messerschmitt 110». Bis zum heutigen Tag können es viele Piloten, die damals gegen diese Flugzeuge kämpften, kaum glauben, daß es sich eigentlich um die Bf 109 und die Bf 110 handelte. In einem Leserbrief, der im US Air Force Magazine vom Mai 1995 abgedruckt wurde, heißt es allen Ernstes: «Dieses Flugzeug hieß niemals Bf 109»! Und was die Verwirrung perfekt macht, ist die Tatsache, daß die heutigen Nachfolgeunternehmen der Bayerischen Flugzeugwerke (BFW) die 109 und 110 stets mit dem Präfix «Me» versehen. Ausgelöst wurde dieser Irrtum einst dadurch, daß der Geschwindigkeits-Weltrekord, der von der (nach Umbenennung des Unternehmens in «Messerschmitt AG» am 11. Juli 1938) von Messerschmitt konstruierten Me 209 errungen wurde, von der Nazi-Propagandamaschine als fabelhafte Gelegenheit benutzt wurde, um die Qualitäten des wichtigsten Jagdflugzeugs der Luftwaffe zu glorifizieren. Aus diesem Grund wurde die Me 209 der Fédération Aéronautique Internationale als «Me 109R» präsentiert, was jeden zu der Annahme brachte, daß es sich um eine spezielle Version des bekannten Fighters handelte.

Aber das war eine reine Erfindung, wie auch im Fall der «He 111K Mk VA». Aus irgendeinem Grund wurden die ersten Versionen mit elliptischem Flügel He 111 Mk IIA genannt, während die Bomber Mk VA oder der Torpedobomber HaE (warum um alles in der Welt «HaE», mit kleinem «a» und großem «E»?) hießen. Endlich, am 21. Oktober 1943, meldete The Aeroplane Spotter: «Vor kurzem veröffentlichte eine deutsche Fachzeitschrift einen Artikel über die He 111, der mehr Klarheit in das Numerierungssystem bringt. Die alten Bezeichnungen wie z.B. He 111K Mk VA waren lediglich Namenskreationen, die in diesem Land entstanden sind, weil das korrekte System nicht bekannt war.»

Natürlich kann man vieles den Desinformationskampagnen des Krieges zuschreiben, aber es bleibt eine Tatsache, daß jedes einzelne Flugzeug der Luftwaffe anhand von mehreren fest aufgenieteten Metall-Typenschildern eindeutig zu identifizieren war. Aus ihnen ging die richtige und vollständige Typenbezeichnung hervor, ebenso die Werknummer, eine Herstellernummer und normalerweise zwei Datumsangaben. Angesichts der Tatsache, daß ein beträchtlicher Teil jener 1733 Flugzeuge durchaus zu inspizieren gewesen wäre, liegt kein nachvollziehbarer Grund vor, warum wir weitere drei Jahre darauf gewartet haben, von einer deutschen Zeitschrift über die Heinkel-Typenbezeichnungen

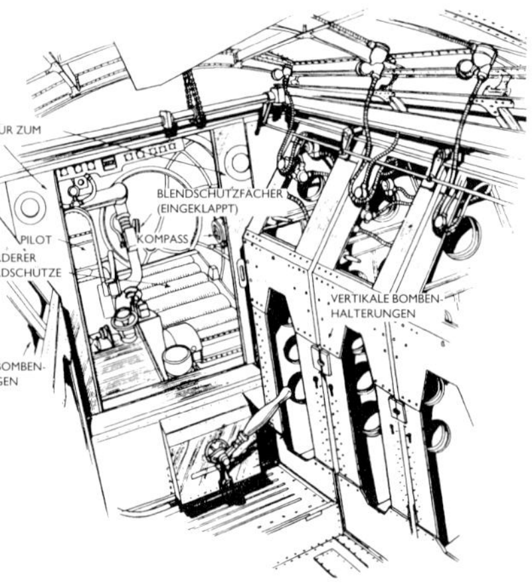

DER OFFIZIELLE TEIL - Der Bombenabwurfraum des Heinkel-Bombers He 111K mit Blick nach vorn. Rechts sind drei der acht vertikalen Bombenhalterungen zu erkennen, die in zwei Vierergruppen auf jeder Seite des Mittelganges angeordnet sind. In jeder Halterung kann eine 250-kg-Bombe mit der Spitze nach oben untergebracht werden. Die elektrische Ausklinkmechanik befindet sich jeweils am oberen Ende der Halterung. Nach vorn sind links der Pilotensitz sowie das herüberklappbare Steuer und rechts die Position des vorderen Bordschützen zu erkennen.

FUNKKOMPASS - Das Bediengerät der «Peilanlage» ist mit dem Peilrahmen der Heinkel He 111K verbunden. Mit der Kurbel am unteren Rand kann die Skala zur Anzeige der Funkstandlinie gedreht werden. Der Funkkompaß ist auf der rechten Cockpitseite angeordnet und wird dort von dem rechts vom Piloten sitzenden vorderen Bordschützen bzw. Bombenschützen bedient wird (siehe Zeichnung links).

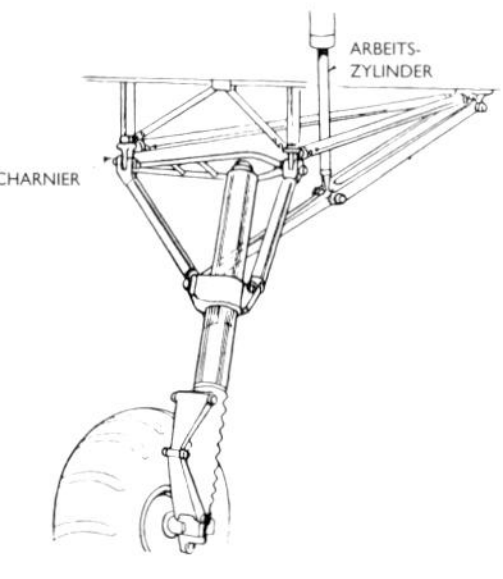

EINE SAUBERE KONSTRUKTION - Das rechte Fahrwerksbein des zweimotorigen Kampfbombers Messerschmitt Me 110. Beim Einfahren nach hinten verschwindet das Rad vollständig unter Fahrwerksklappen, die an Scharnieren angebracht sind. Kurios ist, daß zwar eine Pneumatik-Notbetätigung vorhanden ist, aber kein Handantrieb. Das Rad wird zudem weder im eingefahrenen noch im ausgefahrenen Zustand arretiert, sondern nur durch den Hydraulikdruck in Position gehalten.

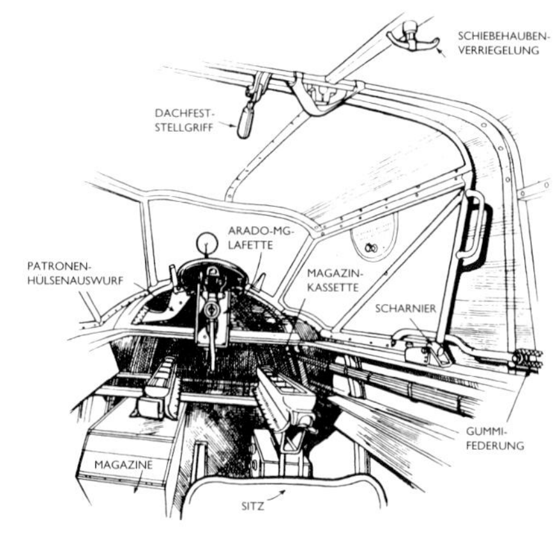

KEINE BENEIDENSWERTE POSITION - Blick nach hinten zur Position des Funkers und hinteren Bordschützen im schmalen Rumpf der Messerschmitt Me 110. Der schwenkbare hintere Teil der Cockpithaube kann bis zu einem Winkel von etwa 30 Grad aufgestellt werden, um ein besseres Schußfeld für das einzelne hintere MG zu haben, das auf einer Arado-MG-Lafette montiert ist. Diese kann auf ca. 60 Grad aufgerichtet und nach hinten etwa über denselben Winkel zur Seite geschwenkt werden. Es sind zehn Trommelmagazine mit insgesamt 750 Schuß Munition vorhanden.

aufgeklärt zu werden. Wer brachte wohl das Kunststück zustande, beispielsweise vom Typenschild «He 111H-6» abzulesen, aber dann die Bezeichnung «He 111K Mk VA» zu erfinden?

Seltsam: Obwohl wir zu Beginn des Krieges die «Ju 88K» erfunden hatten, glaubte jemand sehr früh in der Luftschlacht um England den Angaben eines Typenschildes und stellte fest, daß es sich bei einer abgeschossenen Maschine um eine Ju 88A-1 handelte. Aber während genau derselben Militäraktion wurde das Typenschild, das eindeutig zu einem zweimotorigen Jagdbomber vom Typ Bf 110C-5 gehörte, in The Aeroplane als Typenschild einer «Me 110C-5» zitiert.

Aber genug der Haarspalterei. Diese Zeichnungen hier wirken wie eine frische Brise, denn sie wurden direkt anhand von abgeschossenen Flugzeugen angefertigt und sind daher nachgewiesenermaßen echt.

Die in der He 111 vorhandenen vertikalen Halterungen für die Bomben «mit der Spitze nach oben» reduzierten nach Ansicht der Alliierten die Treffgenauigkeit, aber diese war selten ein ausschlaggebender Faktor. Wäre es auf Präzision angekommen, hätte die Taumelbewegung der Bombe bei der Konstruktion des Lotfe-Bombenzielgeräts berücksichtigt werden können. In der Zeichnung unten links endete das «flexible Rohr» ziemlich unmotiviert irgendwo unter dem MG 15. Der Funkkompaß war übrigens kein Bestandteil des «Knickebein»-Funkstandlinien-Navigationssystems, das sich bekanntermaßen als böse Überraschung entpuppte, als es ungeachtet allen Widerstands der hartnäckigen Ignoranten vier Monate nach Erscheinen dieser Zeichnungen vom brillanten Dr. R.V. James enträtselt wurde. Diese Pionierleistung auf dem Gebiet der Navigationshilfen war besonders ausgeklügelt, weil es ohne spezielle Cockpitanzeige auskam; die Steuerinformationen wurden auf das Lorenz-Blindlandesystem gegeben.

In der vierten Zeichnung auf Seite 72 zeichnete Clark das MG 15, das gerade nach hinten ausgerichtet war und deshalb nicht allzu gut erkennbar ist. Außerdem sieht es so aus, als wäre das flexible Patronenhülsen-Auswurfrohr auf der linken Seite statt unten montiert. Eines der Sattelmagazine ist über dem MG zu sehen, aber wie neue Magazine in die Magazinkassette eingelegt wurden, ist aus Clarks Zeichnung nicht ersichtlich.

Zur Zeichnung gleich unter diesem Text ist anzumerken, daß der Tank hinter dem hinteren Bombenschacht - soweit ich informiert bin - 680 Liter faßte. Natürlich waren die Unterflügelstationen der Ju 88 nicht nur für Sturzflug-Bombenangriffe vorgesehen, und diese erste einsatzfähige Version mußte man wegen ihrer hochsensiblen Struktur mit Samthandschuhen anfassen (Kunstflugfiguren aller Art waren selbstverständlich untersagt). Clark wäre wohl überrascht gewesen, wenn er gesehen hätte, was in dem «gigantischen» Hauptfahrwerksbein alles untergebracht war. Der Ringfeder-Stoßdämpfer wird im Abschnitt über die Ju 88 beschrieben.

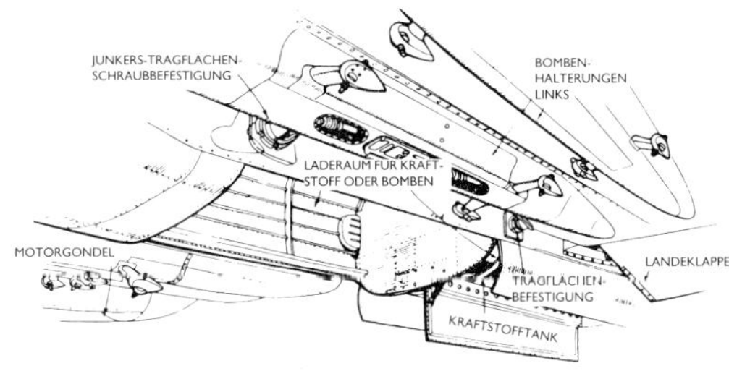

JUNKERS-BOMBENABWURFMECHANISMUS - Blick unter den mittleren Abschnitt der linken Tragfläche und der Rumpf des Junkers-Bombers Ju 88-A1. Die beiden externen Bomben-Trägergestelle für Sturzkampfbombenangriffe befinden sich rechts unter der linken Flügelwurzel. Jeder kann eine 250-kg-Bombe aufnehmen. Im Rumpfmittelteil befindet sich ein Laderaum für 16 Bomben à 50 kg oder einen 1200-Liter-Kraftstofftank. Dahinter liegt ein weiterer Laderaum, der normalerweise für einen 690-Liter-Tank benutzt wird, aber auch mit Bomben beladen werden kann.

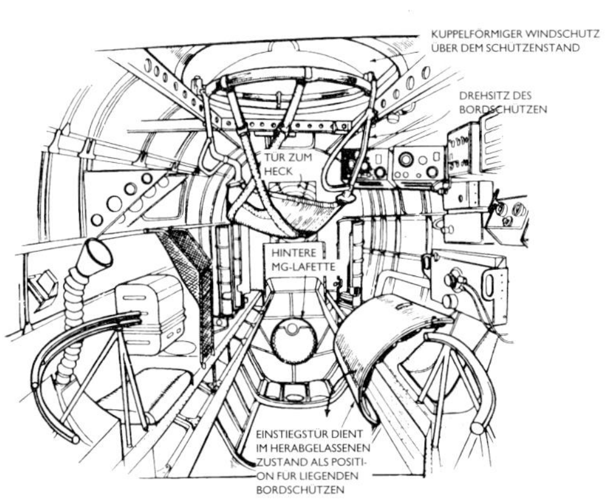

BLICK NACH HINTEN - Blick nach hinten aus dem Mittelteil der Heinkel He 111K. Im Boden ist die hängende Kuppel zu erkennen, von der aus der untere Bordschütze den Heckbereich verteidigt. Die Eingangstür (hier offen gezeichnet) gestattet einen leichten Einstieg und einen schnellen Ausstieg bei einem eventuellen Fallschirmabsprung. Der Sitz des oberen Bordschützen ist an der ringförmigen Einfassung des Waffenstandes aufgehängt und bietet einen überraschend hohen Komfort, wenn die Maschine nicht gerade unter Beschuß steht. Auf der rechten Seite ist die Funkanlage zu sehen, darunter Behälter mit Brandbomben. Links das flexible Sammelrohr für leere Patronenhülsen.

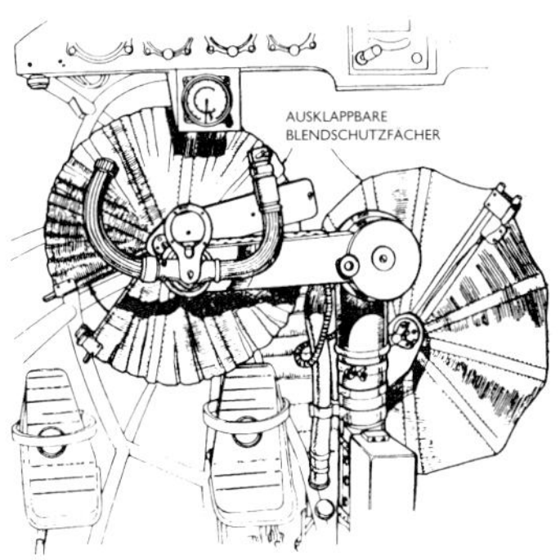

SCHUTZ VOR BLENDUNG - Diese an der Steuersäule der Heinkel He 111K montierten Fächer können kreisförmig ausgeklappt werden, um den Piloten bei Nacht vor Blendung durch Suchscheinwerfer zu schützen. Wegen der voll verglasten Flugzeugnase der Maschine ist diese Maßnahme unabdingbar. Die Steuersäule selbst läßt sich im Notfall auf die rechte Seite herüberklappen. Das Instrumentenbrett ist am Dach aufgehängt.

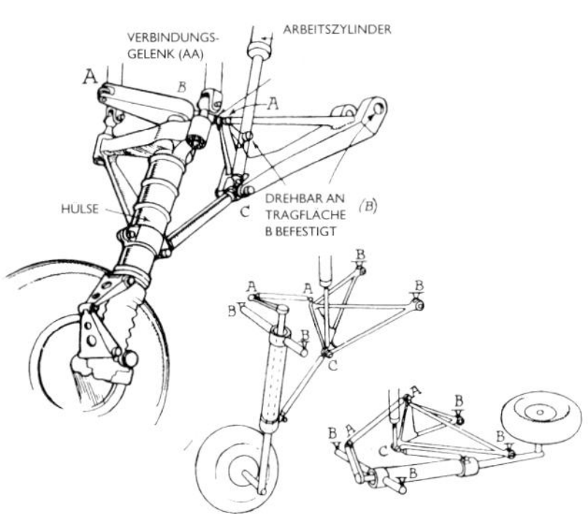

GIGANTISCHE ANGELEGENHEIT - Das rechte Hauptfahrwerksbein des Junkers-Bombers Ju 88-A1. Es ist rund 2,30 m lang. Wie das Diagramm zeigt, dreht sich das Rad beim Einfahren um 90 Grad und liegt dann flach in der Tragfläche. Diese Bewegung wird durch eine Kombination von Verbindungsgelenken bewerkstelligt, die das Öldruckfederbein drehen, das sich dabei durch eine extern montierte Hülse bewegt.

CATALINA I

Die Firma Consolidated Aircraft, 1918 von Major Reuben H. Fleet - einem der großen Pioniere der US-Luftfahrtindustrie - gegründet, durchlief eine höchst wechselvolle Geschichte, bis sie 1929 schließlich in einer riesigen Fabrik in Buffalo (New York) fest etabliert war. Hier tat sich der Neuzugang Isaac M. «Mac» Laddon bald als Meister einer neuen Luftfahrttechnologie hervor - der Ganzmetall-Schalenbauweise. Unter seiner Leitung wurden Postflugzeuge, schnelle Eindecker-Kampfflugzeuge und große Flugboote konstruiert. Als typisches Produkt der letzten Kategorie entstand 1930 die US Navy P2Y, ein Flugboot mit zwei 750-PS-Motoren und einer Unmenge von Streben und Verspannungen.

Laddon sicherte der Navy zu, ein Flugboot bauen zu können, das ebenso stromlinienförmig sein würde wie die modernen, freitragenden Landflugzeuge, und erhielt am 28. Oktober 1933 den Auftrag über den Bau des Prototypen für die XP3Y. Bei Consolidated lief dieses Projekt unter der Bezeichnung «Modell 28», und am 28. März 1935 startete der Prototyp in Buffalo zum Erstflug - gerade rechtzeitig vor Beginn des Zweiten Weltkriegs. Ohne daß irgendwelche Änderungen an den Motoren erforderlich wurden, erwies sich schon das Modell 28 als geeigneter Erprobungsträger für weitreichende Entwicklungen, zu denen auch Amphibienversionen gehörten, und bis 1945 wurde dieses Muster in mehr Exemplaren produziert als jedes andere Flugboot oder Wasserflugzeug der Luftfahrtgeschichte.

Als der Prototyp seinen Jungfernflug absolvierte, steckte das Unternehmen mitten in einer Neuorganisation. Dazu gehörte unter anderem ein Umzug von kalten Buffalo ins sonnige San Diego, wo Testflüge nicht nur ungefährlicher, sondern auch das ganze Jahr über möglich waren. Möglich wurde der Umzug durch einen (für die Luftfahrtindustrie von 1935) riesigen Auftrag über die Lieferung von 60 Exemplaren des neuen Modells 28, das bei der US-Navy unter der Bezeichnung «PBY» (Patrol, Bomber, Consolidated) geführt wurde. Im Oktober 1935 lief im Werk San Diego mit 800 Mitarbeitern, von denen 411 schon in Buffalo dabeigewesen waren, die Produktion der PBY an. Auch der Prototyp des Modells 28 kam - mit einem Abstecher zum Panamakanal, wobei er «nebenbei» noch ein paar Rekorde aufstellte - nach Kalifornien. Die Auftragsbücher von Consolidated füllten sich weiter, und 1942 standen allein im Werk San Diego 46.000 Mitarbeiter auf der Gehaltsliste.

Als unentbehrlicher Versorger für die Truppen auf dem vergessenen Kriegsschauplatz des Zweiten Weltkriegs, den Aleuten, hat diese PBY-5A der US Navy Postsäcke transportiert, die hier im Juni 1943 auf dem Flugplatz von Amchitka entladen werden.

Als einer der ersten ausländischen Catalina-Betreiber beschaffte die niederländische Luftwaffe 48 Exemplare der Version PBY-5, die für den Einsatz in Südostasien vorgesehen waren. Alle bis auf neun von ihnen fielen japanischen Angriffen zum Opfer.

Laddon hielt sein Versprechen und konstruierte ein Flugzeug mit einer aerodynamisch wirklich sauberen Linienführung. Die Tragfläche mit 31,7 m Spannweite war dreiteilig aufgebaut, wobei das Mittelsegment auf einem strömungsgünstig verkleideten Pylon ruhte, in dem sich der Platz des Bordingenieurs befand. Innovativ war die Art und Weise, wie die Außenflügelschwimmer zum Flächenende hin elektrisch eingefahren wurden, wo sie im eingefahrenen Zustand die Flügelspitzen bildeten. Obwohl die PBY gerade einmal mit 99 Knoten Reisegeschwindigkeit flog, war die dadurch erzielte geringfügige Senkung des Luftwiderstandes bei einer Einsatzdauer von 30 Stunden wahrscheinlich durchaus spürbar. Eine weitere Innovation war die Enteisungsanlage, die mit Wärmetauschern zur Nutzung der heißen Abgase arbeitete, wenngleich auch viele Flugzeuge (wie auch das in Clarks Zeichnung) mit einer Goodrich-Enteisung ausgerüstet waren. Diese bestand aus schwarzen Gummistreifen, die auf der Profilnase aufgeklebt waren. In der Profilnase verliefen Leitungen, mit denen zum Absprengen von Eisansatz wechselweise

LANCASTER I

Nach Ansicht des Autors war diese Aufrißzeichnung eine der besten, die im Zweiten Weltkrieg entstanden. Jimmy Clark hat hier den besten Beobachterstandort gewählt und die Perspektiven korrekt wiedergegeben (außer beim inneren rechten Motor - selbst die Propeller waren akzeptabel), was sicherlich darauf zurückzuführen ist, daß er genug Zeit hatte, seine Arbeit gründlich zu machen. Und auf Gründlichkeit kam es an, denn dieses Flugzeug war wirklich sehr komplex aufgebaut. Betrachtet man diese Zeichnung, so kann man nur über den Kraftakt staunen, der für den Bau von 7377 Flugzeugen dieses Typs erforderlich war. Jedes von ihnen war mit vielen hundert Hydraulikpumpen, Arbeitszylindern und Ventilen und einer noch größeren Zahl von Elektromotoren, Relais und Schaltern ausgerüstet.

Die Konstruktion der «Lanc» geht auf das Jahr 1936 zurück. Ihren ersten Flug absolvierte sie noch als «Manchester» mit zwei Motoren und einer Spannweite von gut 24 Metern. Selbst nach einer Erhöhung der Spannweite auf über 27 m und einer kompletten Überarbeitung des Leitwerks war das Ergebnis nicht zufriedenstellend, vor allem wegen der unzuverlässigen Motoren. So wählte man die Radikallösung, indem man die Spannweite nochmals kräftig vergrößerte (auf 31 m) und vier Rolls-Royce Merlin mit je 1260 PS (später 1640 PS) einbaute. Der berühmte Motorenhersteller hatte in der Konstruktion keine Kapazitäten frei, aber glücklicherweise war der Beaufighter II-Motor von Rolls-Royce in Hucknall so konstruiert worden, daß er sich kurzfristig umrüsten ließ. In ähnlicher Weise hatte Bristol einen Umrüstsatz für den leistungsstärkeren Hercules-Motor entwickelt. Dieser Hülsenschieber-Sternmotor wurde in die Lancaster II eingebaut und erhielt lange, flammendämpfende Auspuffrohre. Trotz der größeren Motorleistung hatte die Mk II eine etwas geringere Dienstgipfelhöhe und auch weniger Reichweite, aber trotzdem wurden 300 Stück von dieser Version gebaut, da der Nachschub an Merlin-Motoren nicht gesichert war.

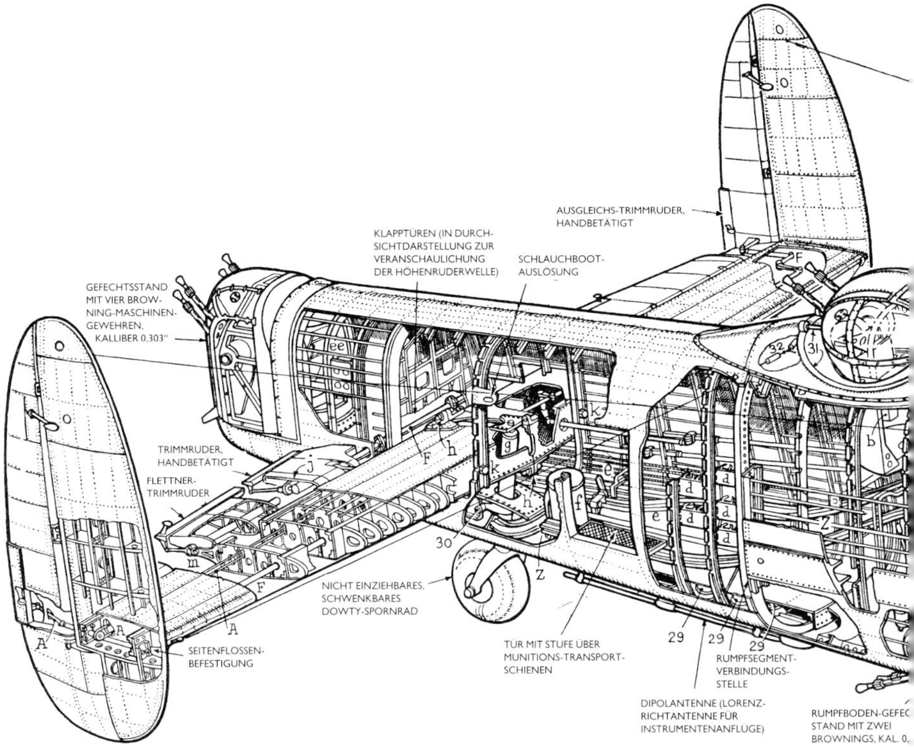

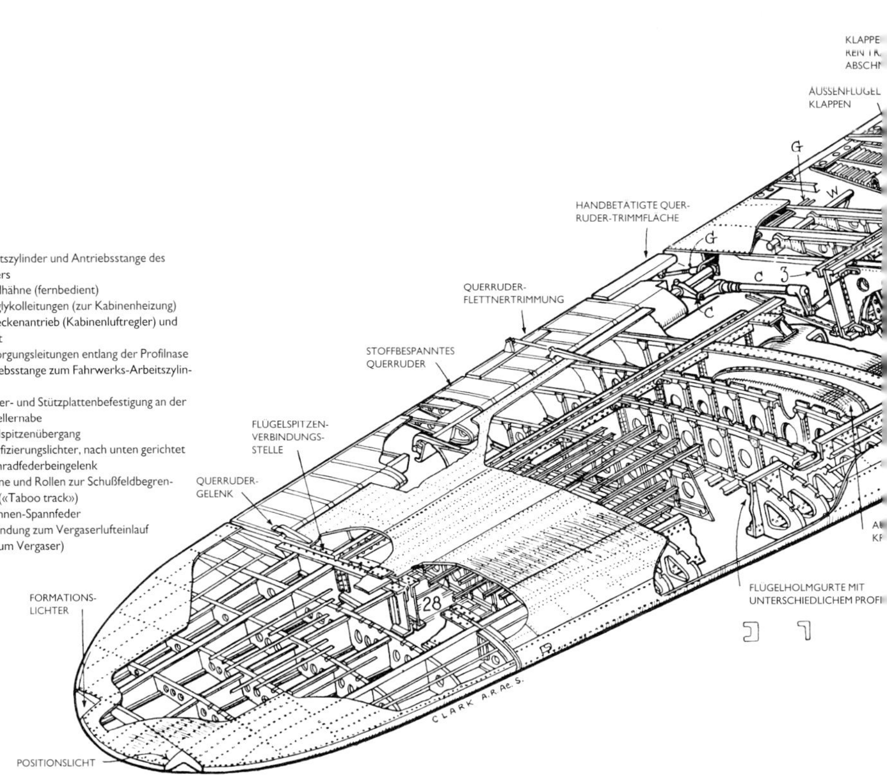

A Seiten- und Höhenrudertrimmung
B Steuersäulenanschläge und Nocken zur Sitzhöhenverstellung
C Querruderbetätigung
D Gashebel
E Seitenruderfußhebel
F Seiten- und Höhenrudergestänge
G Seilzüge der Querrudertrimmung zur Schraubspindel
H Durch den Bombenschacht verlaufende Versorgungsleitungen
J Fallschirmfach (am Ende des Kartentisches)
K Sauerstoffflaschenhalterungen
L Kuppel des Kampfbeobachters
M Bomben-Verriegelungen im Boden
N Rumpfholm-Verbindungsgurte und Öffnungen
P Holmgurtverstärkungen
Q Hydraulikdruckspeicher
R Signalpistole
S Gepanzerte Türen
T Ruheliegen, darunter 15 Sauerstoffflaschen
U Holmstege, in Spanten hinein verlaufend
V Holmgurte
W Klappen-Arbeitszylinder und Antriebsstangen
X Fallschirmleuchtkugeln
Y Fallschirmleuchtsatz, in verstautem und betriebsbereitem Zustand eingezeichnet
Z Munitionsmagazin des Heckgefechtsstands und Transportschienen
a Magazine des Rumpfboden-Gefechtsstands
b Magazine des unteren Gefechtsstands
d Stauraum für Thermosgefäße
e Totmannsknopf (bewegt den hinteren Gefechtsstand nach vorn und hinten, um den Bordschützen durch die Schiebetür befreien zu können)
f Elsan-Toilette
g Spornradfederbein, durch Heckflosse ragend
h Verbindungsstelle zwischen den beiden Höhenflossenhälften
j Schraubspindel und Steuerseile der Höhenrudertrimmung
k Höhenflossenbefestigung am Rumpf
m Höhenruderscharnierträger
n Bombenschachttür-Arbeitszylinder und Schmutzbürsten (und am vorderen Ende)
p Schwenkbare Profilnase
q Linker Kraftstofftank, Fassungsvermögen 580 Gallonen
r Glykoltank
t Fahrwerks- und Motorträger
w Fahrwerks-Schwenkstrebe und Arbeitszylinder-Verankerungspunkte
x Kraftstofftankstruktur (Taumelscheiben-Spanten, Stringer, Beschichtung und kugelsichere Beplankung)
y Kraftstofftank-Befestigungsgurt
z Holm des hinteren Tragflächenteils (mit hinterem Tragflächenholm verschraubt)
1 Positionslicht
2 Bombenzielgerät
3 Optisch planes (verzerrungsfreies) Fenster und Glykolsprühdüse zur Enteisung
4 Fahrtmesser-Staudruckabnahme
5 Glykolpumpe für «3»
6 Auflage für Bombenschützen
7 Notausstieg
8 Ventilator
9 Kamera (fotografiert durch den Boden)
10 Pumpe
11 Glykoltank (für Fensterenteisung) und Stufe
12 Bombenschützen-Durchblick zum Bombenschacht
13 Detail zur ringförmigen Aufhängung des vorderen Gefechtsstands
14 Druckluftflasche
15 Glykolpumpe des Piloten (für Cockpitfensterenteisung)
16 Peilrahmen
17 Kuppel für Astronavigation
18 Gummipolsterung im Kopfbereich (in Durchsichtdarstellung zur Veranschaulichung der Verbindung zwischen den Halbspanten)
19 Vorhang
20 Schlauchbootbehälter (in der rechten Tragfläche)
21 Arbeitszylinder und Antriebsstange des Kühlers
22 Brandhähne (fernbedient)
23 Heißglykolleitungen (zur Kabinenheizung)
24 Schneckenantrieb (Kabinenluftregler) und Abluft
25 Versorgungsleitungen entlang der Profilnase
26 Antriebsstange zum Fahrwerks-Arbeitszylinder
27 Spinner- und Stützplattenbefestigung an der Propellernabe
28 Flügelspitzenübergang
29 Identifizierungslichter, nach unten gerichtet
30 Spornradfederbeingelenk
31 Schiene und Rollen zur Schußfeldbegrenzung («Taboo track»)
32 Antennen-Spannfeder
33 Verbindung zum Vergaserlufteinlauf (bis zum Vergaser)

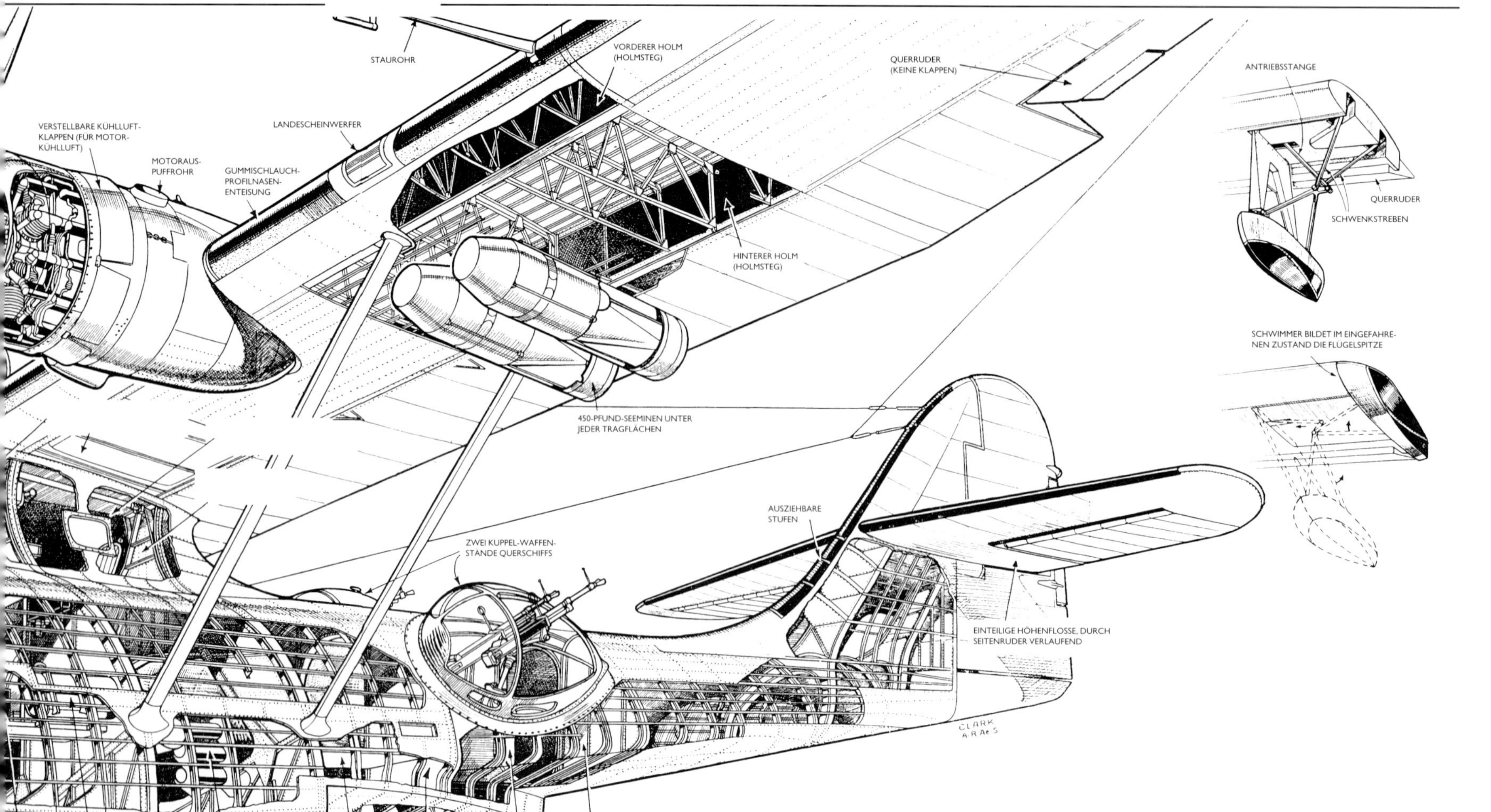

nicht nachvollziehbare Zahl weiterer Maschinen (einschließlich der Version KM-2 mit 1650-PS-Motoren vom Typ ASh-82). Die «Cat» flog in allen Luft- oder Seestreitkräften der Alliierten. Ein immer größerer Teil von ihnen wurde mit Radarsystemen ausgerüstet; sichtbare äußere Zeichen dafür waren zuerst externe Dipolantennen und später eine kardanisch aufgehängte Parabol-Drehantenne in einem stromlinienförmigen Radom auf einem Pylon über dem Cockpit.

Einheiten der US Navy vollbrachten sowohl im Atlantik als auch im Pazifik wahre Meisterleistungen mit ihren Catalinas, die normalerweise weiß lackiert waren (wie ab 1942 auch die Maschinen des RAF Coastal Command), bei den berühmtesten Pazifik-Einheiten, die ihre Einsätze nachts flogen, dagegen schwarz. Bei der RAF wird man sich wahrscheinlich vor allem deshalb an die «Cat» erinnern, weil am 26. Mai 1941 eine solche Maschine der No 209 Sqn die Bismarck aufspürte, nachdem die Royal Navy den Kontakt zu ihr verloren hatte. Mehrere «Cats» beschatteten diesen gefährlichen Gegner, bis dieser in ein Gefecht verwickelt werden konnte und schließlich versenkt wurde.

Von diesem ausgezeichneten Flugzeug sind mir vor allem seine Gleitflugeigenschaften in Erinnerung geblieben. Die Tragflächen waren so groß, daß Landeklappen unnötig waren, und den Motoren brauchte nur selten ihre Höchstleistung abverlangt zu werden, was sich (so ganz im Gegensatz zur Shackleton) in Form eines angenehm niedrigen Lärmpegels bemerkbar machte. Meinen einzigen beunruhigenden Moment erlebte ich in einer OA-10-Amphibienversion der US Army in Northolt. Ich schaute kurz vor dem Start aus einem der hinteren Kuppel-Waffenstände nach hinten, während die Motoren noch im Leerlauf arbeiteten, und mußte feststellen, daß das gesamte Leitwerk entsetzlich vibrierte und wackelte - kein Zweifel: Es würde jeden Moment abbrechen. Doch kaum hatte die Maschine abgehoben, war es wieder so regungslos wie im Hangar!

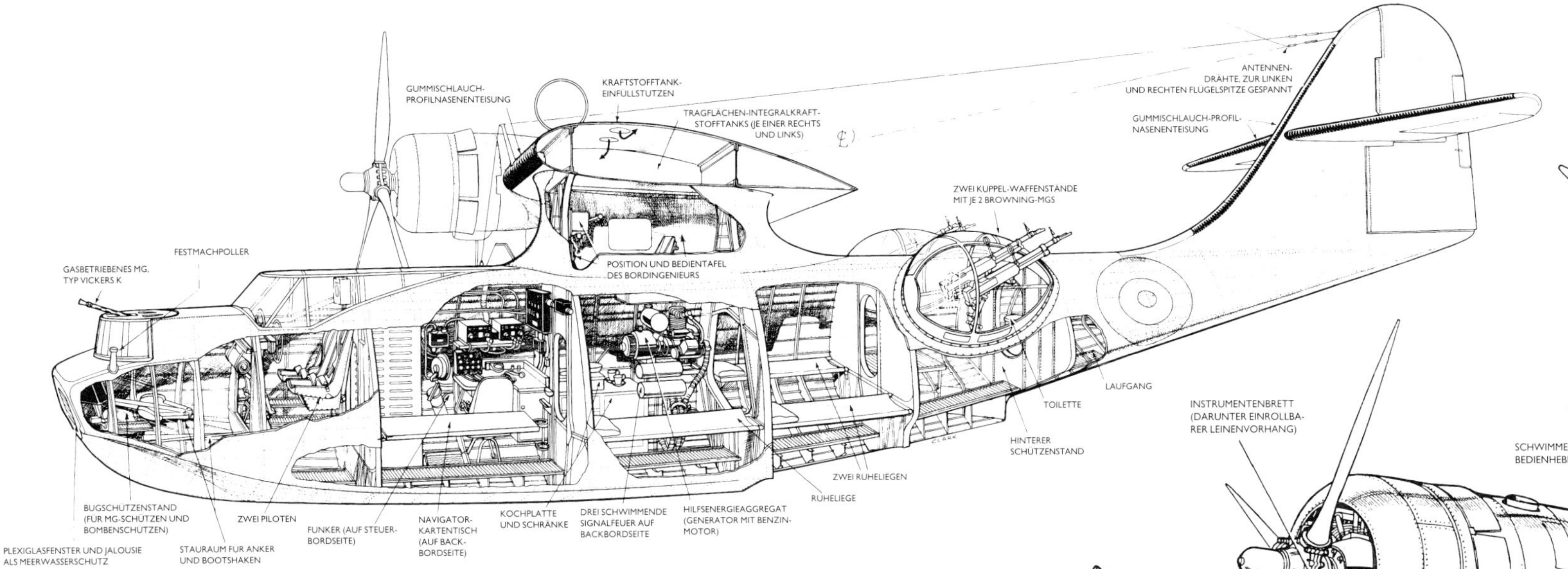

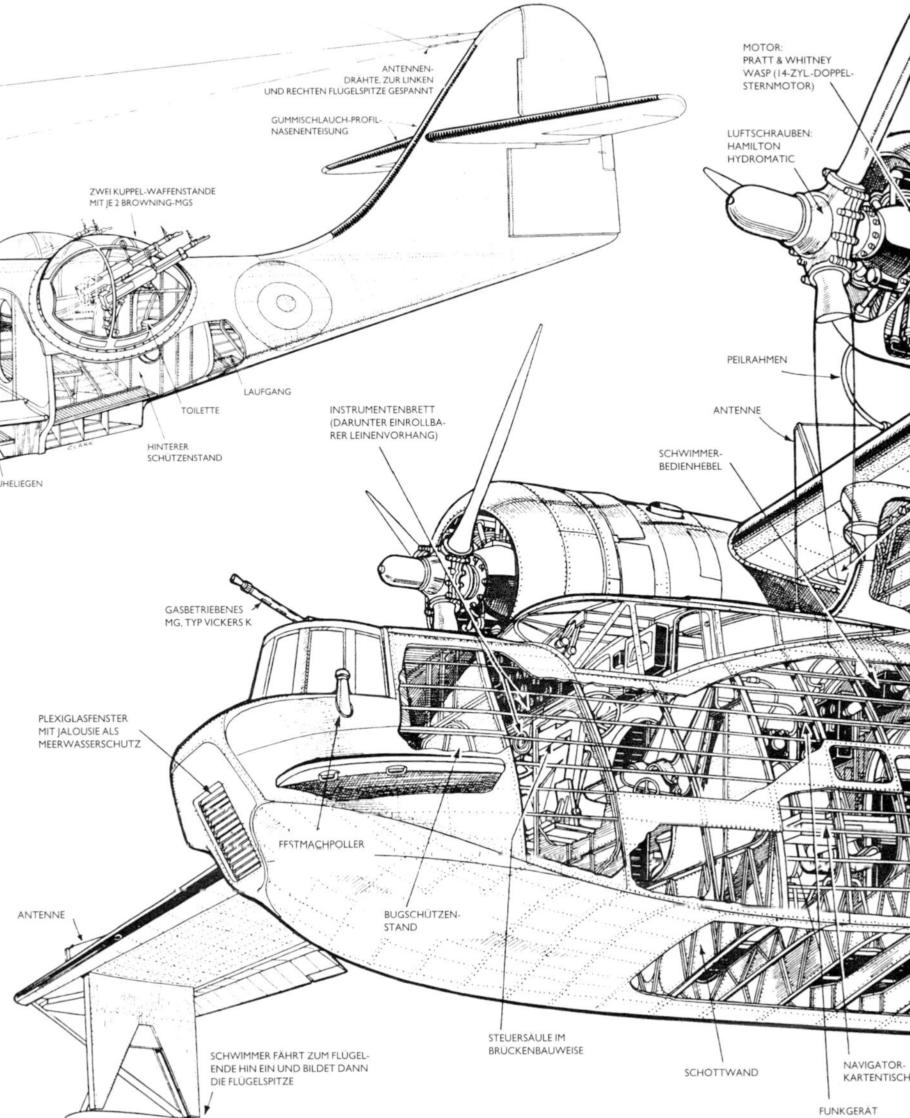

Druckluft in die Gummistreifen gepumpt und wieder abgelassen werden konnte. Noch eine Innovation waren die Tragflächen, die keine Tanks mehr enthielten, sondern selbst als Kraftstoff-Integralbehälter dienten.

Im Vergleich zur P2Y hatte die PBY einen sehr einfach aufgebauten Rumpfboden, aber dafür war ihr Bootskörper erheblich geräumiger. Clark hat in einer Einschubzeichnung die Besatzungsstationen und Ausrüstung dargestellt. Die hier gezeigte Catalina I entsprach der PBY-5 und war die erste Version mit den riesigen seitlichen Kuppel-Waffenständen, die hervorragende Beobachtungspunkte waren. In der RAF bestand die Standardbewaffnung dieser frühen «Cats» aus sechs gasbetriebenen 0,303“-Vickers-K-Maschinengewehren. In den Kuppeln hat Clark sie korrekt wiedergegeben, aber leider als «Brownings» bezeichnet und zudem die Trommelmagazine weggelassen. Im Bug zeichnete Clark eine Browning ein, nannte sie jedoch ganz richtig «Vickers», obwohl die Mündung, der Lauf und das darunter verlaufende Gasrohr dieses MGs völlig anders aussahen! Das sechste MG in einem Tunnel im Boden des hinteren Rumpfabschnitts fehlt ganz, obwohl Clark dort - wenn auch etwas nebulös - auf einen «HINTEREN SCHÜTZENSTAND» hinweist. Als zusätzliche Waffenlast konnte die Catalina I vier 1000-Pfund-Bomben oder zwei Torpedos transportieren.

Ziemlich ungewöhnlich war, daß die US Navy den britischen Namen «Catalina» übernahm. 1942 gingen mehrere Versionen in Serie, nicht nur in San Diego, sondern auch im Consolidated-Zweigwerk New Orleans, in der Naval Aircraft Factory, bei Boeing Aircraft of Canada, bei Canadian Vickers und (auf der Grundlage eines Lizenzabkommens) bei GST in der Sowjetunion. In Nordamerika wurden insgesamt 3290 Stück gebaut, in der Sowjetunion eine bis heute

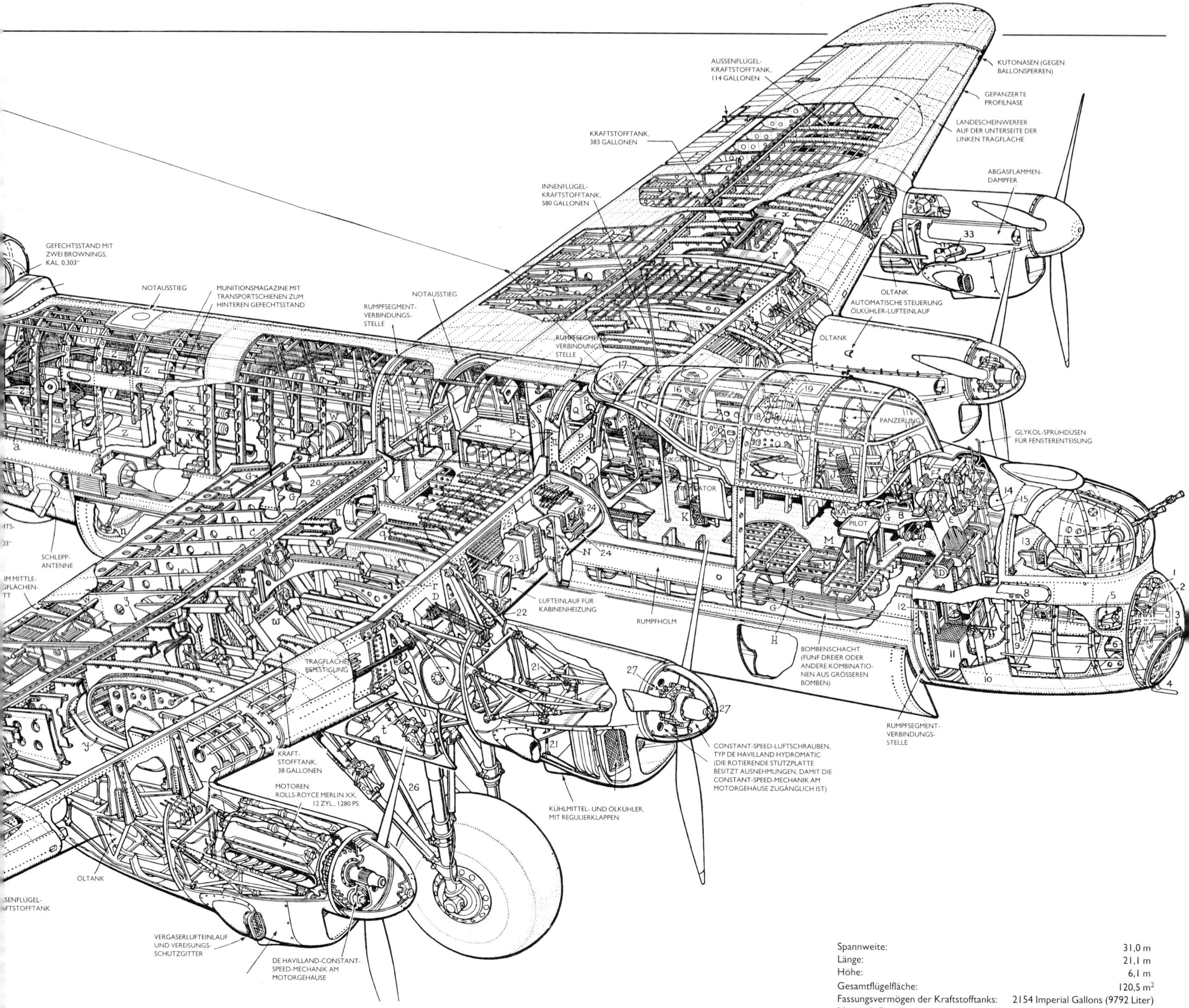

Spannweite:	31,0 m
Länge:	21,1 m
Höhe:	6,1 m
Gesamtflügelfläche:	120,5 m²
Fassungsvermögen der Kraftstofftanks:	2154 Imperial Gallons (9792 Liter)
Maximale Bombenlast:	8.500 kg
Normales Rüstgewicht:	27.000 kg

RECHTS: Diese gelungene Aufnahme von Charles E. Brown zeigt die Lancaster I in ihrer ganzen Pracht. Der vordere Bordschütze hat die beiden 0,303"-MGs seines Schützenstandes nach unten geschwenkt, um Browns Fotoflugzeug besser sehen zu können.

UNTEN: Die Lancaster I mit dem Kennzeichen R5689 der No 50 Sqn startete im August 1942 von ihrer Heimatbasis Swinderby zu einem eigens für die Presse veranstalteten Fotoflug.

Wie bei den meisten Rüstungsprogrammen im Krieg üblich, war auch die Produktion der Lancaster ein Projekt, an dem Firmen im ganzen Land beteiligt waren. Die Tragflächen der Mk II wurden beispielsweise von Armstrong Whitworth Aircraft (AWA) in Bitteswell und Baginton bei Coventry gefertigt, während die Rumpfsegmente von fünf Firmen in den Midlands gebaut und in den Straßenbahndepots der Northampton Corporation endmontiert wurden. Die Leitwerke stammten aus der Pearce-Schuhfabrik und wurden zur Endmontage durch AWA zuerst nach Sywell und später nach Baginton gebracht.

Auch die Komponenten für die Standardversion Mk I wurden von mehreren hundert Unternehmen hergestellt und von A.V. Roe in Chaddington und Woodford bei Manchester sowie Yeadon bei Leeds zusammengebaut. Weitere Endmontagefirmen waren Metropolitan-Vickers, AWA, Austin Motors und Vickers-Armstrong in Castle Bromwich (Birmingham) und Chester. Von der Mk III entstanden fast ebenso viele Exemplare; diese Version besaß allerdings Motoren vom Typ Packard Merlin und später «Schaufelrad»-Propeller.

Die Flugleistungen der Lancaster waren viel besser als prognostiziert, nur warum, das konnte sich Chefkonstrukteur Roy Chadwick beim besten Willen nicht erklären. Am plausibelsten schien ihm noch der aerodynamisch saubere Aufbau der Rumpfgondeln zu sein, die oben mit der Profilnase abschlossen und sich nicht über die Flügeloberseite nach hinten erstreckten. Wenn eine Lancaster in Bedrängnis geriet, geschah es oft, daß der Pilot einen Sturzflug einleitete, bei dem Geschwindigkeiten von deutlich über 600 km/h erreicht wurden, und das trotz des luftwiderstandsreichen (und selten benötigten) Gefechtsstandes oben auf der Rumpfmitte und trotz des nicht einziehbaren Spornrades. Erst gegen Kriegsende erhielt das Spornrad den flattergedämpften Marstrand-Reifen mit Doppelprofil. Ein stärker auffallender Unterschied war, daß die gewölbte Plexiglasnase um 20 cm nach von verlängert wurde, um die Neigung des in der Diagonalen 53 cm großen Bombenzielfensters zu erhöhen.

Einer der wenigen echten Schwachpunkte der Lancaster war, daß es die Besatzung äußerst schwer hatte, die Maschine in ausweglosen Notsituationen zu verlassen. Dies war vor allem auf den Flügelholm zurückzuführen, der - wie auch in der Zeichnung gut zu erkennen - quer durch den Rumpf verlief und ein großes Hindernis bildete.

Clark hat auch den Rumpfboden-Gefechtsstand FN64 eingezeichnet, der - wie sich zeigen sollte - der einzige Gefechtsstand war, den die Lancaster wirklich brauchte. Tragischerweise aber fehlte genau dieser bei fast allen Lancasters, die nach Deutschland geschickt wurden, wenn es nicht gerade Flugzeuge der Version Mk II waren, und so fielen Hunderte von Besatzungen den nach oben feuernden deutschen Nachtjägern zum Opfer, noch bevor sie diese überhaupt zu Gesicht bekamen. In der Clark-Zeichnung ist außerdem der geräumige Bombenschacht mit 15 GP-Bomben von je 1000 Pfund zu sehen. Allerdings wurden vermutlich 80 Prozent der Lancaster-Missionen (zumindest über Deutschland) mit einer 4000-Pfund-Bombe und bis zu 16 Behältern mit 4-Pfund-Brandbomben geflogen. Merkwürdigerweise zeichnete Clark auch einige der patronenbetriebenen Kutonasen ein, die über die Tragflächenvorderkante verteilt waren und zum Durchtrennen der Seile von eventuellen Ballonsperren dienten. Vielleicht wußte er aber gar nicht, worum es sich dabei genau handelte. Das H2S-Radar durfte er natürlich nicht wiedergeben, denn als die Zeichnung im September 1942 entstand, war dieses System noch streng geheim und kam zu dieser Zeit erstmals zum Einsatz. Was ebenfalls Geheimsache gewesen sein könnte, war die Menge der Munition für den FN20-Heckgefechtsstand: Für jedes der vier MGs waren 1900 Schuß im Munitionsbehälter und weitere 600 auf der (von Clark als «Runway» bezeichneten) Transportschiene vorhanden.

Insgesamt war dies eine ausgezeichnete Zeichnung eines ausgezeichneten Flugzeugs, und Hunderte von Bomber Command-Veteranen werden sicherlich fasziniert mit dem Finger an den Crewpositionen entlangfahren, die einst so viel Furcht, Erregung und dauerhafte Kameradschaft brachten.

Me 210

In den ersten Wochen des Zweiten Weltkriegs waren wir Briten schon ziemlich schizophren: Einerseits verschrotteten wir deutsche Flugzeuge, wenn sie uns in die Hände fielen, andererseits aber gaben wir uns alle erdenkliche Mühe, ständig neue, gefährliche Typen zu veröffentlichen, die der Feind voraussichtlich gegen uns ins Feld führen würde. Zur letzteren Kategorie gehörten die Do 29, die Fw 187 und 198, die He 113, die Ju 89 und die Messerschmitt-Typen Jaguar und 210. Doch von all diesen Mustern wurde in Wirklichkeit nur die Me 210 in Serie gebaut. Sie hatte anscheinend alles, was man sich nur wünschen konnte: Geschwindigkeit, Motorleistung, Wendigkeit, eine zerstörerische Bewaffnung und erstmals eine ziemlich wirksame Heckverteidigung in Form von zwei schweren 13-mm-MGs vom Typ MG 131 in je einer drehbaren, ferngesteuerten Geschützbank hinter jeder der beiden Tragflächen. Am 6. September 1942 besuchten mehrere Me 210 Yorkshire, und zwei von ihnen wurden von Typhoons abgeschossen (wenn ich richtig informiert bin, waren dies der dritte und vierte Luftsieg einer «Tiffy»). Das gab Clark die Möglichkeit, diese Zeichnung anzufertigen.

Was wir anscheinend gar nicht ahnten, war die Tatsache, daß dieses mutmaßlich gefährliche Flugzeug der größte Fehlschlag und Skandal in der gesamten Geschichte des Luftwaffen-Beschaffungswesens war. Lange nach dem Krieg, als wir bessere Informationen hatten, schrieb Bill Green in Warplanes of the Third Reich: «Die Me 210 V1 absolvierte ihren Jungfernflug am 5. September 1939 mit Dr.-Ing. Herrmann Wurster im Cockpit. Dieser Erstflug wurde lediglich insofern als Erfolg betrachtet, als es dem Piloten gelang, das Flugzeug im selben Zustand an den Boden zu bringen, in dem es ihn verlassen hatte».

Es folgten Jahre der Anstrengungen und Strapazen, um dieser durch und durch bösartigen Flugmaschine Benehmen beizubringen. Während all dieser Zeit bemühte sich die politisch einflußreiche Luftwaffe - allen voran Hermann Göring - um die Durchsetzung massiver Produktionsprogramme, mit denen die Bf 110, die man für veraltet hielt, von der Me 210 abgelöst werden sollte. Doch schließlich, im Februar 1942, wurde in den drei Werken, in denen die Me 210 gebaut wurde, die Produktion wieder auf die Bf 110 umgestellt. Von der Me 210 waren etwa 200 Stück fertiggestellt worden, weitere 370 standen noch auf den Fertigungslinien. Unter anderem dürften Deutschland dadurch rund 600 Flugzeuge gefehlt haben; sicher ist jedoch, daß dieser Fehlschlag Willy Messerschmitt den Job kostete.

Immer wieder zieht sich die Ironie des Schicksals durch die Geschichte der Luftfahrt. Denn kaum war die Produktion gestoppt worden, stieß man auf die so lange gesuchten Lösungen. Der hintere Teil des Rumpfes wurde verlängert und tiefer gesetzt, die Verjüngung der Profilnase im Bereich der Außenflügel wurde verringert, und schließlich - man hatte inzwischen das Flugzeug in «Me 410» umbenannt - wurden neue Motoren vom Typ DB 603 mit je 1850 PS Nennleistung eingebaut. Natürlich kursierte aber schon die Bezeichnung «Me 210» in der Luftwaffe, die die Me 410 zunächst mit Argwohn betrachtete. 1943 jedenfalls war die Me 410 ein adäquater Gegner für die Mosquito, worauf die deutsche Öffentlichkeit denn auch mit dem Beinamen «Hornisse» anspielte.

Im Gegensatz zur Mosquito waren die Messerschmitt 210 und 410 konventionelle Ganzmetallflugzeuge mit selbsttragender Beplankung. Beim Betrachten dieser Zeichnung erkennt man schnell, welche Komponenten der abgeschossenen Exemplare sich Clark ansehen konnte. So merkte er z.B. an, daß nicht nur der Rumpf, sondern auch die Höhenflosse aus zwei Hälften aufgebaut war. Bei der Höhenflosse waren das die obere und untere Halbschale, die zudem an der Profilnase auseinandergeklappt werden konnten. Die Sturzflugbremsen bestanden aus Störklappen, die auf der Ober- und Unterseite der Tragflächen gleichzeitig ausgefahren wurden, und arbeiteten somit ähnlich wie die Bremsklappen moderner Segelflugzeuge. Anders als bei der Bf 109 und der Bf 110 bestand das mittlere Tragflächensegment aus einem einzigen Teil, d.h. die Holme liefen kontinuierlich durch den Rumpf. Eine Detailzeichnung zeigt das bearbeitete Schmiedeteil unmittelbar auf der Außenseite der Motorgondel, durch das der äußere Hauptholm fixiert wurde.

Natürlich ist es immer leicht, im nachhinein Kritik zu üben. Ich bin sicher, Clark hat niemals eines der beiden MG 131 zu Gesicht bekommen (obwohl ihm dieser MG-Typ doch inzwischen sicherlich vertraut gewesen sein müßte), denn wie er sie eingezeichnet hat, sehen sie eher wie Besenstiele aus - die massiven, perforierten Kühlmäntel und Mündungsfeuerdämpfer fehlen völlig! Auch die Geschützbänke kann er nicht untersucht haben, da er sie nur in einer stark stilisierten Form wiedergegeben hat, die wenig Ähnlichkeit mit der Realität hat. Schließlich ist auch die Zuführung der 13-mm-Munition um die Trommel herum aus der Zeichnung nicht ersichtlich.

Erstaunlich ist allerdings, daß Clark die breiten, aber flachen Kühlmittel-Wärmetauscher eingezeichnet hat, die wie bei der Bf 110 außerhalb der Motorgondeln in Strö-

Diese Vorserienmaschine Me 210A-0, fotografiert in Regensburg Ende 1941, ist mit nicht serienmäßigen Vierblattpropellern ausgerüstet. Im Hintergrund eine große Zahl von Bf 109 und Bf 110, die an ihren Abstellpositionen auf die Auslieferung warten.

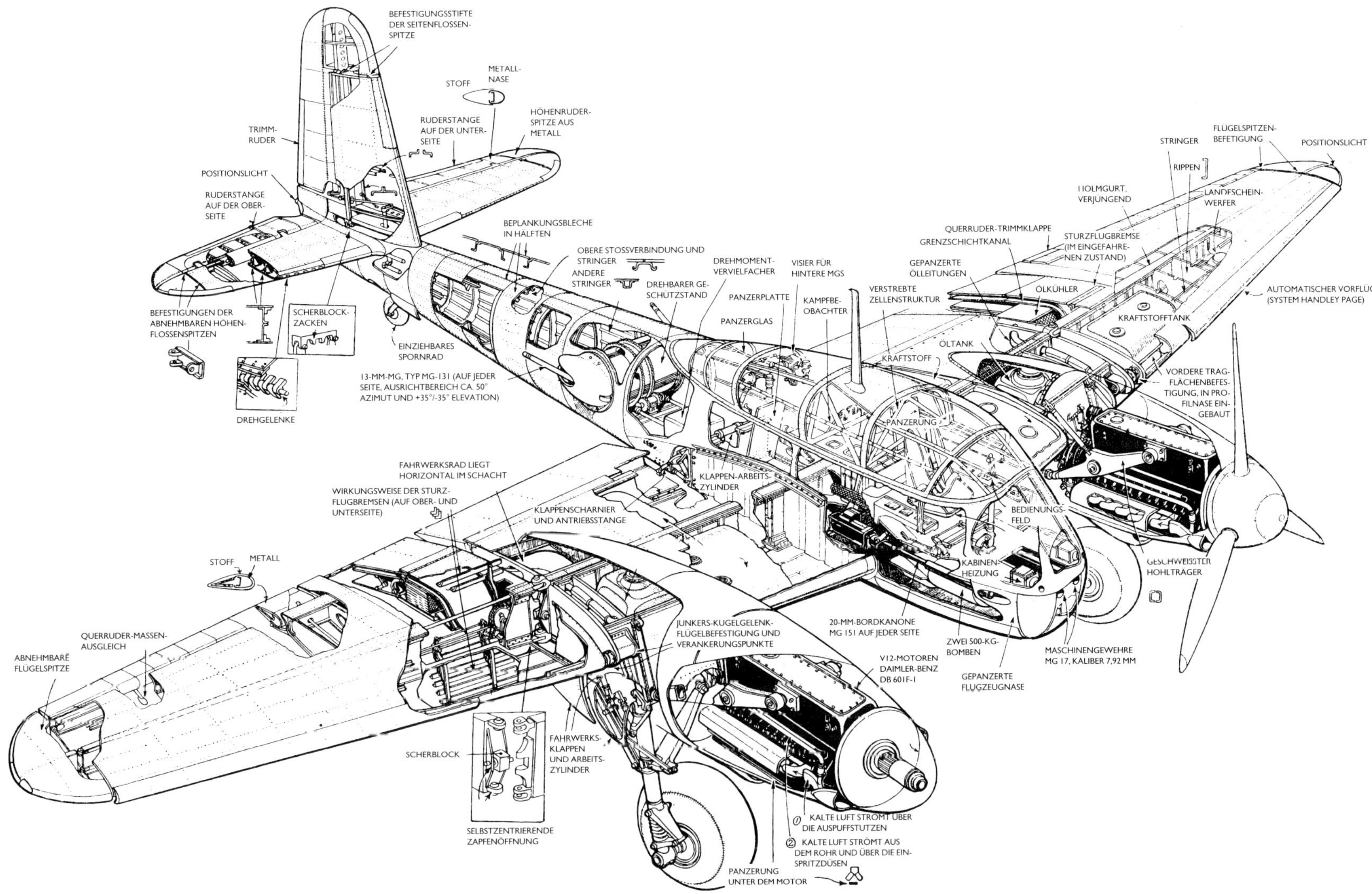

mungskanälen auf der Flügelunterseite untergebracht waren. Dann aber hatte er einen Geistesblitz: Er beschriftete den linken Kühler mit «ÖLKÜHLER» und zeichnete sogar gepanzerte Ölleitungen ein, über die das Öl zugeführt wurde. Natürlich führten diese Leitungen (eine Hin- und eine Rückführleitung) in Wirklichkeit Motorkühlmittel, was normalerweise aus einer 50:50-Mischung von Glysantin und Wasser sowie etwas Korrosionsschutzadditiv bestand. Die Ölkühler befanden sich wie bei der Bf 109 und der Bf 110 direkt unter den Motoren. Unter dem linken Motor läßt sich der Ölkühler-Lufteinlauf erahnen, der allerdings nicht beschriftet ist (obwohl sich Clark gefragt haben muß, welchen Zweck dieses Teil wohl erfüllte). Nach dem Krieg kopierte ein Konkurrenzblatt diese Zeichnung exakt, und mit ihr denselben Fehler gleich zweimal: Jetzt wurden beide Kühler fälschlicherweise als Ölkühler bezeichnet!

Nachdem sich Clark einmal entschieden hatte, die Maschine aus dieser Perspektive zu zeichnen, stellte er fest, daß er so den Lader und den zugehörigen Staudruck-Lufteinlauf nicht darstellen konnte, der sich bei den Daimler-Benz-Motoren auf der linken Seite (also genau auf der anderen Seite als bei den Benzinmotoren Jumo 211 und 213) befand. Ein weiterer Ausrutscher ist der Hinweis (2) unter dem rechten Motor: Die Kühlluft wurde nicht über «EINSPRITZDÜSEN», sondern über die «ZÜNDKERZEN» geleitet. Die Einspritzdüsen befanden sich auf der gegenüberliegenden Seite jedes Blocks unter dem Motor und brauchten nicht gekühlt zu werden. Wenigstens berücksichtigte Clark die Tatsache, daß die Motoren auf hohlen, geschweißten (Stahl-) Trägern aufgehängt war, was eine Abkehr von der gängigen Praxis darstellte, hierfür massives Elektron (eine Magnesiumlegierung) zu verwenden.

Ju 88

Weitaus eher als jedes andere Muster war die Junkers Ju 88 das deutsche Pendant zur Mosquito, und zwar insofern, als sie für jeden nur denkbaren Zweck eingesetzt wurde und ein ganz und gar großartiges Flugzeug war. Für eine so große und schwere Maschine waren ihre Flugleistungen und ihre Wendigkeit wirklich erstaunlich. An anderer Stelle habe ich einmal geschrieben, daß man bei den späteren Versionen mit Motoren vom Typ Jumo 213 oder BMW 801 das Gefühl hatte, den Krieg selbst noch mit einem stillgelegten Triebwerk gewinnen zu können. Doch zu Beginn der Kampfhandlungen war uns Briten nicht nur dieses Flugzeug fast völlig unbekannt, das in immer größeren Stückzahlen schon seit 1936 geflogen und in der frei zugänglichen deutschen Fachliteratur ausführlich beschrieben worden war; wir redeten uns auch noch ein, daß alles, was der Feind einsetzte, ohnehin Schrott wäre. So hieß es beispielsweise in der Flight-Ausgabe vom 5. Dezember 1940: «Die ganze Ju 88 ist eine bunte Mischung aus zahlreichen ‚Geistesblitzen', aber kein gutes Flugzeug, da es seinen vorgesehenen Zweck nicht erfüllt hat.» Nichts hätte von der Wahrheit weiter entfernt sein können.

Die Zeichnung von Clark zeigt eine Ju 88A-1 und entstand anhand eines erbeuteten Flugzeugs. Die Perspektive ist ungewöhnlich, bietet aber einen guten Blick auf die Laderäume für die schweren Bomben unter dem Innenflügel, das bemerkenswerte Fahrwerk und nicht zuletzt die äußerst wirksamen Sturzflugbremsen. Ich frage mich, ob jemals ein Betrachter geglaubt hat, daß die Propeller wirklich diese Größe hatten - es hätte wirklich nicht schaden können, das eine oder andere Propellerblatt in voller Länge einzuzeichnen.

Eine übel zugerichtete Ju 88A-4 ohne rechten Motor und ohne Rumpfgondel wird im Oktober 1940 von Mitarbeitern des Luftfahrtministeriums inspiziert. Die Maschine gehörte zur I./KG 51 «Edelweiß».

Als die Ju 88 konstruiert wurde, hatte Junkers die Wellblechbeplankung schon lange aufgegeben und sich zu einem Experten für selbsttragende Flugzeugbeplankungen aus glatten Blechen entwickelt. Im vorliegenden Fall waren diese Bleche versenkt aufgenietet und gewährleisteten stets eine hohe Oberflächenqualität. In allen frühen Versionen bestand die Motorisierung aus verschiedenen Untervarianten des firmeneigenen Jumo 211 mit typisch 1340 PS Nennleistung.

Die Einbaulage war insofern ungewöhnlich, als dieser hängende V-Motor von einer kreisförmigen Motor- und Ölkühlerbaugruppe gekühlt wurde, die vor dem Motor angeordnet war und über Kühlluftklappen wie bei einem Sternmotor verfügte. Im Gegensatz zur Bf 110 waren die Cowlings extrem lang, was dieser Junkers bei der Luftwaffe den Spitznamen «Drei-Finger-88» einbrachte.

Wie in Großbritannien wurden die Motoren auch bei der Ju 88 komplett mit verschiedenen Zusatzaggregaten in integrierte Triebwerkseinheiten eingebaut, während der Rest des Antriebssystems in einem an der Flugzeugstruktur montierten Getriebe untergebracht war. Das hatte den Vorteil, daß ein Motor nicht nur schnell ein- und ausgebaut, sondern auch gegen einen anderen Motortyp ausgetauscht werden konnte. Ab Januar 1940 flog die Ju 88 daher mit 1600 PS starken Sternmotoren vom Typ BMW 801.

Die von Clark gezeichnete frühe Ju 88A-1 hatte eine Spannweite von 18,38 m sowie hydraulisch angetriebene Klappen und hydraulisch ausfahrbare Querruder, die bis zu den Flügelspitzen reichten. Bis 1940 war die Standardspannweite auf 20 m erhöht worden; die Länge der Querruder hatte man jedoch beibehalten, so daß diese nun ein ganzes Stück vor den neuen Flügelspitzen endeten. Im weiteren Verlauf des Krieges tauchten verschiedene neue Untervarianten ohne Sturzflugbremsen auf, und gegen Ende des Krieges waren Sturzflugbremsen eine Seltenheit. Dies war zum Teil darauf zurückzuführen, daß - aufgrund der Aktivitäten des RAF Bomber Command - die meisten Versionen der Serienproduktion ab 1943 Nachtjäger waren.

Die meisten Ju 88 der A-Serie besaßen zwei Rumpfladeräume für die verschiedensten Waffenlasten bis hin zu 28 50-kg-Bomben des Typs SC50. Wurden diese Laderäume nicht voll belastet, konnte an den vier Unterflügel-Waffenstationen je eine 250-kg-Bombe des Typs SC250 transportiert werden, während alle Versionen ab der A-4 vier 500-kg-Bomben des Typs SC500 tragen konnten. Angesichts einer derart hohen Waffenlast wurden Sturzflugangriffe natürlich gar nicht erst in Erwägung gezogen, und die A-1 war strukturell sogar so wenig belastbar, daß Kunstflugfiguren aller Art untersagt waren. Es sei ausdrücklich betont, daß diese Einschränkung für spätere Versionen nicht galt!

Das geradezu gigantische Hauptfahrwerk bestand aus einem einzelnen freitragenden Fahrwerksbein, das nach hinten eingefahren wurde, wobei sich die Radachse um 90° drehte. Weniger augenfällig war das ungewöhnliche (und wahrscheinlich auch einzigartige) System zur Dämpfung von Stößen. Bei diesem sogenannten Ringfeder-Stoßdämpfer war das Fahrwerksbein in einem

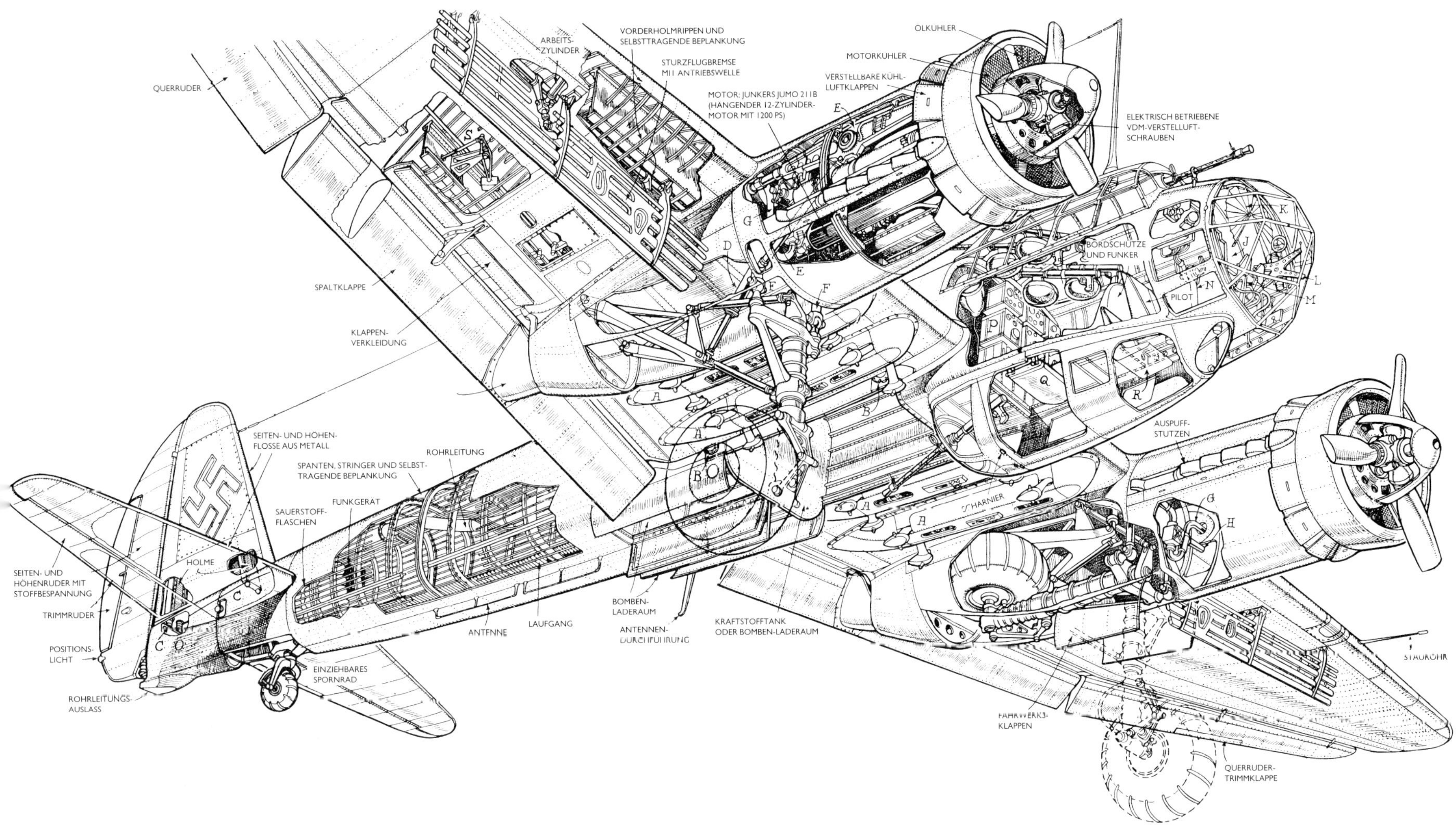

langen Stapel von Stahlfederringen angeordnet, die an den Kanten konisch zusammengefügt waren. Stöße bei der Landung bewirkten, daß die Ringe geringfügig ineinandergeschoben wurden; die Federwirkung wurde durch die Reibung der Ringe beim Auseinanderlaufen erzielt.

Die von Clark gezeichnete Maschine gehörte zu denen, die während der Luftschlacht um England hastig auf vier MG 15 umgerüstet worden waren, von denen zwei vom hinteren Gefechtsstand oben auf dem Rumpf und die beiden anderen aus seitlichen Fenstern feuern konnten. Alle vier mußten unabhängig voneinander von einem einzigen Bordschützen ausgerichtet, abgefeuert und nachgeladen werden! Einige Details wie z.B. die Kugelgelenk-Holmbefestigung und der Querruder-Massenausgleich waren bereits früher einmal von Clark anhand von abgestürzten Ju 88-Maschinen gezeichnet worden. Auch die Heißluft-Enteisungsanlage in der Profilnase hatte Clark schon zuvor sehen können; allerdings leuchtet mir seine Durchsichtdarstellung «H» nicht ganz ein: War er der Meinung, eine Aussparung in der Motorgondel einzeichnen zu müssen, um die Enteisungsleitung darstellen zu können?

Ein oder zwei weitere Einzelheiten sollen noch erläutert werden. Die vier großen Unterflügel-Waffenstände konnten je eine SC500-Bombe mit einem Gewicht von 500 kg, aber auch verschiedene Außenlasten befördern. Ich glaube allerdings, daß sich Clark mit seinem Hinweis, sie seien «für Langstrecken-Kraftstofftanks» installiert worden, geirrt haben könnte. Außerdem ist aus dem einfachen Wort «SCHARNIER» unter der Rumpfgondel nicht klar ersichtlich, daß der hintere Teil nach unten geschwenkt wurde und so als Ein- und Ausstieg für die Besatzung diente.

BEAUFIGHTER IF

Diese Zeichnung wurde in The Aeroplane Spotter vom 11. September 1941 und mit zusätzlichen Einschubzeichnungen im Vorläufer-Fachjournal The Aeroplane am nächsten Tag veröffentlicht. Bedenkt man, daß zu jener Zeit Flugzeuge wie die Whirlwind und die Botha streng geheim waren, so ist es recht bemerkenswert, daß Einzelheiten zu diesem weitaus wichtigeren und schlagkräftigeren Flugzeug veröffentlicht wurden, lange bevor die Gefahr bestand, daß dem Feind eine Beaufighter in die Hände fiel. Ein System freilich bleibt unerwähnt - das Bordradar. Die Möglichkeit, eine Radaranlage so kompakt zu bauen, daß sie in einen großen doppelsitzigen Fighter paßte, wurde noch weitere zwei Jahre lang geheimgehalten, wie auch schon an anderer Stelle erwähnt.

Zwischen den beiden Weltkriegen entstanden in Großbritannien verschiedene zweimotorige Jagdflugzeuge. Eines davon war der Eindecker Bristol Bagshot von 1927. Die Tragflächen dieser Maschine hatte jedoch eine derart geringe Torsionsfestigkeit, daß sich schon bei Geschwindigkeiten unter 160 km/h die Querruderwirkung umkehrte: Gab man Querruder nach links, so rollte die Maschine nach rechts! Bei Bristol verbrachte man daraufhin mehrere Jahre mit der Entwicklung torsionsfesterer Tragflächen, aber die einzige Lösung, die man schließlich (beim Bomber/Transporter vom Typ 130 „Bombay") fand, bestand im Einbau von sage und schreibe sieben Holmen!

Doch bei Bristol lernte man bald dazu, wie die Geschichte der Blenheim beweist. Aus dieser (Typ 142M) wurde durch Weiterentwicklung die Beaufort (Typ 152) mit einem tieferen und wesentlich stärkeren Tragflügel. Im Vergleich zur Blenheim konnte sie 180 Prozent der Last transportieren, obwohl das Gewicht der Tragfläche nur 114 Prozent betrug, und ließ sich mit dem halben Aufwand an Mannstunden produzieren. Im Juni 1938 erkannten die Leiter der Flugzeug- und Motorenabteilungen bei Bristol, Leslie Frise und Roy Fedden, daß diese Tragfläche die Basis für eine Lösung des drängenden Problems der RAF bezüglich der Planung ihres weiteren Flugzeugbestandes bilden könnte. In dieser Planung war kein zweimotoriger, doppelsitziger Fighter vorgesehen, der für lange Begleitschutzeinsätze oder für bordradargestützte Luftkämpfe bei Nacht geeignet sein sollte. Wie so viele gelungene Flugzeuge aus der Kriegszeit entstand auch die Beaufighter erst im letzten Moment durch eine Privatinitiative der Luftfahrtindustrie.

Abgesehen von lokalen Maßnahmen zur Festigkeitserhöhung und vom Einbau von 0,303"-Browning-MGs (vier in einer Tragfläche, eines in der anderen) blieb die Tragfläche unverändert. Die Motorgondeln wurden so verstärkt, daß sie mit 14-Zylinder-Hülsenschiebermotoren vom Typ Bristol Hercules bestückt werden konnten, die jeweils 1400 (und bald darauf 1590) PS Nennleistung brachten und Propeller von 3,90 m Durchmesser antrieben. Ich meine, Clark hätte ein oder zwei Propellerblätter auch in voller Länge einzeichnen oder wenigstens darauf hinweisen können, daß er sie gestutzt hat!

Der Rumpf war eine völlige Neuentwicklung. Rückblickend fragt man sich, warum Frise nicht den Piloten und den Kampfbeobachter näher beieinander positionierte. Problematisch war der tief liegende vordere Flügelholm, und ich fand es ziemlich schwierig, mit angelegtem Sitzfallschirm die Leiter hinauf, dann über den Holm und über den Sitz zu klettern (selbst wenn man den Sitzfallschirm - wie vor dem Aussteigen üblich - ablegte, war das Ganze noch eine beschwerliche Angelegenheit). Erfahrene Beau-Piloten trugen den Fallschirm von Hand an Bord und legten ihn auf den Sitz, bevor sie selbst hinüberkletterten. Als Notausstieg konnten mit Hydraulikunterstützung die beiden schwenkbaren Bodenluken geöffnet werden, die anschließend einen kleinen nutzbaren Bereich gegen den Fahrtwind abschatteten. Bei einer Bauchlandung konnten beide Insassen das Flugzeug nach oben verlassen.

Ein weiterer Faktor mit Einfluß auf die Anordnung der Besatzungspositionen war, daß die Hauptbewaffnung aus je einer 20-mm-Hispano-Kanone auf beiden Seiten des Rumpfbodens bestand. Bei Bristol existierte ein exzellentes Konzept für eine Zuführung von 240 Schuß Munition aus Magazinen über Patronengurte, aber das Luftfahrtministerium machte diese Pläne zunichte, und so mußten die ersten 400 „Beaus" mit Trommelmagazinen ausgerüstet werden. Das aber bedeutete, daß der Kampfbeobachter sehr weit vom Piloten entfernt hinter den Tragflächen sitzen, leere Trommelmagazine herausnehmen und die schweren 60-Schuß-Magazine aus der Halterung nehmen mußte, um sie in jede der vier Kanonen einzulegen. All diese Abläufe bei abrupten Flugmanövern zu bewerkstelligen, dürfte - vor allem bei Nacht - alles andere als lustig gewesen sein.

Der Beaufighter-Prototyp flog am 17. Juli 1939, und nach einem straff organisierten Entwicklungsprojekt wurde im September 1940 der Nachtjäger Mk I in Dienst gestellt, eine Maschine, die von der RAF dringend gebraucht wurde. Sie war ein regelrechtes Schlachtschiff mit einem Leergewicht von fast sechseinhalb Tonnen, verglichen mit der nicht einmal vier Tonnen „leichten" Blenheim. Sie verfügte aber auch über die entsprechende Motorisierung, eine schlagkräftige Bewaffnung und ab November 1940

Als erster wirklich effektiver Nachtjäger der RAF wurde die Beaufighter IF Ende September 1940 von der No 604 Sqn in Middle Wallop in Dienst gestellt. Die Maschine auf dem Foto gehörte zu den ersten an diese Staffel ausgelieferten Serienmaschinen, die bei Fairey in Lizenz gebaut wurden.

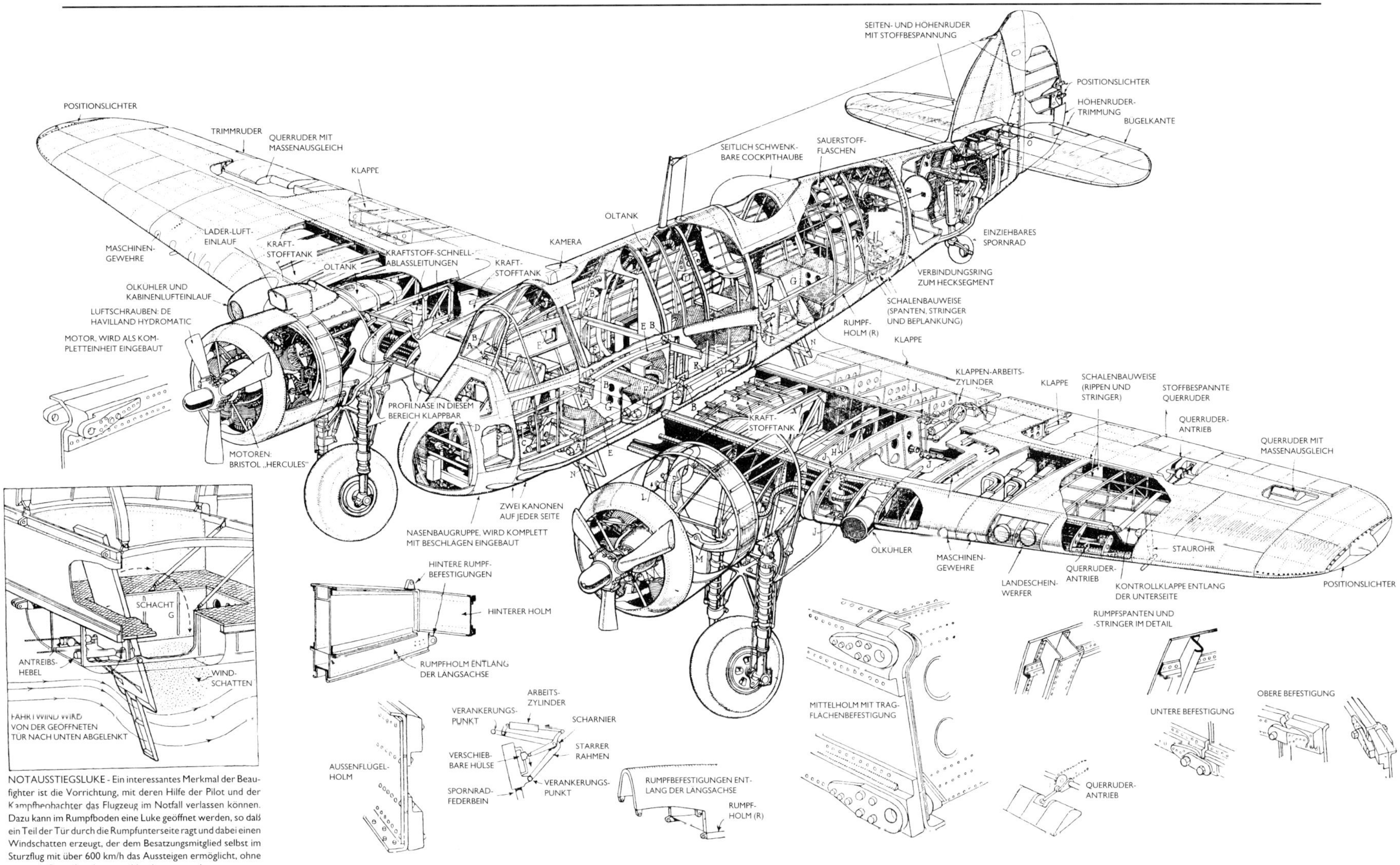

NOTAUSSTIEGSLUKE - Ein interessantes Merkmal der Beaufighter ist die Vorrichtung, mit deren Hilfe der Pilot und der Kampfbeobachter das Flugzeug im Notfall verlassen können. Dazu kann im Rumpfboden eine Luke geöffnet werden, so daß ein Teil der Tür durch die Rumpfunterseite ragt und dabei einen Windschatten erzeugt, der dem Besatzungsmitglied selbst im Sturzflug mit über 600 km/h das Aussteigen ermöglicht, ohne gegen die Rumpfstruktur geschleudert zu werden.

auch über das lebensnotwendige AI-Radar („Airborne Interception Radar", Abfang-Bordradar). Die elektronischen Baugruppen des AI Mk IV wurden rund um den Kampfbeobachter eingebaut; die Antennen bestanden aus zwei L-förmigen Sendeantennen an der Flugzeugnase und Azimut- sowie Elevations-Empfangsdipole an den Außenflügeln. Nach Monaten annähernder Machtlosigkeit bei Nachteinsätzen verfügte die RAF nun endlich über ein Flugzeug, das mit einer gut ausgebildeten Besatzung auch in finsterster Nacht eine gefährliche Killermaschine war.

Später natürlich flog die „Beau" immer mehr Einsätze mit Bomben, Raketen und sogar einem Torpedo. Die zuvor horizontale Höhenflosse erhielt eine V-Pfeilung von 12°, und auf der Rumpfoberseite wurde eine Flosse zur Erhöhung der Stabilität um die Hochachse eingebaut. Diese Flosse entwickelte ihre Wirkung besonders im Steigflug nach dem Start; beim Landen allerdings mußte man höllisch aufpassen, daß die „Beau" nicht ins Schlingern geriet. Im November 1941 startete eine Beaufighter IF erstmals mit einem Zentimeterwellen-Radarsystem an Bord. Dieses AI Mk VII war bereits mit einer über Motoren schwenkbaren Reflektorantenne ausgerüstet, die in einem fingerhutförmigen Radom an der Flugzeugnase angebracht war.

Insgesamt wurden von vielen britischen Betrieben 5562 Beaufighter gebaut, weitere 364 in Australien. Im Überflug verbreitete sie wie alle Flugzeuge mit Hercules-Motoren ein tiefes, gedämpftes Brummen, das ihr bei den Japanern zu dem Beinamen „der füsternde Tod" verhalf.

Die einzigen Punkte dieser Zeichnung, an denen ich Kritik üben würde, sind die fehlerhafte Perspektive der Hauptfahrwerksräder, bei der die Breitseite etwas zu weit nach vorn verdreht erscheint, und die Tatsache, daß die Profilnase von Seiten- und Höhenflosse eine sanft geschwungene, durchgehende Kurve bildeten. Wenn Clark außerdem eine Ansicht von der rechten Seite gewählt hätte, hätte er auch die langen flammendämpfenden Auspuffrohre betrachten können.

AIRACOBRA I

Zu den Ironien des Schicksals, die sich durch den Zweiten Weltkrieg zogen, gehörte die Tatsache, daß die Russen von den Flugzeugen, die sie von den Alliierten erhielten, im allgemeinen nicht sonderlich beeindruckt waren. Insbesondere waren sie alles andere als begeistert von der Hurricane, die ihnen zu langsam war, und von der Spitfire, der sie einen Betrieb unter den rauhen Umgebungsbedingungen nicht zutrauten. Als sie dann aber die Bell Airacobra bekamen, hieß es gleich: „Dies ist endlich einmal ein Erdkampfflugzeug nach unseren Vorstellungen!" Hunderte von sowjetischen Fliegerassen flogen diese robuste Maschine; 1943/44 wurden sie auf die noch bessere Kingcobra umgeschult. Und die Ironie? Die bestand darin, daß es nun die RAF war, die über die unkonventionelle Airacobra die Nase rümpfte und diese Maschine ablehnte, ohne ihr überhaupt eine faire Chance zur Bewährung gegeben zu haben.

Im Begleittext zur Catalina wird erwähnt, daß die Firma Consolidated Aircraft 1935 von Buffalo nach Kalifornien umzog. Viele ehemalige Mitarbeiter blieben zurück, unter ihnen Larry Bell (ehemaliger Hauptgeschäftsführer), R.P. Whitman (ehemaliger stellvertretender Hauptgeschäftsführer) und Robert L. Woods (ehemaliger Chefkonstrukteur). Sie gründeten umgehend die Firma Bell Aircraft, nahmen die Entwicklung höchst unkonventioneller Kampfflugzeuge auf und begannen, diejenigen Consolidated-Mitarbeiter einzustellen, die lieber im eisigen Buffalo bleiben als ins sonnige San Diego umziehen wollten.

Das zweite Bell-Projekt war die XP-39, deren Prototyp am 6. April 1938 flog. In Aircraft of the Royal Air Force Since 1918 von Putnam wird allerdings gesagt, daß der Erstflug 1939 stattfand, daß die Einbaulage des Allison-Motors hinter dem Piloten mit einer langen Welle zum Propeller-Untersetzungsgetriebe „...zu einigen mechanischen Problemen Anlaß gab" (was nicht stimmt), und daß die Montage einer Kanone, die durch die Propellernabe feuerte „...eine weitere Innovation war" - tatsächlich war diese „Innovation" aber schon seit 1917 in nicht weniger als 18 Kampfflugzeuge eingebaut worden. Im selben Werk heißt es: „Insgesamt wurden 675 Airacobras von der RAF bestellt, aber wegen ihres Versagens im Einsatz wurde das Beschaffungsprogramm nach etwa 80 ausgelieferten Exemplaren abgebrochen; der Rest ging an die US Army." Der Hintergrund war aber folgender: Für den Turbolader von General Electric lag keine Ausfuhrgenehmigung vor, was zur Folge hatte, daß die XP-39, die sehr wohl 630 km/h erreichte und in nur fünf Minuten auf 20.000 Fuß steigen konnte, in der RAF-Version nicht über 560 km/h hinauskam und für denselben Steigflug mehr als elf Minuten brauchte.

Die ersten Flugzeuge, die in Großbritannien eintrafen, waren drei in Container verpackte P-39C. Sie wurden von einem gemischten BOAC-/RAF-Team in Colerne zusammengebaut, und die erste Maschine startete mit einem Testpiloten der US Army im Cockpit am 6. Juli 1941. Am 7. August 1941 nahm die No 601 Sqn die Umrüstung auf das exotische Muster auf.

Bei der RAF kam es schnell in Mode, die Maschine als „Blindgänger" abzuqualifizieren, obwohl sie bei den Piloten ziemlich beliebt war. Bedauerlicherweise gewannen aber die Vorurteile und die eingeschränkte Einsatzbereitschaft (die nur aus mangelnder Vertrautheit mit diesem Muster und aus Schwierigkeiten bei der Ersatzteilversorgung resultierte) die Oberhand, so daß nur zwei Kampfeinsätze mit Airacobras geflogen wurden, bevor dieses Muster durch die Spitfire

OBEN: Die Airacobra, ein begehrtes „Fotomodell" zur Zeit ihrer Indienststellung, war bei der RAF leider kein Erfolg, denn sie wurde nur ganze zwei Monate gegen Ende des Jahres 1941 von der No 601 Sqn geflogen. Diese imposante Aufnahme zeigt die Staffel geschlossen beim Abbremsen vor den versammelten Medienvertretern am 17. Oktober 1941.

LINKS: Hier hat sich die Zensur die Freiheit genommen, die Seriennummer dieser fabrikneuen P-39D unleserlich zu machen, bevor das Foto im Herbst 1941 von Bell für die Presse freigegeben wurde.

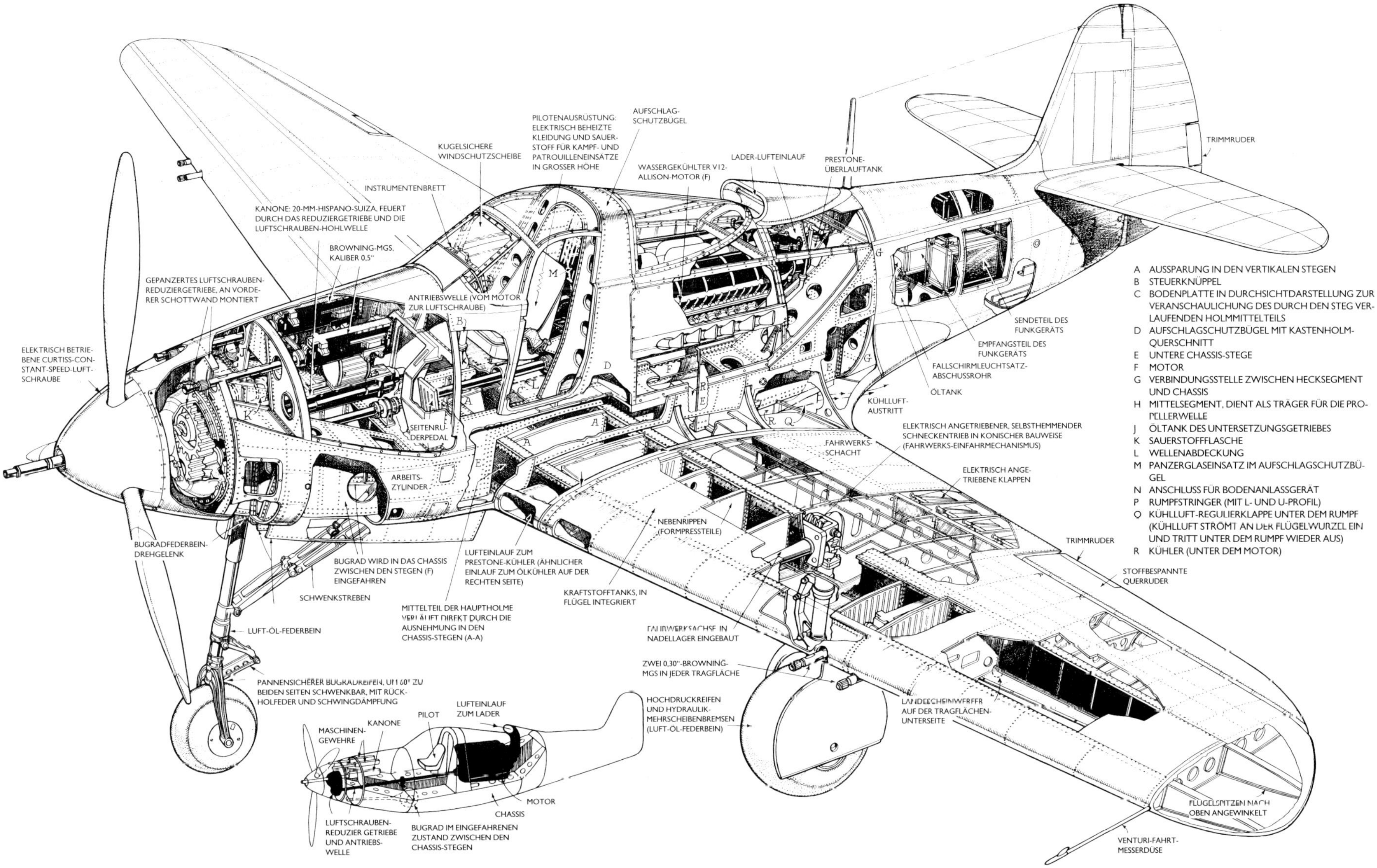

Mk VB ersetzt wurde. Wer heute noch glaubt, die P-39 sei ein schlechtes Flugzeug gewesen, dem empfehle ich, die lange Liste der Luftsiege zu studieren, die dieses Muster bei 34 Jagdgeschwadern der US-Luftwaffe erzielte, und ich weise ausdrücklich auf die Rekordzahl von 5000 Airacobras hin, die auf sowjetischer Seite im Einsatz waren.

Die Zeichnung von Clark enthält einige frei erfundene Details, obwohl die betreffenden Komponenten sicherlich in den Konstruktionsunterlagen abgebildet gewesen sein dürften. Beispiele dafür sind das Hauptfahrwerk, die Flügelholme und der Fahrwerks-Einfahrmechanismus. Übrigens wurden zu der Zeit, als die P-39 entwickelt wurde, in vielen amerikanischen Flugzeugen keine hydraulischen Antriebe, sondern Elektromotoren verwendet. Die RAF-Piloten hielten es für kurios, daß so elementare Vorgänge wie das Fahren von Fahrwerk oder Klappen über kleine Kippschalter bewerkstelligt werden sollten. Der Schnitt „A-A“ läßt offen, ob der Steg nur von Clark als Aufriß dargestellt wurde oder ob er tatsächlich so aufgebaut war; verwirrend ist außerdem, daß Clark das Wort „Chassis“ als Hinweis auf das mittlere Rumpfsegment statt auf das Fahrwerk verwendet hat. „Prestone“ war der Markenname für ein Ethylenglykol-Kühlmittel, das durch den im Rumpfboden integrierten und von außen kaum sichtbaren Wärmetauscher zirkulierte. Der Tankraum war kein Integraltank im heutigen Sinn, sondern bestand aus sechs selbstabdichtenden Kraftstoff-Sackbehältern in jeder Tragfläche mit einem Fassungsvermögen von insgesamt 120 US-Gallonen. Und zum Schluß noch die Frage: War der Bugradreifen wirklich „pannensicher“?

SPITFIRE I

Das Original dieser klassischen Zeichnung entstand vor dem Krieg und zeigte die ursprüngliche Spitfire-Standardversion Mk I, die in Woolston (Southampton) gebaut wurde. 1940 nahm auch das riesige Nuffield-Werk in Castle Bromwich (Birmingham) den Betrieb auf und erreichte bald viel größere Stückzahlen als die kleinen Supermarine-Werke und auch Westland, wo außer ein paar weiteren Exemplaren der Mk I vor allem die Seafire produziert wurde.

Unverwechselbare Merkmale dieser frühen Version waren der starre Zweiblatt-Holzpropeller, die plane Frontscheibe ohne die dicke, kugelsichere Glasscheibe, die erst später hinzukam, ferner die oben abgeflachte und für große Piloten zu niedrige Schiebehaube sowie der Antennenmast für die Langdrahtantenne, die beim alten TR 9D-Funkgerät noch erforderlich war. Zur Zeit der Luftschlacht um England hielten bereits VHF-Funkgeräte Einzug in die Cockpits, so daß die Piloten nun tatsächlich verstehen konnten, was die Einsatzleitung ihnen mitteilte. Als diese Zeichnung in der ersten Ausgabe von The Aeroplane Spotter vom Januar 1941 erschien, hatte Clark der Spitfire eine gewölbte Haube spendiert und den Propeller als Dreiblatt-Verstelluftschraube umgezeichnet. Aber ohne eine Änderung an der Zeichnung fügte er der Frontscheibe den Hinweis «KUGELSICHERE GLASSCHEIBE» zu. Auch fehlten nach wie vor die diagonal zu den Flügelspitzen gespannten Antennendrähte des IFF-Systems (IFF = Identification friend or foe, Freund-Feind-Kennung), wofür allerdings die angeordnete Geheimhaltung der Grund gewesen sein mag. Übrigens wurde diese überarbeitete Zeichnung durch eine (hier nicht wiedergegebene) Grundrißzeichnung ergänzt, die jedoch spiegelverkehrt abgebildet war, was man an den unsymmetrischen Kühlern (die weiter unten noch erwähnt werden) erkennen konnte.

Eine von mehreren Merkwürdigkeiten dieser Zeichnung ist, daß die Räder wie die des Prototypen aussehen. Die Räder aus der Serienproduktion waren Leichtmetall-Schmiedeteile mit fünf integrierten Speichen. Die meisten Betrachter dürften wie ich der Ansicht sein, daß die Fahrwerksbeine einen zu großen Abstand haben und etwas zu kurz geraten sind. Im Zusammenhang mit dem Tragwerk sei erwähnt, daß sich Chefkonstrukteur Reginald Mitchell entschloß, die außergewöhnliche Tragflächenkonstruktion beizubehalten, die er bereits bei früheren Eindeckern verwendet hatte. Seine Stabilität holte der Flügel fast ausschließlich aus der Profilnase, die durch die dicke, um die Vorderkante herum bis zum Holm verlaufende Beplankung gebildet wurde. Der Holm bestand aus einem Holmsteg mit runden Ausnehmungen zur Gewichtseinsparung sowie aus Ober- und Untergurten in Form von mehreren - wie russische Puppen - ineinandergeschobenen quadratischen Profilen. Das äußerste Profil hörte schon nach weniger als der halben Strecke zur Flügelspitze auf; die anderen liefen nacheinander aus, und nur das innerste Profil reichte bis zur Flügelspitze. Dieser Besonderheit hat Clark keine Beachtung geschenkt, aber dafür ein spezielles Detail eingezeichnet, bei dem das (absolut nicht ungewöhnliche) Überbrückungselement zu sehen ist, das als Verbindung der Holme im Rumpfbereich diente.

Das Batteriefach wurde später in das Rumpfende verlagert, und auch die Sauerstoffflaschen wanderten ein Stück nach hinten. Und selbstverständlich war die Spitfire 1944 nach umfassender Weiterentwicklung durch Joe Smith ein völlig anderes Flugzeug geworden.

Eine der ersten Änderungen betraf den ungeschützten, oberen Kraftstofftank. Ursprünglich war dieser Tank ebenso wie der Öltank unter dem Motor ein Bestandteil der äußeren Flugzeugbeplankung. Für den Öltank galt das weiterhin; allerdings wurde er in den letzten, vom Zweistufen-Griffon-Motor angetriebenen Versionen hinter dem Motor angeordnet. Eine wesentlich durchgreifendere Änderung bei der in Massenstückzahlen produzierten Mk V war, daß die Querruder nicht mehr mit Stoff bespannt wurden, sondern eine Aluminiumbehäutung erhielten. Die von Clark gezeichnete Mk I hatte noch stoffbespannte Querruder - trotz der Punktreihen, die aussehen wie Nieten! Wie bei ihrer großen Rivalin, die Bf 109, war die Querneigung der Spitfire (bis zum Erscheinen der Mk 21) im schnellen Sturzflug wegen der enormen Ruderkräfte kaum noch zu steuern.

Nachdem der Krieg begonnen hatte und scharf geschossen wurde, erkannte man schnell, daß die Zuverlässigkeit der Bordwaffen überlebenswichtig war. Daher wurden mit Spannlack getränkte rechteckige Stoffbezüge über die Mündungen der MGs gezogen, um Regen und sonstige Fremdkörper vom Rohr fernzuhalten - erst beim ersten Schuß wurden diese Bezüge durchlöchert. Normalerweise wurde roter Spannlack verwendet, doch ab September 1941 erhielten die äußeren Flü-

Die Spitfire Mk V, in ihrem Erscheinungsbild der Mk I/II sehr ähnlich, bildete das Rückgrat der Jagdgeschwader in den dunklen Tagen von 1941/42. Diese Maschinen vom Typ Mk VB sind mit Kanonen bewaffnet und gehören zur No 72 Sqn, die die Spitfire den ganzen Krieg hindurch flog. Die Aufnahme entstand im Oktober 1941 in Gravesend.

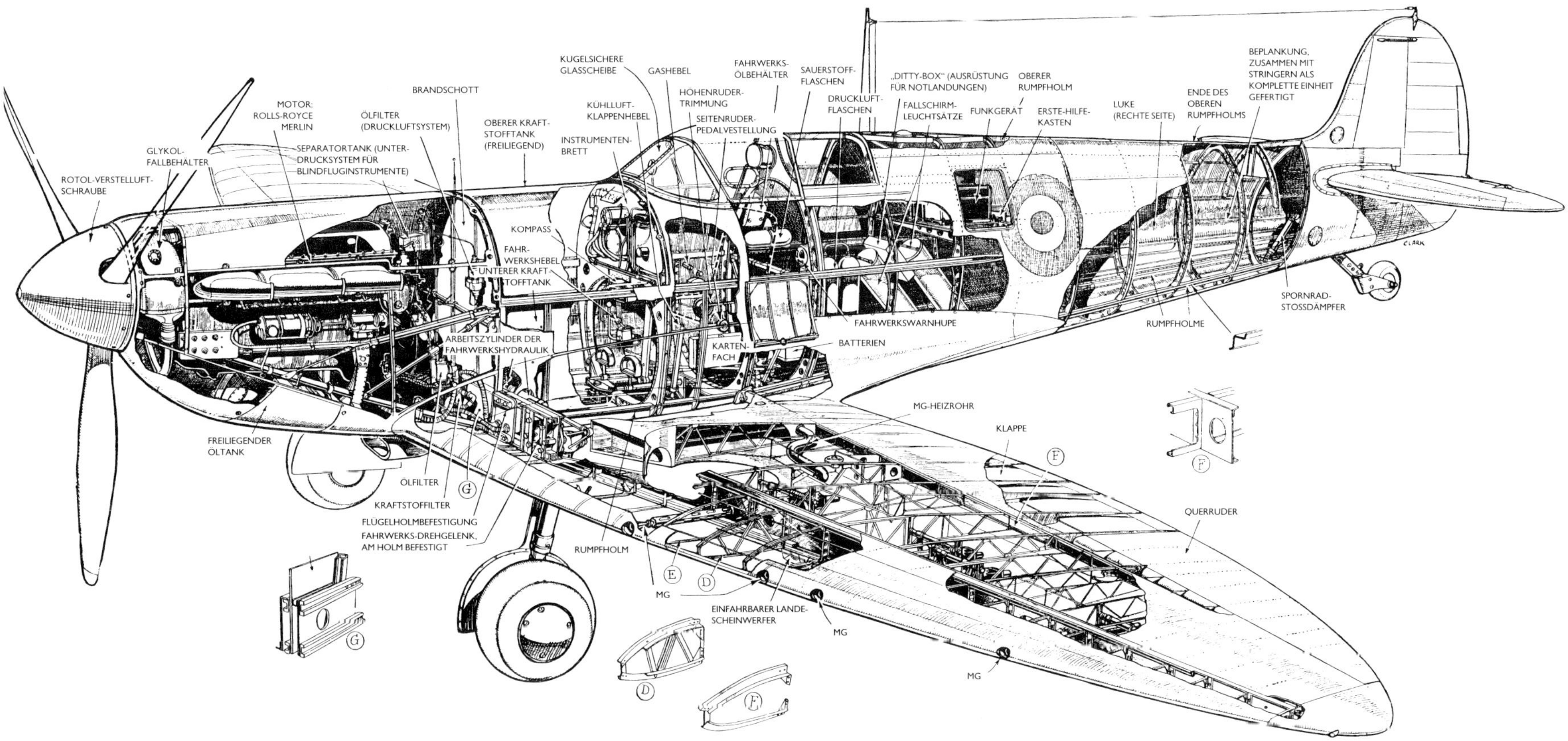

gelvorderkanten aller Jagdflugzeuge ein gelbe Lackierung. Wenn - so die Annahme des Autors - der Zweck darin bestanden hatte, die eigenen Maschinen zur besseren Unterscheidung kenntlich zu machen, warum dann mit einem Merkmal, das nur von vorn zu sehen war? Denjenigen Piloten, die ein Flugzeug nicht vom anderen unterscheiden konnten, wäre es auch eine Hilfe gewesen, unmittelbar vor dem Heck den Rumpf mit einem weißen, vertikalen Band zu markieren.

In diesem Zusammenhang erscheint es merkwürdig, daß Clark seine Mk I anscheinend in dem vor 1937 üblichen Silber-Outfit gezeichnet hat. Denn schon die allerersten Exemplare, die an die No 19 Sqn in Duxford übergeben wurden, besaßen einen kompletten Tarnanstrich und die rot-blauen Kokarden vom Typ B. Bis 1939 hatte wieder das dreifarbige Hoheitsabzeichen Einzug gehalten, das jedoch von einem gelben Ring umgeben war, damit es sich besser vom grün-braunen Hintergrund abhob.

Ein wahres Rätsel ist, warum die modifizierte Zeichnung vom Januar 1941 eine ebenfalls neu gezeichnete Kokarde mit Kreuzmusterschummerung enthält, aber keinen Ring! Ab 1942 wurde der braune («dunkel-erdfarbene») Tarnanstrich in «Dunkel-meergrau» überlackiert.

Wie bei der Bf 109 waren die Kühler unter dem Innenflügel hinter dem Fahrwerk angeordnet. In einigen frühen Exemplaren befand sich der Motorkühler unter der rechten Tragfläche, ein kleiner Ölkühler dagegen in einem Luftkanal unter der linken Tragfläche. Diese Unsymmetrie hatte niemals auch nur die geringste Auswirkung auf die Flugeigenschaften, und erst als mit der Mk VIII und der Mk IX der Zweistufen-Merlin-Motor eingeführt wurde, ging damit auch eine symmetrische Anordnung des Intercooler-Kühlers einher. Clark hat das gekröpfte MG-Heizrohr eingezeichnet, das heiße Luft aus dem Bereich hinter den Kühlern ansog, aber eine Darstellung des Kühlers selbst oder ein Hinweis darauf ist in der Zeichnung nicht zu finden. Eingezeichnet ist eine Komponente, die wie der Einlauf zum Motorkühler aussieht (der jedoch unter der anderen Tragfläche angeordnet war). Dieser schließt auf dem Bild mit dem Fahrwerksschacht ab, stand aber tatsächlich im rechten Winkel zur Längsachse.

MOSQUITO II

Von der Harvard abgesehen, war dies das Flugzeug, das ich besser kannte als jedes andere. In Großbritannien ist es heute Legende, daß von De Havilland 1939 neben militärischen Versionen der Albatross das Konzept eines schnellen, unbewaffneten Bombers in Holzbauweise vorgeschlagen wurde. Dieses wurde als unsinnig betrachtet, bis der Betrieb in Hatfield schließlich den Zuschlag für den Bau eines Prototypen erhielt, der am 25. November 1940 flog und gegen den Widerstand von Produktions-Oberboß Lord Beaverbrook weiterentwickelt wurde. (Lord Beaverbrook strich die Bestellung der ersten Produktionsserie von 50 Mosquitos, weil dies zu Konflikten mit eingeführten Typen wie der Blenheim hätte führen können.) Schließlich wurden aber 7781 Exemplare in Großbritannien, Kanada und Australien gebaut. Diese Maschinen flogen in allen Geschwadern und - rechnet man die USA und die Sowjetunion hinzu - auf allen Schauplätzen des Zweiten Weltkriegs.

Einer der aufregendsten Tage meines Lebens kam, als ich als Fünfzehnjähriger 1942 von Herrn E.H. Morris, dem Ehrenwerten Schriftführer des No 4 Spotters Club, eine Einladung zum Besuch des Werkes Hatfield erhielt. Die geheimen Mosquitos hatte ich ja schon über Eastcote beobachtet, aber ich erhielt jetzt ganz unvermittelt die Möglichkeit, erst in einen nagelneuen Mk IV-Tagbomber (DK 291) und dann durch die Seitentür in den pechschwarzen Mk II-Nachtjäger (DD 667) zu klettern. Zu Hause angekommen, zeichnete ich aus dem Gedächtnis einige ziemlich genaue Pläne der Flugzeuge, und diese Zeichnungen habe ich heute noch. Natürlich hat niemand in Großbritannien jemals daran gezweifelt, daß wir den Krieg gewinnen würden - aber wie hätten wir mit der «Mozzie» auch jemals verlieren können?

Millars Zeichnung zeigt eine Maschine der Baureihe Mk II, der ersten von der RAF in Dienst gestellten reinen Fighter-Version der Mosquito. Sie war eine mit je vier MGs und Bordkanonen bewaffnete Weiterentwicklung der B IV, die ursprünglich als Bomber mit einer Waffenlast von 1000 Pfund konzipiert war. Diese Version wurde dann für eine Waffenlast von 2000 Pfund ausgelegt, die aus vier 500-Pfund-Bomben mit verkürzten Stabilisierungsflossen (der späteren Standardausführung für Bomben dieses Gewichts) bestand. Schließlich wurde der Bomben-Laderaum mit einer Wölbung versehen, so daß nun auch je eine schwere Luftmine, ein 4000-Pfund-«Blockbuster», transportiert werden konnte. Spätere Bomber wie z.B. die Mk XVI konnten solche Bomben sogar bis nach Berlin transportieren und auf dem Rückflug - am Tage, wohlgemerkt - die Jäger der Luftwaffe auch noch hinter sich lassen!

Die DD 750 mit ihrer kompletten Mk IV-Ausrüstung war eine von 466 Nachtjägern des Typs Mosquito II, die ab Mai 1942 in den Jagdverbänden flogen.

Man muß sich wirklich fragen, warum die damaligen Entscheidungsträger - allen voran Air Marshal Sir William Freeman-die Idee eines Bombers, der so schnell war, daß er gar keine Gefechtsstände brauchte, und dann auch noch aus Holz gebaut war, derart mißbilligten. Gerade einmal 15 Jahre früher waren noch alle RAF-Flugzeuge in Holzbauweise hergestellt worden, und man unternahm damals erste Versuche zur Umstellung auf den wenig vertrauten Werkstoff Duraluminium oder - im Fall von Boulton Paul - auf Edelstahl. In der angeblich so autoritären Sowjetunion begegnete niemand Lawochkin oder Jakowlew mit Geringschätzung, nur weil ihre schnellsten Jagdflugzeuge Holzkonstruktionen waren.

Dabei bot dieser Werkstoff gerade im Fall der Mosquito viele Vorteile. Mit Holz ließ sich z.B. ein präzise geformtes Profil von sehr guter Oberflächenqualität realisieren, und Holz war leicht zu reparieren. Da zur Erzielung einer vorgegebenen Stabilität im Vergleich zu Metall bei Verwendung von Holz mehr Materialvolumen nötig ist, verursacht ein Loch, das durch eine Kugel oder einen Granatsplitter verursacht wird, eine proportional geringfügigere Beschädigung der Flugzeugstruktur. Vor allem aber trug die Holzbauweise zu einem geringeren Verbrauch von knappen Rohstoffen bei und ermöglichte die Einbindung von zahllosen Großbetrieben wie z.B. Möbelfabriken, von Kleinbetrieben, die vielleicht Klaviere oder Heuraufen hergestellt hatten, und sogar von lokal organisierten Frauengruppen, die spezielle Kleinteile am Band produzierten.

Dies war die beste von Millar im Krieg angefertigte Zeichnung. Sie gibt alle wichtigen Komponenten anschaulich wieder, so auch die Struktur der Landeklappen. Diese waren sperrholzbeplankt, während die Steuerflächen mit Stoff bespannt waren. Der Rumpf war gerade breit genug für den Piloten und den etwas dahinter sitzenden Navigator. Er war vollgestopft mit weit mehr Systemen und Baugruppen als Millar zeigen durfte und konnte nur hergestellt werden, indem zunächst zwei Hälften (eine rechte und eine linke) gebaut wurden. Nachdem diese komplett fertig und mit allen Einbauten ausgerüstet waren, wurden sie wie bei einem Kunststoffmodell miteinander verbunden.

Der Doppelprofil-Spornradreifen, von Marstrand erfunden und von Dunlop produziert, wurde später auch bei der Lancaster und mehreren anderen Flugzeugen verwendet. Er trug natürlich nichts zu einer Unterdrückung von Schlingerbewegungen bei, so daß es sich beim Start empfahl, auf dem linken Motor deutlich mehr Schub zu geben als auf dem rechten, bis das Seitenruder voll wirksam war. Das Hauptfahrwerk war enorm stabil, und die ungewöhnlichen, mit dicken Gummipuffern gefüllten Federbeine machten Luft-Öl-Präzisionsfederbeine schlichtweg überflüssig. Die meisten Reifen der großen Flugzeuge aus dem Krieg waren glatt - warum ausgerechnet die Reifen der Mosquito ein Profil hatten, weiß ich nicht.

Die Kühler waren aerodynamisch außerordentlich sauber in die Flügelvorderkante integriert und erzeugten möglicherweise weniger Luftwiderstand als die

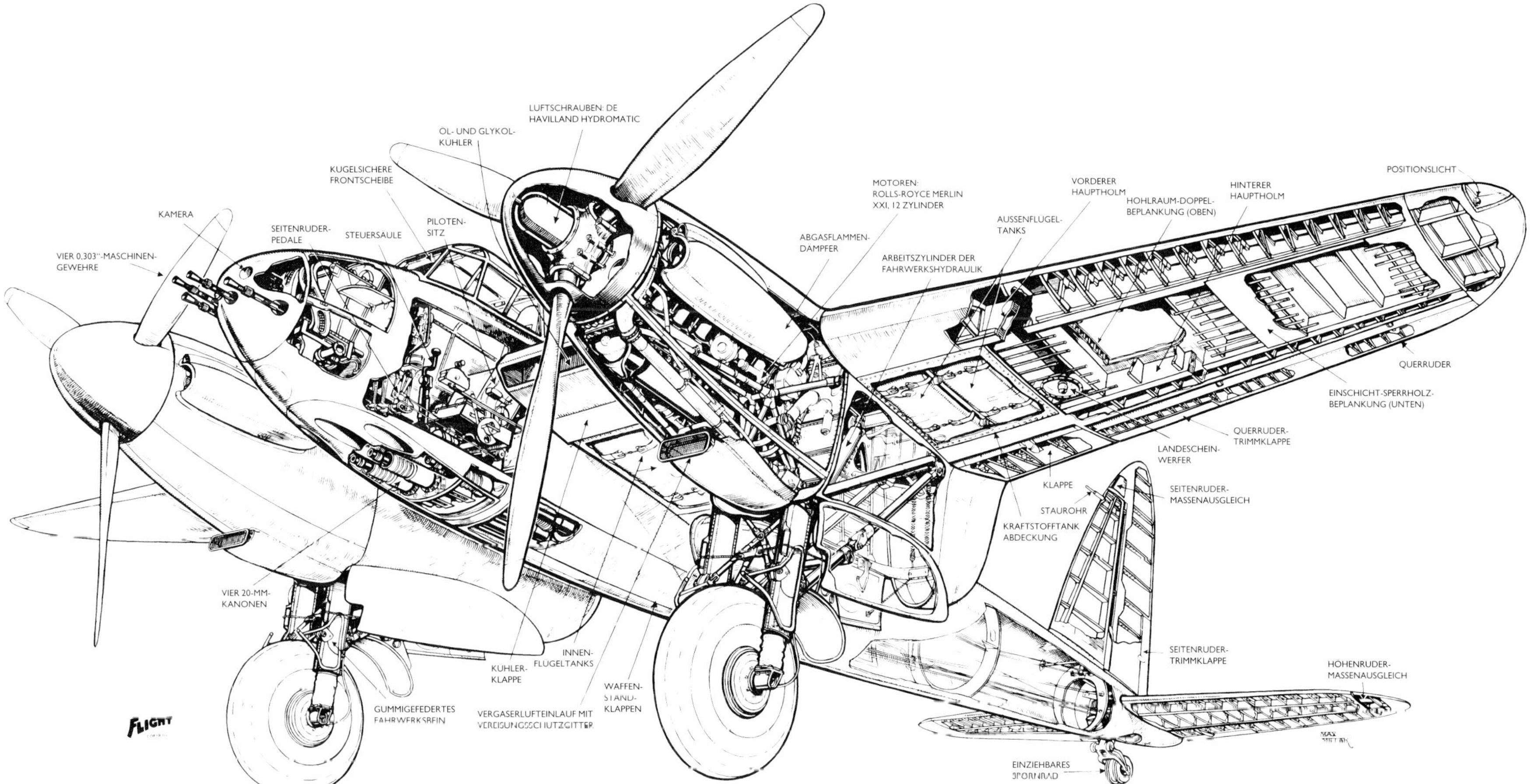

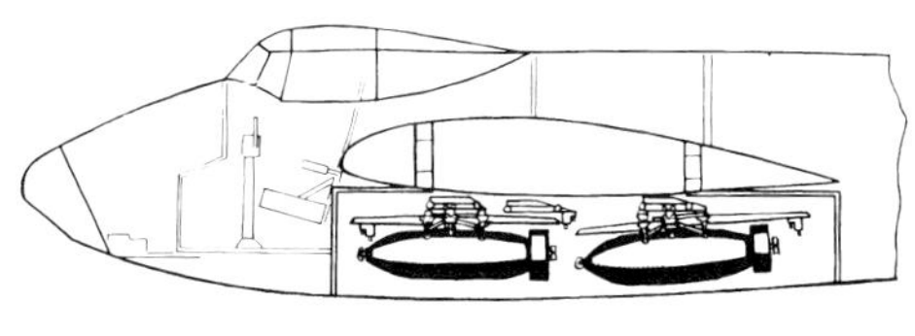

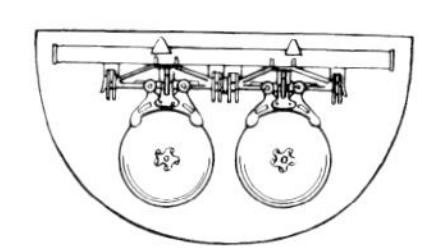

entsprechenden hängenden Baugruppen der Beaufighter II und der Lancaster. Der Kühlmittelhauptkreislauf verlief durch die Mitte des Kühlers; im rumpfseitigen Kühlerabschnitt war der Kabinenluft-Wärmetauscher und in dem zum Außenflügel gerichteten Teil der Ölkühler untergebracht. Dieses Kühlerkonzept wurde immer weiter optimiert, und bei der DH 103 Hornet wurde sogar versucht, mit dem Kühler mehr Schub als Luftwiderstand zu erzeugen.

Mein Kollege H.A. «Tony» Taylor erzählte mir einmal eine lustige Geschichte über die Mosquito: Er stellte eines Tages fest, daß er keine Fahrtmesseranzeige hatte (was, so glaube ich, auch die Funktion von Höhenmesser und Variometer beeinträchtigt haben dürfte). Der Grund war ziemlich einfach: Ein Insekt hatte seine Eier im Staurohr abgelegt, und als die Larven schließlich ausschlüpften, war es aus mit jeder präzisen Druckmessung. Nach dieser Begebenheit wurde es Vorschrift, daß stets ein mit einem Wimpel markiertes Schutzfutteral über das Staurohr geschoben werden mußte, nachdem ein Flugzeug gelandet war.

Diese am 6. Mai 1943 in Flight veröffentlichte Zeichnung kam einer von Clark angefertigten großen Aufrißzeichnung einer Mk IV um einen einzigen Tag zuvor! Millar zeigte außerdem Einzelheiten zum Bomben-Laderaum der letzteren Version, indem er einen kleinen, relativ detailarmen Seitenriß einzeichnete, der hier als Einschubzeichnung wiedergegeben ist. Umgekehrt zeichnete Clark eine Teilansicht der mit MGs gespickten Flugzeugnase einer Mk II.

AUSTER IV

Kurz nach dem Krieg stieß ich auf eine Anzeige, in der neue Maschinen vom Typ Auster J-1 Autocrat zum Abholpreis von 815 £ angeboten wurden, und ich konnte es mir nicht verkneifen, einen Prospekt anzufordern. Natürlich hätte ich damals nicht einmal ein Zehntel dieser Summe zusammenkratzen können, was sich später als glücklicher Umstand erweisen sollte. Als ich 1951 bei Flight anfing, hatte ich erstmals die Gelegenheit, eine Auster zu fliegen, wobei ich feststellen mußte, daß ich schon mit dem Rollen Schwierigkeiten hatte. Der Schieber zum Gasgeben stand entweder auf Vollgas oder Leerlauf, so daß man mit der linken Hand steuern und mit der rechten ständig den Gashebel festhalten mußte, um die jeweils richtige Motorleistung zu halten. Natürlich war das Ganze für jemanden wie mich, der in Südrhodesien Flugzeuge wie die North American Navion oder die Beech Bonanza geflogen hatte, wie ein Ausflug in die Welt der Flugmaschinen aus der Zeit vor 1914.

Die ganze Auster-Familie stammte von der klassischen Konstruktion der Brüder Taylor aus Rochester (US-Bundesstaat New York) ab. Diese hatten 1929 einen kleinen Hochdecker mit zwei nebeneinander angeordneten Sitzen gebaut, der mit einem Motor aus einer Auswahl von fast einem Dutzend Motoren - alle mit einer Leistung von etwa 40 PS - bestückt werden konnte. Der Rumpf war eine geschweißte Stahlrohrkonstruktion, und die Tragflächen besaßen parallel verlaufende Sperrholzholme, auf die Rippen aus Bandstahlstreifen und Winkelstücken aufgeschoben und anschließend festgenagelt wurden. Das Leitwerk bestand ebenfalls aus Stahlrohren, die geschweißt und nach dem sogenannten «Sifbronze»-Verfahren hartgelötet wurden. Alles wurde anschließend mit Stoff bespannt und der Stoff mit Spannlack getränkt. Die Tragflächenstreben bestanden aus ovalen Stahl-Hohlprofilen. Dieses Produkt mit der Bezeichnung «Modell A» war nicht nur der Ausgangspunkt für eine lange Serie von Taylor-Nachfolgeunternehmen, sondern auch der Ursprung der Firma Piper.

Diese Auster IV mußte nahe der Frontlinie der 8th Army im Januar 1945 notlanden, nachdem sie während der Artillerie-Luftbeobachtung durch Flakbeschuß beschädigt worden war. Welcher Einheit sie angehörte, ist dem Code „MC" leider nicht zu entnehmen.

1938 wurde die Firma Taylorcraft Aeroplanes (England) gegründet, die das Modell A in Thurmaston nördlich von Leicester in Lizenz baute. Von dort mußte jede einzelne Maschine rund vier Meilen weit über den Fosse Way bis zu einem kleinen Grasplatz bei Rearsby gezogen werden. Allmählich wurde aus dem mit 40 PS nicht gerade übermotorisierten Modell A die Taylorcraft Plus C2 mit einem 90-PS-Motor vom Typ Cirrus Minor. 1939 wurde eine solche Maschine an die RAF ausgeliefert und bei der Army für Einsätze des fast schon vergessenen Typs «AOP» (Air Observation Post, Luftbeobachtung der Artillerieflieger) verwendet. Sie erhielt bei den Streitkräften den Namen «Taylorcraft Auster», und von Anfang an war offensichtlich, welchen Wert sie im militärischen Einsatz haben würde. Wenn der Zweite Weltkrieg nie stattgefunden hätte, dann hätte Taylorcraft Aeroplanes (England) wohl schon bald Konkurs anmelden müssen. So aber häuften sich schnell die Bestellungen sowohl von den Heeresfliegerverbänden als auch von der RAF. Bis 1942 verteilte sich die Auster-Produktion auf zehn kleinere Fertigungsstätten nördlich von Leicester, und bei Kriegsende waren in Rearsby 100 Mk I, zwei Mk 2, 467 Mk III, 255 Mk IV und 780 Mk V eingeflogen und ausgeliefert worden.

Die Mk III war die erste wirklich leistungsfähige Version und verfügte mit den 130 PS eines De Havilland Gipsy Major I über eine ausreichende Motorisierung. Weitere Verbesserungen waren die Bendix-Bremsen, vergrößerte Plexiglasscheiben im hinteren Bereich, ferner Landeklappen, die von Hand über einen Hebel oben im Cockpit bedient wurden, eine Höhentrimmung in Form einer kleinen Trimmfläche unter der Höhenflosse und - natürlich - ein Vollduplex-Funkgerät nach Army-Standard. Die von Clark gezeichnete Mk IV wurde von dem kompakteren Lycoming O-290-3 angetrieben, der ebenfalls 130 PS leistete. Sie verfügte hinten über einen dritten Sitz und ein gewölbtes Plexiglas-Cockpitdach, das eine noch bessere Rundumsicht ermöglichte, und hatte keinen Schleifsporn mehr, sondern ein Spornrad an einer langen Blattfeder. Die Mk V ähnelte der IV, war aber für Instrumentenflug ausgerüstet und besaß eine konventionelle Höhenrudertrimmung.

Weil diese Flugzeuge alle so einfach aufgebaut waren, konnte Clark fast alles freilegen. Vier Jahre zuvor hätte er wohl nur das Flugzeug gezeichnet, aber 1944 waren seine eigenen Maßstäbe wesentlich strenger, und so legte er sich - vielleicht auch deshalb, weil es keine Probleme mit der Geheimhaltung gab - bei der Auster richtig ins Zeug. Möglicherweise mehr als in allen seinen anderen Arbeiten konnte Clark eine höchst informative Auswahl von Detailzeichnungen einfügen, die eigentlich keine Fragen mehr offenlassen.

Heutzutage sind noch Zehntausende von Lycoming-Kolbenmotoren im normalen Flugbetrieb zu finden, aber nur noch sehr wenige Gipsies. Daraus könnte man schließen, daß die amerikanischen Boxermotoren den De-Havilland-Motoren überlegen waren, und ich persönlich bin der Auffassung, daß das unter dem Strich auch zutrifft. Ich habe mich oft gefragt, ob Frank Halford, wenn er nicht 1924 mit den aus militärischen Überbeständen stammenden Vierzylinder-Reihenmotoren begonnen hätte, sich vielleicht doch für den einfacher zu kühlenden, besser ausgewuchteten und kürzer und leichter zu bauenden Boxermotor entschieden hätte. Während des Zweiten Weltkriegs jedoch hielten es die meisten Leute für selbstverständlich, daß alles, was im eigenen Land hergestellt wurde, besser war als jedes vergleichbare Produkt ausländischen Ursprungs.

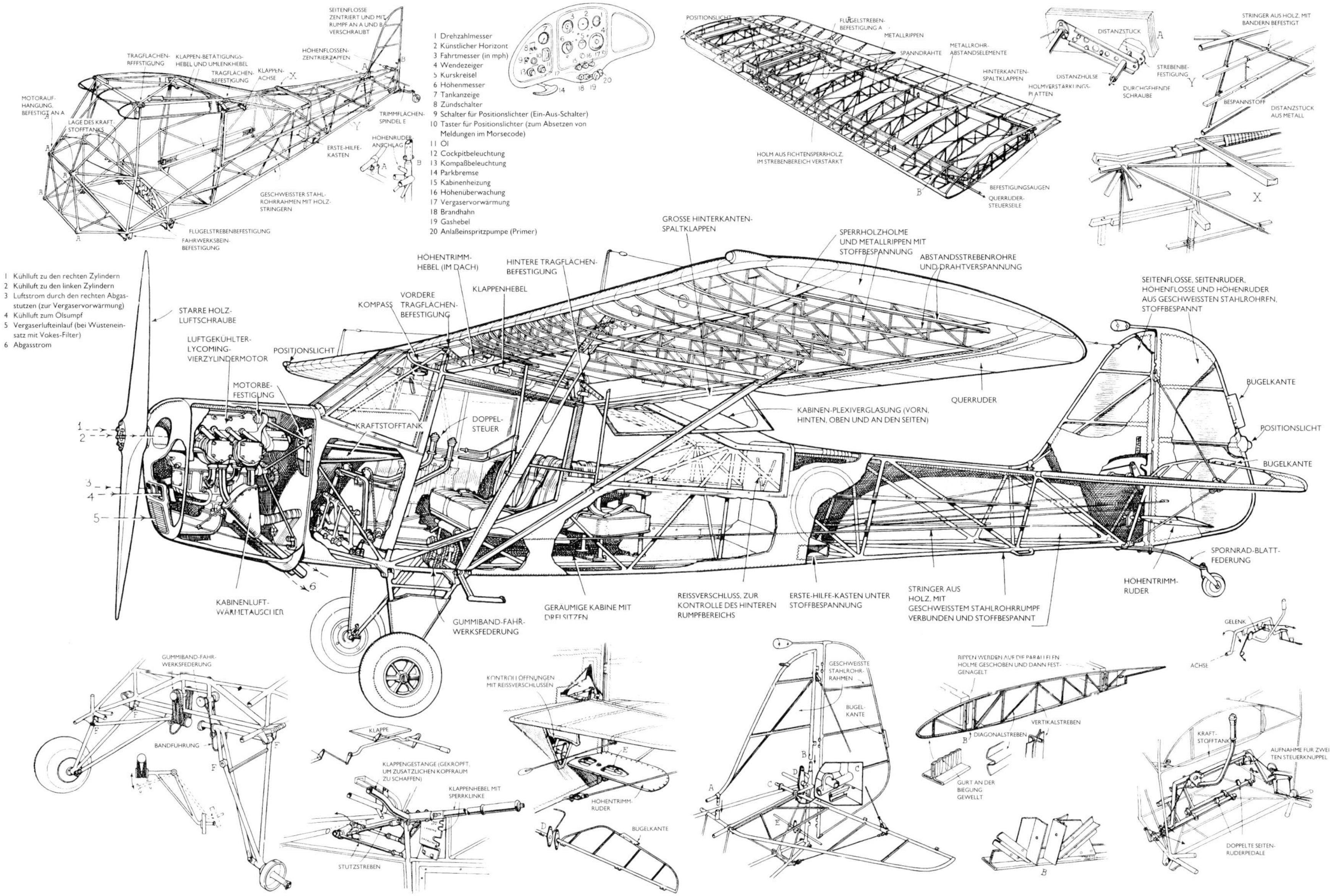

War die Umstellung also möglicherweise darauf zurückzuführen, daß nicht genügend Gipsies verfügbar waren?

Die im Krieg eingesetzten Austers hatten unterschiedliche Instrumentierungen. Wie schon erwähnt, erhielt erst die Mk V die echte «Basic Six»-Instrumentierung der RAF und war damit instrumentenflugtauglich. Als Kreiselantrieb diente eine motorgetriebene Unterdruckpumpe. Andere mit Kreiseln ausgestattete Flugzeuge besaßen zur Unterdruckerzeugung eine Venturidüse auf der linken Rumpfseite.

Berücksichtigt man die Einfachheit des Flugzeugs, so ist es schon ziemlich überraschend, daß Clark einige Details weggelassen hat. Am meisten fällt auf, daß er zwar auf den Parkbremshebel im Cockpit hingewiesen und am rechten Hauptrad ein kleines Stück Rohr eingezeichnet hat, aber die Radbremsen nicht erwähnt. Ähnliches gilt für die Funkanlage: Antennenmast und -draht sind zwar zu sehen, nicht aber das sperrige Army-Funkgerät. Auch auf die Möglichkeit zum Einbau einer Luftaufklärungskamera fehlt jeder Hinweis.

FIREFLY I

Meines Wissens hat während des Zweiten Weltkriegs kein anderes Unternehmen mehr Flugzeugtypen in Großserie produziert als Fairey Aviation. Dazu gehörten die Muster Battle, Swordfish, Albacore, Fulmar, Barracuda und Firefly sowie 500 bzw. 662 in Lizenz gebaute Beaufighter und Halifax. In dieser vielfältigen Produktpalette waren die Fulmar und die Firefly die beiden einzigen Flugzeuge, die untereinander Ähnlichkeiten aufwiesen. Beide waren bordgestützte Jagdflugzeuge, und damit sie auch tatsächlich zu ihrem winzigen Stützpunkt mitten im Ozean zurückfanden, erließen Ihre Lordschaften eine Vorschrift, nach der Flugzeuge, die von Flugzeugträgern aus operierten, einen Navigator haben mußten.

Das hatte unweigerlich zu Folge, daß Marinefighter größer, schwerer und weniger wendig ausfielen als einsitzige Landflugzeuge für vergleichbare Einsätze. Nirgendwo kam dieser Kontrast deutlicher zum Ausdruck als bei den Fairey-Produkten Fulmar und Firefly. Die Fulmar hatte einen für geringe Höhen

Dieser Schnappschuß von Charles E. Brown zeigt eine Firefly I auf einem Testflug vor der Auslieferung Mitte 1943. Als erste Marinefliegereinheit wurde No 1770 Sqn im Oktober 1943 mit der Firefly ausgerüstet.

ausgelegten Merlin-Motor, war mit acht Maschinengewehren bewaffnet und mit ihrer Höchstgeschwindigkeit von angegebenen 244 mph satte 120 bis 130 mph langsamer als die Spitfire. Die Firefly hatte einen (ebenfalls für geringe Höhen ausgelegten) Griffon mit zunächst 1730 und später 1990 PS und vier Kanonen. Ihre angegebene Höchstgeschwindigkeit von 316 mph lag ebenfalls rund 130 mph unter derjenigen der zur gleichen Zeit aktuellen Spitfire-Version Mk XIV.

Der Fairneß halber muß man allerdings festhalten, daß der „Backseater" in den doppelsitzigen Jägern der Marineluftwaffe nicht nur zu navigieren hatte, sondern auch als Kampfbeobachter beispielsweise für die Beschattung feindlicher Schiffe oder die Ausschau nach Verbündeten verantwortlich war. Die Reichweite und Höchstflugdauer dieser Maschinen mußten außerdem größer sein als etwa bei der Hurricane oder der Spitfire, was die Eigenschaften im Luftkampf weiter einschränkte. Nach Ansicht des Autors ergibt es überhaupt keinen Sinn, Jagdflugzeuge in Großserie zu produzieren, die im Luftkampf fast sicher den kürzeren ziehen - ein Firefly-Pilot mußte schon Übermenschliches leisten, um eine Bf 109, eine Fw 190 oder einen japanischen Einsitzer zu bezwingen.

Ab 1925 wurde das Fairey-Entwicklerteam von Marcel Lobelle geleitet, der aber 1940 das Unternehmen verließ, um die Firma M.L. Aviation zu gründen. Unter seiner Leitung gedieh das Firefly-Projekt daher nur bis zu einer allgemeinen Übersichtszeichnung und einer Attrappe. 1940 übernahm Herbert E. Chaplin Lobelles Position, und der Prototyp der Firefly startete am 22. Dezember 1941. Es wurde das letzte neue Muster für den berühmten langjährigen Cheftestpiloten Chris Staniland, der kurz darauf ums Leben kam. Die Firefly erwies sich als relativ problemlos, abgesehen natürlich von den unvermeidlichen politischen Problemen im Zusammenhang mit dem vielen verschiedenen Programmen zur Produktion von Flugzeugen. Diese Programme liefen in Hayes, Stockport und Errwood Park und (im Fall der Firefly) auch bei General Aircraft in Hanworth, während sich jedoch C.R. Fairey (der spätere Sir Richard) selbst ständig in Washington aufhielt und niemanden mit der echten Vollmacht ausgestattet hatte, strategische Entscheidungen zu treffen und die vielen Probleme des Tagesgeschäfts anzugehen.

Zu den guten Eigenschaften der Firefly I gehörten die einfache und hochstabile Zelle, das robuste und gut gefederte Fahrwerk und - last, not least - die ausgezeichneten Youngman-Klappen. Diese von Clark anschaulich dargestellten Klappen lagen normalerweise unter der Hinterkante des Klappflügels versenkt und erstreckten sich auf der Innenflügelseite bis zur Mittellinie unter dem Rumpf. Zum Start oder im Luftkampf konnten sie zur Vergrößerung der Flügelfläche bis hinter die Flügelhinterkante ausgefahren werden. Zum Landen wurde die Klappe über den Antriebshebel (3) auf 35° nach unten geschwenkt. Bei Flügen mit einer späteren Version (dem Trainer T2) war ich von der Klappenwirkung ziemlich beeindruckt.

Bei den weniger guten Eigenschaften steht sicherlich die Tatsache an erster Stelle, daß die großen, schweren Tragflächen wie bei der weiter vorn in diesem Buch vorgestellten Skua von Hand ein- oder ausgeklappt werden mußten. Es erforderte schon ziemlich viel Muskeleinsatz einer großen Bodencrew, um beide Tragflächen zu entriegeln und auszufahren bzw. beizuklappen. Die Zeichnung

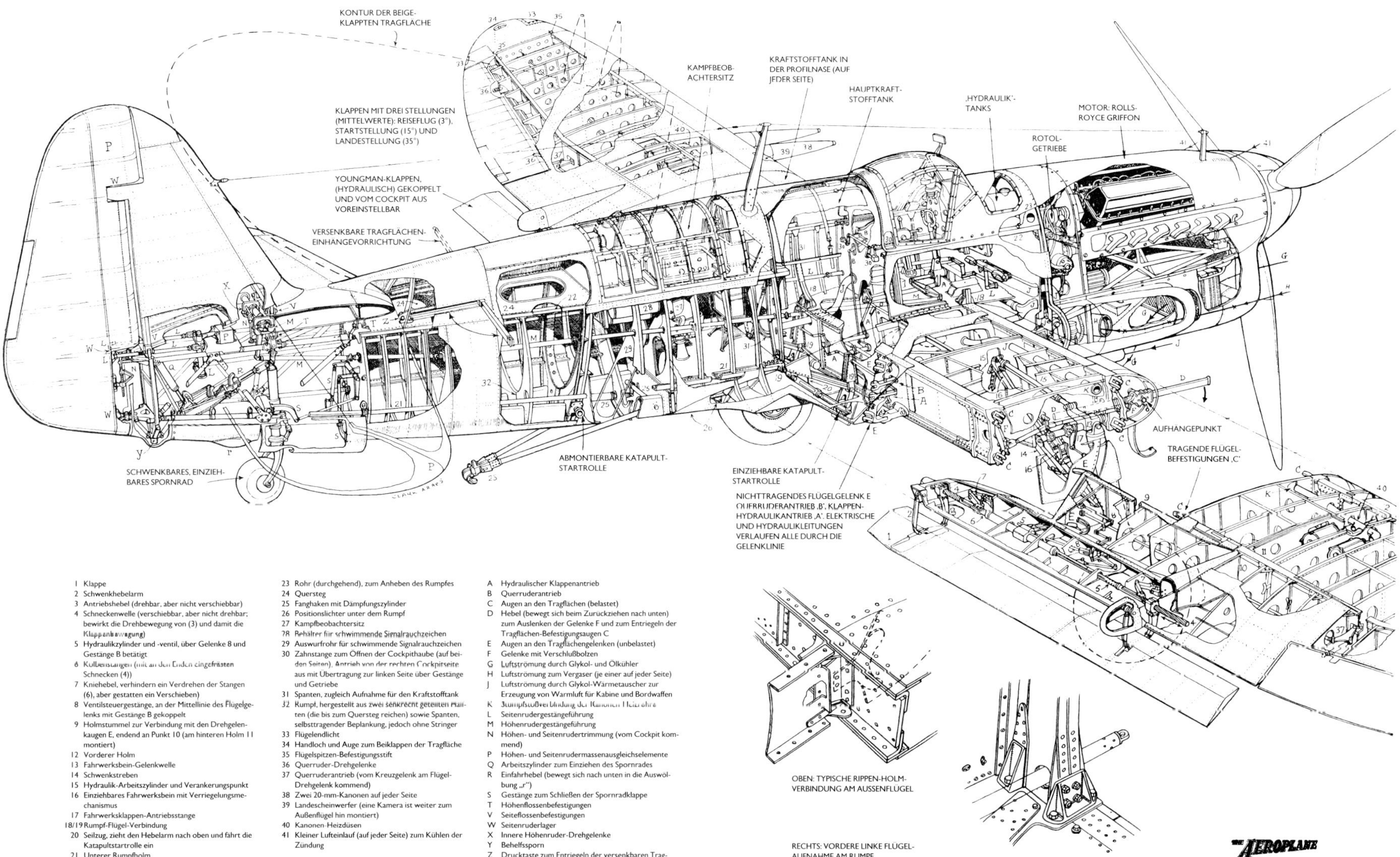

1 Klappe
2 Schwenkhebelarm
3 Antriebshebel (drehbar, aber nicht verschiebbar)
4 Schneckenwelle (verschiebbar, aber nicht drehbar; bewirkt die Drehbewegung von (3) und damit die Klappenbewegung)
5 Hydraulikzylinder und -ventil, über Gelenke 8 und Gestänge B betätigt
6 Kolbenstangen (mit an den Enden eingefrästen Schnecken (4))
7 Kniehebel, verhindern ein Verdrehen der Stangen (6), aber gestatten ein Verschieben)
8 Ventilsteuergestänge, an der Mittellinie des Flügelgelenks mit Gestänge B gekoppelt
9 Holmstummel zur Verbindung mit den Drehgelenkaugen E, endend an Punkt 10 (am hinteren Holm 11 montiert)
12 Vorderer Holm
13 Fahrwerksbein-Gelenkwelle
14 Schwenkstreben
15 Hydraulik-Arbeitszylinder und Verankerungspunkt
16 Einziehbares Fahrwerksbein mit Verriegelungsmechanismus
17 Fahrwerksklappen-Antriebsstange
18/19 Rumpf-Flügel-Verbindung
20 Seilzug, zieht den Hebelarm nach oben und fährt die Katapultstartrolle ein
21 Unterer Rumpfholm
22 Oberer Rumpfholm
23 Rohr (durchgehend), zum Anheben des Rumpfes
24 Quersteg
25 Fanghaken mit Dämpfungszylinder
26 Positionslichter unter dem Rumpf
27 Kampfbeobachtersitz
28 Behälter für schwimmende Signalrauchzeichen
29 Auswurfrohr für schwimmende Signalrauchzeichen
30 Zahnstange zum Öffnen der Cockpithaube (auf beiden Seiten). Antrieb von der rechten Cockpitseite aus mit Übertragung zur linken Seite über Gestänge und Getriebe
31 Spanten, zugleich Aufnahme für den Kraftstofftank
32 Rumpf, hergestellt aus zwei senkrecht geteilten Hälften (die bis zum Quersteg reichen) sowie Spanten, selbsttragender Beplankung, jedoch ohne Stringer
33 Flügelendlicht
34 Handloch und Auge zum Beiklappen der Tragfläche
35 Flügelspitzen-Befestigungsstift
36 Querruder-Drehgelenke
37 Querruderantrieb (vom Kreuzgelenk am Flügel-Drehgelenk kommend)
38 Zwei 20-mm-Kanonen auf jeder Seite
39 Landescheinwerfer (eine Kamera ist weiter zum Außenflügel hin montiert)
40 Kanonen-Heizdüsen
41 Kleiner Lufteinlauf (auf jeder Seite) zum Kühlen der Zündung

A Hydraulischer Klappenantrieb
B Querruderantrieb
C Augen an den Tragflächen (belastet)
D Hebel (bewegt sich beim Zurückziehen nach unten) zum Auslenken der Gelenke F und zum Entriegeln der Tragflächen-Befestigungsaugen C
E Augen an den Tragflächengelenken (unbelastet)
F Gelenke mit Verschlußbolzen
G Luftströmung durch Glykol- und Ölkühler
H Luftströmung zum Vergaser (je einer auf jeder Seite)
J Luftströmung durch Glykol-Wärmetauscher zur Erzeugung von Warmluft für Kabine und Bordwaffen
K Stumpfstoßverbindung der Kanonen-Heizrohre
L Seitenrudergestängeführung
M Höhenrudergestängeführung
N Höhen- und Seitenrudertrimmung (vom Cockpit kommend)
P Höhen- und Seitenrudermassenausgleichselemente
Q Arbeitszylinder zum Einziehen des Spornrades
R Einfahrhebel (bewegt sich nach unten in die Auswölbung „r“)
S Gestänge zum Schließen der Spornradklappe
T Höhenflossenbefestigungen
V Seiteflossenbefestigungen
W Seitenruderlager
X Innere Höhenruder-Drehgelenke
Y Behelfssporn
Z Drucktaste zum Entriegeln der versenkbaren Tragflächen-Einhängevorrichtung

zeigt, wie die Tragfläche an der schräg verlaufenden Achse „E“ schwenkbar aufgehängt war, so daß die Bodencrew das gesamte Gewicht der Tragfläche aufnehmen mußte. Sollte es passieren, daß die Tragfläche den Helfern aus den Händen glitt und gegen die Holmaugen „C“ prallte, waren schwere Beschädigungen die Folge. Nicht lange nach dem Krieg wurden 352 Maschinen des Typs Firefly A.5 gebaut, die über motorisierte Beiklappvorrichtungen verfügten. Wenige gravierende Schwächen waren der 146-Gallonen-Haupttank zwischen Pilot und Navigator und (bei den ersten Maschinen der Baureihe Mk I) die schlechte Sicht nach vorn sowie die sehr enge Cockpithaube. Die Detailzeichnung der Verbindung zwischen Tragfläche und Rumpf vorn links zeigt außerdem einen Teil des Seitenrudergestänges.

Insgesamt wurden 1702 Fireflies gebaut, darunter Nachtjäger, Trainer, U-Boot-Jäger, dreisitzige Spezialversionen für die U-Boot-Jagd, Zielscheiben-Schleppflugzeuge und verschiedene unbemannte Versionen für die Zieldarstellung. Die Maschine in der Clark-Zeichnung ist einer der späteren Jäger der Baureihe Mk I mit einer nach oben gewölbten Haube, einer tieferen Frontscheibe und einer höchst ungewöhnlichen Antenne, die über den Antennenmast hinaus bis zur Nase reicht. Die Zeichnung wurde vier Tage vor dem „VE-Day“ - dem Tag des Sieges im 2. Weltkrieg in Europa - veröffentlicht, wobei allerdings in der Legende die Nr. 42 (der 4-m-Constant-Speed-Propeller von Rotol) fehlt. Zu diesem Zeitpunkt war Clark Meister seines Faches und lieferte eine Zeichnung ab, die kaum einer weiteren Kommentierung bedarf.

MUSTANG I

Über diese Zeichnung, zu der eine außergewöhnlich reichhaltige Kollektion von Detailskizzen gehörte, freue ich mich ganz besonders. Sie zeigt diejenige Mustang-Version, die von 1941 bis Anfang 1944 an fast allen Fronten des Zweiten Weltkriegs kämpfte. Erst im letzten Kriegsjahr, als der Sieg der Alliierten schon in greifbare Nähe gerückt war, kamen die in Großserie produzierten P-51D und P-51K zum Einsatz, also genau die Mustangs, die heute jeder kennt. Die ersten Versionen mit dem Allison-Motor sind dagegen fast vergessen.

Im Dezember 1939 richtete die British Purchasing Commission (BPC) an die Firma North American Aviation (NAA), die der Kommission als Hersteller des Trainers „Harvard" bekannt war, die Anfrage, ob NAA für die RAF Flugzeuge vom Typ Curtiss P-40 Tomahawk in Lizenz bauen könne. Die selbstbewußte Antwort von NAA-Präsident James H. „Dutch" Kindelberger lautete: „Wir können ein viel besseres Flugzeug selbst entwickeln und bauen." Nach fünfmonatigen Verhandlungen gab die BPC schließlich einen Prototypen mit der Bezeichnung NA-73 und 320 Serienflugzeuge bei NAA in Auftrag. Der Prototyp hatte genau 100 Tage später Roll-out und hob am 26. Oktober 1940 zum Erstflug ab. Es war vom Start weg eine hervorragende Maschine.

In jenen 100 Tagen muß es in den Konstruktionsbüros in Inglewood bei Los Angeles heiß hergegangen sein. Die Detailskizzen von Clark vermitteln einen guten Eindruck von der exzellenten Konstruktionsarbeit, die in dieser kurzen Zeit erbracht wurde. Wenn man bedenkt, daß die Entwicklung eines neuen Kampfflugzeugs heute trotz massiven Computereinsatzes zehn Jahre in Anspruch nimmt, ist es schon eine unglaubliche Leistung, daß innerhalb von nur fünf Jahren vom ersten Entwurf der Mustang 15.586 Exemplare gebaut wurden. Modifizierte Versionen dieses Musters wurden von Cavalier und Piper bis in die siebziger Jahre hinein geliefert.

Aber warum ist diese Konstruktion so brillant? Ein Grund ist sicherlich, daß die NA-73 im Vergleich zu einer Spitfire von 1940 zwar keine großen Unterschiede in puncto Größe und Motorisierung aufwies, aber schwerer bewaffnet war (mit acht MGs, vier davon allerdings vom Kaliber 0,5") und die doppelte Menge Kraftstoff mitführen konnte. Überdies hatte sie einen erheblich niedrigeren Luftwiderstand und war in geringen Höhen 40 km/h schneller als die Spitfire. Als die zweite Serienmaschine (AG346) im Sommer 1941 in England eintraf, waren die Piloten in Boscombe Down geradezu entzückt von ihren in jeder Hinsicht exzellenten Eigenschaften.

Einige Merkmale wie z.B. die große Spurweite des Hauptfahrwerks, der Trommelkühler (mit dem Ölkühler in der Mitte) und die außerordentlich elegante Linienführung der Maschine sind unübersehbar. Weniger offensichtlich ist dagegen das sogenannte Laminarprofil der Tragflächen, das weniger stark gewölbt war als herkömmliche Profile, und bei dem der Punkt der maximalen Profildicke und des maximalen Unterdrucks sehr viel weiter hinten lagen. Die fast einzige weniger beliebte Eigenschaft der Mustang war, daß sie keine Schiebehaube hatte, sondern eine zweiteilige Haube, deren Oberteil nach rechts geschwenkt und deren Unterteil nach links herabgelassen wurde.

Der Sitz war extrem bequem - der Pilot „lag" fast auf der Tragfläche, während die Füße auf den Seitenruderpedalen nach oben zeigten. Diese Sitzposition war sehr von Vorteil, weil sie auf langen Flügen (ab 1944 waren Mustangs nicht selten neun Stunden lang in der Luft) entspannend wirkte und den Piloten hohe g-Belastungen besser aushalten ließ. Solche hohen Lastvielfachen, wie sie im Luftkampf unvermeidlich sind, waren übrigens der einzige Schwachpunkt der Mustang. Nur zu schnell war es passiert, daß man den Knüppel etwas zu ruckartig zurückzog, und schon kam es ohne jede Vorwarnung zum „Buffeting", einem Strömungsabriß bei hoher Fahrt. Die Rückkehr in die Normalfluglage geschah völlig unkontrolliert und war üblicherweise mit einer Dreivierteldrolle verbunden, ein Fehler, der sich aber für manch einen Mustang-Piloten, dem eine Fw 190 am Leitwerk hing, als lebensrettend erwies!

Der Allison-Motor besaß mit 28 Litern einen geringfügig größeren Hubraum als der Merlin (27 Liter), hatte aber eine längere Entwicklung hinter sich und zeichnete sich in der Mustang durch seinen ruhigen und geräuscharmen Lauf aus. Abgesehen von der Tatsache, daß man ihn mangels automatischer Ladedruckregelung stets im Auge behalten mußte, bestand sein einziger Nachteil darin, daß seine Leistung in größeren Höhen dramatisch zurückging. Aus diesem Grund wurde die Mustang beim Army Co-operation Command als Nachfolger der weniger leistungsfähigen Tomahawk für Aufklärungs-Tiefflüge eingesetzt.

Bei der Darstellung der ungewöhnlichen Bewaffnung hat Clark die MGs so gezeichnet, als wären alle vom selben Kaliber gewesen. Bei hohen Lastvielfachen kam es bei den Patronengurten leicht zu Ladehemmungen. Daher entfielen in späteren Versionen die MGs in der Flugzeugnase; statt dessen wurden nun zunächst vier, dann sechs 0,5"-MGs mit absolut zuverlässigen Munitionszuführungen in die Tragflächen eingebaut.

Diese Mustang I mit dem Kennzeichen AG345 absolvierte ihre gesamte Flugerprobung in den USA, obwohl sie bereits den kompletten RAF-Tarnanstrich und britische Hoheitsabzeichen trägt.

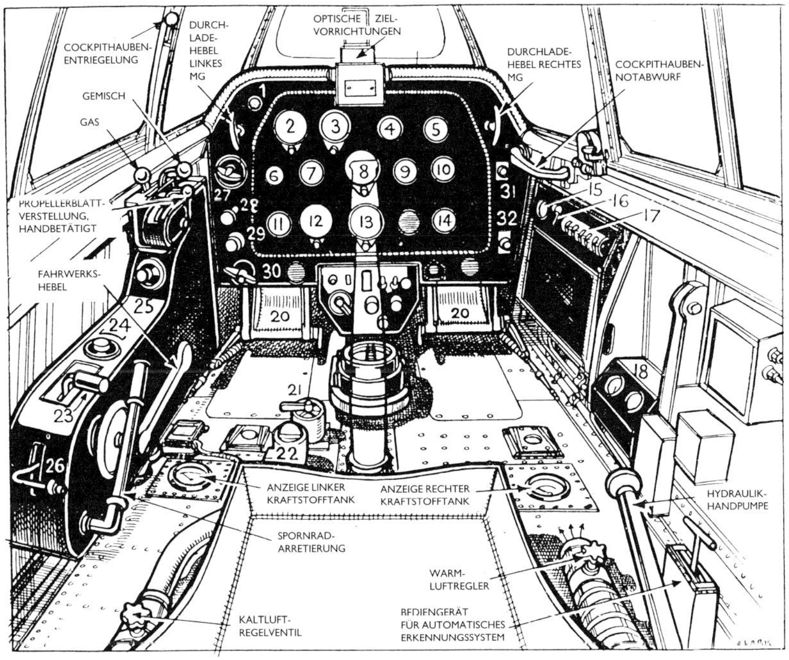

1 Frontscheibenenteisung
2 Borduhr
3 Unterdruckanzeige
4 Motoreinheit
5 Glykoltemperaturanzeige
6 Regelwiderstand für optische Zielvorrichtung
7 Fahrtmesser
8 Künstlicher Horizont
9 Variometer
10 Motordrehzahl
11 Fahrwerks-Positionsanzeige
12 Höhenmesser
13 Wendezeiger
14 Ladedruckanzeige
15 Generator-Ampèremeter
16 Generator-Hauptleitung
17 Lichter und Staurohrheizung
18 Sauerstoffregler
20 Seitenruderpedale
21 Brandhahn
22 Kaltluftzufuhr
23 Kühlluftklappen
24 Seitenrudertrimmung
25 Trimmklappe linkes Querruder
26 Landeklappenhebel
27 MG-Wahlschalter
28 Fahrwerks-Notausfahrvorrichtung
29 Hydrauliksystem-Druckanzeige
30 MG-Heizungsschalter
31 Unterdrucksystem-Wahlschalter
32 Funkgeräte-Bedieneinheit
33 Luftschrauben-Blattverstellung
34 Luftschrauben-Sicherheitsschalter
35 Anlasser
36 MG-Kamera-Sicherheitsschalter
37 Ölverdünnungsschalter (für Kaltstarts)
38 Fahrwerkswarnunghupenabschaltung
39 Sicherheits-Zündschalter
40 Instrumentenbrettbeleuchtung
41 Cockpitbeleuchtungs-Regelwiderstand
42 Instrumentenbeleuchtungs-Regelwiderstand

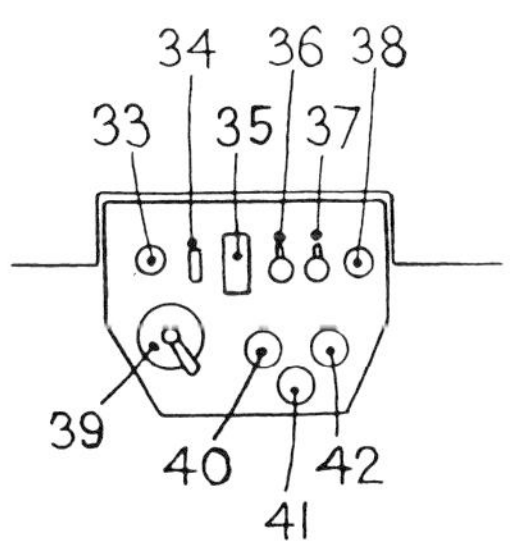

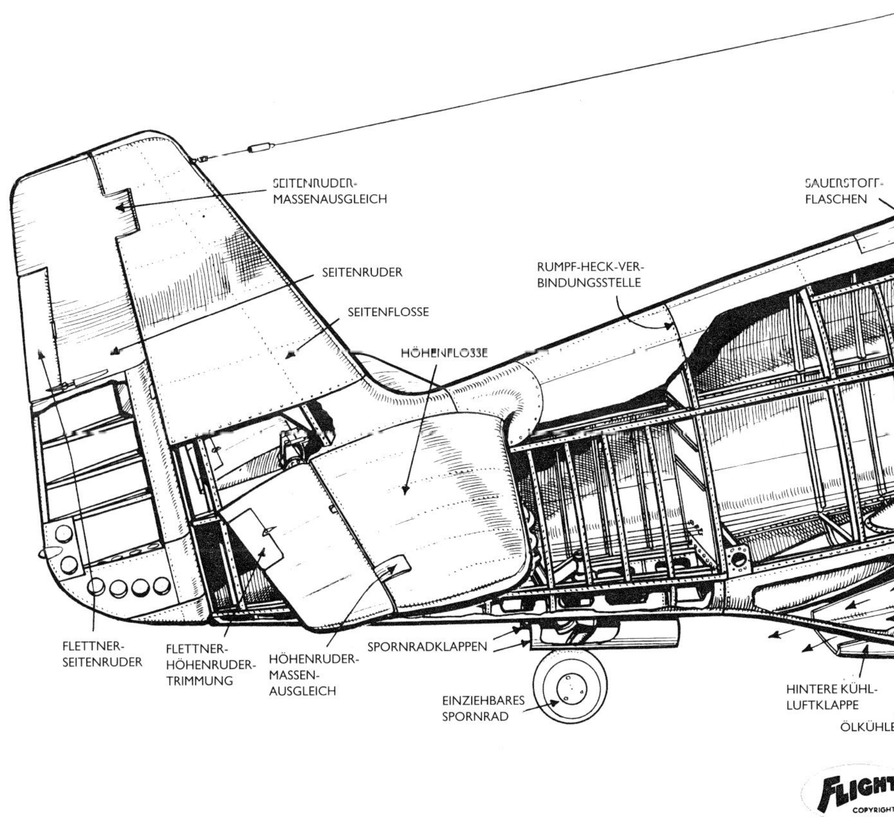

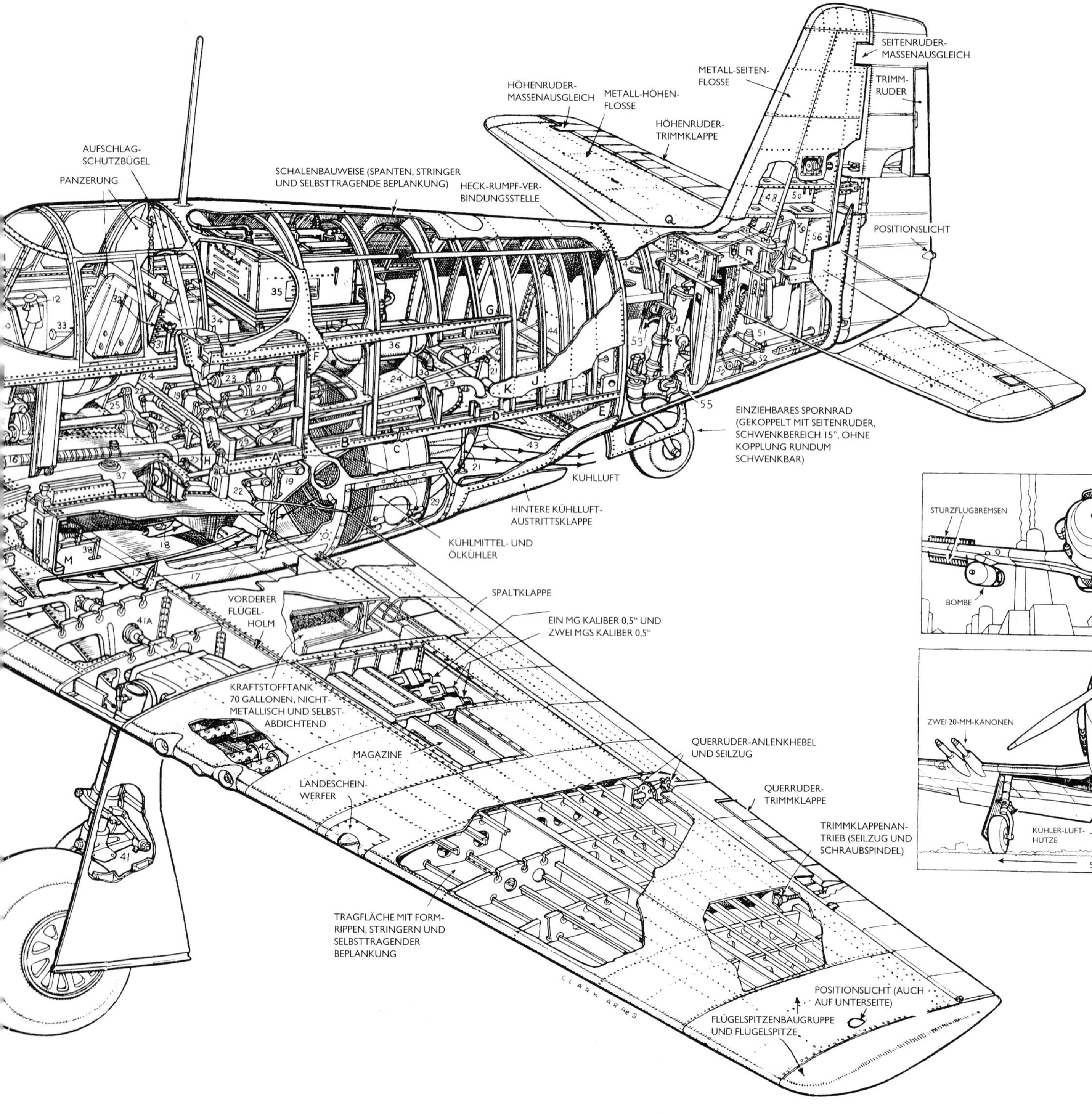
SEITENRUDER-MASSENAUSGLEICH
METALL-SEITEN-FLOSSE
TRIMM-RUDER
HÖHENRUDER-MASSENAUSGLEICH
METALL-HÖHEN-FLOSSE
HÖHENRUDER-TRIMMKLAPPE
AUFSCHLAG-SCHUTZBÜGEL
PANZERUNG
SCHALENBAUWEISE (SPANTEN, STRINGER UND SELBSTTRAGENDE BEPLANKUNG)
HECK-RUMPF-VER-BINDUNGSSTELLE
POSITIONSLICHT
EINZIEHBARES SPORNRAD (GEKOPPELT MIT SEITENRUDER, SCHWENKBEREICH 15°, OHNE KOPPLUNG RUNDUM SCHWENKBAR)
KÜHLLUFT
HINTERE KÜHLLUFT-AUSTRITTSKLAPPE
KÜHLMITTEL- UND ÖLKÜHLER
SPALTKLAPPE
VORDERER FLÜGEL-HOLM
EIN MG KALIBER 0,5" UND ZWEI MGS KALIBER 0,5"
KRAFTSTOFFTANK 70 GALLONEN, NICHT-METALLISCH UND SELBST-ABDICHTEND
MAGAZINE
QUERRUDER-ANLENKHEBEL UND SEILZUG
LANDESCHEIN-WERFER
QUERRUDER-TRIMMKLAPPE
TRIMMKLAPPENAN-TRIEB (SEILZUG UND SCHRAUBSPINDEL)
TRAGFLÄCHE MIT FORM-RIPPEN, STRINGERN UND SELBSTTRAGENDER BEPLANKUNG
POSITIONSLICHT (AUCH AUF UNTERSEITE)
FLÜGELSPITZENBAUGRUPPE UND FLÜGELSPITZE
CLARK ARRES

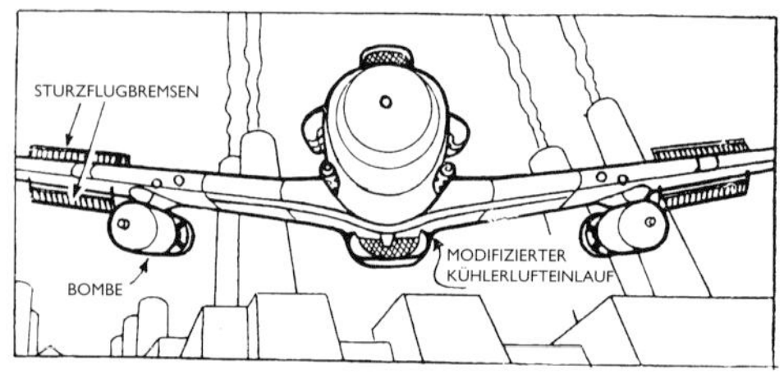
STURZFLUGBREMSEN
BOMBE
MODIFIZIERTER KÜHLERLUFTEINLAUF

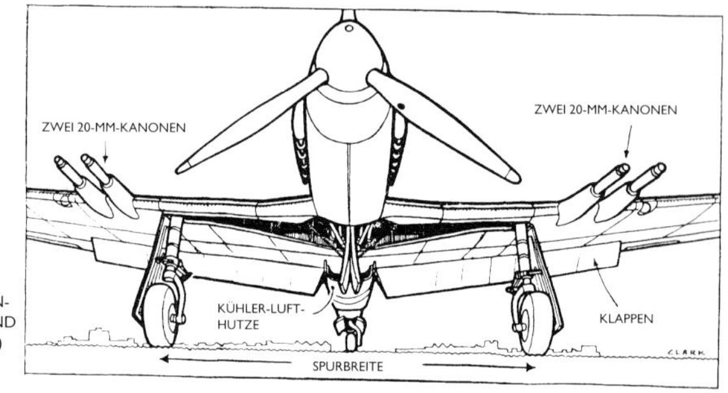
ZWEI 20-MM-KANONEN
ZWEI 20-MM-KANONEN
KÜHLER-LUFT-HUTZE
KLAPPEN
SPURBREITE
CLARK

1 Vergaserlufteinlauf
2 Kühlmittel-Fallbehälter
3 Kühlmittelleitung zur Motorpumpe
4 Motorträger
5 Motor-Montageblock, mit Gummipuffern an (4) befestigt
6 Hauptbremszylinder
7 Hydrauliktank, mit (6) verbunden
8 Hydraulikfilter
9 Generator-Bedientafel
10 Instrumentenbrett
11 Reflexvisier
12 Feuertaste am Steuerknüppel
13 Steuerknüppel-Verriegelungsstift
14 Rechtes Seitenruderpedal
15 Brandhahn
16 Kabinenkaltluft, wird von der vorderen Kühlluftklappe über Hutze 18 zugeführt
17 Vordere Kühlerluftklappe, betätigt über Gelenke 19 und Hydraulikzylinder 20
18 Kaltluftkanal in Durchsichtdarstellung zur Veranschaulichung der 18-Zoll-Luftklappe 17
19 Luftklappenbetätigung, wirkt über die Stangen 21 auch auf die hintere Luftklappe
20 Arbeitszylinder für die vordere und hintere Luftklappe unter dem hinteren Rumpfboden 24
21 Steuergestänge für die hintere Luftklappe
22 Landeklappengestänge, angetrieben vom Arbeitszylinder 23
23 Landeklappen-Arbeitszylinder unter dem hinteren Rumpfboden 24
24 Hinterer Rumpfboden
25 Querrudergestänge
26 Höhenrudergestänge, angeschlossen an den auf der Landeklappenwelle 22 frei beweglichen Winkelhebel
27 Querruder-Trimmklappenantrieb
28 Vom Motor durch den mittleren Tragflächenbereich zum Kühler führende Kühlmittel- und Ölleitungen
29 Vom Kühler zum Motor durch den mittleren Tragflächenbereich führende Rückleitung
30 Kabinenwarmluft, wird in der hinteren Kühlluftklappe aus der erwärmten Kühlluft abgezapft und zum Cockpit-Regelventil geleitet
31 Batterien hinter dem Piloten
32 Pilotensitzfederung
33 Hydraulik-Handpumpe
34 Empfangsteil des Funkgeräts
35 Sendeteil des Funkgeräts
36 Sauerstoffflaschen
37 Kraftstoffanzeige linker Tank
38 Über Hydraulikzylinder betätigte Luftablenkklappe vor der vorderen Kühlluftklappe
39 Elastisches Fahrwerksklappen-Rückholband
40 Fahrwerksradschacht im mittleren Tragflächenbereich
41 Fahrwerks-Federbeinscheren
41a Fahrwerks-Arbeitszylinder
42 Maschinengewehrrohre
43 Rumpf-Luftaustritt
44 Durchgehendes Rohr zum Anheben des Rumpfes
45 Vorderer Höhenflossenholm, am Rumpfquersteg 46 montiert
46 Rumpfquersteg (verlauft bis zum Seitenruderholm)
48 Vorderer Seitenflossenholm
49 Höhenruderwelle und Anlenkhebel
50 Spindelantrieb und Steuerseile für Seitenruder-Trimmfläche
51 Seitenruderantrieb
52 Seilzüge von 51, zum Steuern des Spornrades
53 Kupplungsseile, zum Trennen des Spornrades von der Seitenrudersteuerung
54 Spornradfederbein, wird von einem Arbeitszylinder beim Einfahren des Fahrwerks nach vorn gedrückt
55 Spornrad-Drehgelenk
56 Achtersteven, dient als Aufnahme für das Seitenruder

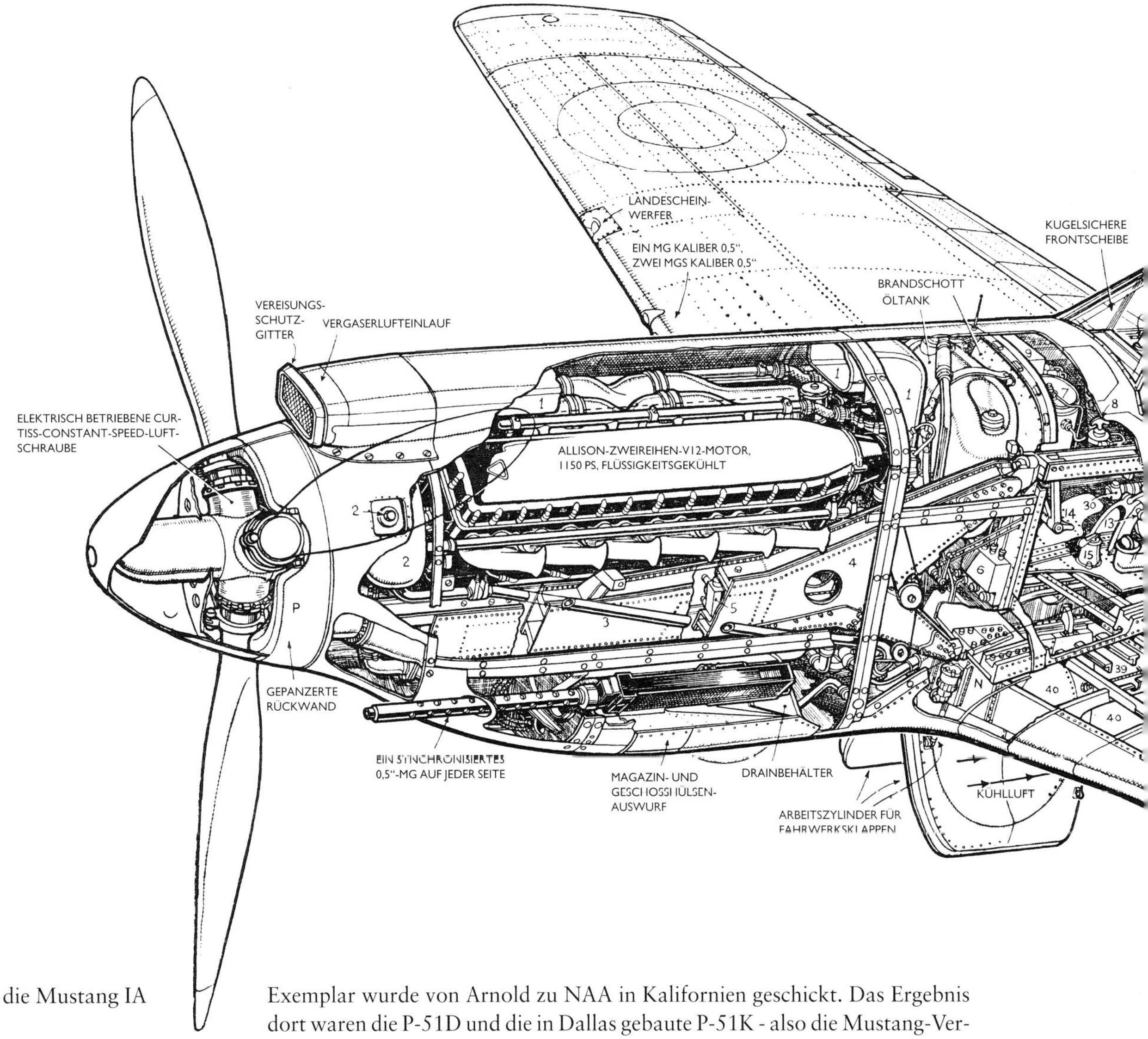

Die P-51 (die erste Version für die US Air Force) und die Mustang IA waren mit vier 20-mm-Kanonen bewaffnet.

Alle späteren Versionen konnten Unterflügel-Außenlasten in Form von Bomben, Raketen oder Abwurftanks mitführen. Die A-36A war als Spezialversion zur Bodenzielbekämpfung mit Sturzflugbremsen ausgerüstet. In mehrere Mustangs wurden Merlin-Motoren von Rolls-Royce eingebaut, aber NAA gelang mit der Serie P-51B eine bessere Version, die zwar nur vier 0,5"-MGs, aber erheblich mehr Motorleistung in großer Höhe hatte.

Die britische Malcolm Company ersetzte die Klapphaube gegen eine wesentlich bessere gewölbte Schiebehaube, wozu der Antennenmast entfallen mußte. Während eines Besuchs in Großbritannien äußerte sich General Herny H. Arnold beeindruckt über die tropfenförmigen Hauben der Typhoon und der Spitfire und informierte umgehend die US-Kampfflugzeughersteller darüber. Bald darauf lief bei Republic die Produktion der P-47D-25 an, und das erste Exemplar wurde von Arnold zu NAA in Kalifornien geschickt. Das Ergebnis dort waren die P-51D und die in Dallas gebaute P-51K - also die Mustang-Versionen, die heute auf jeder Airshow zu sehen sind.

Diese vielen mit Merlin-Motoren bestückten Versionen von 1944 boten in jeder Hinsicht hervorragende Flugleistungen. Sie waren mit sechs 0,5"-MGs in den Flügeln bewaffnet und hatten einen Hamilton- oder Aeroproducts-Propeller mit vier breiten Blättern, einen wesentlich verbesserten Kühler in einem neugestalteten Kühllufteinlauf, überarbeitete Querruder und schließlich eine Rückenflosse zur Verbesserung der Gierstabilität. Diese ging nämlich fast auf null zurück, wenn hinter dem Sitz ein Zusatztank eingebaut war, um während der Luftangriffe auf Berlin Jagdschutz für die Bomber fliegen zu können. Bei derartigen Einsätzen mußte man die überladene Maschine mit sehr viel Fingerspitzengefühl starten und konnte erst wieder entspannt weiterfliegen, wenn der Zusatztank leergeflogen war.

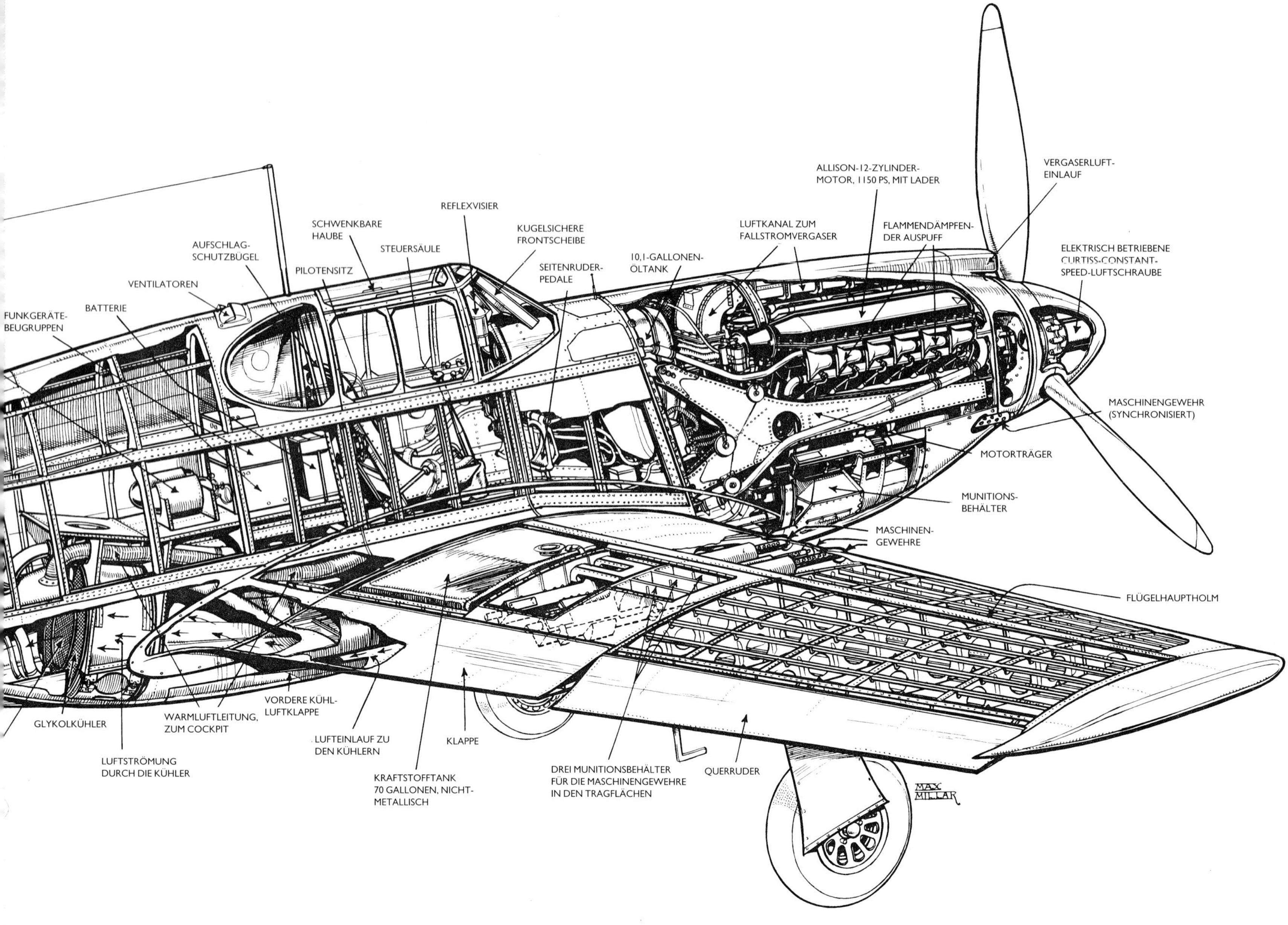
ALLISON-12-ZYLINDER-
MOTOR, 1150 PS, MIT LADER
VERGASERLUFT-
EINLAUF
REFLEXVISIER
SCHWENKBARE
HAUBE
KUGELSICHERE
FRONTSCHEIBE
LUFTKANAL ZUM
FALLSTROMVERGASER
FLAMMENDÄMPFEN-
DER AUSPUFF
AUFSCHLAG-
SCHUTZBÜGEL
STEUERSÄULE
SEITENRUDER-
PEDALE
10,1-GALLONEN-
ÖLTANK
ELEKTRISCH BETRIEBENE
CURTISS-CONSTANT-
SPEED-LUFTSCHRAUBE
PILOTENSITZ
VENTILATOREN
BATTERIE
FUNKGERÄTE-
BEUGRUPPEN
MASCHINENGEWEHR
(SYNCHRONISIERT)
MOTORTRÄGER
MUNITIONS-
BEHÄLTER
MASCHINEN-
GEWEHRE
FLÜGELHAUPTHOLM
VORDERE KÜHL-
LUFTKLAPPE
GLYKOLKÜHLER
WARMLUFTLEITUNG,
ZUM COCKPIT
LUFTEINLAUF ZU
DEN KÜHLERN
KLAPPE
LUFTSTRÖMUNG
DURCH DIE KÜHLER
KRAFTSTOFFTANK
70 GALLONEN, NICHT-
METALLISCH
DREI MUNITIONSBEHÄLTER
FÜR DIE MASCHINENGEWEHRE
IN DEN TRAGFLÄCHEN
QUERRUDER
MAX
MILLAR

DER SPORNRADMECHANISMUS

FREI BEWEGLICHES SPORNRAD: Durch Zug vom Seil E wird F um die feste Position gedreht, wobei eine Achse H das Teil A und dessen Auge B (durch Gelenk G und gegen die Kraft von Rückholfeder J) anhebt und von C und D trennt. C und D (die das Spornrad tragen) können sich jetzt unabhängig vom Seitenruder frei um volle 360° drehen.

SPORNRAD DURCH SEITENRUDER ARRETIERT: Durch Betätigung des Seitenruders werden Arm A und dessen Auge B geschwenkt, wodurch die Spornradspindel C gedreht wird, indem gegen ihren Antriebsring D gedrückt wird. Zu beachten ist das Spiel bei D, das eine Schwenkbewegung von C und des Spornrades um 15 Grad zuläßt.

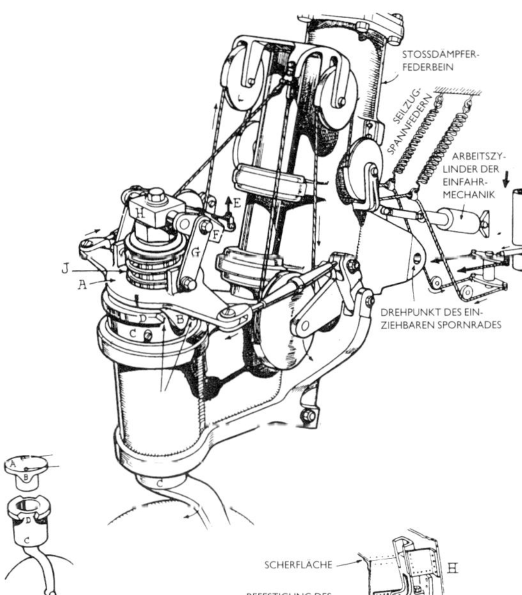

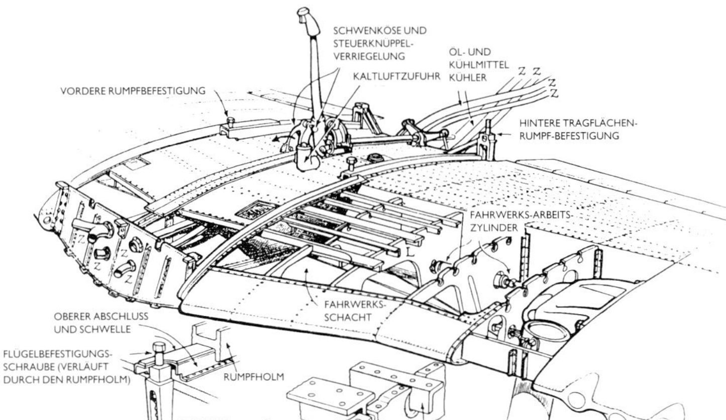

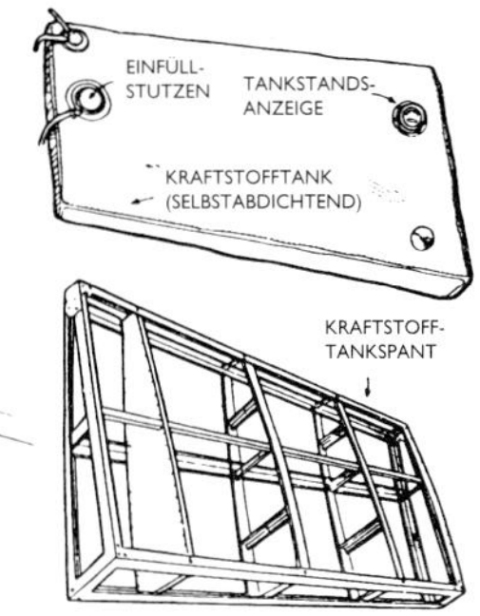

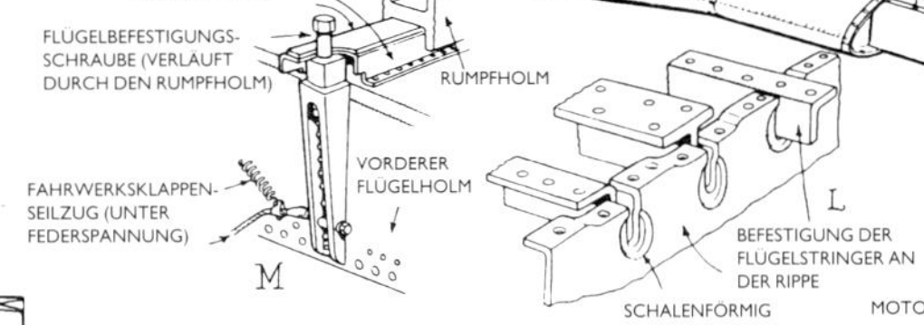

L: FLÜGELSTRINGERBEFESTIGUNGEN
M: VORDERE FLÜGELBEFESTIGUNG AM RUMPF

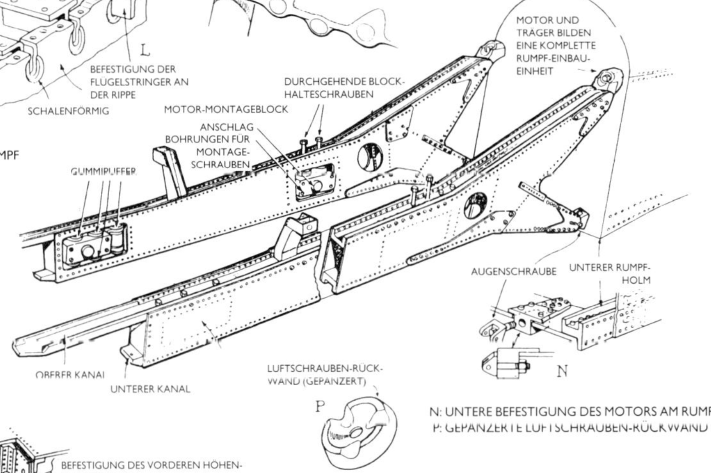

N: UNTERE BEFESTIGUNG DES MOTORS AM RUMPF
P: GEPANZERTE LUFTSCHRAUBEN-RÜCKWAND

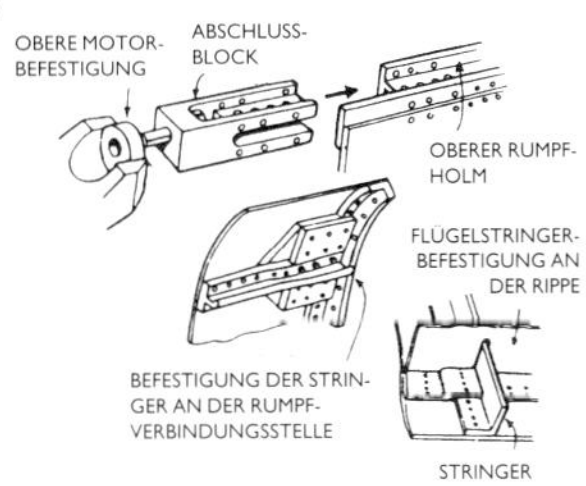

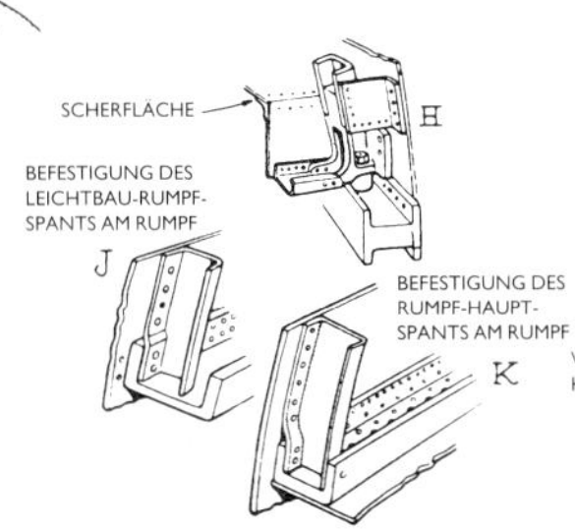

A, B, C, D, E: Querschnittsänderung des unteren Rumpfholms
C: Rumpfholmverbindungen vorn und hinten
F, G: Querschnittsänderung des oberen Rumpfholms
H: Hintere Flügelbefestigung am Rumpf
J: Befestigung der Leichtbau-Rumpfspanten am Rumpf
K: Befestigung der Rumpf-Hauptspanten am Rumpfholm

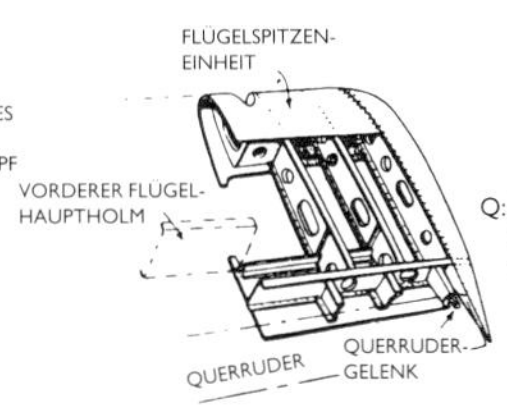

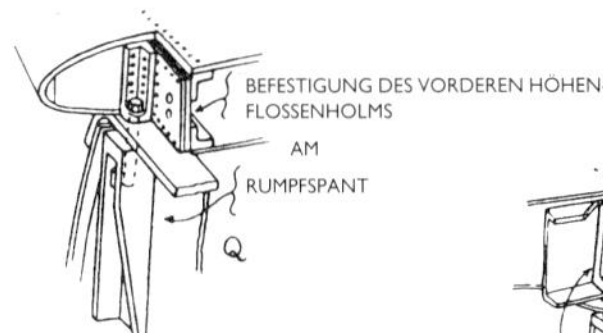

Q: BEFESTIGUNG DES VORDEREN HÖHENFLOSSENHOLMS AM RUMPF

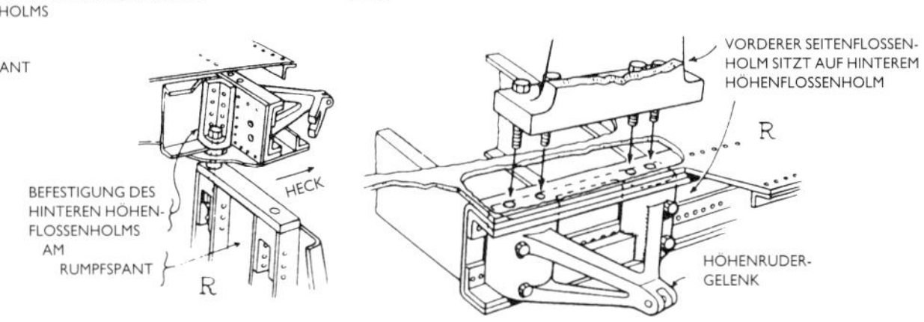

R: BEFESTIGUNG DES HINTEREN HÖHENFLOSSENHOLMS SOWIE BEFESTIGUNG DES VORDEREN SEITENFLOSSENHOLMS 48 UND DER HÖHENRUDERWELLE 49

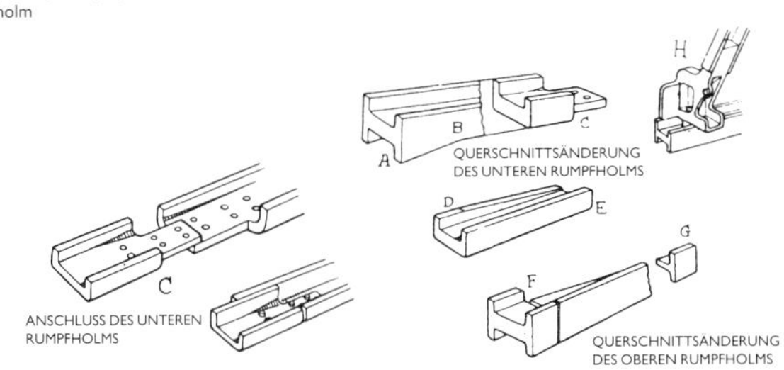

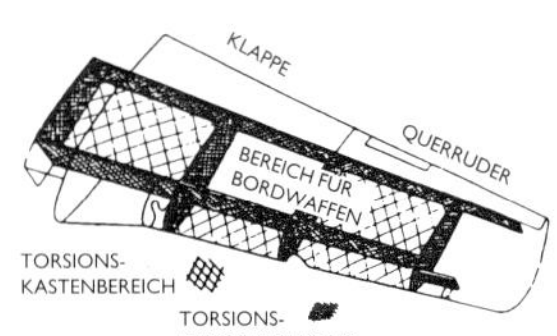

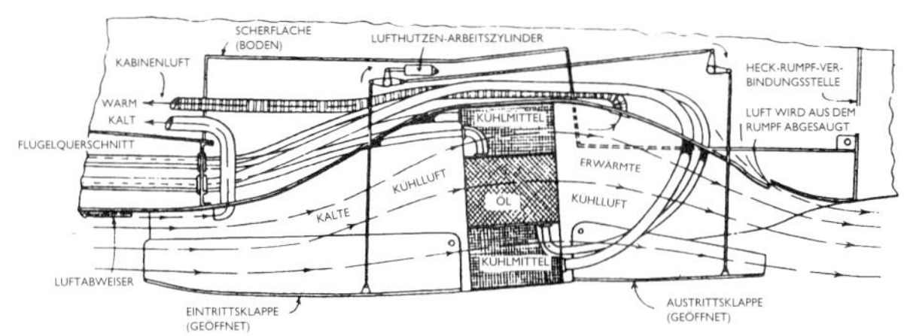

MESSENGER

Man kann einfach keinen Artikel über die späten Produkte der Firma Miles Aircraft schreiben, ohne das Gefühl zu bekommen, daß irgendetwas nicht stimmen muß mit einem Land, in dem es anscheinend heißt: „Alle müssen sich nun einmal im freien Wettbewerb behaupten. Wenn eine Firma dabei zugrunde geht - Pech gehabt. Wenn die gesamte britische Flugzeugindustrie aufhört zu existieren - wen kümmert's schon?" Miles ging schon 1947 zugrunde, lange bevor die zitierte Einstellung in Mode kam, was zum Teil auf ihren ungezügelten Enthusiasmus zurückzuführen war. Dieser Enthusiasmus brachte das Unternehmen dazu, eine Überfülle an Prototypen - alles durchaus interessante Flugzeuge und potentielle Marktgewinner - zu konstruieren, zu bauen und zu erproben, während andererseits kaum genügend Geld in die Kasse kam, um die Löhne bezahlen zu können.

Das war deshalb besonders traurig, weil bei Miles - wie bei De Havilland - eine wunderbare Unternehmenskultur herrschte. Damals besaß kaum jemand ein Auto, aber wenn man an dem kleinen Parkplatz vor der Fabrik in Woodley bei Reading vorbeikam, sah man dort überwiegend Fahrzeuge in Crème und Rot, den Miles-Farben. Bei British Aerospace gibt es nicht einmal Unternehmensfarben.

F.G. „Fred" Miles, seine Frau Maxine und sein Bruder George waren das ideale Team zum Betrieb eines Flugzeugwerks. In schärfstem Kontrast zu den hochbezahlten Managern von heute waren alle drei nicht nur qualifizierte Ingenieure und Konstrukteure, sondern auch begeisterte Piloten. Nach einer Kleinserie von extrem wendigen Doppeldeckern vom Typ „Martlet" bauten Fred und seine Frau 1932 den Doppeldecker M.1 Satyr, ein kleines Sportflugzeug, dem ein langer Werdegang beschieden sein sollte, und das die Gründung der Firma Phillips & Powis Ltd. auf dem Flugplatz Woodley auslöste. Ein Jahr später gelang es Miles, einen Sonderposten von 95-PS-Cirrus-Motoren zum Spottpreis aufzukaufen und den

Diese Messenger I trägt zwar das RAF-Abzeichen auf der Seitenflosse, ist aber eine stark „zivilisierte"Version des wendigen Miles-Viersitzers.

Zweisitzer M.2 Hawk für £ 395 auf den Markt zu bringen. Von diesem freitragenden Eindecker, der mit seinen Klappflügeln und einer glatten Beplankung reichlich Furore machte, wurden 100 Exemplare in 22 Versionen gebaut.

An diesen Erfolg schloß sich eine ganze Serie von attraktiven Eindeckern in Holzbauweise an (einer davon eine Spezialanfertigung für Col. Charles Lindbergh), bis die aufstrebende Firma, aus der bald Miles Aircraft Ltd. wurde, 1937 die Unverfrorenheit besaß, einen fortschrittlichen Militärtrainer mit einem 745 PS starken Rolls-Royce Kestrel zu produzieren, der eine Höchstgeschwindigkeit von 474 km/h erreichte. Ein so gelungenes Flugzeug erkannten selbst die Offiziellen, wie der Abschnitt über die Miles Master zeigt.

Wahrscheinlich im Widerspruch zu sämtlichen Vorschriften konstruierte George Miles 1941 einen wunderschönen Trainer mit nebeneinander liegenden Sitzen und Einziehfahrwerk, der erstmals 1942 als Prototyp M.28 mit einem 140-PS-Gipsy-Motor flog. Er konnte vier Erwachsene 800 Kilometer weit mit 256 km/h befördern und verbrauchte dabei 114 Liter Kraftstoff. Von der M.28 folgten zahlreiche weitere Versionen, während der Prototyp zur ersten M.38 Messenger weiterentwickelt wurde, die in dieser Form am 12. September 1942 zum Erstflug startete.

Die Messenger war ein STOL-Flugzeug (short take-off and landing) mit festem Fahrwerk, nicht einziehbaren Hochauftriebs-Landeklappen, drei Seitenflossen und - in der von Clark gezeichneten letzten Version - einer unter dem Rumpf ausschwenkbaren Klappe zur reinen Luftwiderstandserhöhung (also dem, was man heute als Bremsklappe bezeichnet). Selbstverständlich wurde alles von Hand betätigt, wenngleich die Ausführungsform der entsprechenden Bedienungselemente (in der Legende Nr. 15, leicht zu verwechseln mit Nr. 13 und Nr. 17) etwas überrascht.

Wie die M.28 war auch die M.38 ein idealer Kandidat für zivile Aufgaben, doch wegen des Krieges mußte nun einmal zunächst für das Militär produziert werden. Bei Miles Aircraft war man stolz auf die Tatsache, daß die M.38 im Gegensatz zum Konkurrenzprodukt Auster zwei Erwachsene mit angelegten Fallschirmen sowie ein Militärfunkgerät und diverse andere militärische Ausrüstungsteile transportieren konnte und „...dennoch alle offiziellen Erprobungen und mehrere andere Tests erfolgreich absolvierte". In dem Anfang 1945 veröffentlichten Band The Book of Miles Aircraft war eine M.38 abgebildet, die beim „Notlandungstest" in eine große Stoff-Auffangvorrichtung flog. Damals unterlag die Messenger der militärischen Geheimhaltung, so daß ihr Name in der Bildunterschrift nicht genannt wurde und auch in der Typenliste nicht vertreten war.

Natürlich war die Messenger ein einfaches Flugzeug. Nachkriegsmodelle dieses Musters wurden mit verschiedenen Motoren der Hersteller Gipsy, Cirrus Major, Bombardier und Praga ausgerüstet und hatten stets einen starren Propeller. Ein 82-Liter-Tank befand sich in jeder Tragfläche, etwa in dem Bereich, über den man in die Maschine einstieg. Fast keine von ihnen besaß ein Doppelsteuer; eine der wenigen Ausnahmen war die RG333, diejenige Messenger, die von General Sir Bernard (dem späteren Feldmarschall Lord) Montgomery benutzt wurde, weil der stellvertretende Oberbefehlshaber gerne selbst „mitknüppelte". Eine der sehr wenigen heute noch fliegenden Messengers ist dieser Maschine nachempfunden und trägt jede Menge „Invasionsstreifen", wie sie auch am D-Day an den Flugzeugen der Alliierten angebracht waren.

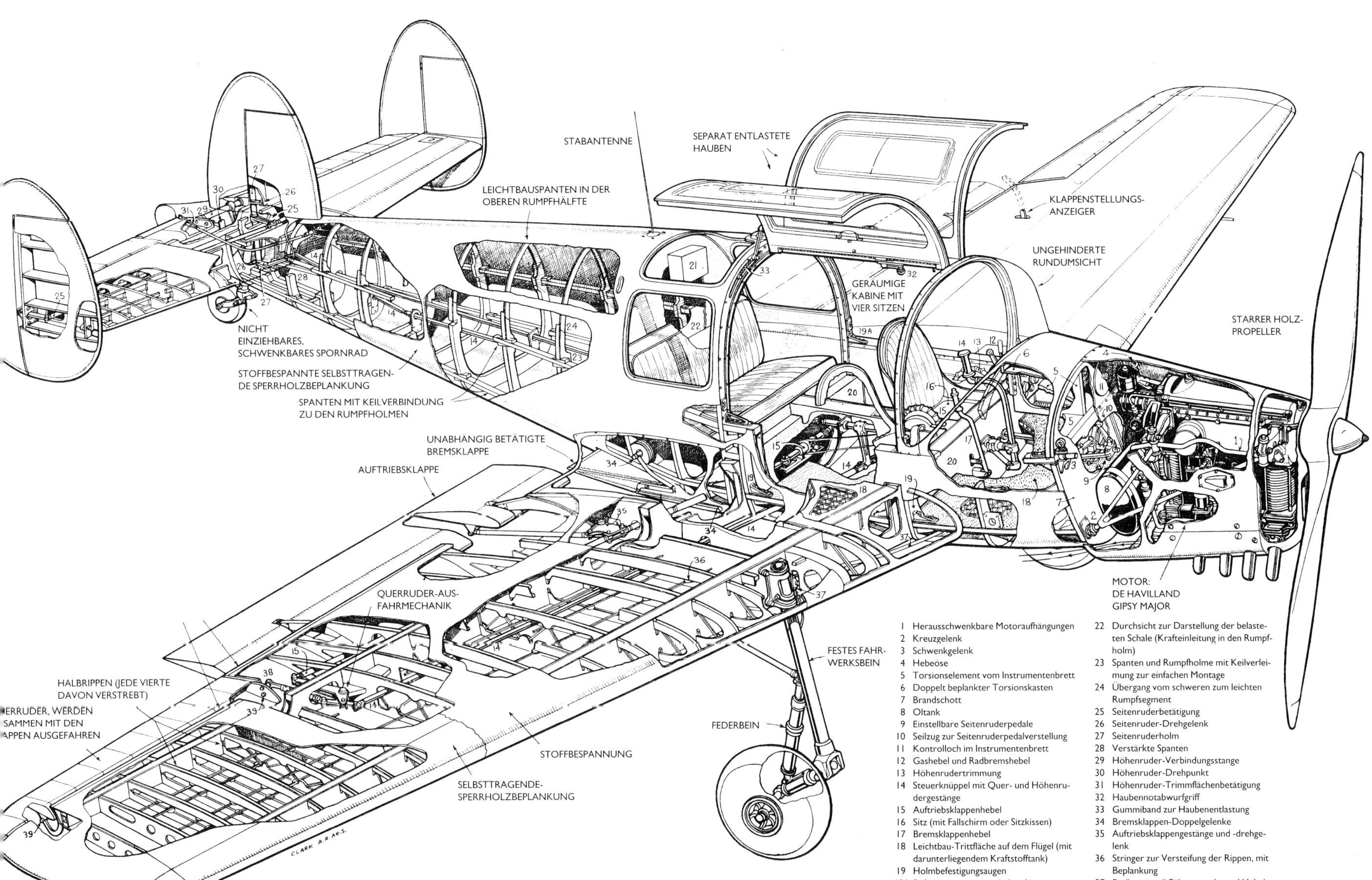

1 Herausschwenkbare Motoraufhängungen
2 Kreuzgelenk
3 Schwenkgelenk
4 Hebeöse
5 Torsionselement vom Instrumentenbrett
6 Doppelt beplankter Torsionskasten
7 Brandschott
8 Oltank
9 Einstellbare Seitenruderpedale
10 Seilzug zur Seitenruderpedalverstellung
11 Kontrolloch im Instrumentenbrett
12 Gashebel und Radbremshebel
13 Höhenrudertrimmung
14 Steuerknüppel mit Quer- und Höhenrudergestänge
15 Auftriebsklappenhebel
16 Sitz (mit Fallschirm oder Sitzkissen)
17 Bremsklappenhebel
18 Leichtbau-Trittfläche auf dem Flügel (mit darunterliegendem Kraftstofftank)
19 Holmbefestigungsaugen
19A Befestigungsaugen zwischen hinterem und vorderem Rumpfsegment
20 Flügelholme, durch den Rumpf verlaufend
21 Erste-Hilfe-Kasten
22 Durchsicht zur Darstellung der belasteten Schale (Krafteinleitung in den Rumpfholm)
23 Spanten und Rumpfholme mit Keilverleimung zur einfachen Montage
24 Übergang vom schweren zum leichten Rumpfsegment
25 Seitenruderbetätigung
26 Seitenruder-Drehgelenk
27 Seitenruderholm
28 Verstärkte Spanten
29 Höhenruder-Verbindungsstange
30 Höhenruder-Drehpunkt
31 Höhenruder-Trimmflächenbetätigung
32 Haubennotabwurfgriff
33 Gummiband zur Haubenentlastung
34 Bremsklappen-Doppelgelenke
35 Auftriebsklappengestänge und -drehgelenk
36 Stringer zur Versteifung der Rippen, mit Beplankung
37 Radbremsseil-Führungsrohr und Hebel
38 Querruderbetätigung
39 Querruderdrehgelenk

Zu meiner Zeit als Technischer Redakteur bei Flight in den fünfziger Jahren hatten wir nacheinander zwei Miles Gemini als Flugzeuge für die Mitarbeiter. Die erste hatte zwei extrem laufruhige 100-PS-Motoren vom Typ Cirrus Minor, die zweite zwei Gipsy-Major-Motoren mit je 145 PS. Wenn man bedenkt, daß der Rest der Flotte fast ausschließlich aus Messengers bestand - zwar ohne das mittlere Seitenleitwerk, dafür aber mit doppelter Motorleistung und elektrisch betriebenem Fahrwerk -, kann man sich vorstellen, welchen Spaß das Fliegen mit diesen Flugzeugen machte, wenngleich es sich auch im Grunde um Arbeitspferde handelte, die zu geschäftlichen Zwecken eingesetzt wurden.

So mancher wird bedauern, daß wir es in Großbritannien heute für furchtbar schwierig halten, Leichtflugzeuge herzustellen. Bei uns gibt es nur kleine Teams, die nicht den nötigen Rückhalt haben und mit Mühe vielleicht ein paar Einzelstücke zustande bringen. In dem Jahrzehnt, in dem Cessna, Piper und Beech aufgrund von Produkthaftungsgesetzen handlungsunfähig waren, wodurch weltweit ein Flugzeugdefizit in der Größenordnung von mehreren tausend Stück entstand, hat es die britische Industrie vorgezogen, der Konkurrenz diese Nische überlassen. Offenbar bringt Großbritannien keine Leute wie die Familie Miles mehr hervor.

BOEING B-17 FLYING FORTRESS

Ein Grund, warum in diesem Buch so wenige amerikanische Flugzeuge vertreten sind, besteht darin, daß man zum Herstellen einer Aufrißzeichnung am besten den Hersteller besucht, und dazu waren natürlich weder Max noch Jimmy in der Lage, wenn es um US-Typen ging. Andererseits wurde ein bedeutender Teil der 12.731 gebauten Boeing B-17 Flying Fortress nach England verlegt und dort in der 8th Air Force eingesetzt. Etwa 200 kamen zur RAF, so daß es in Verbindung mit den zugänglichen technischen Handbüchern wenig Schwierigkeiten bereitet haben dürfte, diese Zeichnung anzufertigen.

Die B-17, eines der wirklich grandiosen Flugzeuge des Zweiten Weltkriegs, war als Sieger aus einer Ausschreibung der US Army von 1934 zur Beschaffung eines mehrmotorigen Höhenbombers hervorgegangen. Mit „mehrmotorig" war bis dahin stets „zweimotorig" gemeint gewesen, doch mit dem „Modell 299" unternahm Boeing den kühnen Vorstoß, ein viermotoriges Flugzeug zu bauen, das einfach höher fliegen konnte. Der aluminiumglänzende Prototyp dieses aerodynamisch sauberen und in Schalenbauweise hergestellten Musters hatte im Juli 1935 Roll-out. Die ersten Testflüge verliefen vielversprechend, doch im Oktober 1935 vergaß jemand, die Ruderverriegelungen zu entfernen. Traurige Folge dieser Fahrlässigkeit war der Absturz des teuren Prototyps, bei dem der Testpilot getötet wurde.

Dies war nun sicherlich kein Fehler der Maschine, für die ein Journalist den Beinamen „Fliegende Festung" geprägt hatte, und bald beherrschte das Air Corps den Umgang mit 13 zur Erprobung gebauten Vorserienmaschinen des Typs Y1B-17. Der Prototyp hatte noch Motoren vom Typ Pratt & Whitney Hornet gehabt, doch die vielen tausend Flugzeuge der Großserie wurden mit Wright-Cyclone-Motoren R-1820 ausgerüstet, fast alle davon mit Abgasturboladern. Letztere waren das Geheimnis für die überragenden Flugleistungen der B-17 in großen Höhen. Die Dienstgipfelhöhe lag angeblich bei 35.000 Fuß, wenngleich die riesigen Bomberverbände der „Mighty Eight" auch selten die 30.000-Fuß-Marke erreichten. Erstaunlicherweise hat Max keine Ansicht der Maschine von unten gewählt - aus dieser Perspektive hätte man die Turbolader gut illustrieren können.

An einer B-17G der 447th Bomber Group mit „Haifischmaul" (am vorderen Gefechtsstand) wird in Rattlesden, der Basis dieser Einheit, gerade die Wartung der Motoren durchgeführt. Im Hintergrund eine zweite Maschine im Endanflug.

Noch vor dem Krieg entstanden nacheinander verschiedene Versionen, zuletzt die B-17C. Die „C" war mit ihren 1200-PS-Motoren R-1820-65 zugleich die leistungsstärkste und mit 512 km/h die schnellste von allen und hatte eigentlich die letzte Ausführung sein sollen. Die RAF erhielt 20 Stück, die - was angesichts ihrer hohen Geheimhaltungkategorie etwas überrascht - mit dem komplexen, aber überaus präzisen Norden-Bombenzielgerät ausgestattet waren. Vom 8. Juli 1941 an wurden diese Flugzeuge mit der Bezeichnung „Fortress I" entweder einzeln oder in Zweierformationen zu Bombenangriffen bei Tage eingesetzt. Die Ergebnisse waren so entmutigend, wie es die US Army prophezeit hatte, veranlaßten aber immerhin sowohl die Army Air Force als auch Boeing, das Konzept noch einmal gründlich zu überdenken.

Unmittelbares Ergebnis war die B-17E, die über eine wesentlich verstärkte Defensivbewaffnung verfügte. Nur noch zwei der ursprünglich sieben 0,3"-MGs waren jetzt im Gefechtsstand in der Flugzeugnase untergebracht. Ergänzt wurden diese durch sechs 0,5"-MGs in motorgetriebenen Gefechtsständen auf und unter dem Rumpf sowie in einem manuellen Gefechtsstand im Heck; außerdem kamen ein oder zwei dieser MGs im Dach des Funkraums und je ein von Hand ausrichtbares 0,5"-MG in jedem der beiden Gefechtsstände an den Rumpfseiten hinzu. Äußerlich war die auffallendste Veränderung das Hecksegment, das man zur Erhöhung der Bomben-Treffgenauigkeit bei Einsätzen in großer Höhe überarbeitet hatte. Auch die Panzerung war verstärkt worden, die normale interne Bombenlast lag allerdings weiterhin bei 2,7 Tonnen. Auf Kurzstreckeneinsätzen betrug die maximale Bombenlast einschließlich der Außenlasten knapp acht Tonnen, doch von dieser Konfiguration wurde - wenn überhaupt - nur selten Gebrauch gemacht.

Nun wurde ein gewaltiges Produktionsprogramm aufgelegt. Die Boeing-Fertigungsstätten in Seattle erhielten dabei Verstärkung durch Douglas in Long Beach und Vega (einen Lockheed-Zweigbetrieb) in Burbank. Bis dieses „BVD"-Konsortium die Produktion voll aufgenommen hatte, war die aktuelle Version die B-17F mit höheren Gewichten, die - zum Teil durch die vergrößerten Kraftstofftanks bedingt - durch ein verstärktes Hauptfahrwerk ermöglicht wurden, und mit zwei 0,5"-MGs in der Nase, die eine rahmenlose Plexiverglasung erhalten hatte. Die meistgebaute Version, die ab 1943 auf den Plan trat und nicht mehr die bis dahin übliche oliv-graue Lackierung besaß, ist die hier abgebildete B-17G. Sie hatte erstmals einen mit zwei 0,5"-MGs bewaffneten motorgetriebenen Gefechtsstand unter der Flugzeugnase, wo nun insgesamt vier MGs zur Verfügung standen. Ziemlich bald erhielten die zuvor offenen Positionen an den Rumpfseiten die in der Zeichnung dargestellten Verkleidungen, und der Heckgefechtsstand wurde so modifiziert, daß er ein größeres kegelförmiges Schußfeld abdeckte.

Diese großen Maschinen starteten in East Anglia, formierten sich zu Verbänden, die viele Meilen lang waren, und stiegen dann auf Höhen, in denen die Triebwerke lange Kondensstreifen zogen. Zusammen mit einigen B-24-Bombergeschwadern spielten sie eine gewichtige Rolle, und zwar nicht nur bei der Zerstörung deutscher Industriekomplexe und Städte (Dresden beispielsweise wurde von diesen Bomberverbänden dreimal angegriffen, nachdem die RAF einmal dort gewesen war), sondern auch insofern, als sie die Luftwaffe ständig in Atem hielten und die wegen ihrer Erfahrung unersetzlichen Jagdflieger allmählich zermürbten. Zum Glück war die B-17 kein britisches Produkt - auf diese Weise ist uns eine ganze Reihe von gut restaurierten Exemplaren erhalten geblieben, die heute noch fliegen.

Die B-17 war in ihrem Flugverhalten ausgesprochen kultiviert, nur beim Landeanflug durfte man auf keinen Fall zu schnell sein, da die Piste sonst schnell zu kurz werden konnte. Die vier Gashebel waren zu einer olivgrün lackierten Baugruppe zusammengefaßt, die den Vorteil bot, daß man mit der rechten Hand entweder jeden Motor einzeln, nur die inneren oder äußeren Motoren oder alle Motoren gleichzeitig in der Leistung regulieren konnte. Im Vergleich zur B-24 war die B-17 einfach zu fliegen. Wie in den USA üblich, wurden die Bremsen natürlich über die Pedale bedient. Merkwürdig war allerdings, daß die Bremsen wie auch die Kühlluftklappen hydraulisch funktionierten, das Fahrwerk und die Klappen dagegen elektrisch!

In der Zeichnung von Max sind viele immer gleiche Einzelheiten der Struktur zu sehen, während die meisten Einbauten im hinteren Rumpfbereich ebenso wie die Turbolader weggelassen wurden und - sehr ungewöhnlich für diesen Zeichner - nichts von den Motoren zu sehen ist. Die sechs Haupttanks sind deutlich genug zu erkennen; die B-17 verfügte aber auch über zahlreiche Zusatztanks in den Außenflügeln und konnte insgesamt 10.500 Liter Kraftstoff an Bord nehmen.

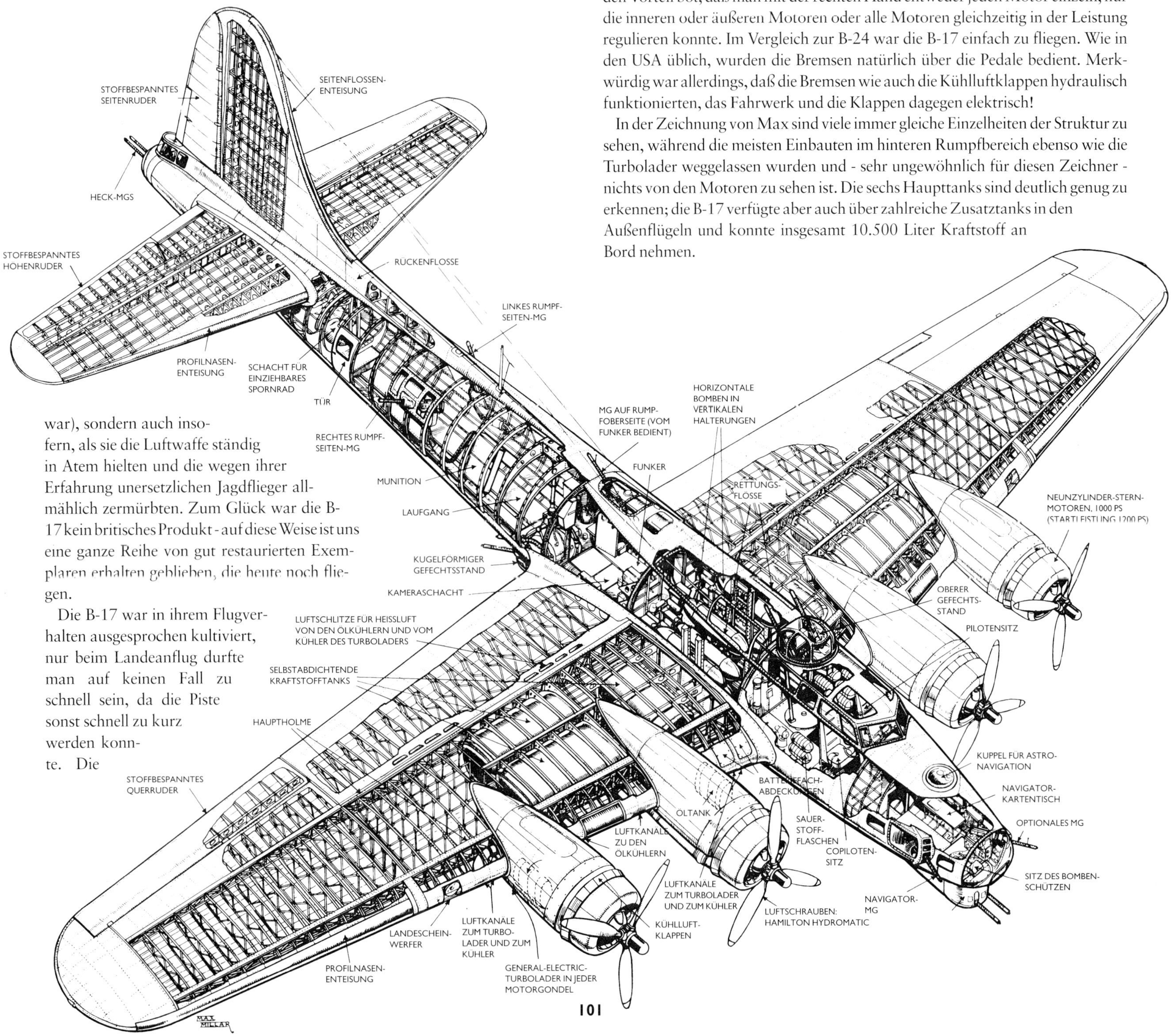

TOMAHAWK I

Heute höre ich zu meinem Erstaunen, daß sich die RAF nicht das neue FLA, sondern den (seit 1954 fliegenden) Transporter C-130, nicht den neuen EH 101, sondern den Chinook-Hubschrauber (von 1961) und als Ersatz für die Nimrod die Orion von 1958 wünscht. Begründet wird dies damit, daß diese ausländischen Produkte angeblich risikoarm, bewährt und verlockend billig sind. Vor diesem Hintergrund sollte man diese Aufrißzeichnung betrachten: Hätte man nämlich vor 60 Jahren diese Politik verfolgt, dann hätten wir die Luftschlacht um England mit diesem Muster austragen müssen und - wären in einigen Schwierigkeit gewesen.

Es ist schon erstaunlich, wie sich Modeströmungen wiederholen. In den dreißiger Jahren nahm man es als absolut selbstverständlich hin, daß die schwerfälligen, wassergekühlten V-Motoren von den einfachen, leistungsstarken und luftgekühlten Sternmotoren - beispielsweise dem Mercury in Großbritannien und den Wasp- und Cyclone-Motoren in den USA - vom Markt gefegt worden waren. Dann, im April 1937, schaffte die XP-37, angetrieben von einem wassergekühlten Allison-V12-Motor mit Turbolader, im Horizontalflug eine Höchstgeschwindigkeit von 545 km/h. Dies führte zu massiven Bestellungen von Flugzeugen der Serie Hawk 81, die bei der US Army den Namen P-40 erhielt. Die P-40 war ein zweckmäßigerer Fighter mit nach vorn verlagertem Cockpit und einem unter dem Motor angeordneten Kühler, leider jedoch ohne Turbolader. Weitere Bestellungen kamen aus Großbritannien und Frankreich, wobei die französischen Maschinen (mit metrischen Instrumenten und einem "verkehrt herum" arbeitenden Gashebel) nach der deutschen Invasion vom Mai 1940 von der RAF übernommen wurden.

So erhielten die britischen Luftstreitkräfte 1180 Exemplare der (zur P-40 bzw. P-40B und P-40C äquivalenten) Hawk 81. Dazu gehörten 140 (ehemals französische) Tomahawk I mit zwei 0,5"-MGs über dem Motor und vier Browning-MGs vom Kaliber 0,303" (anstelle der früheren 7,5-mm-Darnes) in den Tragflächen, ferner 110 Tomahawk IIA mit Panzerung und selbstabdichtenden Tanks sowie 930 Tomahawk III mit einem Abwurftank, einem US-Funkgerät und verschiedenen anderen kleineren Modifikationen. Im Fronteinsatz wurden übrigens bei vielen Tomahawks die beiden "Fifties" gegen 0,303"-Browning-MGs ausgetauscht, weil die RAF Schwierigkeiten bei der Beschaffung der weitaus wirkungsvolleren 0,5"-Munition hatte. Keine der Maschinen verfügte über Bombenaufhängevorrichtungen.

Nach ihrem Eintreffen in Großbritannien wurden die Tomahawk I, soweit möglich, "anglisiert" und dabei zunächst einmal mit einem "normal" wirkenden Gashebel ausgerüstet. Trotz allem waren sie nicht kampfbereit, leisteten aber in den Jagdfliegerverbänden gute Dienste als Flugzeuge für die Fortgeschrittenenschulung. Die anderen Baureihen dagegen kamen häufig zum Einsatz, zuerst (wenn auch ziemlich kurz) als Fighter des neu gegründeten Army Co-operation Command und später in RAF- und SAAF-Einheiten im gesamten Nahen Osten. 1942 wurden die Tomahawks von der überlegenen Kittyhawk abgelöst und in großen Stückzahlen an China, die Sowjetunion, Ägypten und die Türkei weitergegeben.

Diese Zeichnung stellt das Heck der Tomahawk sicherlich zu kurz und gedrungen und die Spurweite des Hauptfahrwerks zu groß dar. Außerdem war natürlich das RAF-Reflexvisier eingebaut und nicht das einfache Ring-Korn-Visier. Das Korn, das auf dem Brandschott montiert war, hat Clark ebenso vergessen wie die großen Magazine für die 0,5"-MGs unmittelbar hinter dem Brandschott. Seine Darstellung der großen Kegelräder, die den unteren Teil des Hauptfahrwerks beim Einfahren um 90° drehten, läßt erkennen, daß er diesen Mechanismus nie selbst zu Gesicht bekommen hat. Dieser war nämlich wesentlich kleiner, und das feste Kegelrad war nur ein kurzes Segment.

Auf das Kraftstoffsystem geht Clark überhaupt nicht ein. Im Vergleich zu britischen Jagdflugzeugen hatten die amerikanischen wesentlich größere Innentanks - eine Tradition, die sich bis in unsere Zeit fortgesetzt hat. Über den Tankeinfüllstutzen hinter der Schiebehaube konnten 132 Gallonen Kraftstoff und damit 55 Prozent mehr als in die Spitfire-Tanks eingefüllt werden. Zwei der drei Tanks waren in den Tragflächen

Im August 1941 wurde die neu aufgestellte No 414 Sqn der Royal Canadian Air Force auf ihrer Heimatbasis Croydon mit den Mustern Tomahawk I und II sowie einigen wenigen Lysander III ausgerüstet. Es gab viel Wirbel um diese neue Einheit mit ihrem amerikanischen Fighter und ihrem Spitznamen "Sarnia Imperials", die in den Jahren mit der temperamentvollen Tomahawk nur selten an der Front zum Einsatz kam. Dieses Pressefoto zeigt die AK185, eine der letzten ausgelieferten Maschinen der Baureihe Mk IIB, während eines Trainingsfluges über Surrey.

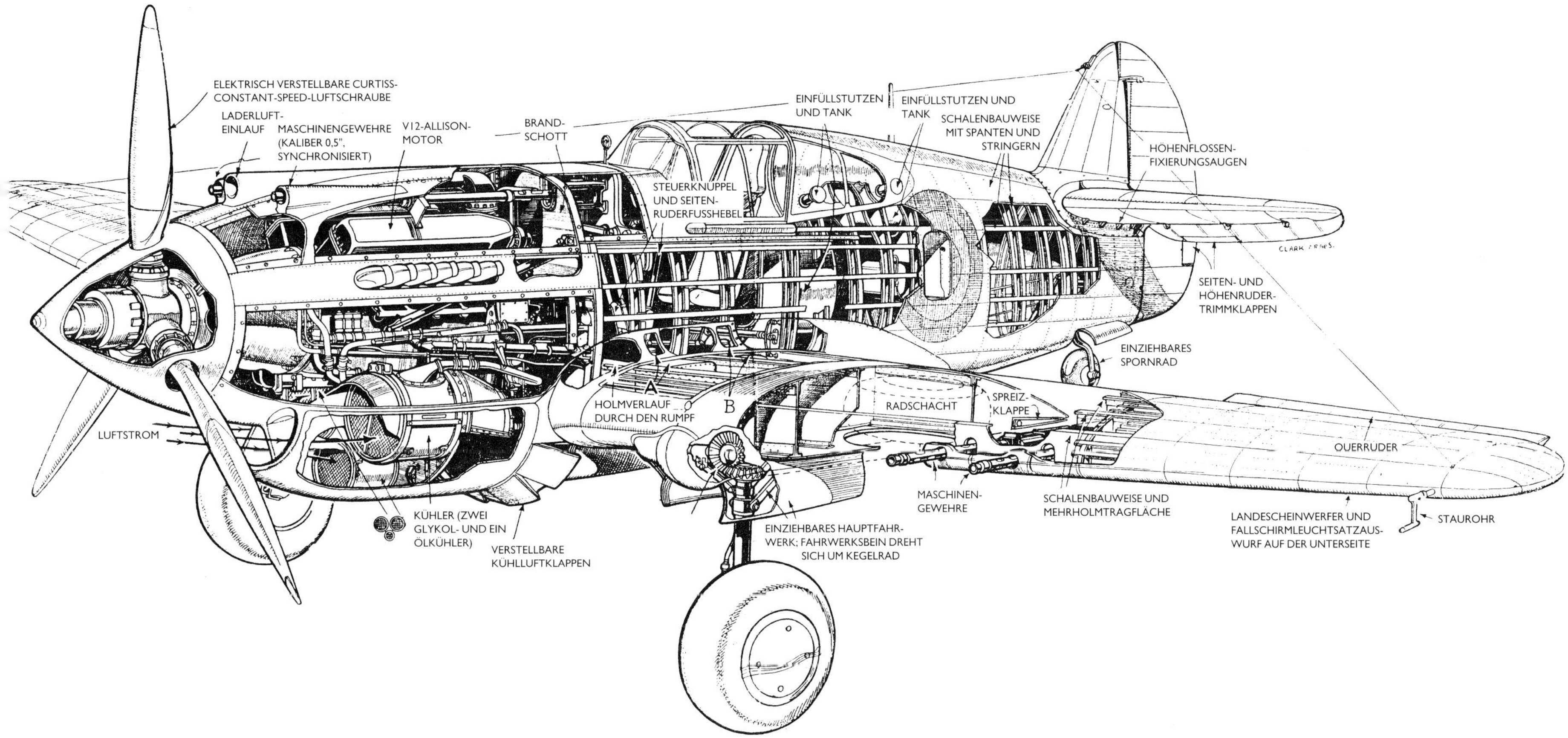

untergebracht, was aber dieser Zeichnung nicht zu entnehmen ist. Der zweite, weiter hinten liegende Stutzen diente zum Einfüllen von Motoröl. Es war höchst ungewöhnlich, den Öltank so weit weg vom Motor anzuordnen, und ich frage mich, wie wohl die Russen mit diesen langen Ölleitungen bei -40° (Celsius- und Fahrenheitgrade stimmen hier gerade zahlenmäßig überein) zurechtgekommen sind, einer Temperatur, bei der das Öl sehr dickflüssig wird. Die Verschlußkappen der Einfüllstutzen lagen übrigens in Aussparungen in zwei in den Rumpf eingelassenen transparenten Plexiglasscheiben, um dem Piloten eine bessere Sicht nach hinten zu gewähren.

Während des Krieges wußten viele Leute mit den "Curtiss Electric"-Propellern (ein eingetragener Handelsname) nichts anzufangen. Das bedeutete lediglich, daß die Blattverstellung von einem Elektromotor in der Propellernabe und einem Untersetzungsgetriebe bewerkstelligt wurde. Seine Betriebsspannung erhielt dieser Elektromotor über Schleifringkontakte aus dem Bordnetz.

Man hat jedenfalls das Gefühl, daß er entweder unter extremem Druck gearbeitet hat oder an diesem Flugzeug nicht sonderlich interessiert war. Eine von einem Konkurrenzunternehmen viel später veröffentlichte Aufrißzeichnung dieses Flugzeugtyps enthielt eine Legende mit nicht weniger als 130 Positionen.

WHITLEY III

Die Firma Sir W.G. Armstrong Whitworth Aircraft, die in und um Coventry eine Produktionsstätte nach der anderen in Betrieb nahm, gehörte zu den ersten britischen Unternehmen, die "in den sauren Apfel bissen" und den Deutschen, Russen und Amerikanern auf dem Weg zur anspruchsvollen Technologie der selbsttragenden Ganzmetall-Schalenbauweise folgten. Gleichzeitig überbot das von John Lloyd geleitete Entwicklerteam sogar Tupolew darin, Flugzeuge aus schnurgeraden Komponenten aufzubauen und keinerlei Zugeständnisse an die ästhetische Gestaltung zu machen. Diese streng kastenförmigen Strukturen erreichten im Juni 1935 mit dem Bomber/Transporter AW 23 einen Höhepunkt. Die Tragflächen dieses freitragenden Eindeckers basierten auf einem riesigen Ganzmetallkasten, in dem ein nicht allzu großer Mann aufrecht stehen konnte. Hinter diesem Kasten war die Tragfläche konventionell mit Stoff bespannt.

Nachdem die Whitley III K8948 von Einsätzen an der Front verbannt worden war, fand sie eine neue Aufgabe als Fallschirmjäger-Absetzmaschine. Bei welcher Einheit sie genau flog, bleibt jedoch ein Geheimnis.

Abgesehen von der mit 25,60 m etwas geringeren Spannweite wurde derselbe Flügel im schweren Whitley-Bomber verwendet, der jedoch außerdem einen Rumpf mit selbsttragender Beplankung besaß. Der Prototyp flog im März 1936, im selben Monat also wie die völlig andersartige Spitfire. Die einzige Besonderheit der Whitley, an die sich die Leute noch erinnern werden, war ihre ausgeprägt kopflastig wirkende Fluglage. Diese war darauf zurückzuführen, daß Lloyd die Tragflächen zunächst nicht mit Landeklappen versehen, sondern statt dessen für die dicke Tragfläche einen beträchtlichen positiven Einstellwinkel gewählt hatte. Daran änderte sich auch nichts, als die Flugzeuge aus der Serienproduktion Spaltklappen erhielten. Schon bei Reisefluggeschwindigkeit war der Rumpf daher stets nach unten geneigt, und bei Höchstgeschwindigkeit sah das Ganze noch dramatischer aus. Unterstrichen wurde dieser Eindruck dadurch, daß der Rumpf der Whitley vorn mit voller Höhe begann und nach hinten absolut geradlinig verlief.

Für den Piloten war die Whitley eine Art sanfter Riese, der etwa in der Mitte zwischen den Doppeldeckern und den hoch belasteten Mosquito- und Lancaster-Bombern angesiedelt war. Trotz der anscheinend unmöglichen Fluglage des Rumpfes startete und landete sie fast von selbst.

Alle frühen Whitleys wurden von 14-Zylinder-Sternmotoren des Typs Armstrong Siddeley Tiger angetrieben, die in der Baureihe Mk I 795 PS und in den Baureihen Mk II und Mk III 920 PS leisteten. Dieser Motor hatte in keiner Hinsicht irgendetwas Beeindruckendes zu bieten und wurde in dem riesigen Ensign-Airliner vom Wright Cyclone abgelöst. In die Whitley-Baureihen ab Mk IV wurden Merlin-Motoren eingebaut. Über die Tatsache, daß Clark die Motoren nicht näher berücksichtigt hat, will ich ja noch hinwegsehen, aber er hätte wenigstens die Propeller etwas anschaulicher darstellen können. Bei letzteren handelte es sich um De Havilland-Hamilton-Luftschrauben mit nur zwei Steigungen. Obwohl diese nur um 10° differierten, verursachte das Umschalten von der kleinen auf die große Steigung bei den Motoren heftiges Schütteln und kurzzeitig einen rasanten Drehzahlabfall. Die Merlin-Whitleys dagegen verfügten über die weitaus besseren Rotol-Constant-Speed-Propeller, die im Bedarfsfall auch in Segelstellung gebracht werden konnten. Und da gerade von Motoren die Rede ist: Der Tiger VIII, von dem die Mk II und die Mk III der Whitley angetrieben wurden, war in der RAF der erste Motor mit Zweifachdrehzahl-Lader. In einigen Standardwerken wird er fälschlich als "Zweistufen-Lader" bezeichnet, der aber völlig anders arbeitet.

Clark hat oben auf der Motorgondel den Ölkühler eingezeichnet und auch auf die befremdliche Position der drei Kraftstofftanks hingewiesen, die mit 2350 Litern nicht einmal halb so viel Fassungsvermögen hatten wie die einer PR 34 Mosquito. Welchen Sinn sollte es gehabt haben, ausgerechnet bei einem Bomber, der ja Beschuß ausgesetzt ist, die Tanks im Rumpf anzuordnen und nicht von dem riesigen ungenutzten Raum im Inneren des Hauptkastenholmes Gebrauch zu machen? Außerdem hätte Clark die Stoffbespannung hinter dem

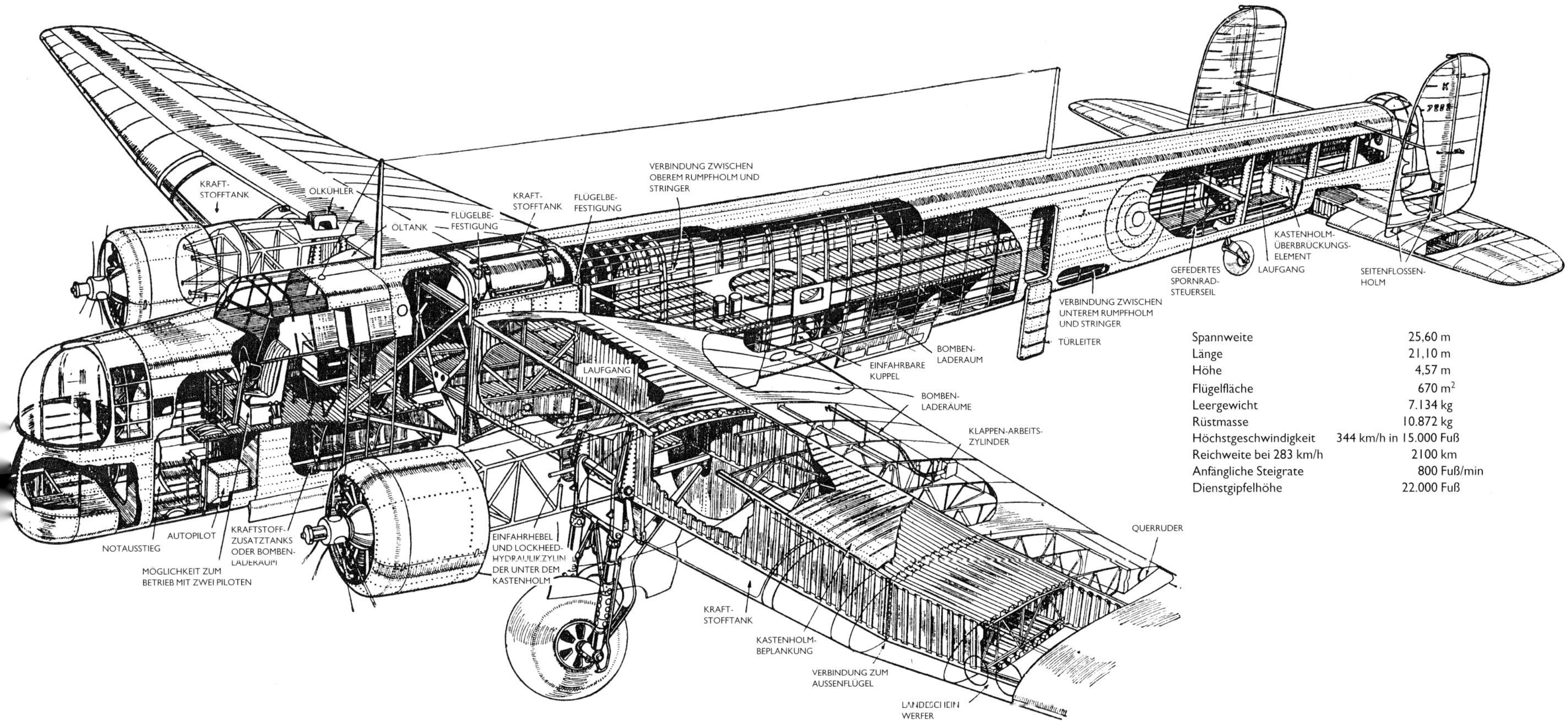

Spannweite	25,60 m
Länge	21,10 m
Höhe	4,57 m
Flügelfläche	670 m^2
Leergewicht	7.134 kg
Rüstmasse	10.872 kg
Höchstgeschwindigkeit	344 km/h in 15.000 Fuß
Reichweite bei 283 km/h	2100 km
Anfängliche Steigrate	800 Fuß/min
Dienstgipfelhöhe	22.000 Fuß

Holm und am Leitwerk beschriften und die Funktionsweise der Klappen erklären können. Die Geometrie des Fahrwerks ist offensichtlich, aber wie der "EINFAHRHEBEL" denn nun funktionierte, bleibt für den Betrachter unklar.

Die ersten Whitleys hatten handbetätigte Armstrong-Whitworth-Gefechtsstände mit Lewis-MGs; ab der Mk III dagegen wurden hydraulische Gefechtsstände von Nash and Thompson mit Browning-MGs eingebaut, so auch der mit zwei Browning Mk I bewaffnete FN17 im Rumpfboden. Offensichtlich hatte Clark die Anweisung erhalten, keine Details der Bewaffnung zu zeigen, aber immerhin erläuterte er den FN17 als "Einfahrbare Kuppel". Bei der RAF geriet die Verteidigung gegen Angriffe von unten in Vergessenheit, doch das nach dem Ausbau des FN17 entstandene große Loch im Rumpfboden war ab Mitte 1940 wieder von Nutzen, als die frühen Whitleys endlich als Bomber außer Dienst gestellt und statt dessen in der Fallschirmjägerausbildung eingesetzt wurden, übrigens genau dort, wo sich heute der Flughafen von Manchester befindet.

Als im September 1939 der Krieg begann, wurde gerade die Whitley Mk V mit den exzellenten Merlin XX-Motoren produziert. Die Mk V hatte Tanks für 3800 Liter Kraftstoff, neu entwickelte Seitenflossen und -ruder sowie einen mit vier MGs bewaffneten FN4-Gefechtsstand, der auf einem ca. 40 cm langen Vorsprung im Heck angeordnet war, um das Schußfeld zur Seite hin zu vergrößern. Diese Flugzeuge erwiesen sich als sehr effizient und trugen unter anderem ihre Bombenlasten über die Alpen bis nach Turin und Mailand. Bei einem ihrer Einsätze legten Whitleys auf den britischen Kanalinseln unmittelbar vor deren Besetzung durch die Deutschen eine Zwischenlandung ein, um aus Benzinfässern aufzutanken!

Ganz im Gegensatz zu den vollgepackten Innenräumen der gegen Kriegsende eingesetzten Bomber hinterläßt diese Zeichnung den Eindruck, als wäre das Innere einer Whitley fast leer gewesen. Für die allerersten Versionen trifft das sogar weitgehend zu, aber spätestens für die Mk V nicht mehr und sicher nicht für die mit Radar ausgerüstete Mk VII des Coastal Command. Eine typische Mk VII hatte ein Leergewicht von 9,5 Tonnen - etwa genauso viel wie eine vollbeladene Mk I! Die Whitley war für ein Lastvielfaches von 4,9 ausgelegt, etwas mehr also als bei der Wellington und der Lancaster (jeweils 4,5). Die Flächenbelastung der Mk I war mit ganzen 85 kg/m^2 viel geringer als die der "Lanc" (565 kg/m^2), so daß es kaum überrascht, daß ihr prozentuales Konstruktionsgewicht nur den wenig beeindruckenden Wert von 44 erreichte.

BATTLE

Heute erinnert man sich an die Battle als eine Todesfalle, in der tapfere Männer in nur fünf kurzen Wochen des Sommers von 1940 zu Hunderten über Frankreich fielen. Weniger denkwürdig scheint dagegen die Tatsache zu sein, daß dieses Flugzeug alle in Erstaunen versetzte, als es erstmals in Erscheinung trat: Hier war also ein leichter Tagbomber für die RAF in Form eines in Schalenbauweise hergestellten Ganzmetall-Eindeckers mit Einziehfahrwerk, Klappen und transparenten Cockpithauben! Im Vergleich zum Doppeldecker Hawker Hind, dessen Nachfolgerin sie war, war die Battle nicht nur 50 Prozent schneller, sondern konnte auch doppelt so viel Bombenlast tragen. Allerdings war man sich damals gar nicht der Tatsache bewußt, daß ein solches Flugzeug ohne jede wirksame Defensivbewaffnung eine leichte Beute für Gegner wie die Bf 109E war. So produzierten mehrere Fabriken ungehindert insgesamt 2201 Battles, alle mit kostbaren Merlin-Motoren, die auch für die Jagdflugzeuge dringend gebraucht wurden.

Die K7650 war eine Battle I der No 63 Sqn und 1939 in Upwood bei Petersborough stationiert.

Als Clark die Battle erstmals porträtierte, waren noch Zeichnungen mit Hoheitsabzeichen und zuweilen sogar einer Werknummer üblich. Clark hat Kokarden eingezeichnet, die für Flugzeuge mit Tarnanstrich verwendet wurden (und dabei die Proportionen der Kokarde vom Typ B auf den Tragflächen völlig falsch wiedergegeben). Auch die Gesamtform stimmt überraschenderweise in mancherlei Hinsicht nicht. So sah z.B. die Nase der Battle in der Realität ganz anders aus, und die Tragflächen verjüngten sich nicht an der Vorderkante, wie Clarks Zeichnung vermuten läßt, sondern fast ausschließlich an der Hinterkante!

Der vordere Holm wiederum ist gut zu sehen (wenngleich auch mit einer ziemlich ausgeprägten V-Pfeilung, obwohl der Holmobergurt tatsächlich von einer Flügelspitze zur anderen horizontal verlief), ebenso der auffällige Rumpfspant in diesem Bereich. Überhaupt nicht offensichtlich ist jedoch, daß der Rumpf vor diesem Punkt aus geschweißten Stahlrohren mit Schnellverschlußdeckeln bestand, der Rest des Rumpfes dagegen eine selbsttragende Halbschalenstruktur war. Zwar wies Clark auf den "Kraftstofftank" hin, doch der eingezeichnete Pfeil deutet in einen Leerraum, der so aussieht, als sei er für das eingefahrene Fahrwerk vorgesehen.

Von dem falsch positionierten Hinweis "Fahrwerksschacht" aus zur Flügelspitze hin finden sich die Beschriftungen "Leuchtsatzbehälter" und "Bombenbehälter". Niemand hätte daraus ersehen können, daß alle vier großen Behälter für 250-Pfund-Bomben vorgesehen waren, die an Unterflügel-Außen-

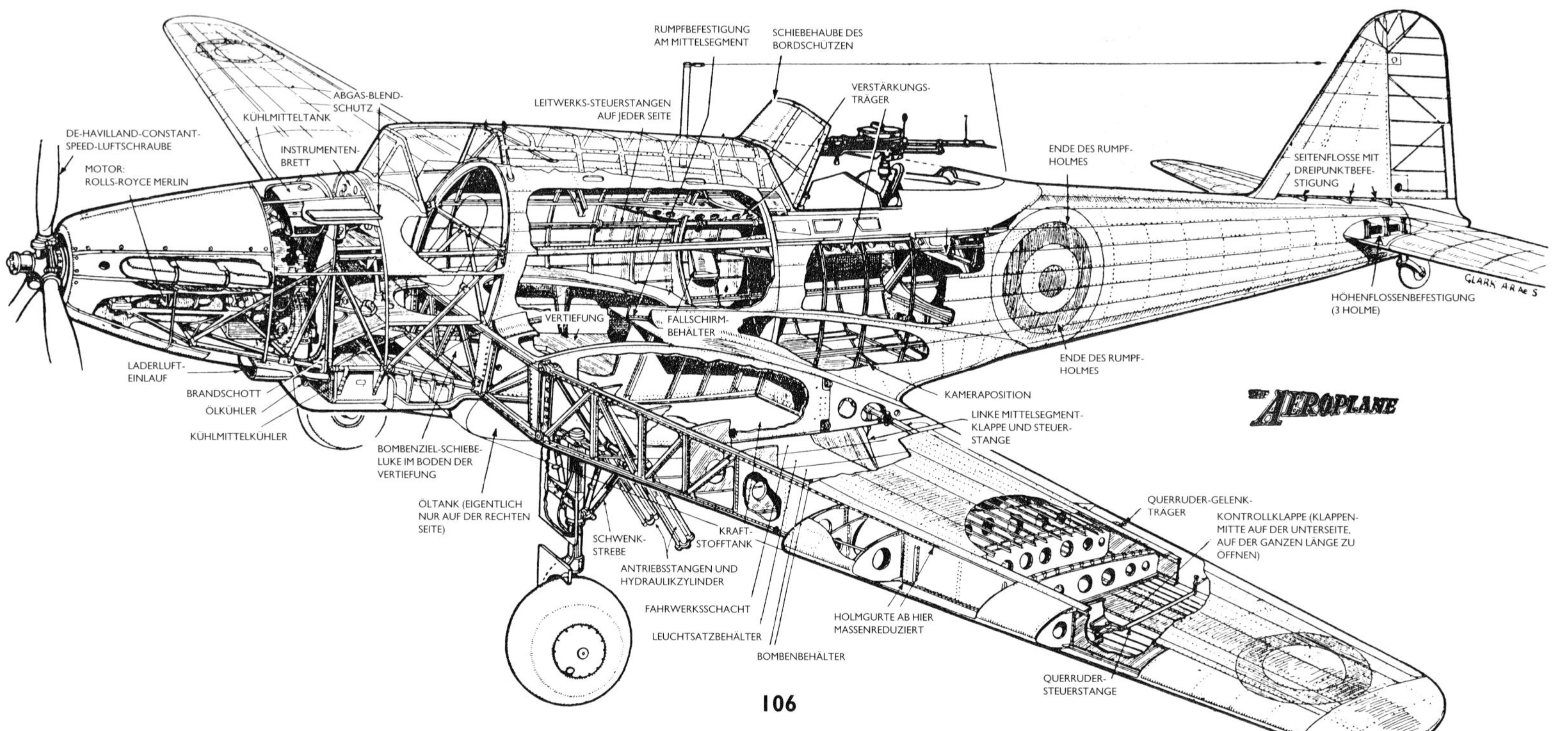

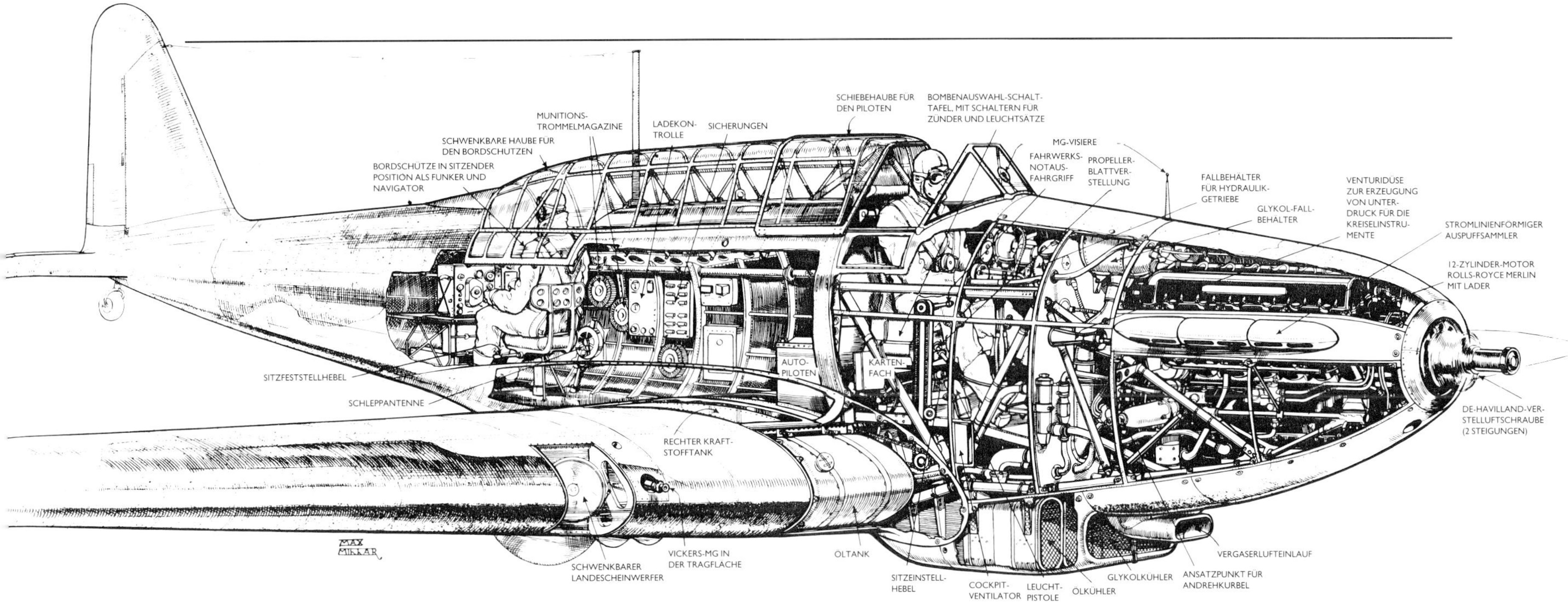

laststationen angebracht waren, über Hydraulikzylinder in diese Behälter gehoben wurden und zu Sturzflugangriffen in der Luft ausgefahren werden konnten. Leuchtsätze wurden in kleinen separaten Behältern (je zwei auf jeder Seite) mitgeführt; auf Kurzstreckeneinsätzen konnte außerdem als zusätzliche Außenlast unter den Tragflächen je eine 250-Pfund-Bombe mitgenommen werden.

Seinem Stil getreu hat Clark das Flugzeug von der linken Seite gezeichnet, mußte deshalb aber darauf verweisen, daß sich der Öltank in der Profilnase der gegenüberliegenden Tragfläche befand. Allerdings fehlt jeder Hinweis darauf, daß ebenfalls in der rechten Tragfläche ein fest eingebautes Browning-MG, das vom Piloten bedient und aus einem 400-Schuß-Magazin mit Munition versorgt wurde, sowie eine Gefechtskamera untergebracht waren. Die vielleicht auffallendste Einzelheit der Zeichnung war das MG hinter der Bordschützen-Cockpithaube (die keine Schiebehaube, sondern eine Schwenkhaube war): Clark hat hier ein (gasbetriebenes) MG vom Typ Vickers K gezeichnet, was aber nicht authentisch ist - die frühen Battles hatten ein Lewis-MG.

Selbst bei der Neuveröffentlichung dieser Zeichnung in The Aeroplane Spotter vom 3. Juli 1941 wies Clark nicht auf das nach hinten ausgerichtete MG unter dem Rumpf hin, das für die Luftkämpfe über Frankreich hastig nachgerüstet worden war. Es lag unmittelbar hinter der Tragfläche und wurde von einem dritten Besatzungsmitglied über ein Spiegelvisier bedient.

Viele Details in dieser Zeichnung sind unklar (z.B. die Klappe, die zum Innenflügel hin eindeutig eine Spreizklappe ist, außen dagegen wie eine einfache Flügelklappe oder eine Art Spaltklappe aussieht); andere Komponenten wie etwa das Bombenzielgerät und die Kamera sind überhaupt nicht zu erkennen. Von der Battle gab es die Baureihen Mk I, Mk II, Mk III und Mk IV, wobei die römische Ziffer auch der jeweils eingebauten Version des Rolls-Royce Merlin entspricht. In der Zeichnung ist der 1030 PS starke Merlin III mit Abgasschubrohren zu sehen; bei früheren Motorversionen wurden die Abgase jedoch einfach über schmale Schlitze nach außen geleitet. Der Propeller war mit Sicherheit keine Constant-Speed-Ausführung, sondern ein Hamilton-Lizenzbau mit nur zwei Steigungen, die sich voneinander um 20° unterschieden (sehr kleine und sehr große Steigung). Nach dem Steigflug konnte auf die große Steigung umgeschaltet werden, wobei der Merlin nur noch mit halber Drehzahl und entsprechend ruhig lief.

Der in der Zeichnung erkennbare Abgas-Blendschutz gehörte bei keiner Battle-Version vor Herbst 1940 zur Standardausstattung. Von diesem Zeitpunkt an wurden diese verwundbaren Flugzeuge nicht mehr zu Bombardierungen eingesetzt (lediglich die Battles der bemitleidenswerten No 98 Sqn flogen noch auf ihrem isolierten isländischen Außenposten Einsätze gegen U-Boote). Als weiterer Kritikpunkt muß angemerkt werden, daß eine normale Battle-Besatzung aus drei Mann bestand. Dieser dritte Mann war zugleich Kampfbeobachter und Bombenschütze, doch wo genau sein Sitz hinter dem Piloten war, bleibt völlig unklar. Wie der Hinweis in der Zeichnung verrät, konnte der Bombenschütze, auf dem Bauch liegend, eine D-förmige Luke öffnen und die Bombenlast mit Hilfe seines optischen Zielgeräts abwerfen. Aber dieses geheime Detail durfte Clark natürlich nicht preisgeben!

Die Zeichnung von Max Millar zeigt eine Mk I und gibt - wie die meisten seiner Arbeiten - das Objekt etwas "menschlicher" wieder. Immerhin sind hier zwei Besatzungsmitglieder zu sehen, obwohl auch hier die Frage ist: Wo ist der dritte Mann? Millar gibt nicht nur mehr Cockpitdetails wieder als Clark, sondern unternimmt auch einen ernstzunehmenden Versuch zur Darstellung des Merlin I, der in die ersten Battles eingebaut wurde. Diese Zeichnung erschien erstmals in der Flight-Ausgabe vom 19. August 1937.

WELLINGTON II

Die Briten haben es im weltweiten Vergleich zweifellos am schlechtesten verstanden, der Nachwelt berühmte Flugzeuge aus dem Zweiten Weltkrieg zu erhalten, als diese noch massenweise verfügbar waren. Heute fliegt in keinem Land der Erde auch nur noch eine einzige Wellington, und viele Luftfahrtbegeisterte in aller Welt haben von diesem Muster wahrscheinlich noch nie etwas gehört, obwohl es mit 11.461 Exemplaren das meistgebaute mehrmotorige Flugzeug aus britischer Produktion war. Fast jeder, der im Zweiten Weltkrieg in einem RAF-Bombergeschwader diente, gehörte irgendwann einmal einer Wellington-Crew an, entweder in einer Staffel oder - während der zweiten Hälfte des Krieges - in einer Waffenausbildungseinheit. Die Wellington kam weltweit für unterschiedliche Zwecke zum Einsatz. Sie war aufgrund ihrer außergewöhnlichen Struktur unglaublich robust, angenehm zu fliegen und vermittelte rundum ein Gefühl von Vertrauen.

Die Geschichte der Wellington begann in den frühen zwanziger Jahren, als sich ein bei Vickers angestellter Ingenieur namens B.N. Wallis an die Konstruktion des großen Luftschiffs R.100 begab. Dazu tüftelte er eine Art Korbmodell aus, das aus Tausenden von Aluminiumstreifen bestand, von denen einige eben, die meisten aber zu einfachen Winkel- oder Doppel-T-Profilen geformt waren. Das Ergebnis war eine stabile, leichte und gering flexible Struktur, die zudem bei Beschädigungen sehr leicht repariert werden konnte. Dieses Verfahren nannte er "geodätische Bauweise", denn fast alle Strukturelemente waren um die gekrümmte Außenform des Luftschiffs herum angeordnet. Abgesehen von den zickzackförmigen Strebenfachträgern, die von der Hauptnase bis zum Heck verliefen, waren überhaupt keine Strukturelemente im Innenraum vorhanden, der somit komplett für Gaszellen und Kraftstoff genutzt werden konnte.

Bis 1930 hatte Wallis die geodätische Bauweise auch auf Flugzeuge angewandt. Hier waren die einzelnen internen Bauelemente die in Zickzackform aufgebauten Holmstege und die stabilen Rumpfspanten, an denen die Flügelwurzelrippen befestigt waren. Bis auf ein paar Teile wie z.B. die Cowlings war die gesamte Struktur mit Stoff bespannt. Das erste so hergestellte Produkt war der Langstreckenbomber Wellesley von 1935, gefolgt von der zweimotorigen B.9/32, die erstmals am 15. Juni 1936 flog. Ein Nachwuchskonstrukteur namens George Edwards, der mit der Entwicklung des Seitenleitwerks beauftragt worden war, benutzte als Grundlage dafür die entsprechenden Konstruktionspläne des mit zwei Seitenflossen ausgerüsteten Flugbootes Stranraer. Aus ihm wurde später Sir George Edwards, aus dem Pionier der geodätischen Bauweise Sir Barnes Wallis, von dem selbst luftfahrttechnische Laien schon gehört haben dürften.

Nach einer fast kompletten Überarbeitung wurde aus der B.9/32 die Wellington, die mit je einem motorisierten Gefechtsstand an beiden Enden sowie einem neuen Seitenleitwerk ausgerüstet war. Die frühen Versionen hatten noch die praktisch nutzlosen Vickers-Gefechtsstände, erhielten aber 1939 die auch in Clarks Zeichnung dargestellten verbesserten Gefechtsstände. Einige Exemplare der Baureihe wurden mit dem einziehbaren Rumpfbodengefechtsstand FN25 ausgerüstet, was man aber bald aufgab, da sich niemand vorstellen konnte, daß Nachtjäger der Luftwaffe jemals so unsportlich sein würden, von unten anzugreifen. Ab 1941 wurde der Rumpfbodengefechtsstand FN20 mit vier Brownings eingebaut, zu denen Magazine mit bis zu 2500 Schuß pro MG gehörten (meist wurde jedoch weniger Munition mitgenommen).

In den späten dreißiger Jahren bekam die Zeichentrickfigur Popeye einen Freund namens J. Wellington Wimpey. Auf irgendeine Weise wurde dessen Nachname als Spitzname für die Wellington übernommen, so daß um die Mitte des Zweiten Weltkriegs mehr als die Hälfte aller Flugzeugbesatzungen der Bombergeschwader von ihren Maschinen als den "Wimpeys" redeten. Die Mk I hatte Pegasus-Motoren, eine kleinere Serie (die Mk II) war mit Merlins bestückt, und 220 Mk IV wurden von amerikanischen Twin Wasp-Motoren mit Curtiss Electric-Propellern angetrieben. Von 1942 bis zum Ende des Krieges wurde als Standard der Hülsenschiebermotor Hercules mit einer Nennleistung von 1675 PS eingebaut, wobei als Propeller Rotol-Luftschrauben mit elektrischer Blattverstellung zum Einsatz kamen. Einmal begegnete ich einem bedauernswerten "Erk" (einem Luftwaffenrekruten), der mit einer Disziplinarstrafe belegt worden war, weil er aus Unachtsamkeit seinen Akkuwagen in eine Mulde im Gras und letztlich gegen einen Propeller einer Mk X hatte rollen lassen. Dabei war ein Stück vom Propellerblatt abgesplittert, das zwar winzig, aber gerade groß genug war, um das Flugzeug lahmzulegen, unmittelbar bevor die Maschine zu einer "Gardening"-Aktion (einem Verminungseinsatz) hatte starten sollen.

Die frühen Versionen hatten im Rumpf über den Tragflächen kurios geformte Fenster; bei der Mk III und den meisten späteren Versionen wurden diese jedoch

Eine in Dishforth beheimatete Wellington III der No 425 RCAF Sqn auf einem der seltenen Flüge am Tage, hier in Formation mit der Maschine des Fotografen im Herbst 1942. Die Wellingtons der Baureihe Mk III bildeten in jenem Jahr aufgrund ihrer enormen Zahl das Rückgrat der Bomberverbände. Von dieser Version wurden 1519 Stück in kürzester Zeit gebaut und an die Staffeln in ganz Großbritannien übergeben.

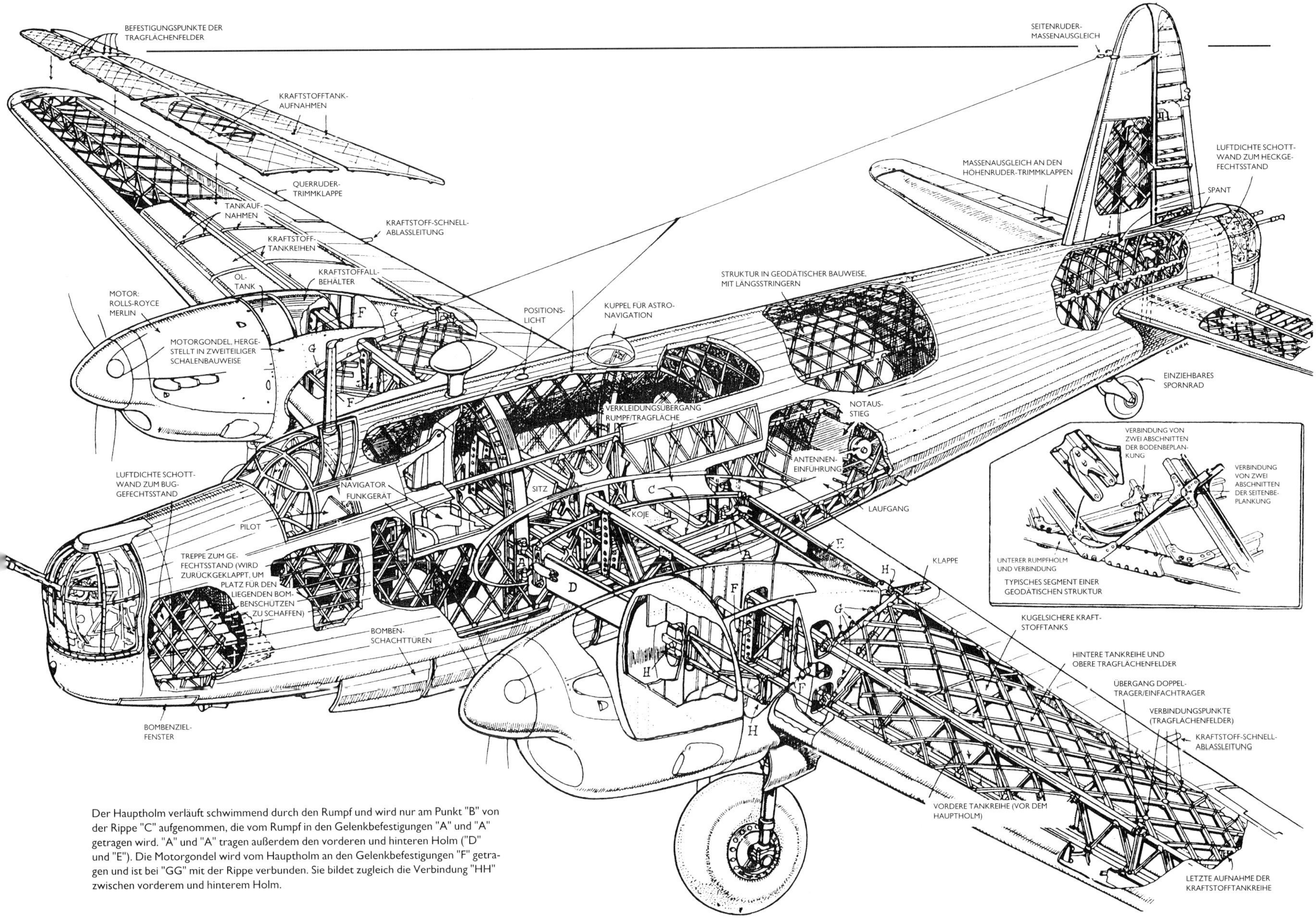

Der Hauptholm verläuft schwimmend durch den Rumpf und wird nur am Punkt "B" von der Rippe "C" aufgenommen, die vom Rumpf in den Gelenkbefestigungen "A" und "A" getragen wird. "A" und "A" tragen außerdem den vorderen und hinteren Holm ("D" und "E"). Die Motorgondel wird vom Hauptholm an den Gelenkbefestigungen "F" getragen und ist bei "GG" mit der Rippe verbunden. Sie bildet zugleich die Verbindung "HH" zwischen vorderem und hinterem Holm.

durch dreieckige Seitenfenster im hinteren Rumpfbereich ersetzt, aus denen mit einem 0,303"-Browning-MG gefeuert werden konnte. Im Rumpfboden befand sich die Haupteinstiegstür, neben der eine kurze Leiter angebracht war. Die Standard-Kraftstoffmenge lag bei 3400 Litern, die sich auf 12 Tankzellen in den Tragflächen und zwei weitere in den buckligen Motorgondeln verteilten. Bei den meisten Baureihen waren die Propeller dem Rumpf so nah, daß sie ein Pilot mit langen Armen berühren konnte - was einem glücklosen Polen, mit dem ich seinerzeit flog, auch tatsächlich passierte.

Die "Wimpey" war am Boden überaus leichtfüßig und verhielt sich in der Luft sehr harmonisch. Das große Steuer-Handrad (mit den Bremshebeln, zu deren Bedienung alle acht Finger gebraucht wurden) bewegte sich auf jedem Flug sanft nach vorn und hinten, wobei die Tragflächen entsprechende Schwingungen ausführten. Irgendein Witzbold hat einmal gesagt, man solle niemals eine Angabe wie "Spannweite 26,2 m" ohne Nennung des Zeitpunktes machen, da sich die Dimensionen ja von einer Sekunde auf die andere änderten!

Diese Zeichnung war eines von Clarks früheren Werken und erfüllte noch nicht seine späteren Qualitätsstandards, aber immerhin gibt die kleine Einschubzeichnung einen Einblick in die geodätische Bauweise. Glücklicherweise fand jemand vor kurzem die Originalwerkzeuge, die während des Krieges zur Herstellung geodätischer Komponenten verwendet worden waren. Dies war bereits eine große Hilfe bei der zur Zeit in Brooklands stattfindenden Restauration einer "Wimpey", die man aus Loch Ness geborgen hatte.

BLENHEIM IV

Eine von Jimmy Clarks allerersten Flugzeug-Aufrissen war eine Zeichnung der Blenheim I, die von mir in The Aeroplane vom 16. Juni 1936 veröffentlicht wurde. Danach fertigte er diese weitaus bessere Zeichnung der "langnasigen" Mk IV an, veröffentlicht am 24. April 1941. Die Blenheim war ein schneller Tagbomber, den Bristol aus dem "Typ 142" abgeleitet hatte, einem in Privatinitiative entstandenen Geschäftsflugzeug, das für den Zeitungsmogul Lord Rothermore gebaut worden war. 1934 hatte die Firma den Auftrag zu diesem Flugzeug erst nach reiflicher Selbstprüfung angenommen, da man befürchtete, daß der Bau eines modernen freitragenden Eindeckers in Schalenbauweise den Hauptkunden des Unternehmens - das Luftfahrtministerium nämlich - verstimmen könnte, von dem ausschließlich stoffbespannte Doppeldecker beschafft wurden!

Im Juni 1935 brachte es der Typ 142 mit dem Beinamen "Britain First" im Horizontalflug auf eine Höchstgeschwindigkeit von 492 km/h und war damit 128 km/h schneller als die schnellsten RAF-Jagdflugzeuge. Kein Wunder also, daß das Luftfahrtministerium keineswegs erzürnt war, sondern umgehend den Auftrag erteilte, den Typ 142 zu einem Bomber weiterzuentwickeln. Die Tragflächen wurden 40 cm höher gelegt, um darunter Platz für einen kleinen Bombenschacht für eine Bombenlast von 1000 Pfund zu schaffen. Vorn wurde ein Browning-MG eingebaut, der einfahrbare Gefechtsstand erhielt ein MG vom Typ Vickers K, und in der verglasten Nase war Platz für den Piloten auf der linken und den Navigator bzw. Bombenschützen auf der rechten Seite. Der Begriff "Platz" ist allerdings mit Vorsicht zu genießen - wenn ein Pilot zum ersten Mal einen Blick in das total beengte Cockpit tat, dachte er sicher nur: "Was für ein schrecklicher Platz zum Sterben!" Und von 1939 bis 1941 starben in diesem Bomber in der Tat viele Crews, einige mehr später im Mittelmeerraum und im Fernen Osten. Wie die meisten RAF-Flugzeuge jener Zeit war auch die Blenheim verwundbar.

Zum Abwerfen der Bomben legte der Bombenschütze sein Gurtzeug ab, klappte einen zweiten Sitz von der rechten Bordwand herab und legte sich darauf. Dann schob er sich nach vorn, bis er die optimale Position zum Bedienen seines Zielgeräts - in der Flugzeugnase ganz vorn auf der rechten Seite - erreicht hatte. Kurz gesagt: Die ganze Cockpitumgebung war höchst unbequem. Erst als schon 1134 Blenheims gebaut worden waren, hatte sich jemand eine zweckmäßigere Raumaufteilung überlegt - ein Schritt, der natürlich schon in die Modellbauphase gehört hätte.

Die erste Idee bestand darin, die Nase um etwa einen Meter zu verlängern, und wurde an der K7072 erprobt, einer Mk I, die anschließend in "Bolingbroke" umbenannt wurde. Verständlicherweise beanstandete Testpilot Cyril Uwins die große Entfernung der Frontscheibe, die daraufhin nach hinten, unmittelbar vor die Sitzposition des Piloten, verlegt wurde. Schließlich wurde auch die Nasenspitze auf der linken Seite etwas nach unten verlagert, so daß der Pilot im Endanflug den Flugplatz im Blick hatte. Das Ergebnis sah zwar befremdlich unsymmetrisch aus, funktionierte aber einwandfrei. Endlich fand auch der bedauernswerte Navigator einen halbwegs komfortablen Platz (wenn auch mit kaum genügend Kopffreiheit) auf der rechten Cockpitseite, wo er zu seiner Linken einen Kartentisch zum Eintragen der Kurse zur Verfügung hatte.

Diese seltsame Flugzeugnase war das charakteristische Erkennungsmerkmal der Blenheim IV, von der nicht weniger als 3297 Stück gebaut wurden. Einschließlich der von Fairchild in Kanada produzierten Maschinen, die zumeist nur in Details abwichen, aber ebenfalls Bolingbroke hießen, betrug die Gesamtstückzahl 3813. Im Vergleich zur Mk I besaß die Mk IV die mit 920 PS deutlich leistungsfähigeren Bristol-Motoren vom Typ Mercury XV, zusätzliche Tanks in den Außenflügeln, verbesserte Schutzvorrichtungen und einen Gefechtsstand mit zwei Brownings, die über Patronengurte mit Munition versorgt wurden. Viele dieser Maschinen wurden für die Flugerprobung von Bordwaffen und anderen Bordsystemen eingesetzt, und der erste Nachtjäger, der mit Radar ausgerüstet wurde, war ebenfalls eine Blenheim. Das Coastal Command flog die Blenheim IV F mit vier fest eingebauten Brownings anstelle von Bomben; ab 1941 jedoch erhielten die noch beim Coastal Command verbliebenen Maschinen entweder ein einzelnes Vickers K oder zwei Brownings, die von einem mit einem Spiegelvisier ausgestatteten Waffenstand unter der Nase aus nach hinten feuern konnten. Clarks Zeichnung enthält das einzelne MG unter der Nase und oben auf dem Rumpf den ursprünglichen Gefechtsstand mit ebenfalls nur einem MG.

Anders als in seiner Zeichnung der Mk I gab Clark diesmal wenigstens den rechten Motor wieder, schnitt dafür allerdings den größten Teil der Propellerblätter ab. Die Luftschrauben waren keine Constant-Speed-Ausführung, sondern in Lizenz gefertigte Hamilton-Propeller mit nur zwei vorgegebenen Blattsteigungen (kleine oder große Steigung). Möglicherweise hatte man Clark unter-

Die unverwechselbaren Konturen der Flugzeugnase und des später darunter angeordneten Gefechtsstandes kommen auf diesem Mitte 1942 entstandenen Foto einer Blenheim IV der No 13 OTU (Operational Training Unit, Waffenausbildungseinheit) gut zum Ausdruck. Während dieser Phase des Krieges, als dieses Muster von den Bombergeschwadern in Europa schon fast nicht mehr auf Fronteinsätze geschickt wurden, bildeten die OTUs in Großbritannien vor allem Besatzungen für Einheiten in Nordafrika und im Fernen Osten aus.

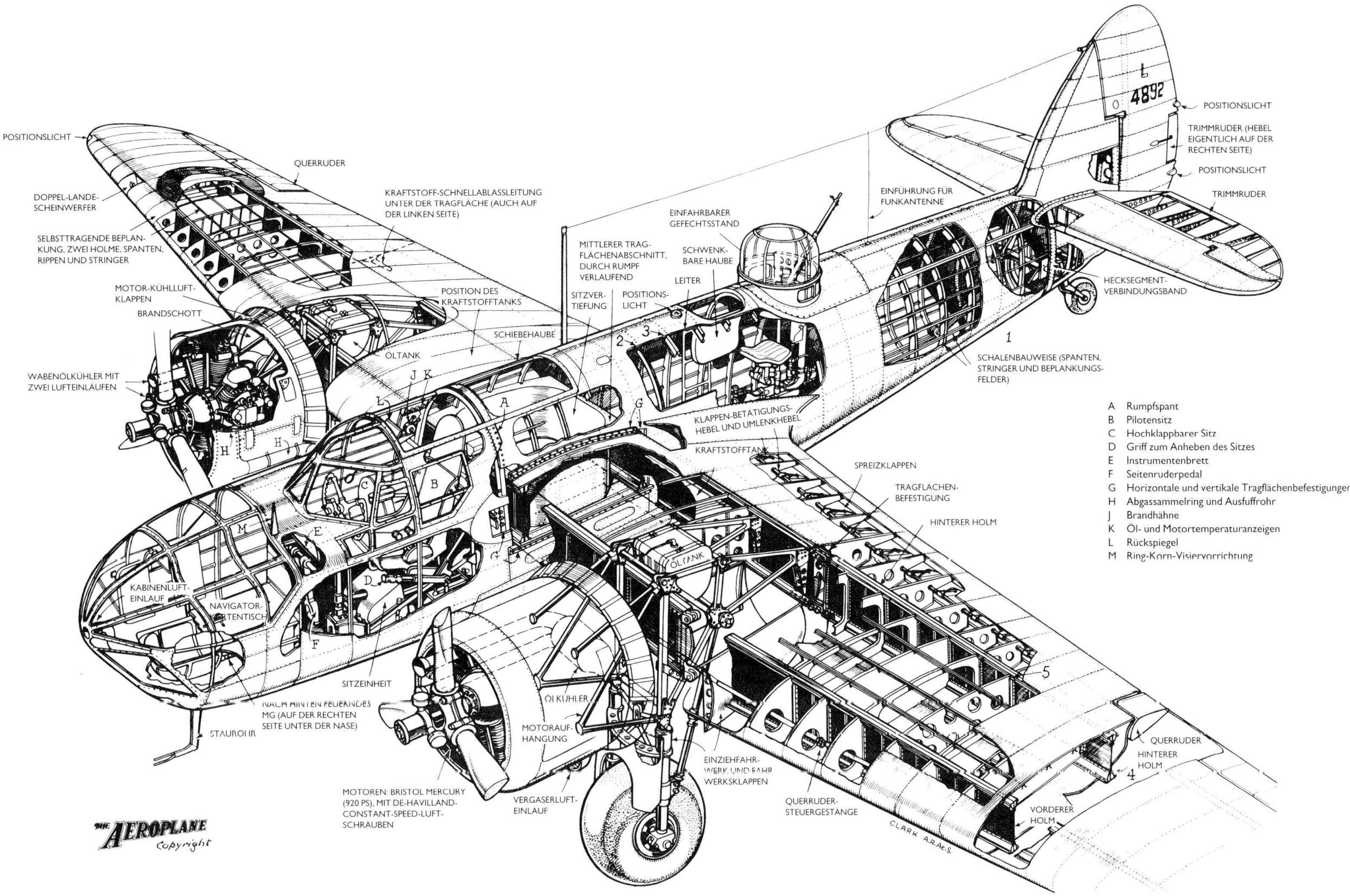

sagt, die Außenflügeltanks zu zeigen, obgleich die Deutschen über jede Einzelheit der Blenheim informiert waren. Durch diese Tanks erhöhte sich das Höchstabfluggewicht auf 6500 kg, und letzteres erreichte bei der späteren Mk V sogar 7700 kg. Damit allerdings waren die Motoren endgültig überfordert - welche Entwicklung die Flugzeuge seither durchlaufen haben, läßt sich daran ermessen, daß das heutige Mehrzweck-Kampfflugzeug Tornado viermal so viel wiegt! Die Mk IV konnte zwar mit ihrem Höchstabfluggewicht starten und im Notfall auch wieder landen, benötigte dafür aber eine enorm lange Piste. Aus diesem Grund wurden unter den Außenflächentanks Kraftstoff-Schnellablaßleitungen eingebaut. Clark hat nur eine davon eingezeichnet, und die auch noch zu weit innen (unter der rechten Landeklappe).

Diese Spreizklappen erzeugten kaum Auftrieb, im ausgefahrenen Zustand aber sehr viel Luftwiderstand. Wäre die Blenheim nicht gerade für den Krieg gebaut worden, dann wäre sie sicherlich eine angenehme Maschine gewesen, die 1937 in puncto Flugleistungen und Wendigkeit auf dem neuesten Stand der Technik war. Doch wie bei so vielen anderen Flugzeugen sah die Situation 1940 leider anders aus, und Hunderte von tapferen Männern zahlten den Preis dafür, sich dem Feind in einem so verwundbaren Flugzeug stellen zu müssen. Damals wurde nahezu panisch daran gearbeitet, Jahre der Untätigkeit aufzuholen, und nur allzu oft mußte man sich mit suboptimalen Lösungen begnügen.

Auch Clark hätte sich wohl nicht gewünscht, daß die Nachwelt seine Arbeit anhand dieser Zeichnung beurteilt, obwohl sie detaillierter als sein noch früher entstandenes Porträt der Blenheim I ist. Beispielsweise hat er von den vielen Einbauten in der Nase nichts wiedergegeben, und in seinen späteren Jahren hätte er zudem sicherlich die Steuerstange in der linken Profilnase so eingezeichnet, daß der Querruderantrieb daraus ersichtlich gewesen wäre.

MASTER I

Vor dem Zweiten Weltkrieg (und übrigens auch noch für zehn Jahre danach) bestand die britische Luftfahrtindustrie aus rund 30 Unternehmen unterschiedlicher Größe und Ertragslage. Die Lieferung von Flugzeugen an die RAF war die argwöhnisch gehütete Domäne von nur 18 dieser Firmen, und selbst diese Auswahl untergliederte sich noch in klar voneinander abgegrenzte Kategorien. Zu den Außenseitern gehörte die auf dem Flugplatz Woodley bei Reading ansässige kleine Firma Phillips und Powis. Sie verhielt sich ausgesprochen "unbritisch": So baute sie beispielsweise stromlinienförmige Eindecker, die sie auch noch mit Landeklappen ausrüsteten. Am 3. Juni 1937 hatte sie sogar die Unverfrorenheit, einen in Eigeninitiative entwickelten modernen Trainer zu fliegen, der 475 km/h schnell war!

Die Offziellen waren empört. Schließlich erwarteten sie, daß Miles leichte Sportflugzeuge baute und sich nicht in das Geschäft der Ausbildung von Piloten einmischte, die gefälligst Hurricanes und Spitfires zu fliegen hatten. Als sich dann aber herausstellte, daß der offiziell in Auftrag gegebene Fortgeschrittenen-Trainer De Havilland "Don" Opfer einer mißratenenen Spezifikation geworden war, nahmen sie sehr widerwillig Gespräche mit Fred und George Miles auf. Die beiden Konstrukteure sollten untersuchen, ob der Trainer M.9 Kestrel zu einem Flugzeug weiterentwickelt werden konnte, das die Anforderungen der RAF erfüllte. Das Ergebnis war die M.9A Master in der hier von Clark gezeichneten Version I.

Die einfache Holzstruktur mit ihren dicken, markanten Knickflügeln blieb fast unverändert. Die Beplankung bestand durchweg aus Sperrholz mit Madapolam-Stoffüberzug, außer bei den Steuerflächen, die nur mit Stoff bespannt waren. Das Fahrwerk hatte eine große Spurweite und fuhr nach hinten ein. Dabei wurden die Räder beim Einfahren um 90° gedreht, bis sie in Höhe der Knickstelle bündig in den Tragflächen versenkt lagen. Während der Kestrel-Trainer einen Rolls-Royce Kestrel mit 745 PS besaß, war die Master I mit einem etwas schwächeren Kestrel XXX mit 715 PS motorisiert. Der Kühler wurde von seiner aerodynamisch sauberen Einbauposition direkt unter dem Motor in eine bauchige Kühlergondel weiter hinten verlegt. Diese Änderungen, verbunden mit einer neu gestalteten Haube, einer Blindfluginstrumentierung, einer Sauerstoffanlage und einem Funkgerät, verringerten die Höchstgeschwindigkeit um 112 auf 363 km/h.

Doch dies hatte nur geringe Auswirkungen, und die Master I erwies sich als sehr zufriedenstellende Maschine, die für die Ausbildung der ersten Flugschüler gerade rechtzeitig zur Luftschlacht um England eingesetzt werden konnte. Die neue Haube war wesentlich höher als zuvor und besaß eine große, optisch plane Frontscheibe, die für ein Reflexvisier geeignet war, mit dem ein Vickers- oder Browning-MG in der linken Fläche ausgerichtet werden konnte. Diese Bewaffnung wurde jedoch normalerweise nicht eingebaut. Der Schüler auf dem Vordersitz konnte zur Instrumentenflugausbildung mit "Hut" fliegen, und der Fluglehrer konnte ein Dachsegment seiner Haube nach Hochkurbeln seines Sitzes um 30 cm (wobei zugleich die Seitenruderpedale angehoben wurden) nach oben klappen, um im Landeanflug eine bessere Übersicht zu haben, was Clark in einer Detailzeichnung dargestellt hat.

Die Firma Miles, die es gewohnt war, in Einzelfertigung billige Leichtflugzeuge zu bauen (der schicke Zweisitzer Hawk war schon für £395 ab Werk zu haben), erhielt nun riesige Aufträge über die Lieferung der weitaus komplexeren Master-Flugzeuge. Die Produktionsstätten wurden auf das Vierfache vergrößert, wobei schienengebundene Fertigungslinien eingerichtet wurden, von denen eine den (verkehrt herum liegenden) Mittelflügel herstellte. Von 1939 bis 1940 lieferte Miles 900 Master I und 1293 Magister aus.

Während des entscheidenden Sommers von 1940 baute das Werk Woodley 25 Fighter-Versionen der Master I. Diese sogenannten M.24, bei denen der Kühler wieder unter dem Motor angeordnet war, waren Einsitzer mit Browning-MGs, VHF-Funk und Freund-Feind-Unterscheidungssystem (IFF), und sie dürften wohl die am wenigsten bekannten Kampfflugzeuge der RAF sein. In wenigen Tagen lief bei Miles außerdem die Produktion eines vollkommen neu entwickelten Fighters vom Typ M.20 an, der sich durch zahlreiche gute Eigenschaften auszeichnete.

Als die Lagerbestände an Kestrel-Motoren zu Ende gingen, stellte Miles auf den 870 PS starken Sternmotor Bristol Mercury XX um, stutzte die Spannweite von 11,88 m auf 10,85 m und baute von der so entstandenen Master II 1747 Exemplare. Als hochaktuelles Fachmagazin veröffentlichte The Aeroplane Spotter zuerst ein Bild dieser neuen Version. Eine Woche später mußte man allerdings einräumen, daß die Bildunterschrift wohl eher "Master $1^1/_2$" hätte lauten müssen. In Ermangelung eines Fotos von der Mk II hatte die Zeitschrift nämlich ein Bild der Mk I verwendet, auf dem ihre Zeichner zwar durch Übermalen den Sternmotor eingefügt, aber den Kühler zu entfernen vergessen hatten!

Die Mk II erreichte als schnellste Serienversion der Master in mittleren

Die erste Serienmaschine der Master I war diese Maschine mit dem Kennzeichen N7408, die im Mai 1939 an die RAF übergeben wurde. Ihr folgten bald weitere 899 Flugzeuge der Baureihe Mk I, bis die Produktion auf die mit einem Mercury XX motorisierte Mk II umgestellt wurde.

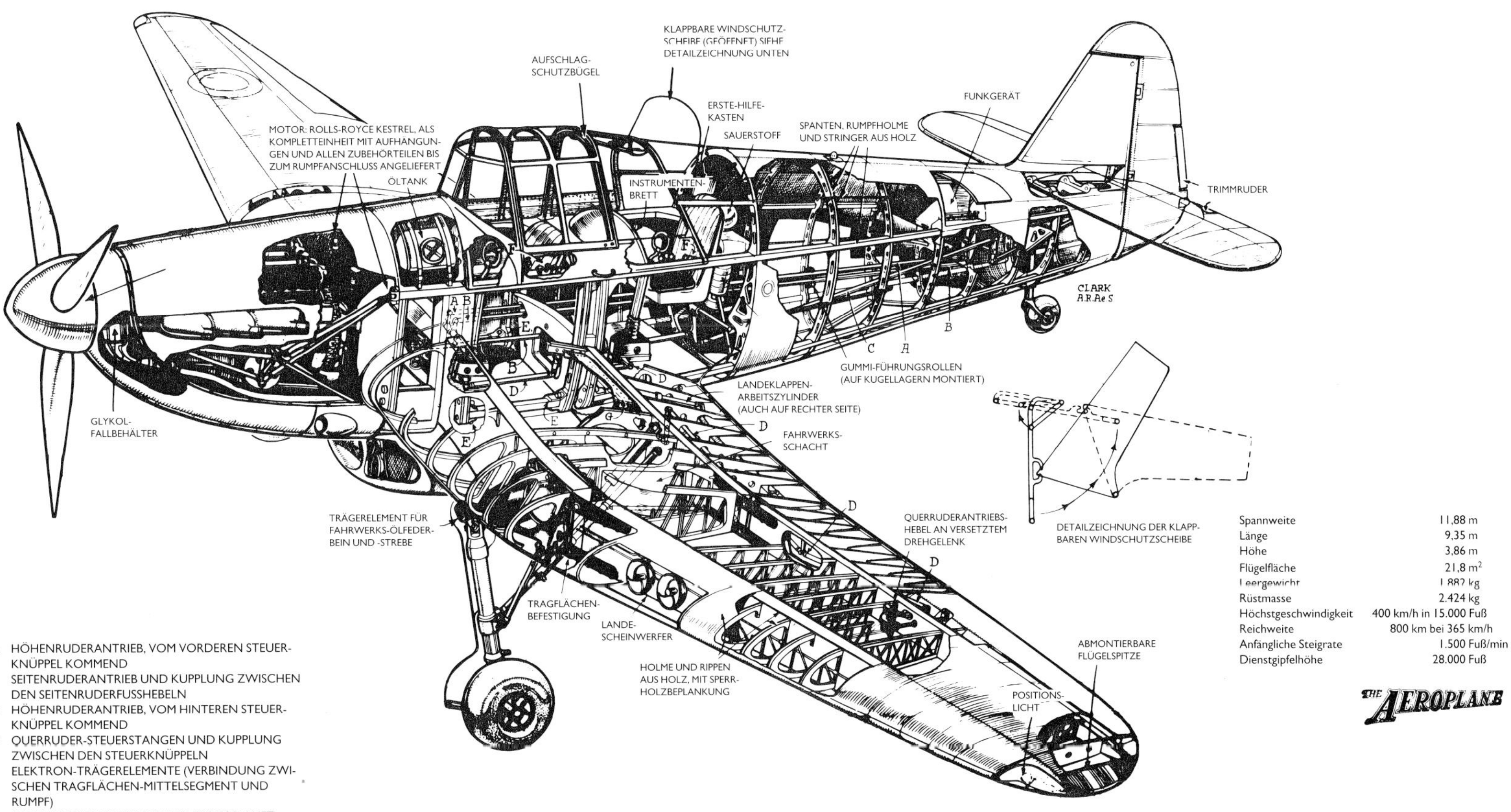

Spannweite	11,88 m
Länge	9,35 m
Höhe	3,86 m
Flügelfläche	21,8 m²
Leergewicht	1.882 kg
Rüstmasse	2.424 kg
Höchstgeschwindigkeit	400 km/h in 15.000 Fuß
Reichweite	800 km bei 365 km/h
Anfängliche Steigrate	1.500 Fuß/min
Dienstgipfelhöhe	28.000 Fuß

Höhen 416 km/h. Bei einigen war das untere Ende des Seitenruders entfernt worden, damit sie auch zum Schleppen von Seglern des Typs Hotspur III eingesetzt werden konnten. Dann fiel bei Miles die Entscheidung, als Vorsorgemaßnahme gegen einen möglichen Engpaß bei Mercury-Motoren auf den 825-PS-Motor R-1535-SB4G Twin Wasp Junior von Pratt & Whitney umzustellen, wobei die Zelle allerdings unverändert blieb. Dieser Motor zeichnete sich nicht nur durch seine große Laufruhe aus, sondern hatte auch einen geringeren Durchmesser, was der Sicht nach vorn sehr zugute kam. Diese Master III wurde nun gebaut, bis die Produktion von Trainern 1942 mit Erreichen der Werknummer 3450 eingestellt wurde. Danach produzierte das Werk Woodley - neben einer Vielzahl von Prototypen - 1724 Martinet-Zielschleppflugzeuge und 11 funkferngesteuerte Flugzeuge des Typs Queen Martinet. Die Martinet basierte auf der Master II, hatte jedoch eine größere Spannweite, Zusatztanks in den Außenflügeln (wodurch die Rüstmasse von 2530 kg auf 3060 kg stieg), ein anders gestaltetes Cockpit und eine Schleppvorrichtung. Einige von ihnen wurden als Spezialmaschinen für den Seenotdienst gebaut. Wie alle Master-Versionen war auch die Martinet angenehm zu fliegen.

Abgesehen vom Propeller und dem etwas verwirrenden "Loch", das Clark eingefügt hat, um die mit "E" beschrifteten Elektron-Trägerelemente sichtbar zu machen, gibt es an dieser Zeichnung, die ein typisches Exemplar aus der Hauptserie der Master I zeigt, wenig auszusetzen. Was fehlt, sind Hinweise auf den Vergaserlufteinlauf am unteren Ende der Cowling (je einer auf jeder Seite) und auf den Motorkühlmittel-/Öl-Kombikühler, obwohl dessen Vorhandensein offensichtlich war. Eingezeichnet - und zwar in Schwarz - hat Clark aber die Metall-Knotenbleche, über die der vordere und hintere Holm des Tragflächenmittelsegments miteinander verbunden waren. Auch die Motoraufhängung bestand selbstverständlich aus Metall, und ebenso verschiedene andere Teile, die örtlich erhöhte Lasten aufnehmen mußten. Leider gibt es heute nirgendwo mehr eine Master oder Martinet.

ALBEMARLE I

Während des Zweiten Weltkriegs absolvierten die Kadetten des Air Training Corps (ATC) jede Menge Flugzeit auf Mustern wie der Dragon Rapide und der Anson. Mit etwas Glück konnte man in sein Flugbuch auch Flüge mit der B-17 und B-24 eintragen, doch das Beste, was man sich unter den von der RAF eingesetzten Flugzeugen erhoffen konnte, waren OTU-Maschinen wie die Wellington. Ich selbst gehörte zu einer unternehmungslustigen Gruppe der No 628 (Pinner County School) Sqn, die anläßlich des Osterlagers 1944 auf dem Stützpunkt Brize Norton landete. Er war vollgepackt mit Albemarles, die als Schleppflugzeuge für Horsa-Segler eingesetzt wurden.

All das fand vor dem Hintergrund der fieberhaften Vorbereitungen zur Invasion der Alliierten statt, zu einem Zeitpunkt also, als die Luftwaffe nur eine Bombe irgendwo in Südengland hätte abzuwerfen brauchen - sie hätte damit fast sicher ein Flugzeug, einer Panzer, ein Feldlazarett oder eine mobile Radaranlage getroffen. Überall herrschte Hochbetrieb, und niemand arbeitete damals härter als die Heavy Glider Conversion Unit (Lastensegler-Umschulungseinheit) auf Brize Norton. Von kurz vor Sonnenaufgang bis Sonnenuntergang war auf der aktiven Piste das Dröhnen der Hercules-Motoren und das Fahrtgeräusch riesiger Lastensegler zu hören.

Gut, daß Clark die Zeit hatte, die Albemarle zu zeichnen. Wie viele Luftfahrtfans in den USA oder auch in Großbritannien mögen wohl überhaupt schon einmal von diesem Flugzeug gehört haben? Wie die Warwick, die Buckingham und verschiedene andere Typen kam es nie als Bomber zum Einsatz. Das Besondere an dieser Maschine aber war, daß sie als Bristol 155 geplant war, eine modifizierte Beaufort nach der Spezifikation B.18/38. Um außerdem das knappe Leichtmetall einzusparen, war sie fast ausschließlich in Stahlrohr- und Holzbauweise konstruiert, wie es auch in dieser erstklassigen Zeichnung von Clark deutlich wird. Sie sollte (als eines der ersten britischen Muster überhaupt) ein Bugradfahrwerk und auf der Ober- und Unterseite des Rumpfes je einen Gefechtsstand mit 20-mm-Kanone bekommen. Doch nachdem der Konstrukteur Barnwell im August 1938 beim Absturz seines eigenen Ultraleichtflugzeugs ums Leben gekommen war, wurde das Projekt der Firma Armstrong Whitworth in Coventry übertragen und von nun an unter der Bezeichnung AW 41 Albemarle fortgeführt.

Trotz zahlloser Probleme und eines unvermeidlichen Gewichtszuwachses, aufgrund dessen die 1000-PS-Taurus-Motoren durch Hercules-Triebwerke ersetzt werden mußten, flog der Prototyp schon am 20. März 1940. An diesen schnellen Erfolg schloß sich eine typisch britische Mischung aus Saumseligkeit, Unentschlossenheit und allgemeiner Schlamperei an, die von der chaotischen allgemeinen Produktionsorganisation noch verschlimmert wurde. Als Mitglied der Hawker-Siddeley-Gruppe brachte Armstrong Whitworth über 1000 Kleinbetriebe mit wenig oder gar keinen Kenntnissen im Flugzeugbau dazu, die vielen benötigten Teile zu produzieren. Die einzigen großen Subsysteme waren das mittlere Tragflächensegment (Hersteller: Rover Car Co.), das Rumpfvorderteil (MG Motors) und das Heck (Harris Lebus Furnitures). Alle Komponenten wurden anschließend auf Lastwagen zu einem großen Hangar in Brockworth (Gloucester) transportiert und dort von einer eigens dafür gegründeten Firma namens A.W. Hawksley endmontiert. Sicherlich mag der eine oder andere Mitarbeiter etwas von Flugzeugen verstanden haben, aber ich weiß von einigen Amerikanern, die einfach nicht glauben konnten, daß eine solche Organisation tatsächlich funktionierte.

OBEN: Eine beeindruckende Parade von fast auslieferfertigen Albemarle I in Brockworth (Gloucester) wartet Ende 1943 auf ihre Ferry-Besatzungen von der ATA. Auf dem Vorfeld dahinter sechs Typhoons, ebenfalls bereit für den Fronteinsatz.

UNTEN: Diese Albemarle V mit Invasionsstreifen gehörte zu der in Brize Norton beheimateten No 297 Sqn. Sie ging während eines Übungseinsatzes zum Schleppen von Lastenseglern am 22. Dezember 1944 in Bretton (Wiltshire) durch Absturz verloren.

YORK I

Nach dem Zweiten Weltkrieg haben wir Briten unsere Unfähigkeit, mit der Lockheed Constellation und der Douglas DC-6 zu konkurrieren, damit entschuldigt, daß es ja ein Abkommen gegeben hatte, nach dem unser Land für den Bau von Kampfflugzeugen verantwortlich war, während die Amerikaner die benötigten Transportmaschinen produzieren konnten. Nach dem Krieg aber war die Situation dieselbe wie in der Vorkriegszeit, als wir allenfalls mit Kleinflugzeugen wie der Dragon Rapide konkurrenzfähig waren. Unsere Industrie, die keinerlei Einschränkungen unterlag, baute mit der Avro 685 York eine einfache, aber zweckmäßige und kostengünstige Transportmaschine auf der Basis des Lancaster-Bombers.

Wie auch Clark anmerkte, waren die meisten Komponenten der Tragflächen, der Motoren, des Fahrwerks und des Leitwerks fast unverändert vom Bomber übernommen worden. Nur der Rumpf hatte komplett neu entwickelt werden müssen, wobei die Tatsache, daß eine Druckkabine nicht vorgesehen war, einen einfachen, quadratischen Rumpfquerschnitt zuließ. Besondere Erwähnung würden daher die Kabinenbreite und -höhe verdienen, doch in keinem der von mir zu Rate gezogenen 19 Bücher und Fachartikel, in denen angeblich die York beschrieben wurde, waren diese Angaben zu finden! Das wahrscheinlich einzige relevante Aussage, die überall auf-

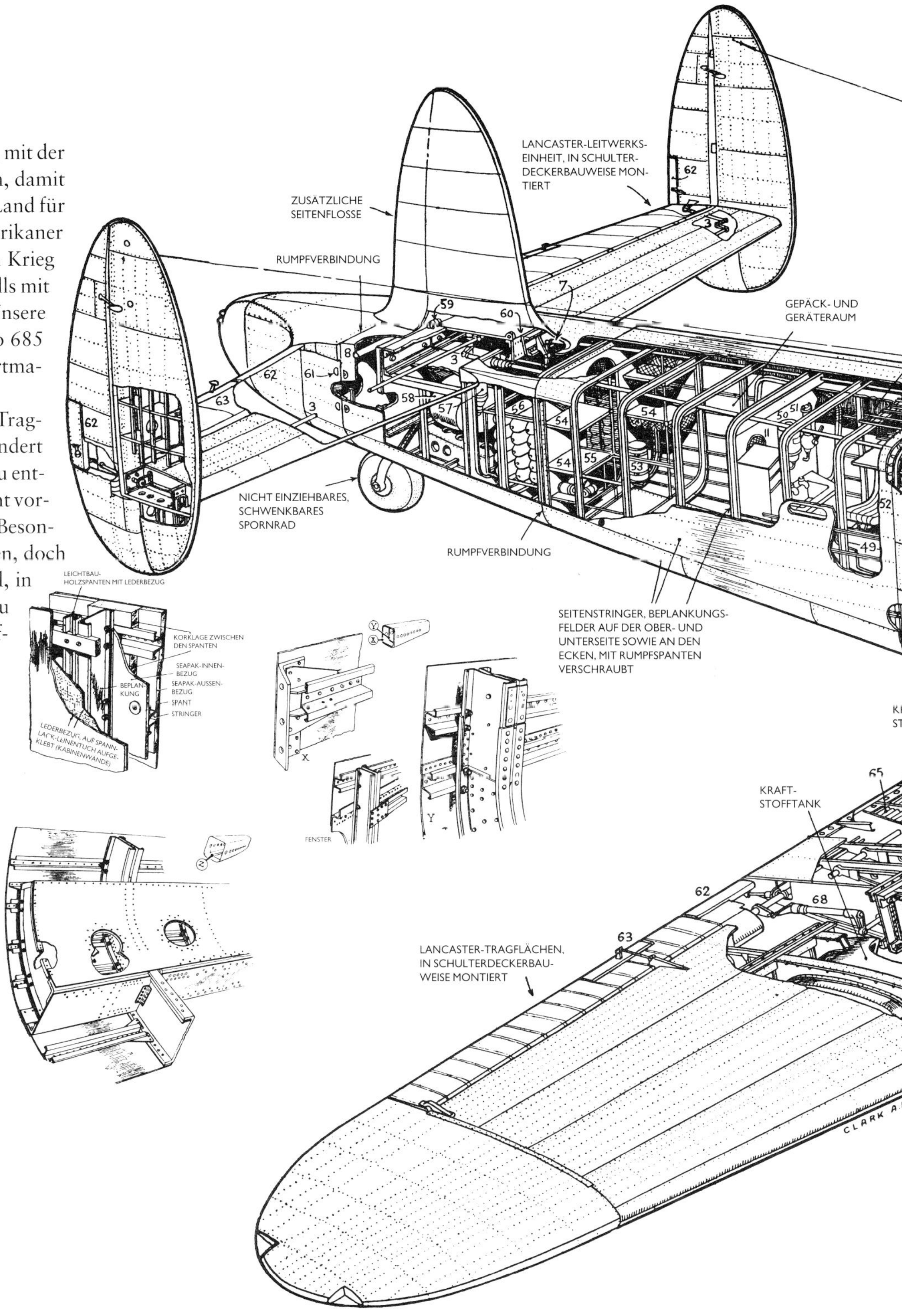

1. Schwenkbare Bugklappe mit Buglicht (für den Zugang zu den Stromkreisklemmen von Schalttafel Nr. 2 sowie zu den Steuerungselementen)
3. Seitenruderpedale und Seitenruder-Antriebsstangen (oben) zum Heck
4. Hobson Bedienhebelkasten, Motor-Bedienungselemente, Fahrwerkshebel usw., mit Seilzügen entlang der Cockpitdecke
5. Zwei Piloten
6. Höhenruderanlenkung (von den Steuerknüppeln kommend), entlang der Cockpitdecke zum Heck verlaufend
6A. Höhenruder-Viertelkreisscheibe und -servomotor
7. Höhenruder-Steuerstange (verläuft unter der Höhenflosse und ist deshalb gekröpft)
8. Höhenruderwelle
9. Navigator-Kartentisch und -Position
9A. Navigator-Instrumentenbrett
10. Kabinenbelüftung an der Tür
11. Kabinenbelüftung in der Bordküche (Kabinenkühlung, wenn das Flubzeug am Boden ist)
12. Funker-Position und Fenster
13. Astronavigationskuppel
14. Gewölbtes Navigator-Beobachtungsfenster
15. Abtriftmesser
16. Sauerstoffbehälter
17. Dipolantenne
18. Antennenmast
19. Frontscheiben-Enteisungsdüse(n)
20. Tragbarer Sauerstoffbehälter
21. Eintauchschalter (löst bei Wasserkontakt das Rettungsschlauchboot aus)
22. Kreisel (für Hoch-, Quer- und Längsachse)
23. Leuchtsatzbehälter
24. Kraftstoffüberwachungssystem (des Piloten auf der rechten Seite)
25. Seitenruder-Servomotor
26. Kabinenabluftgebläse und Luftkanal
27. Kaltluftzufuhr, Filter und Luftkanal
28. Wassertank
29. Kabinendecke
30. Hydrauliktank (für die Klappen- und Fahrwerkshydraulik) im Dach
31. Warmlufteinlauf links, versorgt die vordere Kabine
32. Warmlufteinlauf rechts, versorgt die hintere Kabine (Abluftrohre im Boden)
33. Durchgang (unter der Tragfläche) zwischen vorderer und hinterer Kabine
34. Montageschiene für die wandseitige Sitzreihe
35. Ladeanschlüsse
36. Anschluß zum Anlassen am Boden
37. Toilette und klappbares Handwaschbecken
37A. Hauptsicherungstafel
38. Garderobe
39. Eingangstür
40. Tür auf der rechten Seite (hochgeklappt)
41. Kraftstofftank
42. Peilrahmen
43. Kraftstoffleitung vom Flügeltank
44. Heißwassertank
45. Kaltwassertank
46. Klappen-Arbeitszylinder
47. Notausstieg und Klappleiter in der Decke über der Tür
48. Kühlschrank
49. Kabelkästen
50. Elektrischer Heißwasserbereiter
51. Wasserfilter
52. Stewardsitz
53. Behälter für Frequenzmesser
54. Schlauchbootbehälter (darunter Behälter für Notfall-Sauerstoffflaschen)
55. Behälter für Tropenausrüstung
56. Sauerstoffbehälter
57. Tochterkompaß
58. Tank mit Enteisungsflüssigkeit
59. Zwei miteinander verschraubte Höhenflossen-Halbschalen (wie bei der Lancaster)
60. Höhenflosse, in Rumpföffnung eingelassen und verschraubt
61. Schraubverbindung der Heckbaugruppe
62. Manuelle Trimmruder
63. Servo-Trimmruder
64. Motoröltanks
65. Außenflügelklappe
66. Innenflügelklappe
67. Profilhinterkantenholm (mit hinterem Flügelholm verschraubt)
68. Querruderantrieb
69. Außeflügelbefestigung
70. Vergaserlufteinlauf und Vereisungsschutzgitter
71. Bezogene doppelte Beplankung im Bereich der Kabinen

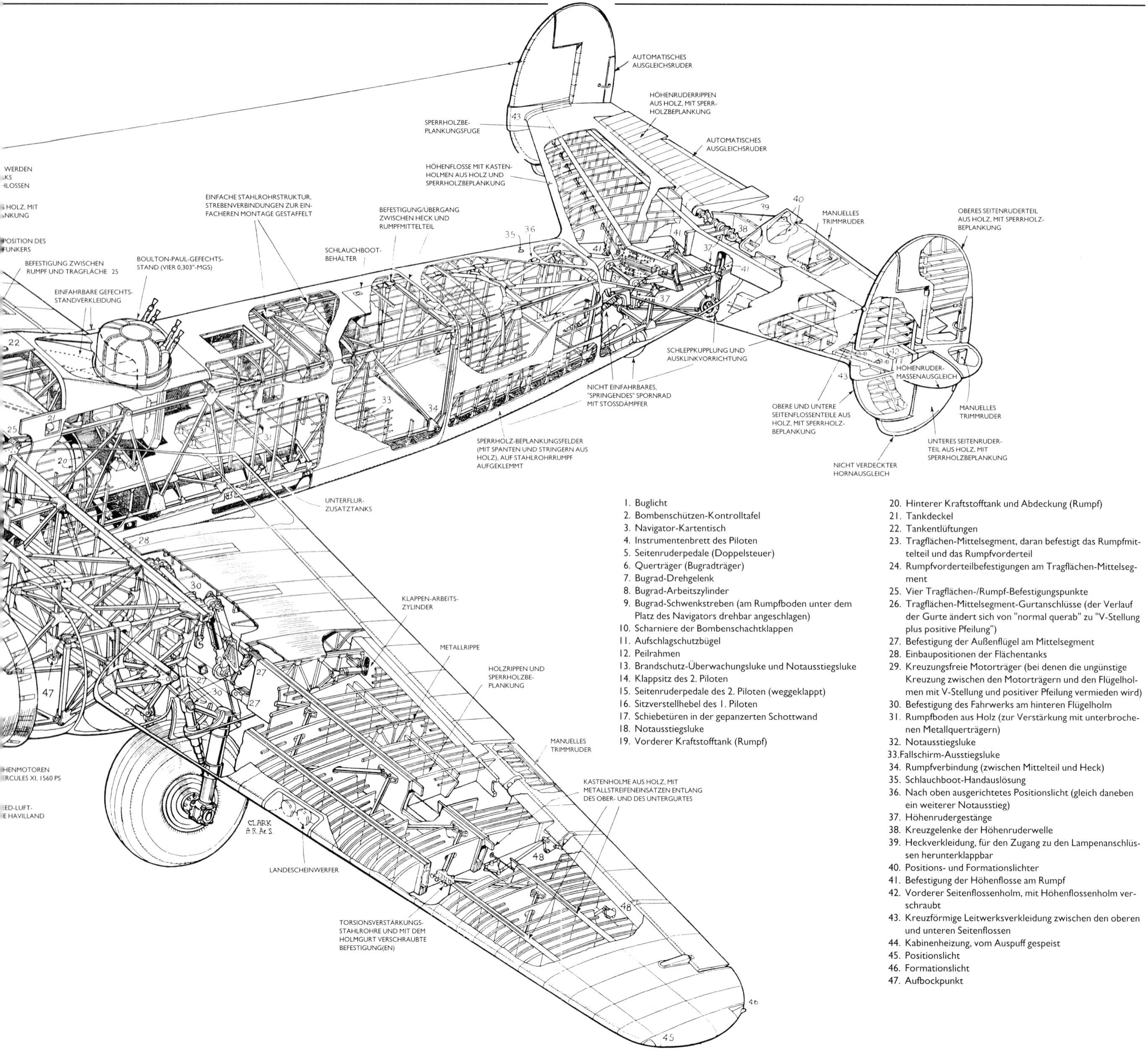

1. Buglicht
2. Bombenschützen-Kontrolltafel
3. Navigator-Kartentisch
4. Instrumentenbrett des Piloten
5. Seitenruderpedale (Doppelsteuer)
6. Querträger (Bugradträger)
7. Bugrad-Drehgelenk
8. Bugrad-Arbeitszylinder
9. Bugrad-Schwenkstreben (am Rumpfboden unter dem Platz des Navigators drehbar angeschlagen)
10. Scharniere der Bombenschachtklappen
11. Aufschlagschutzbügel
12. Peilrahmen
13. Brandschutz-Überwachungsluke und Notausstiegsluke
14. Klappsitz des 2. Piloten
15. Seitenruderpedale des 2. Piloten (weggeklappt)
16. Sitzverstellhebel des 1. Piloten
17. Schiebetüren in der gepanzerten Schottwand
18. Notausstiegsluke
19. Vorderer Kraftstofftank (Rumpf)
20. Hinterer Kraftstofftank und Abdeckung (Rumpf)
21. Tankdeckel
22. Tankentlüftungen
23. Tragflächen-Mittelsegment, daran befestigt das Rumpfmittelteil und das Rumpfvorderteil
24. Rumpfvorderteilbefestigungen am Tragflächen-Mittelsegment
25. Vier Tragflächen-/Rumpf-Befestigungspunkte
26. Tragflächen-Mittelsegment-Gurtanschlüsse (der Verlauf der Gurte ändert sich von "normal querab" zu "V-Stellung plus positive Pfeilung")
27. Befestigung der Außenflügel am Mittelsegment
28. Einbaupositionen der Flächentanks
29. Kreuzungsfreie Motorträger (bei denen die ungünstige Kreuzung zwischen den Motorträgern und den Flügelholmen mit V-Stellung und positiver Pfeilung vermieden wird)
30. Befestigung des Fahrwerks am hinteren Flügelholm
31. Rumpfboden aus Holz (zur Verstärkung mit unterbrochenen Metallquerträgern)
32. Notausstiegsluke
33. Fallschirm-Ausstiegsluke
34. Rumpfverbindung (zwischen Mittelteil und Heck)
35. Schlauchboot-Handauslösung
36. Nach oben ausgerichtetes Positionslicht (gleich daneben ein weiterer Notausstieg)
37. Höhenrudergestänge
38. Kreuzgelenke der Höhenruderwelle
39. Heckverkleidung, für den Zugang zu den Lampenanschlüssen herunterklappbar
40. Positions- und Formationslichter
41. Befestigung der Höhenflosse am Rumpf
42. Vorderer Seitenflossenholm, mit Höhenflossenholm verschraubt
43. Kreuzförmige Leitwerksverkleidung zwischen den oberen und unteren Seitenflossen
44. Kabinenheizung, vom Auspuff gespeist
45. Positionslicht
46. Formationslicht
47. Aufbockpunkt

Im September 1941 begann diese Firma "Hawksley", die ersten von 158 in Bomberkonfiguration hergestellten Albemarles mit einem oben auf dem Rumpf montierten Boulton-Paul-Gefechtsstand auszuliefern, die aber alle zu unterschiedlichen Lastensegler-Schleppflugzeugen und Sondertransportern umgerüstet wurden. Danach lief die Produktion bis zur Werknummer 600 weiter, die beiden in Coventry gebauten Prototypen nicht mitgerechnet. Es gab acht Versionen, von denen jedoch eine (die Mk III mit Merlin-Motoren) nie in Serie ging. Einige wenige Exemplare gingen in die Sowjetunion, das Gros jedoch an die Staffeln Nr. 295 bis 297 und 570. Die von mir geflogenen Exemplare gehörten zur No 296 Sqn und zur No 297 Sqn.

Mit der Albemarle war natürlich kein Krieg zu gewinnen, aber es wäre unangebracht und einfach falsch, sie deswegen als Fehlschlag zu bezeichnen. Immerhin flog sie Tausende von überaus effektiven Einsätzen, auf denen sie Horsa-Lastensegler (die größer waren als sie selbst) nach Sizilien, in die Normandie, nach Arnheim und bis über den Rhein schleppte. Darüber hinaus erfüllte sie zahllose Spezialaufgaben zur Unterstützung der französischen Widerstandsbewegung, der "Résistance".

Jeden Morgen spannten sich am Startpunkt der Piste von Brize Norton Hunderte von Schleppseilen aus Manilahanf. An den Seilenden waren massive Schmiedebeschläge angebracht, die am Heck der Albemarle und an der Bugkupplung der Horsa II eingeklinkt wurden. (Für die Horsa I war ein Gabelseil notwendig; die Einklinkvorrichtungen befanden sich jeweils an den Flügelvorderkanten.) Dann rollte der Schleppzug im Schrittempo an, während ein Winker mit der Signalkelle das Zeichen "Startklar" gab. Sobald das Seil straff in der Luft hing, signalisierte er dem Albemarle-Piloten "Fertig", und dieser gab nun Vollgas. Die Horsa kam schon nach wenigen Metern frei, während die Schleppmaschine bis zum Abheben den größten Teil der Piste brauchte.

Die meisten Flugzeuge aus dem Krieg hatten gewisse Unvollkommenheiten. Während des Steigfluges war es fur den Schleppiloten natürlich wünschenswert, das Fahrwerk möglichst schnell einzufahren, aber um an den Fahrwerkshebel zu gelangen, mußte er weit nach unten reichen, und das zu einem Zeitpunkt, zu dem er eigentlich geradeaus sehen sollte. Hier assistierte ihm deshalb ein ATC-Kadett. Nach dem Schleppflug klinkte der Segelflugzeugführer aus, und die Schleppmaschine steuerte im Sturzflug einen Flugplatz an, auf dem der Pilot (oder wiederum ein ATC-"Passagier") zum richtigen Zeitpunkt den Seilausklinkhebel betätigte. So fiel der schwere Metallbeschlag vorn am Seil direkt vor die Füße der Bodencrew, die innerhalb einer halben Stunde einen ganzen Lastwagen mit Schleppseilen belud. Unterdessen flog die Schleppmaschine nach Brize zurück, wo der Pilot eine kurze Landung machte und sofort zum nächsten Schlepp an den Start rollte. Dabei stiegen über der Albemarle bläuliche Ölschwaden auf, die unmißverständlich daran erinnerten, daß die Motoren eigentlich für einen 250-Knoten-Reiseflug ausgelegt waren, nicht aber für Dauerhöchstleistungen bei nur 90 Knoten! Daher die «Brandschutz-Überwachungsluke», die es der Besatzung ermöglichte, beim Rollen zwischen den vielen abgestellten Flugzeugen hindurch bis zu den Flügelspitzen zu sehen.

Die Zeichnung ist über (fast) jede Kritik erhaben, wenn man einmal von den durchgängig gezeichneten Kühlluftklappen um die Motoren herum absieht. Vielleicht hätte Clark - für die etwas unbedarfteren Leser - auch darauf hinweisen können, daß die Albemarle kein Bomber war.

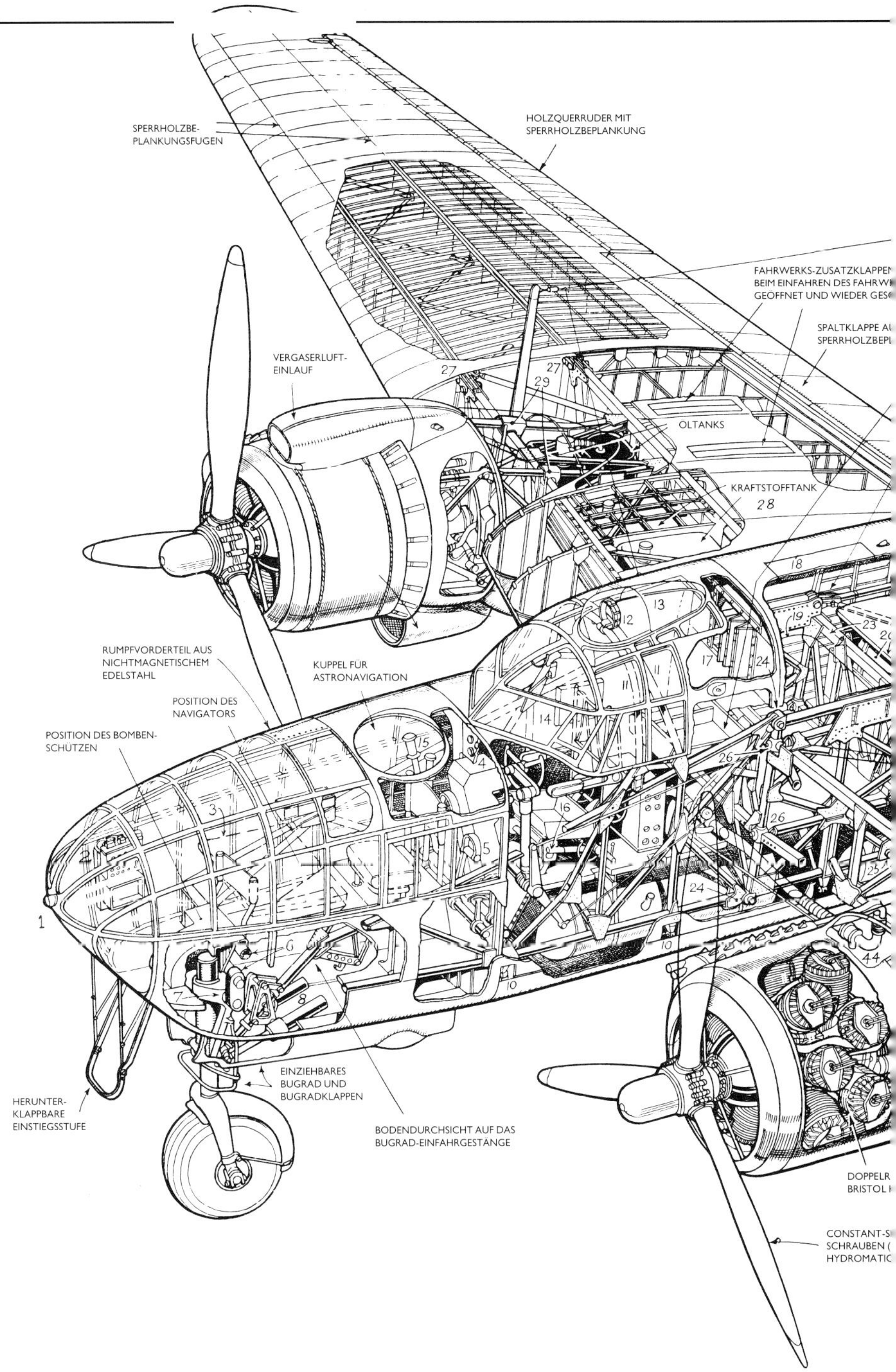

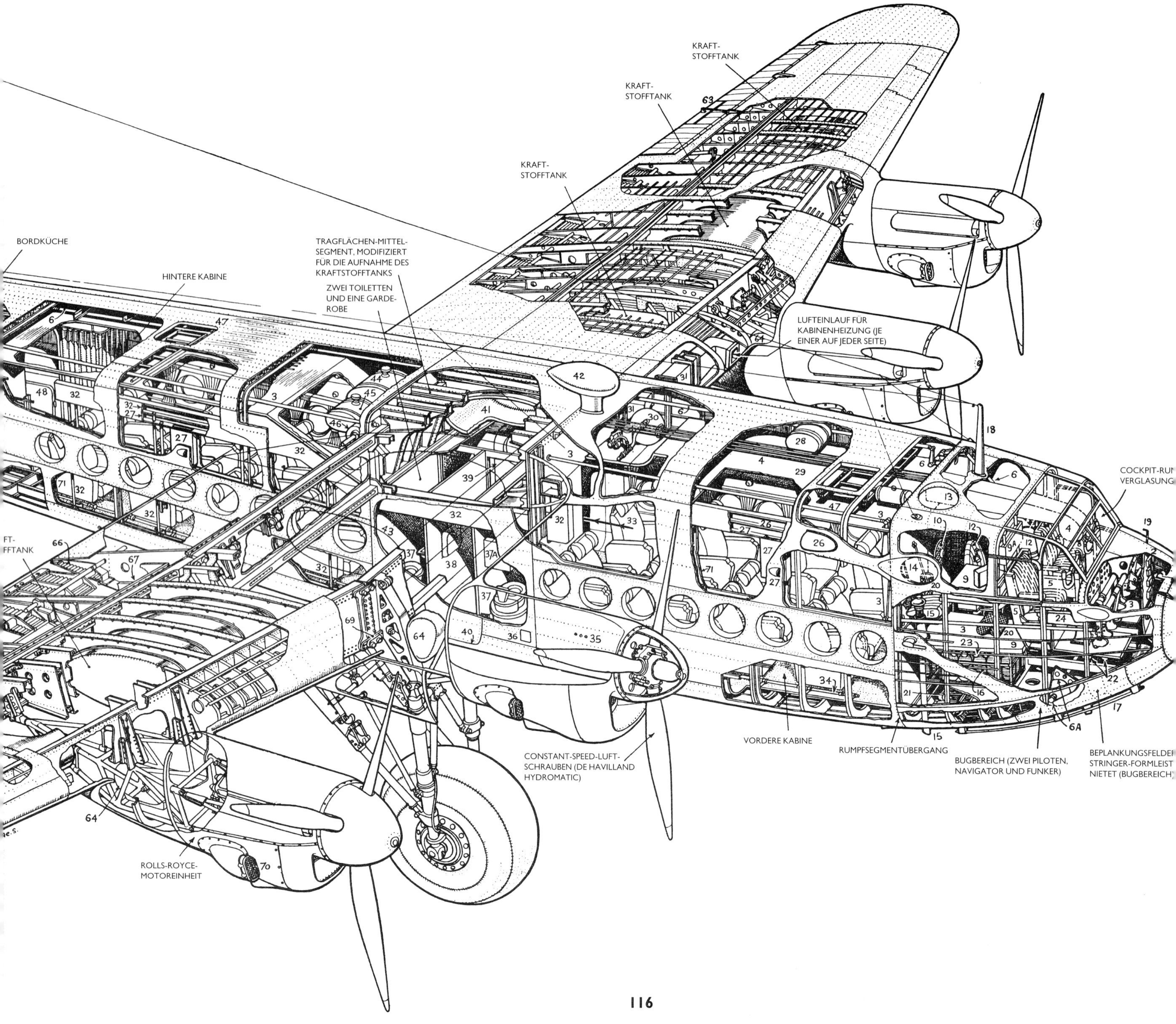
KRAFT-
STOFFTANK
KRAFT-
STOFFTANK
KRAFT-
STOFFTANK
BORDKÜCHE
HINTERE KABINE
TRAGFLÄCHEN-MITTEL-
SEGMENT, MODIFIZIERT
FÜR DIE AUFNAHME DES
KRAFTSTOFFTANKS
ZWEI TOILETTEN
UND EINE GARDE-
ROBE
LUFTEINLAUF FÜR
KABINENHEIZUNG (JE
EINER AUF JEDER SEITE)
COCKPIT-RU
VERGLASUNG
FT-
FFTANK
VORDERE KABINE
RUMPFSEGMENTÜBERGANG
BUGBEREICH (ZWEI PILOTEN,
NAVIGATOR UND FUNKER)
BEPLANKUNGSFELDE
STRINGER-FORMLEIST
NIETET (BUGBEREICH
CONSTANT-SPEED-LUFT-
SCHRAUBEN (DE HAVILLAND
HYDROMATIC)
ROLLS-ROYCE-
MOTOREINHEIT

taucht, besteht in der Feststellung, daß das Rumpfvolumen "...doppelt so groß wie das der Lancaster" war. Die Innenmaße dürften - bei einer etwas geringeren Höhe unter den Flügelholmen - jeweils etwa 2,2 m betragen haben. Damit war zu beiden Seiten eines Mittelgangs genügend Platz für je zwei Sitzreihen, jede davon mit eigenen Sauerstoffmasken. Der Boden bestand (zumindest bei einigen Yorks) aus dickem Sperrholz. Die Fenster (eigentlich eher "Bullaugen") lagen dichter nebeneinander und nicht auf gleicher Höhe mit den Sitzreihen. Die dritte York hatte wesentlich weniger Fenster, die etwas größer waren und Quadratform hatten.

Es ist schon ironisch, daß die aus der Lancaster abgeleitete York einen fast ebenen Boden und eine Kabine mit bequemer Stehhöhe hatte, während die Hastings, die ja von Anfang an als Transportmaschine konzipiert gewesen war, ziemlich schwierig mit Fracht zu beladen war. In den Rumpf, der mit 23,90 m um 2,70 m länger war als bei der Lancaster, konnte man mühelos vier Jeeps fahren. Als ich das erste Mal in eine York einstieg, begab ich mich nach vorn bis in Höhe der Hauptfahrwerksräder, wo ich dann feststellte, daß zwischen mir und dem Cockpit noch der halbe Rumpf zu liegen schien. Auf den letzten Schritten hatte ich das sichere Gefühl, daß das Flugzeug jeden Moment auf die Nase gehen würde!

Das gesamte York-Programm war eine eigene Idee von A.V. Roe Ltd., so daß das ganze Projekt sehr zügig voranschritt. Der Prototyp LV626 flog auf einem Gelände, auf dem heute der Flughafen Manchester liegt, erstmals am 5. Juli 1942, nur fünf Monate nach Entstehen der ersten Konstruktionszeichnung. Später wurde dieses Flugzeug mit Bristol-Hercules-Motoren getestet, die ebenso eingebaut waren wie bei der Lancaster II, wobei man feststellte, daß wegen der anders geformten Motorgondeln eine dritte Seitenflosse erforderlich war. Weitere Yorks mit Hercules-Motoren wurden zwar nicht gebaut, aber die dritte Seitenflosse wurde beibehalten. In vielen Quellen heißt es, diese dritte Flosse sei wegen des größeren Rumpfvorderteils notwendig gewesen, aber dagegen spricht, daß die ersten beiden Prototypen mit dem Originalleitwerk der Lancaster einwandfrei geflogen waren. Der breitere Rumpf reduzierte geringfügig die Flügelfläche (von 116,9 auf 110,6 m^2) und die Spannweite der Klappen; bedeutende Unterschiede gab es jedoch beim Kraftstoffsystem und bei der Kabinenheizung.

Das Cockpit lag so weit vorn in der Nase, daß dort nicht einmal genug Platz zum Verstauen eines Koffers war. Das Instrumentenbrett verlief über die gesamte Cockpitbreite, und ein Doppelsteuer gehörte - wie bei großen Transportmaschinen üblich - zur Serienausstattung. Die Hebel für die Motorleistung, das Gemisch und die Blattverstellung befanden sich in der Mitte über der Frontscheibe. Zur Cockpitbesatzung gehörten ein Navigator mit einem Kartentisch, einigen Instrumenten, einem optischen Abtriftmesser und einer Astronavigationskuppel, durch die er mit einem Sextanten Sterne "schießen" konnte, sowie ein Funker, dem ein primitives Funkgerät wie etwa das TR.1154/1155 zur Verfügung stand.

Zunächst konnten nur geringe Kapazitäten für die Produktion der York abgestellt werden, und 1943 wurden nur drei Maschinen geliefert, 1944 immerhin schon neun. Alle erhielten einen Tarnanstrich und wurden intensiv dafür eingesetzt, Führungskräfte der Alliierten zu Konferenzen und Kriegsschauplätzen zu befördern. Richtig in Schwung kam die Produktion erst 1945, und im Oktober des Jahres wurden die Montageanlagen nach Yeadon (dem heutigen Flughafen Leeds-Bradford) verlegt, wo die letzten 77 von insgesamt 257 Yorks gebaut wurden. Davon gingen 208 an die RAF, von denen wiederum fünf an BOAC ausgeliehen wurden. Einige hatten eine Bestuhlung für 12 Passagiere, transportierten aber überwiegend Fracht, während andere mit Schlafsesseln für bis zu 12 VIPs ausgestattet waren. Bei den Passagierversionen der York war der Einstieg unter der Tragfläche, während zum Einladen von Gepäck eine quadratische Luke vor dem Leitwerk diente. Die weitgehend leere Kabine der Frachtversionen dagegen war über zwei enorme Türen im hinteren Rumpfbereich auf der linken Seite zugänglich. Während der Berliner Luftbrücke 1948/49 flogen zivile wie auch RAF-Yorks rund um die Uhr insgesamt 29.000 Einsätze, beladen mit so ziemlich allem, was eine Stadt brauchte - ob Kohle, Mehl oder Vieh! Diese Flüge wurden in geringen Höhen durchgeführt, was an den mit Fliegen übersäten Windschutzscheiben sofort zu erkennen war.

Schließlich, mit Beginn der fünfziger Jahre, wurden viele Yorks als Gebrauchtflugzeuge an kleine Fluggesellschaften verkauft. Die meisten wurden für die Beförderung von bis zu 65 Passagieren ausgerüstet. Diese billig herstellbaren und auch im Unterhalt nicht besonders teuren Arbeitspferde waren zwar ziemlich veraltet, leisteten aber in allen Teilen der Welt noch bis in die sechziger Jahre hinein wertvolle Dienste. Wenn man sich die einzelnen Maschinen sehr aufmerksam ansieht (wie es ein Modellbauer tun würde), stellt man fest, daß sich die einzelnen Serien der Lancaster, der Lancaster-Derivate und der York in zahlreichen sichtbaren Einzelheiten unterscheiden, so z.B. beim Kühler, bei den Kühlluftkanälen, bei den Vergaserlufteinläufen (in dieser Zeichnung die Position Nr. 70), bei den Abgasrohren und vielen anderen Details. Auf eine detaillierte Darstellung eines Motors hat Clark von vornherein verzichtet, dafür aber flammendämpfende Abdeckungen über den Auspuffrohren eingezeichnet. Ich mache es ihm übrigens nicht zum Vorwurf, daß er einzelne Teile - etwa aus der linken Tragfläche und dem Leitwerk - aus seiner Lancaster-Zeichnung übernommen hat.

In Erwartung ihrer Übergabe an eine Lufttransporteinheit sonnt sich diese jungfräuliche York I im Frühjahr 1945 auf dem Vorfeld des Flugplatzes Yeadon. Wie tief die Passagiere im Rumpf saßen, ist an der Fensterreihe gut zu erkennen.

TYPHOON IB

Sowohl Clark von The Aeroplane als auch Max Millar von Flight fertigten während des Krieges Aufrißzeichnungen der Hawker Typhoon an. Nur einer gewissen Ausgewogenheit halber haben wir uns in diesem Fall für das Millar-Produkt entschieden. Wie die Zeichnung von Clark aussah, kann man sich gut anhand seiner Studie der Tempest vorstellen, die auch in diesem Buch enthalten ist.

Aber zuerst zum Flugzeug selbst. Hawker-Chefkonstrukteur Sydney Camm war mit der Hurricane extrem zufrieden, gab sich aber auch keinen Illusionen hin, was ihre absolut nicht mehr zeitgemäße Geschwindigkeit anging. Einmal erzählte er mir, er habe sich gewundert, daß die Hurricane an den wichtigsten Frontlinien (wenn auch zugegebenermaßen nicht in Nordwesteuropa) bis zum Ende des Krieges im Einsatz blieb. Schon 1938 hatte er nämlich auf der Grundlage der Spezifikation F.18/37 den ersten Entwurf für ein Jagdflugzeug der nächsten Generation fertiggestellt, das mit einem 2000-PS-Motor fliegen sollte.

Hier kamen nun drei Motoren in Betracht. Von diesen ging schließlich der exzellente Hülsenschieber-Sternmotor Bristol Centaurus als Sieger aus dem Auswahlverfahren hervor. Zu Beginn hatte dem Centaurus allerdings niemand Beachtung geschenkt, außer vielleicht Rex Pierson, der ihn im Warwick-Bomber einsetzen wollte. Doch bis uns die Fw 190 zeigte, was ein Sternmotor zu leisten vermochte, setzte sich Camm mit zwei extrem komplizierten und störanfälligen 24-Zylinder-Motoren mit Flüssigkeitskühlung auseinander. Seinen neuen Fighter nannte er "N" (für den Napier-Motor Sabre) bzw. "R" (für den Rolls-Royce Vulture). Meiner Meinung nach hätte man beide Motoren gleich zu Anfang verschrotten sollen. Besonders der Sabre war ein Beweis dafür, daß man irgendwann jeden Motor mehr oder weniger ans Laufen bekommt, wenn man nur genug Arbeit und Zeit investiert.

Der R-Prototyp, der inzwischen Hawker Tornado hieß, startete am 6. Oktober 1939 zum Erstflug, und die N-Version, mittlerweile in "Typhoon" umbenannt, folgte am 24. Februar 1940. Schon wurden Pläne ausgearbeitet, nach denen Avro die Tornado und Gloster Aircraft die Typhoon in Großserie bauen sollten. Hätte es hier keine Komplikationen gegeben, dann wäre die RAF in wesentlich kürzerer Zeit erheblich schlagkräftiger gewesen. Wie sich die Zeiten ändern: Damals hatten wir die Auswahl zwischen zwei neuen Kampfflugzeugmustern und drei Motoren, heute dagegen bekommt die RAF - vielleicht - einen neuen Fighter, vorausgesetzt natürlich, daß sich die drei ausländischen Partner nicht aus dem Programm verabschieden...

Der Vulture gilt bei Rolls-Royce als das mißlungenste Projekt der Firmengeschichte bis zum RB.211. Es trieb das Unternehmen zwar nicht in den Konkurs, verursachte aber endlosen Streß und auch den Verlust von etlichen Manchester-Besatzungen, bis es im Juli 1941endlich eingestellt wurde. Nun mußte sich die sonst sehr ähnliche Typhoon mit einem Berg von anderen Schwierigkeiten auseinandersetzen. Dazu gehörten neben der konzeptbedingten Unzuverlässigkeit des Motors auch Stabilitäts- und Steuerungsprobleme im schnellen Sturzflug, eine unzureichende Sicht nach hinten, Verzögerungen bei der Beschaffung der vier mit Patronengurten arbeitenden 20-mm-Hispano-Kanonen und - was am gefährlichsten war - Festigkeitsprobleme im Heckbereich, die so schwerwiegend waren, daß ein Abreißen nicht ausgeschlossen war.

Aber für die meisten Probleme gibt es eine Lösung, und so wurde auch aus dem Sabre allmählich ein fronteinsatztauglicher Motor. Die Hispano Mk II mit dem langen Lauf wurde immer ausgereifter, ebenso die zugehörigen Patronengurte, die in Munitionsbehältern mit je 120 Schuß untergebracht waren. In den ersten Maschinen lagen die Rohre und Rückstoßfedern noch offen (wie auch bei den ähnlich bewaffneten Hurricanes), aber als Millars Zeichnung entstand, waren diese Komponenten bereits voll verkleidet. Die langwierige Flugerprobung führte zu einer ringförmigen Verstärkung der Beplankung sowie einem Verstärkungsgurt und externen Knotenblechen um das hintere Rumpfsegment herum, mit denen das Leitwerk nun sicher hielt. Außerdem muß ich sagen, daß der Rest der Typhoon wie ein Panzer gebaut war - selbst nach übelsten Bruchlandungen stieg so mancher Pilot unverletzt aus!

Das Originalcockpit hatte auf der linken Seite eine Einstiegstür wie ein Auto und eine lange Metallverkleidung hinter dem Kopf des Piloten. Die Hawker-Testpiloten gehörten zu den erfahrensten und begabtesten Fliegern Großbritanniens

LINKS: Eine farbrikneue Typhoon aus der Serie IB beim Fototermin mit einigen auserwählten Hawker-Mitarbeitern unmittelbar vor dem Abnahmeflug Mitte 1944.

RECHTS: Trotz ihrer D-Day-Invasionsstreifen gehörte diese Typhoon IB (EK286) nicht zu den Dutzenden, die während der Landungsoperationen Luftunterstützung flogen. Im Juni 1944 waren tatsächlich nur noch wenige Flugzeuge der "alten" EK-Serie im Fronteinsatz - die meisten waren vorher an OTUs weitergegeben oder einfach außer Dienst gestellt worden.

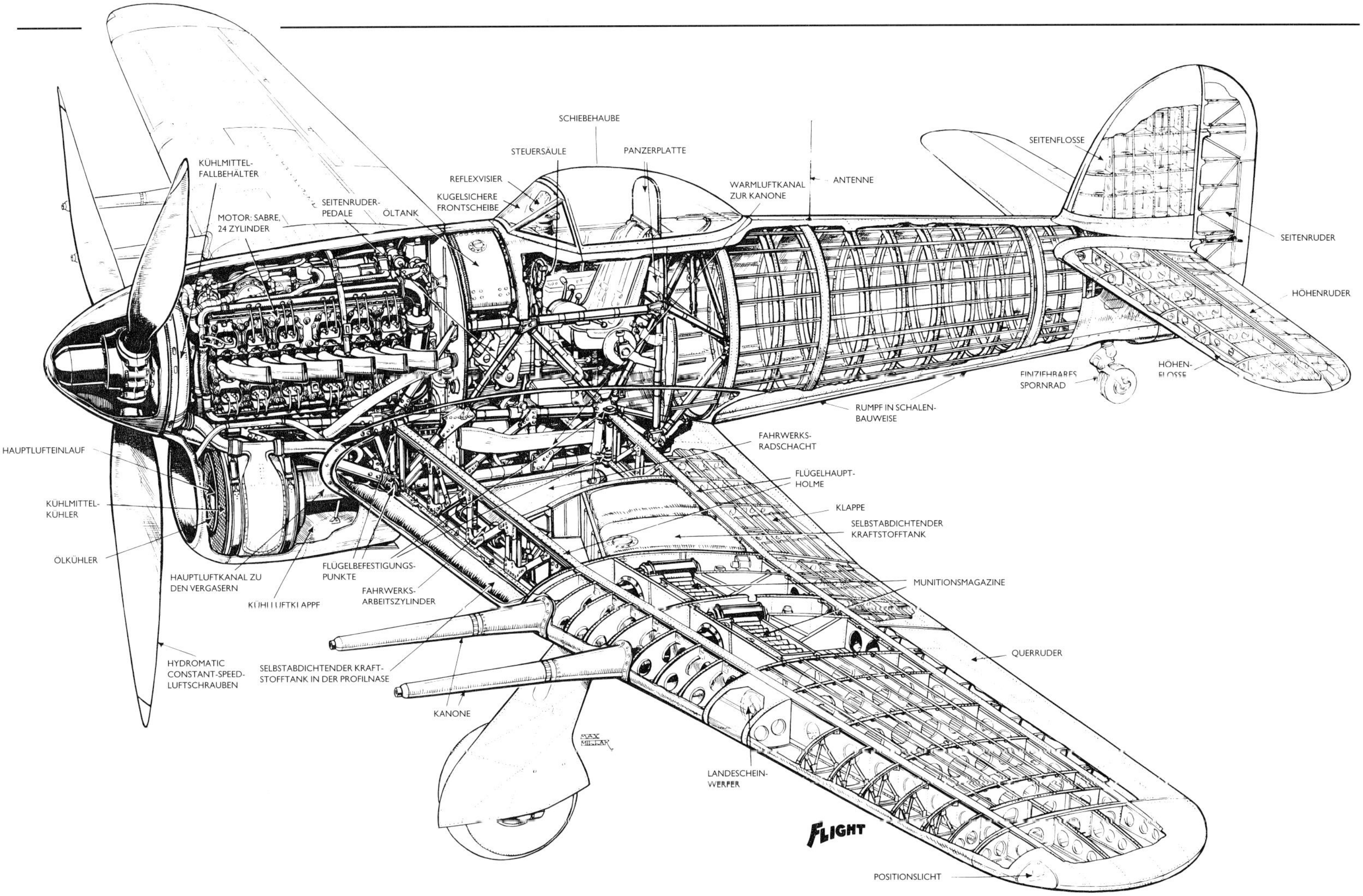

und dürften den Konstrukteuren in Kingston sicherlich einige Verbesserungsvorschläge gemacht haben. Um es kurz zu machen: Als Gloster 1943 in die richtige Massenproduktion einstieg, war die "Tiffy" zu einem weitaus besseren Flugzeug herangereift. Sie verfügte nun über eine gewölbte Schiebehaube, die den USAAF-Stabschef Arnold so beeindruckte, daß auch die US-Fighter bald mit solchen Hauben ausgerüstet wurden. Die Typhoon IB von 1944 hatte serienmäßig einen De-Havilland-Vierblattpropeller, dessen Durchmesser nach wie vor beeindruckende 3,96 Meter betrug.

Allmählich stellte sich bei Hawker Aircraft und D. Napier & Son durch Beheben der vielen Mängel ein unerwarteter Erfolg ein. Die Typhoon war ausdrücklich als Jagdflugzeug für Luftkämpfe in großen Höhen konzipiert gewesen. Die Buffeting- und Steuerungsprobleme im steilen Sturzflug waren nicht in den Griff zu bekommen und einfach eine Folge der großen Profildicke. Ein dünneres Profil, wie es im Begleittext zur Tempest erläutert wird, war also erforderlich. Auch dem Sabre war in großen Höhen nicht mehr Leistung abzugewinnen. Was man aber tun konnte, war eine Modifikation der Typhoon zum Mitführen von acht Raketen mit 60-Pfund-Gefechtsköpfen oder panzerbrechenden 25-Pfund-Gefechtsköpfen. Alternativ dazu flog die Typhoon Einsätze mit zunächst zwei 500-Pfund- und später zwei 1000-Pfund-Bomben.

Das überraschende Ergebnis war das leistungsfähigste Flugzeug zur Erdzielbekämpfung, das auf den europäischen Kriegsschauplätzen zum Einsatz kam. Ihre Mitwirkung in 23 Staffeln der 2nd Tactical Air Force, von der Regierung damals heruntergespielt (aber vom Heer sehr geschätzt), wurde zur Legende. "Was darf's diesmal sein? Eine Brücke beseitigen, vielleicht auch ein bestimmtes Gebäude? Oder eine ganze Panzerdivision angreifen? Kein Problem!"

Millars Zeichnung wurde nicht von Hand, sondern mit einer Setzmaschine beschriftet. Für meinen Geschmack hat er die V-Stellung der Tragflächen etwas übertrieben. Außerdem hätte er auch auf das ungewöhnliche konstruktive Detail hinweisen können, daß das Seitenruder als einzige Komponente des ganzen Flugzeugs mit Stoff bespannt war.

BARRACUDA II

Über die ganze Welt verstreut lebt eine ständig abnehmende Schar von mutigen Männern, die einst mit der "Barra" in den Krieg zogen. Alle anderen dagegen - selbst viele Luftfahrtfans - haben von diesem Flugzeug wahrscheinlich noch nie etwas gehört. Daher freue ich mich ganz besonders, wenn ich verschiedene Autorenkollegen unterstützen kann, die der Ansicht sind, daß auch die Fairey Barracuda ihren Platz in der Geschichte verdient hat.

Dieses Flugzeug war zugegeben nicht gerade genial, aber eine Katastrophe sicherlich auch nicht. Das einzig Mißglückte war der "Exe", mit dessen Entwicklung Rolls-Royce speziell beauftragt worden war, und der als Antrieb für die Barracuda dienen sollte. Dieser Motor war so ungewöhnlich wie das Flugzeug selbst und besaß 24 luftgekühlte Hülsenschieberzylinder in X-Anordnung. Er war höchst erfolgreich und wäre auch schon bald in die 1500-PS-Kategorie eingestuft worden, wenn das Projekt nicht bedauerlicherweise bei Kriegsbeginn (aus wenig einleuchtenden Gründen) eingestellt worden wäre. Immerhin lief der Exe so störungsfrei, daß er weiterhin in die Rolls-Royce-Battle eingebaut wurde, die als Kuriermaschine bis zum Ende des Krieges im Einsatz war. Die Barracuda aber erhielt einen weitaus schwächeren Merlin und blieb damit während ihrer gesamten Karriere untermotorisiert.

Die Barracuda war als trägergestützter Torpedobomber und zugleich als Sturzkampfbomber für die Marineluftwaffe (Fleet Air Arm) gebaut worden. Wie die Firefly hatte sie beiklappbare Tragflächen und Youngman-Landeklappen, die jedoch nicht bis unter die Tragflächen eingefahren werden konnten. In Neutralstellung vergrößerten sie die Flügelfläche und erzeugten somit Auftrieb. Zum Starten wurden sie auf 20° und zum Landen hydraulisch auf 45° gefahren. Für steile Bombardierungs-Sturzflüge konnten sie in eine Klappenstellung von -30° gedreht werden. Diese Klappen waren nur eines der herausragenden Merkmale der Barracuda; andere waren die merkwürdige Anordnung der Tragflächen, die großen Fenster (unter denen sich jedoch keine internen Waffenstationen befanden), die eigenartig gebogenen Fahrwerksbeine und die weit oben angeordnete Höhenflosse. In den frühen vierziger Jahren mutete diese Leitwerksform weitaus ausgefallener an als heutzutage.

Motorisierte Vorrichtungen zum Ein- und Ausklappen der Tragflächen gab es nicht, aber die Deckmannschaften sind wohl auch so ziemlich gut mit der Maschine zurechtgekommen. Auf der Unterseite jedes Außenflügels befand sich jeweils ein (in Millars Zeichnung nicht enthaltener) V-förmiger, versenkt liegender Griff, der gelöst werden konnte und dann auf eine bequem erreichbare Höhe über Deck herunterklappte. Bevor man jedoch die Tragfläche nach hinten schwenken und parallel zum Rumpf einhängen konnte, mußte man nicht nur die Landeklappen, sondern auch den gesamten Flügelteil, an dem sie befestigt waren, um Drehgelenke herum entlang der Oberkante des hinteren Flügelholmes nach oben klappen. Erst wenn diese umgekehrt auf der Tragfläche lagen, konnte das eigentliche Beiklappen der Tragflügel erfolgen. Dazu wurden diese um vertikale Gelenke gedreht und mit nach außen gerichteter Profilnase abgelegt.

Die Standardbesatzung bestand aus dem Piloten, der seinen Platz über der Profilnase und eine dementsprechend hervorragende Sicht hatte, dem Kampfbeobachter/Navigator in der Rumpfmitte und dem Funker/Bordschützen ganz hinten im Cockpit. Alle saßen unter einer langen Haube; die beiden Crewmitglieder in der Mitte und hinten konnten jedoch in Positionen weiter unten im Rumpf gelangen. Die Barracuda hatte außerordentlich vielfältige Aufgaben zu erfüllen und mußte daher die unterschiedlichsten Geräte mitführen, und wenn es Schrott gewesen wäre. Mir gegenüber hat sich aber deswegen niemand abfällig über sie geäußert, sondern von ihr nur mit einer Art schwärmerischer Zuneigung gesprochen.

Abgesehen von dem 18-Zoll-Torpedo (der nie zum Einsatz kam, glaube ich), konnten an den Außenlaststationen unter dem Rumpf und den Tragflächen eine erstaunliche Palette von Bomben, Landminen, Wasserbomben und sogar Seenotrettungsboote angebracht werden. Mit zwei Spezialbehältern an den Unterflügelstationen konnten auch bis zu vier Fallschirmjäger abgesetzt werden. Die einzige Defensivbewaffnung bestand meist aus zwei gasbetriebenen Vickers K-Maschinengewehren im hinteren Cockpit. Für den Flugbetrieb an Bord von Flugzeugträgern waren natürlich eine Katapultstartvorrichtung und ein Fanghaken sowie ein RATOG-System (rocket-assisted take-off gear, Raketenstarthilfe) vorhanden.

LINKS: P9667, die erste von Fairey gebaute Barracuda II, absolviert hier gerade mit eingehängtem Torpedo das gesamte Prüfprogramm des Abnahmefluges. Dieses Waffensystem wurde nur selten eingesetzt; die Barracuda-Staffeln bevorzugten zum Angreifen ihrer Ziele Sturzflüge, bei denen 500- und 1000-Pfund-Bomben abgeworfen wurden.

RECHTS: Ramponiert und vom Wetter arg mitgenommen steuert der Pilot einer kriegsmüden Barracuda II der No 774 Sqn im Frühjahr 1944 geschickt das Deck des Übungsflugzeugträgers HMS Ravager an. Die Decklandeberechtigung war die letzte große Herausforderung, die ein Pilot während seiner Ausbildung bewältigen mußte, bevor er an die Front versetzt wurde.

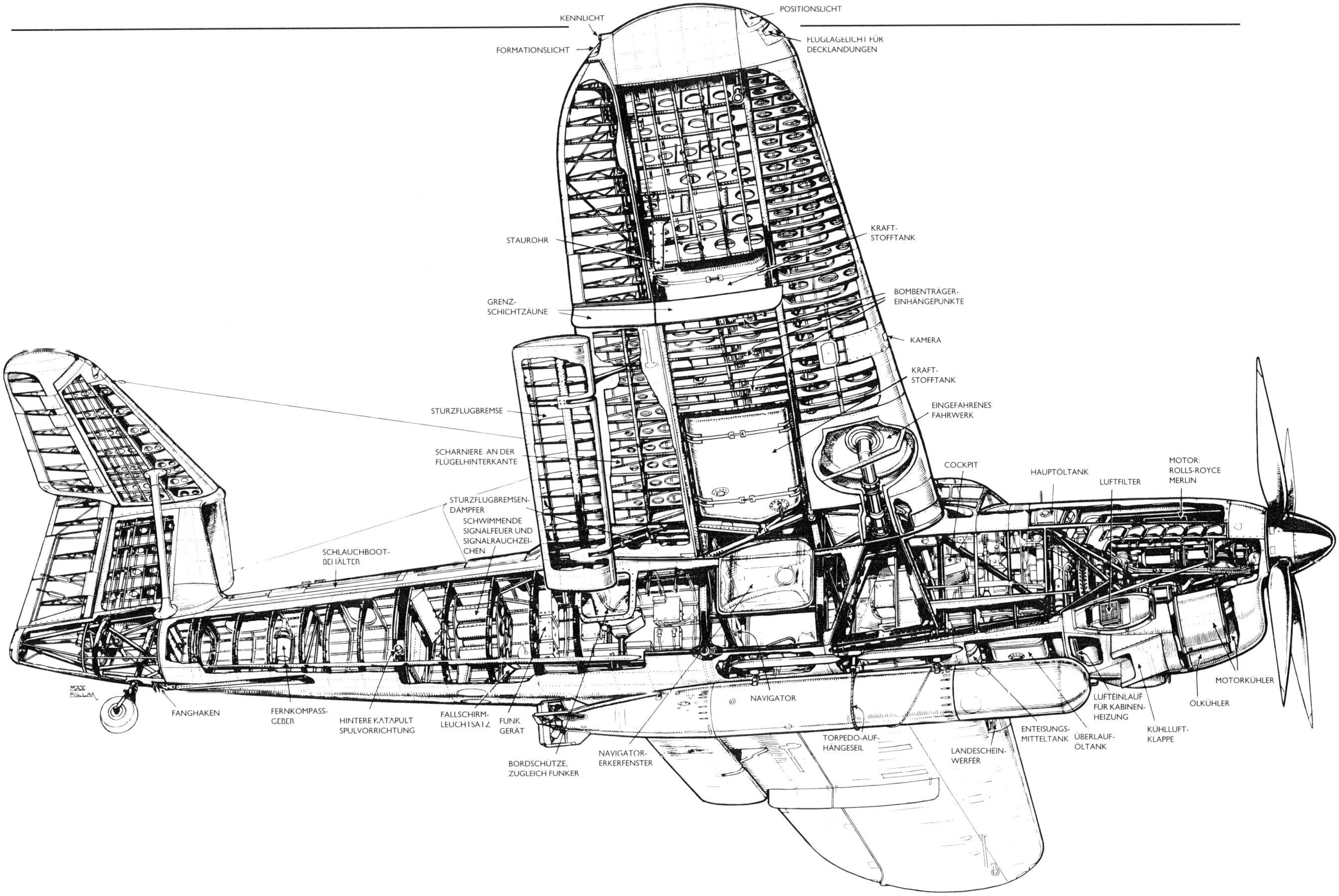

Die Mk I, von der 30 Stück gebaut wurden, hatte einen 1260-PS-Merlin und einen Dreiblattpropeller. Die Mk II, die für Sturzkampfeinsätze verwendete Hauptversion, besaß den Merlin 32 mit 1640 PS und einen Vierblattpropeller. Fairey baute 675 Exemplare, weitere 1013 entstanden bei Westland, Blackburn und Boulton Paul. Die Mk III war vor allem zur U-Boot-Abwehr konzipiert worden und unterschied sich von den anderen Versionen durch ein riesiges Radom für die Mk X-Radaranlage unter dem Rumpf. Von dieser Version lieferten Fairey und Boulton Paul 460 bzw. 392 Stück, so daß sich einschließlich der beiden Prototypen eine Gesamtstückzahl von 2572 ergab.

Barracudas flogen viele unbesungene Einsätze, etwa in der Salerno-Operation 1943 und im Pazifik von April 1944 bis zum VJ-Day, dem Tag des Sieges über Japan, doch zu wirklichem Ruhm kamen sie am 3. April 1944. An jenem Tag gelangen Flugzeugen von der Victorious und Furious 15 direkte Treffer mit panzerbrechenden 250- und 500-Pfund-Bomben auf die im Kaa-Fjord liegende Tirpitz. Einen anderen wichtigen Angriff, diesmal mit einer 1000-Pfund-Bombe, flog eine Barracuda am 24. August 1944. Die Barracuda V, mit ihrem viel leistungsstärkeren Griffon-Motor und zahlreichen anderen Modifikationen wie z.B. neuen Tragflächen und einem neuen Leitwerk, trat zu spät auf den Plan, um noch im Krieg eingesetzt zu werden.

Max Millar scheint beim Zeichnen seiner Flugzeuge mit Vorliebe eine Perspektive von unten gewählt zu haben, was in diesem Fall aber wahrscheinlich wirklich der beste Betrachtungsrichtung war. Die Grenzschichtzäune waren übrigens nicht bei allen Serienmaschinen vorhanden.

P-38 LIGHTNING

Nur wenige Militärflugzeuge waren so unverwechselbar wie die Lockheed P-38 Lightning: Dieses Flugzeug hatte eine kurze Mittelgondel und große Heckausleger (fast schon zwei Rümpfe) als Leitwerksträger. Die einzige halbwegs ähnlich aussehende Maschine des Zweiten Weltkriegs war die Fw 189, bei der es sich aber um ein wesentlich langsameres Aufklärungsflugzeug handelte, das kaum außerhalb des deutschen oder sowjetischen Luftraumes zu sehen war.

1937 gab das US Army Air Corps eine Anforderung nach einem Versuchs-Jagdflugzeug heraus, das "...die taktische Aufgabe übernehmen sollte, feindliche Flugzeuge in großer Höhe abzufangen und anzugreifen". Ein Steigflug auf 20.000 Fuß sollte nicht länger als sechs Minuten dauern, und im Horizontalflug sollte eine Geschwindigkeit von 580 km/h erreicht werden. Bei Lockheed, damals geführt vom Firmenpräsidenten Robert E. Gross, fertigten daraufhin die Konstruktionsingenieure Hall L. Hibbard und C.L. "Kelly" Johnson sechs Vorentwürfe für einen zweimotorigen Fighter an (der eigentlich gar nicht gefordert war). Alle Konfigurationen hatten die für Lockheed typische hohe Flächenbelastung, und alle waren mit zwei flüssigkeitsgekühlten Turbolader-Triebwerken von Allison motorisiert. Bei dreien war das Leitwerk an zwei Heckauslegern montiert, Nr. 4 hatte Zugschrauben und eine zentrale Rumpfgondel. Nr. 5 war im Prinzip wie Nr. 4 aufgebaut, nur mit dem Unterschied, daß das Cockpit im linken Ausleger und die Bewaffnung im mittleren Tragflächensegment angeordnet waren. Nr. 6 schließlich hatte in der Mitte eine Zug- und eine Druckschraube. Die Wahl fiel auf Nr. 4. Das Grundkonzept wurde nur noch im Windkanal weiteren Tests unterzogen, und ein ursprünglich vorgesehener Entenflügel an der Nase der Rumpfgondel entfiel.

April 1944: Von diesen gerade per Frachtschiff aus Burbank (Kalifornien) eingetroffenen metallglänzenden Rümpfen der Maschinen vom Typ P-38J-15-LO wird die Schutzschicht entfernt, bevor es an die Montage der Tragflächen geht.

Es wurde nur ein Prototyp (XP-38) gebaut, der erstmals am 27. Januar 1939 startete. Von Anfang an war der fünfteilige Flügel insofern höchst ungewöhnlich, als er längs und quer zur Richtung der Spannweite mit internen Wellprofilen versteift war und verstärkte Rippen besaß, um die durch die hochwirksamen Fowler-Klappen entstehenden großen Kräfte aufnehmen zu können. Diese Klappen waren notwendig, um der Flächenbelastung entgegenzuwirken, die bei späteren Versionen 326 kg/m^2 erreichte (verglichen mit "nur" 129 kg/m^2 beispielsweise bei der Spitfire Mk V). Wie das Bugradfahrwerk - eine Neuheit im Jahr 1939 - wurden auch die Klappen hydraulisch gefahren.

Einige frühe Maschinen hatten ein 37-mm-Kanone sowie zwei 0,303"- und zwei 0,5"-MGs; fast alle jedoch entsprachen der von Max Millar dargestellten Anordnung. Die Magazine hatten 150 Schuß 20-mm- und viermal 500 Schuß 0,5"-Munition. Das Interessanteste an der P-38 waren die Triebwerke: Durch einfaches Einsetzen oder Entfernen eines Getrieberades konnte die Drehrichtung der Motoren umgekehrt werden (daher hatte jedes Flugzeug links und rechts Motoren unterschiedlicher Unterversionen), wobei die elektrisch verstellbaren Propeller stets so drehten, daß sich die Blattspitzen oben vom Rumpf weg bewegten. Diese technische Finesse machte das Starten und Landen so einfach wie Autofahren - die P-38 entwickelte nicht die Spur einer Schlingerneigung.

Millars Zeichnung gibt anschaulich wieder, wie die weißglühenden Abgase zurück in den General Electric-Turbolader geleitet wurden, der dem Flugzeug in allen Höhen seine exzellenten Leistungen verlieh. Die vom Turbolader komprimierte Luft gelangte zum Intercooler (Ladeluftkühler) unter dem Motor und somit in den über ein Getriebe gekoppelten Lader im hinteren Motorbereich. Auf beiden Seiten des Intercoolers befand sich ein Ölkühler. Ein weiteres System von Rohrleitungen transportierte das Kühlmittel (Prestone) über eine ziemlich weite Strecke zurück zu den beiden Kühlern auf beiden Seiten des Heckauslegers. Zusätzliche Lufteinläufe auf der Oberseite dienten einerseits zur Kühlung der Turbinenscheibe und andererseits zum Ansaugen von Luft, die vom Auspuff erwärmt und ins Cockpit geleitet wurde.

Das komfortable Cockpit war - wie alles an der Lightning - absolut komplett ausgerüstet und im Finish von einer Qualität wie ein Cadillac. An Bord gelangte man, indem man einen Verschluß über dem Heck der Rumpfgondel anhob, woraufhin gleich darunter eine Leiter ausfuhr, über die man dann über die Tragfläche zur Cockpithaube gelangte. Diese bestand aus zwei aufstellbaren Seitentüren und einem Dachsegment, das nach hinten hochgeklappt werden konnte. Soweit ich mich erinnere, hatten alle P-38-Versionen ein Rad an einer massiven Steuersäule auf der rechten Cockpitseite, brachten es aber trotz dieser Anordnung und ihrer Spannweite von immerhin 15,80 m auf eine recht brauchbare Rollrate.

Die Wendigkeit insgesamt war für ein so großes und schweres Flugzeug erstaunlich gut. Die P-38 gehörte zu den ersten Flugzeugen, an denen sich bei sehr steilen Sturzflügen Kompressibilitätseffekte (durch die hohe Machzahl) bemerkbar machten. Um hier Abhilfe zu schaffen, wurden die letzten Chargen der P-38J und alle P-38L mit elektrisch angetriebenen Spezialklappen ausgestattet, die vorn unter dem Hauptholm drehbar montiert waren und unmittelbar hinter der Gondel auf beiden Seiten nach unten ausfuhren. Eine ebenso wichtige Innovation an diesen Versionen aus der späten Kriegszeit waren die -

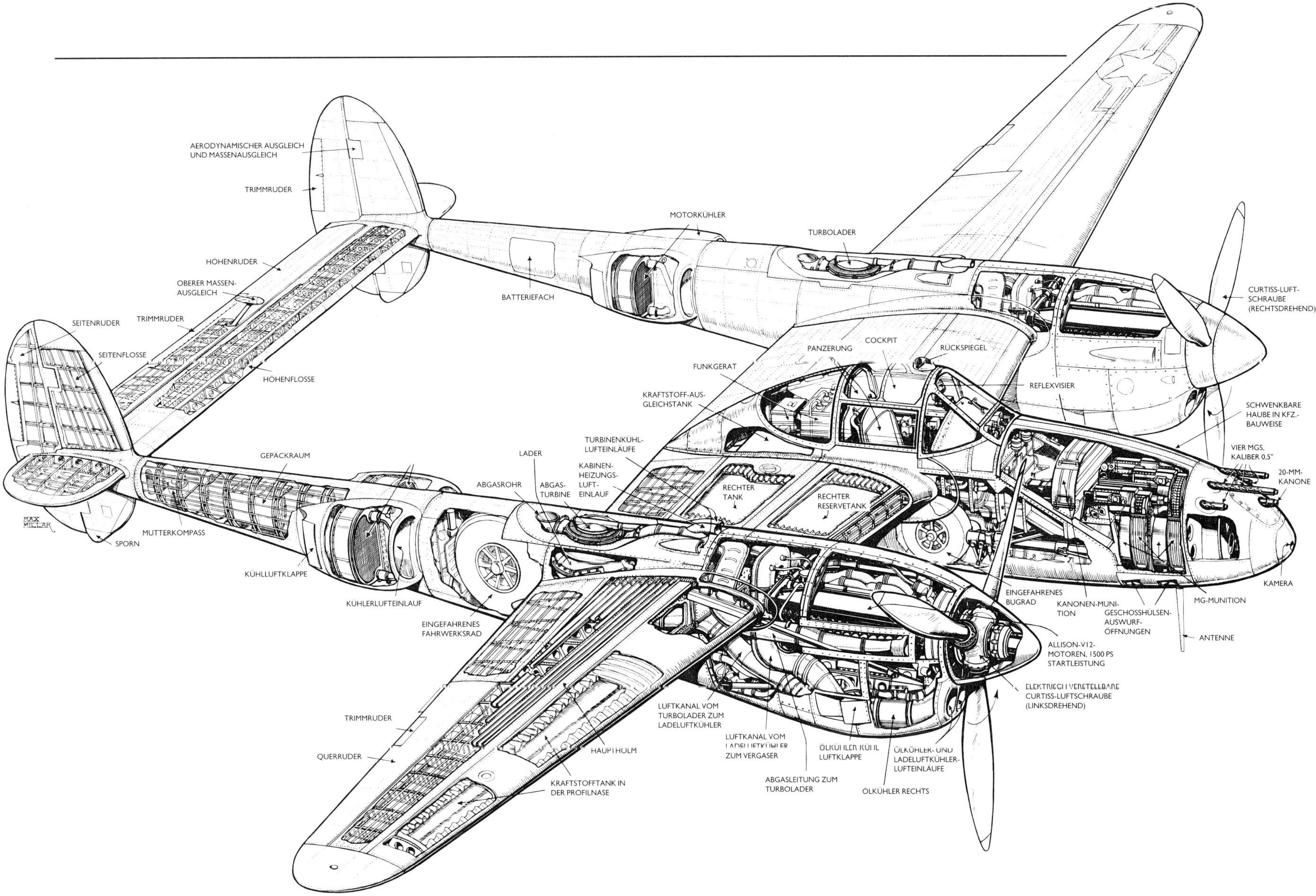

erstmals in ein Kampfflugzeug eingebauten - Querruder mit Hydraulikunterstützung. Erwähnt sei auch, daß die Hauptklappen in eine spezielle "Luftkampf"-Stellung gefahren werden konnten, was zwar unweigerlich mehr Luftwiderstand verursachte, aber die Flügelfläche und die Profilwölbung vergrößerte. Ich kann aus eigener Erfahrung bestätigen, daß man dadurch in horizontalen Kurven leicht einen Blackout bekommen konnte. Was man sich übrigens dabei gedacht hat, den Klappenhebel rechts statt links anzuordnen, ist mir unerklärlich - schließlich fliegen die meisten Piloten mit der rechten Hand.

Millars Gestaltung ist rundum gelungen, nur scheint er wohl keine Zeit gehabt zu haben, diesen einzigartigen Fighter richtig zu würdigen, der an allen Ecken und Enden wahre Leckerbissen für jeden Zeichner bereithielt. So wäre es kein großer Aufwand gewesen, auf weitere 27 Details in den Heckauslegern hinzuweisen, angefangen von Sauerstoffflaschen bis hin zu Leuchtsatz-Abschußrohren. Wer jemals eine P-38 geflogen hat, dem wird ihre geradezu unheimliche niedrige Geräuschentwicklung in Erinnerung geblieben sein. Das lag einfach daran, daß die Abgase bis zum Auspuffrohr so lange Wege zurückzulegen hatten; selbst bei einem tiefen Überflug mit Höchstgeschwindigkeit hörte man kaum mehr als ein sanftes, gedämpftes Rauschen! Leider haben einige der wenigen heute noch fliegenden Exemplare keine Turbolader und entwickeln daher mehr Lärm.

HAMILCAR

Meine Erinnerungen an die Hamilcar sind geringfügig angenehmer als diejenigen an die Horsa, was aber nicht viel heißen will. Die Horsa roch nach Holz (wonach auch sonst?), knarrte und ächzte, und sie torkelte daher, daß einem übel werden konnte. Die Hamilcar mag nicht viel anders gewesen sein, aber hier hatte ich den Vorzug, im Cockpit sitzen und die Maschine selbst fliegen zu dürfen. Jedenfalls flößten mir ihre schieren Ausmaße schon Vertrauen ein.

Wenn man einmal von der Douglas C-54 absieht, die einen Locust-Panzer als Außenlast mitführen konnte, war die Hamilcar das einzige Flugzeug der Alliierten, das zum Transport von Panzern in der Lage war. Im Gegensatz zur C-54 konnte der britische Lastensegler diesen Panzer aber bis zur Hauptkampflinie befördern. Natürlich kamen nur Mini-Panzer in Frage, von denen es nur zwei Typen gab, eben den Locust und den britischen Tetrarch, beide mit einem Gewicht von etwa 7,5 Longtonnen (7610 kg). Sie waren durchaus kampftauglich - wenn sie nicht gerade auf eine Panzerdivision stießen...

In Deutschland war ein in Holzbauweise aufgebauter Lastensegler (Junkers 322 Mammut) entwickelt worden, der sich aber als totaler Fehlschlag erwies. Anders in Großbritannien: Bei der General Aircraft Ltd. gelang einem Entwicklerteam unter der Leitung von Chefkonstrukteur Crocombe und Chefingenieur Hollis Williams mit dem völlig konventionell aufgebauten Holzsegler Hamilcar ein totaler Erfolg. Für ihre Zeit war die Hamilcar ein echter Gigant

OBEN: Der Hamilcar-Prototyp, fotografiert im März 1942.
UNTEN: Der Presse wird vorgeführt, wie ein leichter Tetrarch-Panzer nach einer gelungenen Landung aus dem Laderaum der Hamilcar bugsiert wird. An der Invasion in der Normandie waren auch 31 Hamilcars beteiligt.

und nach Auffassung des verstorbenen Charles Prowler sogar das größte jemals in Serie gebaute Holzflugzeug; in puncto Spannweite und Flügelfläche wurde sie allerdings von der Handley Page V/1500 und der R-Serie von Zeppelin Staaken aus den Jahren 1917/18 übertroffen. Die Spannweite war mit 33,50 m ebenso groß wie die der B-24, die Flügelfläche mit 154 m^2 jedoch um 50 Prozent größer. Der Prototyp flog am 27. März 1942. General Aircraft baute in Hanworth 10 Exemplare für die Flugerprobung und 10 für den Militäreinsatz, die jeweils in North Luffenham endmontiert wurden. 390 weitere Hamilcars wurden dagegen von einem eigens hierfür gegründeten Firmenkonsortium produziert; die Endmontage erfolgte an verschiedenen RAF-Standorten.

Ursprünglich hatte man die Idee gehabt, den Panzer auf eine Plattform auf einer tiefliegenden Tragfläche zu fahren und die Steuerung des Flugzeugs mit der Fahrerposition des Panzers zu koppeln. Damit hätte man viele Probleme lösen können, sich aber dafür einige weitaus größere Schwierigkeiten eingehandelt. In ihrer tatsächlichen Ausführungsform jedenfalls war die Hamilcar ein konventionelles Flugzeug. Der Panzer wurde rückwärts durch die Bugtür in den Laderaum gefahren, und die Piloten stiegen entweder ebenfalls durch diese Tür oder über eine Tür in der Rumpfmitte ein, um anschließend über eine Leiter an der rechten Rumpfwand durch eine Dachluke zu klettern. Nach diesem langen Weg (und er dürfte vielen besonders bei Eisansatz ziemlich lang vorgekommen sein!) konnten sie dann endlich die vordere bzw. hintere Einstiegstür auf der linken Cockpitseite öffnen und einsteigen. Für die Tandemanordnung mit zwei Piloten hatte man sich entschieden, weil ein Pilot auf einem langen Schleppflug ermüden konnte, oder weil vielleicht ein Pilot vor der Landung getötet wurde, obwohl die Frontscheibe kugelsicher war, der hintere Sitz eine Panzerung besaß und unter dem Cockpit ein ganzer Panzer stand!

Die Bugtür war rechts am Rumpf mit Scharnieren befestigt und hatte links einen Bolzenverschluß. Anfangs wurde das Hauptfahrwerk nach dem Start abgeworfen, doch das erwies sich bald als nachteilig. Zum einen blockierten die massiven Fahrwerksteile schon nach kurzer Zeit den Startflugplatz, zum anderen war auch das Abwerfen an sich eine gefährliche Angelegenheit, denn die anschließende Landung auf der Kufe glich mehr einem kontrollierten Aufschlag. Außerdem waren die Piloten von später eintreffenden Maschinen kaum in der Lage, ihre Flugzeuge auf der Kufe zwischen bereits gelandeten Seglern hindurch zu steuern. Für diese ganze Problematik fand man schließlich eine Lösung, die im folgenden beschrieben werden soll.

Als Schleppmaschine wurde eine Stirling IV oder eine Halifax der Baureihen V, VII oder IX benötigt. Das Spezial-Gabelseil (aus Manilahanf und über 5 cm stark) hatte seglerseitig zwei massive Beschläge, die von einem Helfer mit einem Schleppfahrzeug herbeigeholt und in die Schleppkupplungen unter dem Hauptholm an den beiden Enden des Tragflächen-Mittelsegments eingeklinkt wurden. Den Start machten beide Piloten gemeinsam. Dabei mußten sie darauf achten, daß ihr Lastensegler zunächst dicht über dem Boden blieb und nicht das Heck der Schleppmaschine anhob, was ein tödlicher Fehler gewesen wäre. Wenn der Schleppzug erst einmal in der Luft war, erforderte die Betätigung der rein manuellen Steuerungselemente keinen sonderlich großen Kraftaufwand mehr. Üblich war der Hochschlepp, bei dem der Lastensegler oberhalb der Propellerwirbel der Schleppmaschine flog.

Nach dem Ausklinken in der Nähe der Landezone ging es darum, nach Möglichkeit innerhalb weniger Sekunden zu landen. Von entscheidender Bedeutung für den schnellen Sinkflug waren deshalb die großen Klappen, die mit Hilfe von Druckluft aus großen Druckluftflaschen gefahren wurden. Diese Flaschen waren fest montiert, damit sie, falls sie bei Feindbeschuß getroffen wurden, nicht durch das ganze Flugzeug schossen. Im Landeanflug konnten beide Piloten die ebenfalls druckluftbetriebenen und sehr wirksamen Radbremsen bedienen und auf diese Weise gezielt ausrollen, um den verfügbaren Platz in der Landezone optimal auszunutzen. Nach dem Stillstand konnten beide Piloten dann durch Hochziehen eines Hebels den Druck aus den Hauptfahrwerkstreben ablassen, so daß der Segler rasch auf den Kufen zu stehen kam.

Der Panzerfahrer ließ den Motor schon in der Luft an; die Abgase wurden durch Entlüftungen seitlich im Rumpf nach außen geleitet. Der Panzer war am Heck gegen mögliche starke Stöße beim Aufsetzen durch Gurte gesichert, die im Rumpfboden verankert waren. Diese konnte der Panzerfahrer von seinem Sitz aus ausklinken, so daß er nach vorn aus dem Segler fahren konnte. Dabei drückte der Panzer gegen einen Ledergurt, der die Bugtür entriegelte und öffnete.

Beide Luftfahrtmagazine veröffentlichten Aufrißzeichnungen der Hamilcar, wie sie unterschiedlicher nicht sein konnten. Für Flight fertigte R.E. Poulton ein eindrucksvolles Bild an, das den Segler komplett mit Panzer und Invasionsstreifen zeigte. Es war wesentlich anschaulicher als die Zeichnung von Clark, enthielt aber andererseits auch nicht halb so viele Details.

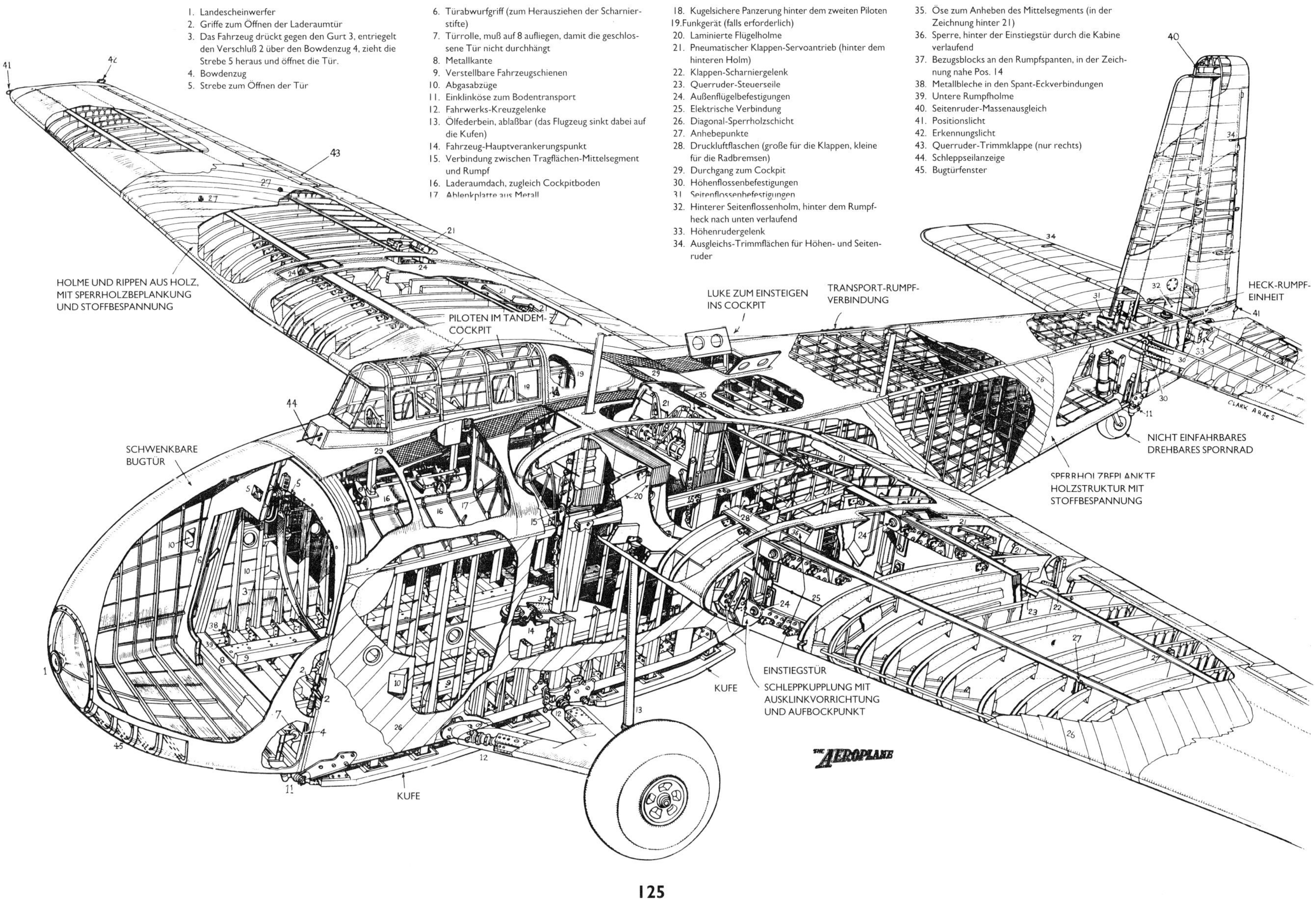

HERCULES XVI

Diese Zeichnung könnte man eine ganze Stunde lang studieren, ohne daß es langweilig wird - schon das läßt erahnen, wie lange wohl Clark dafür benötigt hat. Sie zeigt einen typischen Hercules-Motor der Kriegsversion Mk XVI. Im Vergleich mit allen britischen Flugmotoren des Zweiten Weltkriegs wurden diese Hülsenschieber-Sternmotoren mit 14 Zylindern nach meiner Auffassung in ihrer Bedeutung nur vom Merlin übertroffen. Im Gegensatz zum lautstarken Merlin murmelte der "Herc" nur und strahlte mit seinem tiefen Brummen einfach nur ehrfurchtgebietende Leistung aus.

Mir wurde einst die Ehre zuteil, die Biographie von Sir Roy Fedden zu schreiben. Dieser Band mit dem sinntragenden Titel By Jupiter ist natürlich schon lange vergriffen, aber wie ich zu meiner Freude erfahren habe, wird der Rolls-Royce Heritage Trust in Kürze einen Nachdruck auflegen und einige Exemplare sicherlich auch zum Kauf anbieten. Er erzählt eine mit Fakten vollgepackte Geschichte über die Unbeirrbarkeit eines höchst bemerkenswerten Mannes. Fedden machte den Bristol Jupiter in den zwanziger Jahren weltweit zum Motor Nr. 1, der außer von Bristol von 17 Lizenznehmern produziert und in 262 Flugzeugmuster eingebaut wurde. Hätte er nur mit dem Pegasus und dem Mercury weitergemacht und sich dann auf Doppelsternmotoren in Zweiventiltechnik (wie z.B. die Konkurrenzprodukte Double Cyclone und Double Wasp) verlegt - er hätte sich und der Firma Bristol eine Menge Kummer erspart.

Des besseren Gaswechsels halber aber verwendete Fedden vier Ventile pro Zylinder, und das machte die Konstruktion eines kultivierten Doppelsternmotors sehr schwierig. Er hielt stur an dem Zylindertyp fest, bei dem sich jeder Kolben in einer eigenen Hülse mit eingefrästen Schlitzen auf und ab bewegte, die sich bei jedem Kolbenhub drehte, bis die Schlitze jeweils über der Einlaß- bzw. Auslaßöffnung in der umgebenden Zylinderwand standen. Dies ist auch in Clarks Zeichnung und den zugehörigen Detailzeichnungen gut zu erkennen. Während die Zylinderwand aus einer Aluminiumlegierung geschmiedet war und tief eingefräste Kühlrippen aufwies, bestand die Hülse aus nitriergehärtetem Stahl, um die unterschiedlichen Wärmeausdehnungskoeffizienten von Zylindern und Hülsen auszunutzen. Die Hülse mußte einerseits eine Wanddicke wie ein Stück Pappe haben, andererseits aber dem Druck und der Temperatur der bei jedem Zündvorgang entstehenden Abgase standhalten. Die Kolbenringe mußten außerdem fest ins Innere der Hülse eingepaßt sein, die ihrerseits exakt in die Zylinderwand passen mußte. Keine leicht zu erfüllenden Forderungen, wenn man berücksichtigt, daß der Motor vielleicht unter arktischen Witterungsbedingungen gestartet wurde und auch dort zuverlässig seine Höchstleistung entwickeln mußte. Selbstverständlich mußte alles gut geschmiert sein, ohne daß das Öl aufgrund seiner begrenzten Kompressibilität selbst seine Verteilung im Motor behinderte.

Feddens erster Hülsenschieberzylinder wurde 1927 erfolgreich getestet, und der erste komplette Motor (ein Perseus) ging im Juli 1932 in Produktion. Der Perseus (neun Zylinder, Bohrung 146 mm, Hub 165 mm) hatte ursprünglich 480 PS und wurde bis zum Zweiten Weltkrieg so weit optimiert, daß er 905 PS leistete. Der Hercules hatte 14 ähnliche Zylinder bei einem Gesamthubraum von 38,7 Litern. Er lief erstmals im Januar 1936 und leistete damals 1290 PS, bis er es nach jahrelanger Weiterentwicklung schließlich fast auf die doppelte Leistung brachte. Weitere Ergebnisse von Feddens Arbeit waren der Aquila, der Taurus und der ausgezeichnete Centaurus in der 3000-PS-Klasse, doch leider mußte Fedden die Firma Bristol 1942 verlassen, bevor er auch nur den Prototypen des 4000 PS starken Orion fertigstellen konnte.

Die vielen Zahnräder zwischen dem Motor und dem Propeller-Untersetzungsgetriebe boten die einfachste Möglichkeit zum Antrieb der Hülsen. Genau wie bei Dampflokomotiven verursachte die Ventilsteuerung mehr Diskussionen als alles andere. Der Autor schlug Fedden einen von den Tellerventilmotoren her bekannten Außenring vor, um die 14 Antriebswellen auf etwas elegantere Weise mit derselben Drehzahl in Rotation zu versetzen, aber eigentlich nur, um dahinterzukommen, warum er die Lösung mit den 56 Zahnrädern bevorzugte.

Das bei weitem schwierigste Problem bei der Entwicklung eines akzeptablen Hülsenschiebermotors bestand darin, ihn so zu konstruieren, daß man für jeden Zylinder Standardkomponenten verwenden konnte. Der Zusammenbau von Motoren von Hand war kein Problem (nachdem man endlich ein Verfahren zur Herstellung absolut runder Hülsen entwickelt hatte, was zehn Jahre in Anspruch genommen hatte), aber in einem Krieg sind handgefertigte Prototypen nun einmal wertlos! Doch Fedden hatte schließlich Erfolg, und als der "Herc" 1940 in Produktion ging, war er ausgereift genug, um von einem komplexen Netz von Schattenwerken - das größte davon befand sich in Accrington - in Großserie gebaut zu werden. Bis Kriegsende bauten diese Fertigungsstätten 57.400 Motoren mit Nennleistungen zwischen 1490 und 1800 PS. Noch nach dem Krieg wurden ein paar tausend weitere Exemplare produziert, die meisten davon mit mehr

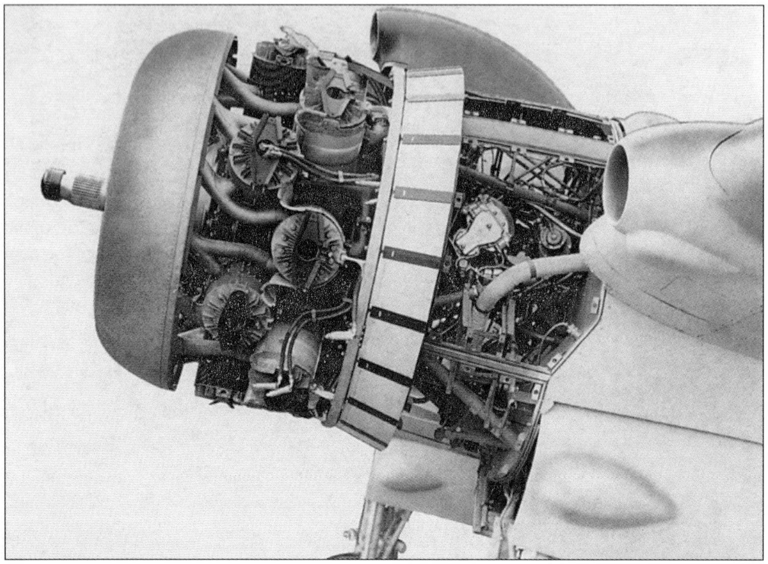

Ein 1650 PS starker Hercules VI ohne Cowling und Propeller, wie er während des Entwicklungsprogramms in eine Beaufighter Mk VI eingebaut wurde. Die Flugzeugnase wurde auf diesem Foto vom November 1943 unkenntlich gemacht.

als 2000 PS. Eingesetzt wurden sie vor allem in den Mustern Beaufighter, Wellington, Stirling, Halifax, Albemarle, Lancaster II, Hastings, Hermes und Viking.

Um die Zeichnung nicht allzu kompliziert werden zu lassen, hat Clark auf die Darstellung der dicken Auspuffrohre verzichtet, die an den Öffnungen "E" angeschraubt wurden. Bei den meisten Motoren aus der Kriegszeit verliefen diese Rohre zu einem Abgassammelring, der die Cowling umgab. Von dort aus wurden die Abgase zu einem Rohr mit Dutzenden von kleinen Fischschwanzöffnungen geleitet, aus denen sie nach außen geleitet wurden, ohne daß Flammen oder glühende Metallteile sichtbar waren. Ab 1944 (erstmals beim Centaurus-Motor der Tempest II) verliefen die gekrümmten Auspuffrohre zurück und zwischen den Zylindern hindurch, um anschließend an den Seiten des Rumpfes bzw. der Motorgondel ins Freie abgegeben zu werden.

Um auch das Propeller-Untersetzungsgetriebe vom Typ Farman anschaulich zu machen, wählte Clark eine Perspektive von vorn, so daß das hintere Ende des Motors leider nicht zu sehen ist. Hier befanden sich allerlei Pumpen für Kraftstoff und Öl sowie zur Unterdruckerzeugung und für das Hydrauliksystem, ferner ein Kompressor, der Anlasser, der Generator, der Drehzahlmesser und zahlreiche andere Hilfsaggregate. Zu sehen ist immerhin einer der beiden Zündmagnete. Von hier aus führten 28 funkentstörte Zündkabel zu den beiden Kerzen in der Mitte der einzelnen Zylinderkopfringe, die in die zugehörige Hülse am oberen Ende ihres Hubweges ragten. ZYLINDER NR. 3 (HINTERE ZYLINDERGRUPPE) muß man sich ziemlich sorgfältig ansehen: Auf den ersten Blick scheinen die Ringe auf der Hülse zu liegen; tatsächlich aber befinden sie sich auf dem Zylinderkopfring, der nach unten in die Hülse ragt.

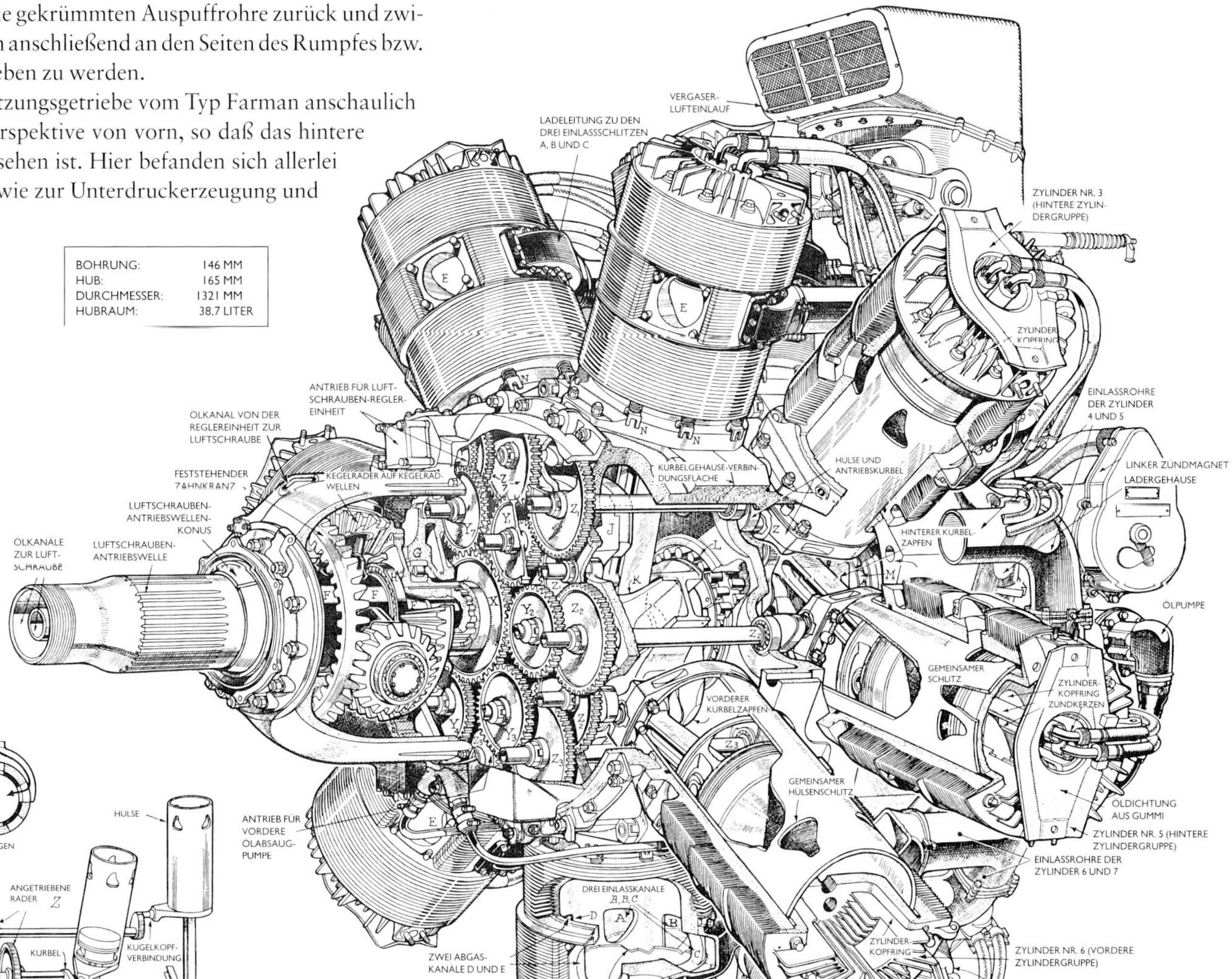

F. Luftschrauben-Antriebswelle mit Kegelradwelle
G. Rollenlager (Reduziergetriebe-Antriebsrad)
H. Kugellager (Reduziergetriebe-Abtriebswelle)
J. Kurbelwellen-Massenausgleich
K. Hauptpleuel (Zylinder Nr. 4 der vorderen Zylindergruppe)
L. Selbstzentrierendes Kurbelwellenmittellager
M. Hinteres Kurbelwellenlager
N. Federringe (Zylinder-Haltemuttern)

BOHRUNG:	146 MM
HUB:	165 MM
DURCHMESSER:	1321 MM
HUBRAUM:	38,7 LITER

FUNKTIONSWEISE DER VENTILSTEUERUNG:

WELLE X TREIBT 7 ZWISCHENRÄDER SOWIE DIE RITZEL Y1, Y2 ... Y7 AN.

JEDES ZWISCHENRADRITZEL (Y) TREIBT ZWEI RÄDER AN; Y1 TREIBT ALSO Z.B. Z1 Z1 AN.

JEDES DER BEIDEN ANGETRIEBENEN RADPAARE Z TREIBT ZWEI HÜLSENKURBELN AN (IN DER VORDEREN UND HINTEREN ZYLINDERGRUPPE).

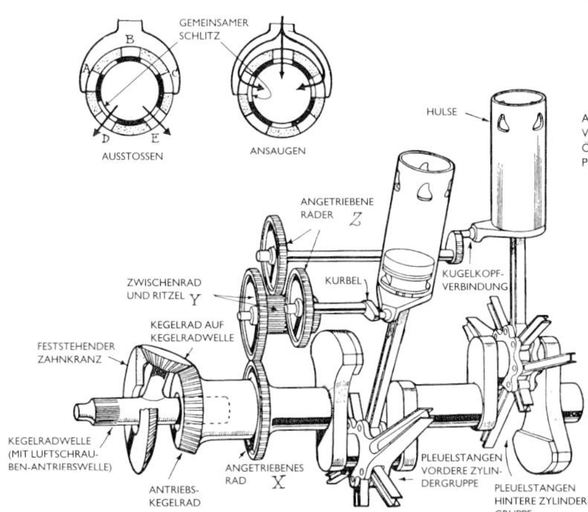

DIE ZEICHNUNG LINKS ZEIGT DAS FUNKTIONSPRINZIP DER HÜLSEN UND IHRES ANTRIEBS. AUS DIESER REIN SCHEMATISCHEN DARSTELLUNG LÄSST SICH DIE EINBAULAGE DIESER ANTRIEBSEINHEIT IM MOTOR ERSEHEN. DIE HÜLSEN BEWEGEN SICH IN DEN ZYLINDERN AUF UND AB UND DREHEN SICH DABEI. HIERDURCH GELANGEN DIE SCHLITZE ABWECHSELND IN DIE POSITIONEN "AUSSTOSSEN" UND "ANSAUGEN" (S. SKIZZE).

PEGASUS X

Alle heutigen Harrier besitzen Bristol-Triebwerke mit der Bezeichnung Pegasus, die aber wenig mit den Pegasus-Motoren gemeinsam haben, die in über 90 Flugzeugtypen der Jahre 1931 bis 1945 zum Einsatz kamen. Der "Ur-Pegasus" war nichts anderes als eine mit einem neuen Namen versehene, verbesserte Version des Jupiter, der von dem jungen Roy Fedden und "Bunny" Butler bei der Firma Brazil Straker entwickelt worden war.

1920 wurden Fedden und sein Team vom autokratischen Vorstand der Bristol Aeroplane Co. als "Bürger zweiter Klasse" eingestellt. Feddens unermüdlicher Einsatz führte dazu, daß sowohl der Jupiter als auch sein Team nicht nur bei Bristol verblieben, sondern sich auch technologisch bald an die Spitze des Flugzeugbau-Geschäftsbereichs der Firma setzten. Bis 1930 hatte man 17 ausländische Lizenznehmer gewonnen, und 7100 Jupiter-Motoren waren in 262 verschiedene Flugzeugtypen eingebaut worden. Dieser luftgekühlte Sternmotor mit neun großen Zylindern (Bohrung: 146 mm, Hub: 190,5 mm) war fast zum Standardmotor von RAF und Imperial Airways geworden, wenngleich auch die neuesten Hawker-Doppeldecker mit dem Kestrel von Rolls-Royce flogen.

Dieses vor dem Krieg aufgenommene Bristol-Werbefoto zeigt die kompakte Bauweise eines der erfolgreichsten Motoren des Unternehmens.

Charakteristische Merkmale waren die Zylinder mit separaten, geschmiedeten Zylinderköpfen, in denen zwei Einlaß- und zwei Auslaßventile untergebracht waren, eine einteiliger Hauptpleuel, der einen Kurbelzapfen auf einer geteilten Kurbelwelle antrieb (hier hätte Clark auf die große Schraube hinweisen können, die die Kurbelwange fest um den gut dargestellten Kurbelzapfen herum andrückte), und - in den meisten Versionen - ein Zentrifugallader hoher Drehzahl sowie ein Propeller-Reduziergetriebe vom Type Farman. Im Gegensatz zu seinen Rivalen widmete sich Fedden intensiv den Fragen des Motoreinbaus und beauftragte Freddy Mayer damit, sich ausschließlich mit diesem Aufgabengebiet zu befassen. Nach 1930 wurden die Jupiter-Motoren mit Townend-Ringhauben verkleidet.

Eine Version des Jupiter mit einem auf 165 mm reduzierten Hub, der man die Bezeichnung Mercury gegeben hatte, eroberte sich einen großen Markt bei Jagdflugzeugen und Bombern. Dieser in kurzer Zeit entwickelte Motor hatte Zylinder mit abgeschlossenem Ventilsteuergetriebe, mehr und tiefer eingefräste Kühlrippen, ein leichteres Reduziergetriebe und schnellstartfähige Kraftstoff- und Ölsysteme. Fedden realisierte diese Eigenschaften an einem Motor mit Zylindern, die so groß waren wie die des Jupiter, und gab ihm zunächst den Namen Mercury V, der aber bald darauf in Pegasus geändert wurde. Der Pegasus begann seinen Werdegang 1932 mit 500 bis 640 PS, steigerte sich aber bald (mit 87-Oktan-Kraftstoff) auf 750 PS. 1939 lieferte der Pegasus XXII mit 100-Oktan-Kraftstoff 1010 PS, und das bei einem Gewicht von 466 kg - eine wirklich bemerkenswerte Leistung.

Der Pegasus diente als Antrieb für viele wichtige Flugzeuge, unter ihnen Dutzende von ausländischen Mustern. In Großbritannien flogen die Supermarine Walrus und die Vickers-Typen Victoria, Valentia, Vildebeest und Vincent diesen Motor ohne Cowling, während die Bristol Bombay, die Fairey Swordfish, die Hawker-Muster Swedish Hart und Iraqi Audax (auch bekannt als "Hawker Nisr"), die Supermarine Stranraer, die Vickers Wellesley und die Westland Wallace von Pegasus-Motoren mit Townend-Ringhauben angetrieben wurden. Die Boulton Paul Overstrand und die Saro London hatten zwei "Peggies" unter etwas merkwürdig anmutenden neunseitigen Cowlings. Die Handley Page-Typen Harrow und Hampden sowie die C-Klasse "Empire" und die Sunderland von Short hatten ebenso wie die Wellington von Vickers-Armstrong Pegasus-Motoren unter langen Cowlings, mit einem Abgassammelring vorn und einstellbaren Kühlluftklappen hinten.

Die Zahl der hergestellten Motoren belief sich in England auf etwas mehr als 17.000, bis die Produktion 1942 eingestellt wurde. 14.400 davon wurden nach Oktober 1936 ausgeliefert, dem Zeitpunkt also, als die vielen "Schattenwerke" ihren Betrieb aufnahmen.

Im September 1935 nahm Luftmarschall Sir Hugh Dowding, der berühmte Oberbefehlshaber der RAF-Jagdfliegerverbände während der Luftschlacht um England, Fedden beiseite und sagte: "Ich glaube, Sie werden erleichtert sein zu hören, daß die Luftstreitkräfte zu dem Schluß gekommen sind, daß ein Krieg mit Deutschland nicht zu vermeiden sein wird. Nur wann er beginnt, wissen wir nicht. Was wir aber tun müssen, ist genau das, was Sie befürwortet haben: Wir müssen unsere Produktionskapazitäten gewaltig aufstocken. Wir haben uns deshalb entschieden, einen bewährten Hersteller auszuwählen, dessen Fertigungsstätten haargenau zu kopieren und diese ‚Schattenwerke' für die Produktion einzusetzen. Was Motoren betrifft, haben wir uns für Sie entschieden, weil wir mit Bristol-Motoren unser Risiko minimieren."

So lud Fedden die Direktoren von sieben Automobilfirmen ein. Sechs von ihnen signalisierten kein Interesse, sondern wiesen die Idee entrüstet zurück. Nur Billy (der spätere Lord) Rootes zeigte eine solche Begeisterung, daß er das riesige "Schattenwerk"-Programm fast allein auf den Weg brachte, und bald wurden Schatten-Motorwerke nicht nur von Bristol und Rootes, sondern auch von Daimler, Austin, Rover und Standard betrieben. Sie begannen mit dem Mercury, und binnen kurzem konnten sechs Motoren getestet werden, die aus zufällig zusammengestellten Komponenten aller teilnehmenden Firmen montiert worden waren. Bald ging der Pegasus in die Schattenproduktion, und schließlich - in wesentlich größeren Stückzahlen - der Hercules.

Anfangs glaubten die Automobilhersteller noch, klüger als Fedden zu sein, und nahmen häufig scheinbar wenig relevante Änderungen an heiklen Produktionsprozessen wie z.B. dem Zahnradschleifen vor. Erst nach Dutzenden von Abstürzen - nicht selten mit tödlichem Ausgang - machten sie sich klar, daß von der hart erarbeiteten Bristol-Technologie ohne sorgfältige Rücksprache auch nicht im geringsten abgewichen werden durfte. Eine elementare Anforderung lautete selbstverständlich, daß jeder Motor nach dem Zusammenbau der Einzelteile einwandfrei laufen mußte, gleichgültig, ob diese nun von Bristol oder von irgendeinem der vielen Schattenwerke hergestellt worden waren.

Millars Zeichnung zeigt einen typischen Pegasus, wie er ab Kriegsbeginn in Großserie produziert wurde.

DER BRISTOL PEGASUS X

EIN PFUND PRO PS: 31,5 PS PRO LITER

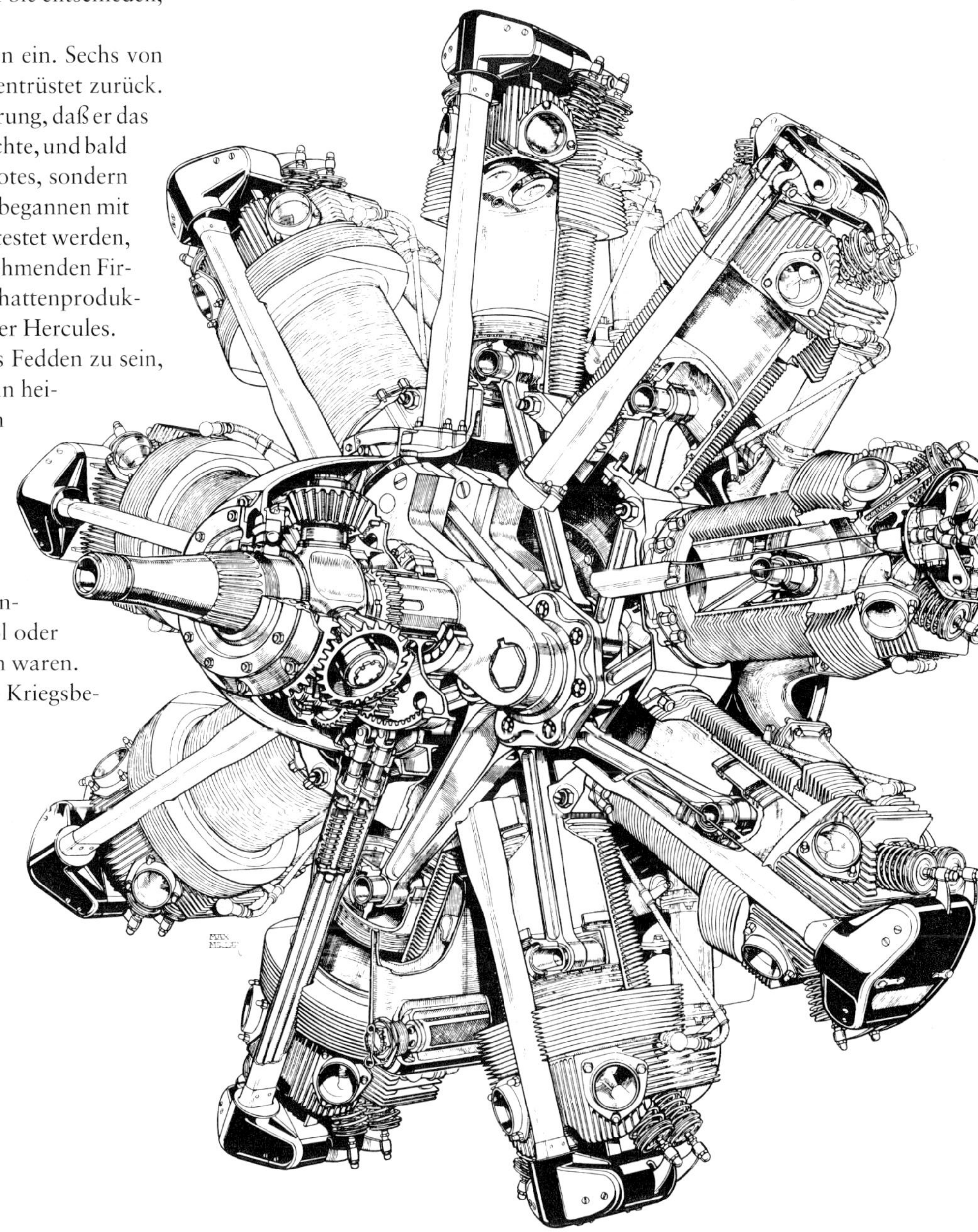

Teilschnittdarstellung eines 900-PS-Bristol-Motors. Der Hauptpleuel verläuft zum Kolben von Zylinder Nr. 6 (unten links). Das Luftschrauben-Reduziergetriebe ist mit zwei Antriebskegelrädern und drei Kegelradritzeln aufgebaut. Die Nockenhülse für die Ventilsteuerung befindet sich zwischen dem Reduziergetriebe und dem Kurbelzapfen-Hubradius. Die Kipphebelgehäuse oben auf den einzelnen Zylindern bewegen sich um zwei Träger; das vordere Gehäuseende ist jeweils mit dem Kurbelgehäuse über eine Zugstange verbunden, die zwischen den beiden Stößelstangen liegen. Dieses Ausgleichsgetriebe erhält stets das richtige Ventilspiel aufrecht.

DAGGER

D. Napier & Son aus Acton im Westen von London landeten gleich mit ihrem ersten Flugzeugmotor, dem Lion, einen Riesenerfolg. Für seine Zeit (April 1917) war der von Arthur J. Rowledge konstruierte Lion in der Tat ein bemerkenswerter Motor. Es besaß drei in der sogenannten W-Form angeordnete Reihen zu je vier wassergekühlten Zylindern. Er brachte es schon nach kurzer Entwicklungszeit auf 500 PS und wurde anläßlich der Schneider Trophy - des berühmten Luftrennens - von 1927 auf eine Leistung von 1400 PS optimiert. 1921 beging Napier den unverzeihlichen Fehler, sich mit Rowledge zu überwerfen, der prompt zu Rolls-Royce wechselte und dort maßgeblich an der Entwicklung des Kestrel beteiligt war. Im verzweifelten Kampf um das Überleben auf dem Flugmotorenmarkt beauftragte das Management in Acton 1929 Major Frank B. Halford, einen begabten freiberuflichen Konstrukteur, mit der Entwicklung einiger neuer Napier-Motoren.

Ich habe mich immer wieder gefragt, ob Halford hier einen Geistesblitz hatte oder seinen Auftrag nur als gute Gelegenheit betrachtete, einige extravagante Ideen auszuprobieren. Er machte nicht etwa dort weiter, wo die Entwicklung des Lion stehengeblieben war, sondern entschied sich für die Konstruktion von Motoren mit sehr vielen kleinen, luftgekühlten Zylindern und außerordentlich hohen Drehzahlen. Sein erstes Projekt war der Rapier mit 16 Zylindern in H-Konfiguration. Bei Motoren dieser Bauform treiben vier Reihen von Zylindern zwei Kurbelwellen an, denen jeweils eine Reihe von stehenden Zylindern oben und eine Reihe von hängenden Zylindern unten zugeordnet ist. Vorn an den Kurbelwellen befindet sich ein kleines Zahnrad, das ein größeres Getriebe auf der mittig angeordneten Propellerwelle antreibt.

Der Dagger, eine für ihre Zeit allzu komplexe Maschine, gehörte nicht gerade zu den erfolgreicheren Motoren der Firma Napier.

Auf den Rapier folgte der Dagger. Dieser Motor besaß nicht weniger als 24 geringfügig größere Zylinder (Bohrung: 97 mm, Hub: 95 mm) mit einem Hubraum von 16,84 Litern. Die Dagger-Motoren von 1934 lieferten 635 PS; 1936 wurde eine verbesserte Version für die Produktion freigegeben, die bei 4000/min eine Startleistung von 950 PS entwickelte. Die von Clark gezeichnete spätere Version war der Dagger VIII, der in den Hereford-Bomber von Handley Page eingebaut wurde und in 8.750 Fuß eine Höchstleistung von 1000 PS (und damit den "magischen Wert" von einem PS pro Kubikzoll Hubraum) erreichte.

Clarks Anmerkung «12 Kurbelwellenzapfen» an den Kurbelwellen stimmt nicht. Jede Kurbelwelle wurde zwar von 12 Zylindern angetrieben, hatte aber nur sechs Kurbelwellenzapfen, von denen jeder über ein Pleuel mit Gabelende von oben und ein ineinandergreifendes flaches Pleuel von unten angetrieben wurde. Bei einer Kurbelwelle mit 12 Zapfen hätten die oberen und unteren Zylinder auf jeder Seite gegeneinander versetzt angeordnet sein müssen.

Einige konstruktive Details sind besonders interessant. Vorn am Motor befanden sich oben zwei Zündmagnete und unten zwei Zündverteiler, angeordnet in Form des Buchstabens X. Die 12 Zündkerzen auf der rechten Seite, die in der Zeichnung zu sehen sind, erhielten ihre Zündspannung über ein abgeschirmtes Zündgeschirr vom Verteiler auf der linken Seite. Das abgeschirmte Zündgeschirr vom rechten Verteiler verläuft senkrecht nach oben und führt den linken Zündkerzen ihre Zündspannung zu, obwohl sie auf ihrem Weg dorthin sogar die Kabel des anderen Zündgeschirrs berühren! Warum hat man nicht eine Menge Gewicht eingespart und zugleich mögliche Probleme dadurch vermieden, daß man zur Versorgung der einzelnen Zündkerzen den Verteiler gleich dahinter verwendet hat?

Eine weitere Besonderheit war die Verwendung eines doppelseitigen Zentrifugalladerrades. Die Tatsache, daß im vorliegenden Fall zwei große Rohre erforderlich waren, um dem Motor die komprimierte Luft zuzuführen (eines für die oberen, das andere für die unteren 12 Zylinder), ist unwesentlich. Whittle setzte in allen seinen innovativen Turbinen-Luftstrahl-Triebwerken einen doppelseitigen Zentrifugallader ein, doch ausgerechnet als Halford 1941 in die Entwicklung von TL-Triebwerken (für De Havilland) einstieg und einen weit größeren Luftdurchsatz brauchte, machte er eine plötzliche Kehrtwendung und entschied sich für einen einseitigen Kompressor! Beide Anordnungen haben ihre Vor- und Nachteile.

Halford war sicherlich ein fähiger Mann, und niemand wird abqualifizieren, was er mit den Leichtflugzeugmotoren Cirrus und Gipsy geleistet hat, aber was Hochleistungstriebwerke angeht, wurde er, wie ich glaube, von seinem eigenen Enthusiasmus mitgerissen. Selbst von den Gipsies entstand schließlich ein Motor namens Gipsy Twelve (RAF-Bezeichnung: "Gipsy King"), der im Vergleich mit anderen Verfahren zur Erzeugung von 525 PS aber einfach nur komplex, schwer und teuer war. Die Krönung von Halfords Entwicklungsarbeit war der Sabre, der auch in diesem Buch beschrieben wird.

Diese Clark-Zeichnung des Dagger erschien in The Aeroplane vom 11. Januar 1939. Zwischen den Luftfahrt-Wochenzeitschriften von damals und denen von heute, die das gleiche zu vermitteln versuchen, liegen Welten. Ob es nun Thurstan James, Freddie Meacock oder Redakteur C.G. Grey war, der seinerzeit Acton besuchte, weiß ich nicht - jedenfalls hieß es im Begleittext: "Wir hat-

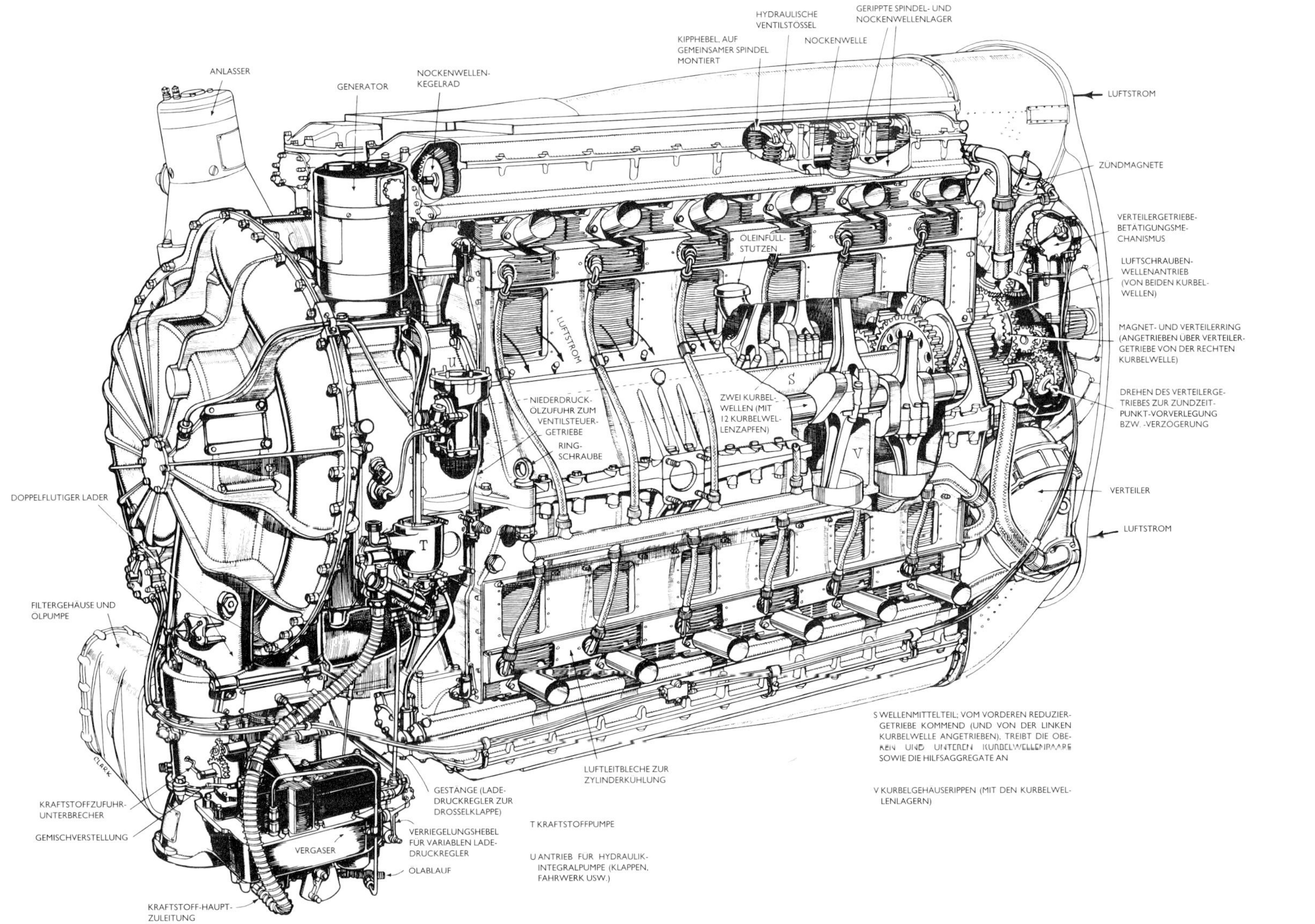

ten das Glück, im Werk von dem allenthalben bekannten ... herumgeführt zu werden, der sicherlich weiß, wovon er redet. Bei unserer ersten Beschreibung des Dagger 1935 haben wir angemerkt, daß man von diesem Motor besondere Langlebigkeit erwarten könne, da ja jeder Zylinder einen geringeren Teil der Gesamtleistung produzieren muß. Dies hat sich auf eindrucksvolle Weise durch die Zuverlässigkeit bestätigt, die charakteristisch für die von Major F.B. Halford entwickelten Flugmotoren ist. Daher wird die Hereford wohl ein sehr gelungener Bomber werden. Jetzt zeigt sich, warum der Einbau des Dagger VIII in einen Bomber so interessant sein dürfte."

Das Ganze war nichts als ein Haufen kriecherischer Phrasen. Abgesehen davon, daß der Dagger bei den Motortechnikern verhaßt war, entwickelte er auch einen schrillen und für die Hereford-Besatzungen geradezu ohrenbetäubenden Lärm. Wenn er nicht gerade - was noch schlimmer war und nicht selten vorkam - durch völlige Stille beeindruckte! Seine Noten in puncto Zuverlässigkeit waren nämlich noch schlechter als die des Manchester-Triebwerks Rolls-Royce Vulture. Die Produktion der Hereford wurde denn auch sehr schnell eingestellt - viele dieser Maschinen wurden verschrottet; die restlichen erhielten Pegasus-Motoren und gingen als Hampdens zurück an die RAF.

SABRE II

Den Sabre konnte man entweder lieben oder hassen. Ich persönlich bin der Auffassung, daß aus dem Sabre letztlich zwar ein guter Motor wurde (was er in der Hawker und in der Typhoon unter Beweis stellte), aber daß wir uns in Großbritannien eine Menge Ärger erspart und etliche Piloten weniger verloren hätten, wenn wir auf den Griffon und den Centaurus gesetzt hätten. Andererseits entwickelte aber auch kaum etwas einen so aufregenden Sound wie ein Flugzeug mit Sabre-Motor beim Start - höchstens eine ganze Staffel. Dies war zum Teil auf die enorme Startdrehzahl von 3700/min bei der Mk II und sogar 3850/min bei späteren Versionen zurückzuführen.

Über seinen Konstrukteur Major Frank Halford habe ich schon im Zusammenhang mit dem Napier Dagger, einen Motor mit 24 kleinen Zylindern in stehender H-Konfiguration, einiges berichtet. Schon 1935, als der Dagger noch jede Menge Kinderkrankheiten hatte (die eigentlich nie auskuriert wurden), machte sich Halford an die Entwicklung der nächsten Motorgeneration, aus der schließlich der Sabre hervorging. Auch der Sabre hatte 24 Zylinder in H-Anordnung, doch diese Zylinder besaßen Hülsen und waren flüssigkeitsgekühlt. Außerdem lag das „H" auf der Seite, so daß der Sabre im Grunde aus zwei übereinander montierten Motoren mit jeweils 12 horizontal gegenüberliegenden Zylindern bestand, die auf ein gemeinsames Reduziergetriebe arbeiteten.

Auch diesmal waren die Zylinder sehr klein: Bohrung und Hub lagen bei 127 bzw. 120 mm, woraus sich ein Hubraum von 36,65 Litern ergab, fast derselbe Wert wie beim Griffon, der allerdings nur 12 Zylinder hatte.

Vom doppelseitigen Zentrifugalladerrad führten vier Rohre auf der Oberseite der beiden oberen Zylinderreihen zur Unterseite der beiden unteren Reihen. Die Abgasanschlüsse lagen auf der gegenüberliegenden Zylinderseite, so daß die Abgase durch 12 Bohrungen auf beiden Seiten des Motors genau zwischen der oberen und unteren Zylinderreihe abgeleitet werden konnten. Millar hat in seiner Zeichnung das vom vorderen Auslaß kommende gekrümmte Abgasschubrohr dargestellt und erläutert, ebenso das hintere linke Anschlußpaar für die hintersten Zylinder oben und unten auf der linken Motorseite.

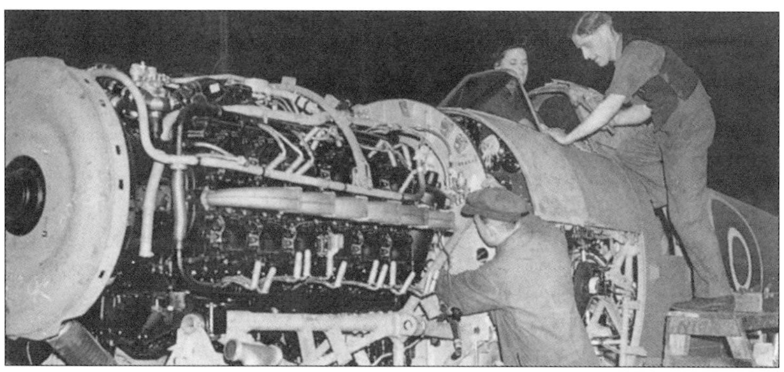

Das Herzstück der Typhoon, der „muskulöse" Sabre, litt während seines gesamten Werdegangs unter Zuverlässigkeitsproblemen.

Basis des Motors war das hochkomplizierte Kurbelgehäuse aus zwei Leichtmetallgußteilen, die entlang der senkrechten Mittellinie des Motors miteinander verschraubt waren. Auf beiden Seiten waren Leichtmetallgußgehäuse angeschraubt, in denen jeweils 12 Zylinder untergebracht waren. Insgesamt 48 lange Schrauben, die von der einen Seite zur anderen verliefen, hielten den Motor zusammen.

Was die Ventilsteuerung anging, zögerte Halford nicht, die Fedden-Technologie zu kopieren. Alle Stahlhülsen wurden über schrägverzahnte Stirnräder auf je einer auf beiden Seiten des Motors verlaufenden Hohlwelle angetrieben und waren in Höhe der Abgasöffnungen, jedoch wesentlich weiter zum Motorinneren hin angeordnet. Die Hohlwelle wiederum wurde vom vorderen Ende beider Kurbelwellen über Zwischenräder angetrieben. Im Inneren jeder Hohlwelle befand sich eine lange Torsionswelle, die am hinteren Ende über Übersetzungsgetriebe den Lader antrieb. Die Momentübertragung zum Propeller erfolgte über die hydraulikölbetriebene Kupplung am hinteren Motorende (in der Zeichnung ganz rechts), mit der eines von zwei möglichen Übersetzungsverhältnissen eingestellt werden konnte. In dem hier abgebildeten Motor der Baureihe Mk II betrugen diese Übersetzungen 4,68 und 5,83. Diese Werte waren deshalb so bescheiden, weil das Primärrad groß und die Kurbelwellendrehzahl viel höher als bei den meisten anderen Flugmotoren waren. Da umgekehrt der Propeller groß und die Kurbelwellendrehzahl so hoch war, besaß das Propeller-Reduziergetriebe ein Untersetzungsverhältnis von 0,2742 - die Kurbelwelle drehte also etwa viermal so schnell wie der Propeller.

Der Hobson-Einspritzvergaser war wahrscheinlich der größte, der während des Krieges in einem Serienmotor eingesetzt wurde, wenn man einmal vom R-4360 Wasp Major absieht. Er hatte vier Lufttrichter, die alle vom kreisförmigen Lufteinlauf in der Mitte der Kühler gespeist wurden (siehe Aufrißzeichnung der Tempest). Probleme mit dem Vergaser ergaben sich allerdings, weil bei den ersten Einsätzen während der Invasion in der Normandie im Landungsgebiet Wolken von Staub aufgewirbelt wurden. Die Firma Vokes Ltd. aus Guildford entwickelte daraufhin speziell für die Typhoon einen Filter und nahm innerhalb von nur 24 Stunden die Produktion auf.

Auf der Oberseite des Motors befanden sich die meisten Zusatzaggregate. Der Verteiler für den linken Motorblock wirkt höchst voluminös, aber er hatte ja schließlich auch 24 Zündkerzen zu versorgen. Auf der anderen Seite, in der Zeichnung gerade noch sichtbar, befand sich ein weiterer Verteiler mit 24 Kontakten. Das funkentstörte Zündgeschirr schlängelte sich über die Vorderseite des Motors. Die ISU (ignition servo unit, Zündservoeinheit) vorn am Motor diente zur automatischen Zündzeitpunktverstellung. Die CSU (constant-speed unit, Drehzahlreglereinheit) regelte die Propellerblattverstellung automatisch so nach, daß der Motor auch bei unterschiedlichen Fluggeschwindigkeiten stets mit derselben Drehzahl lief.

Alle in den Fliegerstaffeln eingesetzten Sabres wurden mit einem Coffman-Mehrpatronenanlasser gestartet (Max Millar hat den Namen des Herstellers zweimal falsch geschrieben!). Dieser Anlasser versetzte über ein Zwischenrad das hintere Ende der oberen Kurbelwelle in Rotation. Ich selbst bin nie ein Hawker-Flugzeug aus dem Krieg geflogen, habe aber höchsten Respekt vor den damaligen Typhoon-Staffeln. Sie müssen hochprofessionell gearbeitet haben,

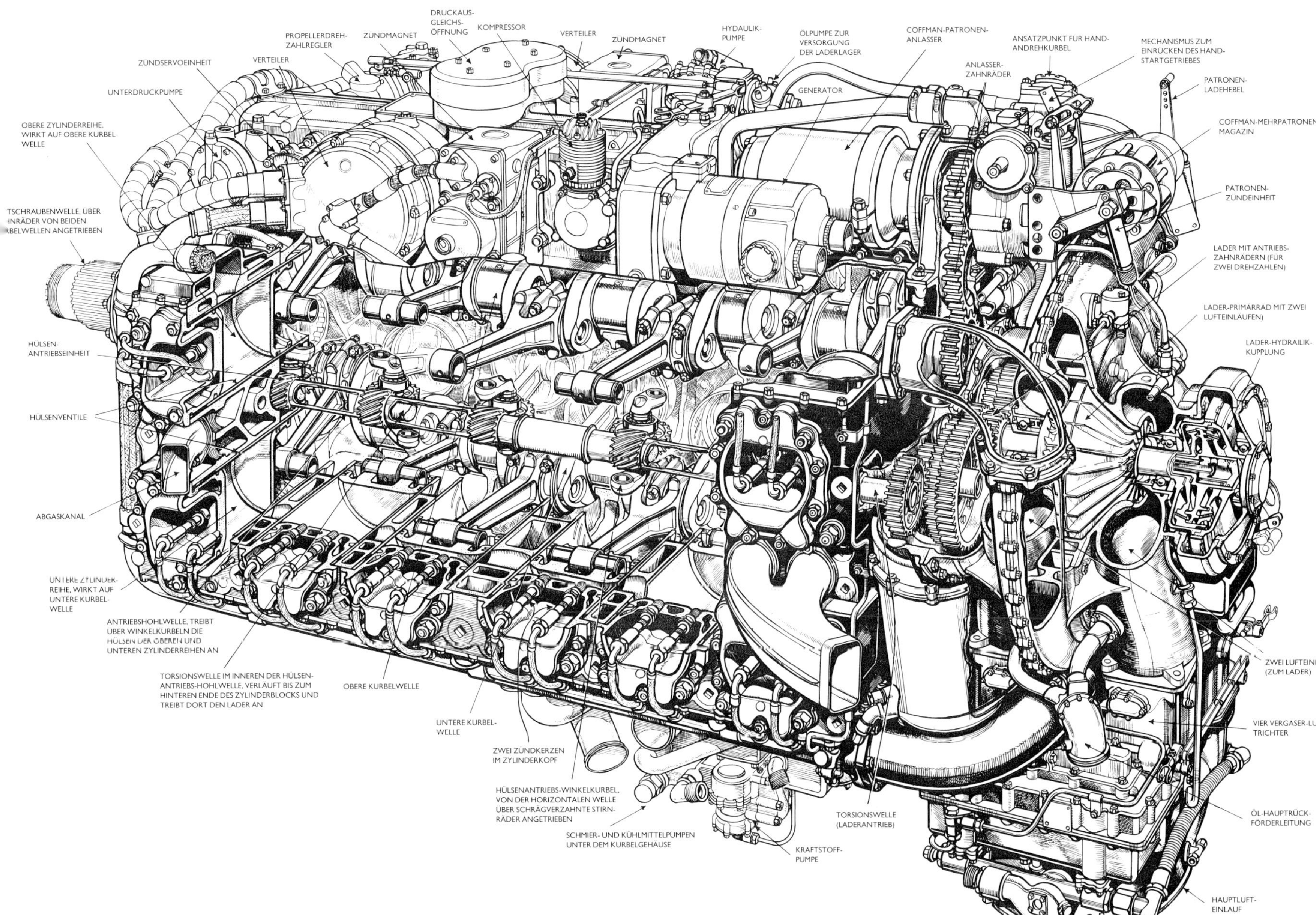

und dank des Engagements ihres Bodenpersonals sind ihre enorm komplizierten Motoren anscheinend immer beim ersten Versuch angesprungen, um anschließend rund hochzulaufen, bis die Betriebstemperatur ausreichte, um den Motoren beim Start ihr charakteristisches Heulen entlocken zu können.

Ein Sabre II wog typisch 1130 kg, war über zwei Meter lang, und hatte eine Nennleistung von 2200 oder 2400 PS. Spätere Versionen leisteten sogar mehr als 3000 PS. Praktisch alle Sabres wurden jedoch schon innerhalb weniger Wochen nach Kriegsende verschrottet, und nur einige wenige Exemplare blieben in einem Tempest-Übungscamp auf der Insel Sylt und in verstreuten Tempest VI-Staffeln im Nahen Osten erhalten. Letztere konnten die erwähnten Vergaserluftfilter sicherlich gut gebrauchen.

TEMPEST V

Nach Einschätzung von Testpilot und RAF-Geschwaderkommandeur R.P. „Bee“ Beamont war die hier abgebildete Tempest V so ziemlich perfekt. Er muß es wissen - schließlich gab es kaum einen Fighter der Alliierten, den er nicht geflogen hat. Dieses Lob der tadellosen Eigenschaften der Tempest gründete sich zum großen Teil auf seine eigenen Beobachtungen, die er machen konnte, während er vorübergehend dafür abgestellt worden war, als Testpilot bei der Flugerprobung der Tempest bei Hawker Aircraft in Langley mitzuwirken. Schade, daß ich selbst nie Gelegenheit hatte, eine Tempest oder das Vorläufermodell Typhoon zu fliegen. So kann ich nur sagen, daß schon der Sound dieser mit Sabre-Motoren bestückten Flugzeuge beim Start mit 3850/min ausreichte, den Puls in die Höhe zu treiben.

Eine von einem Dutzend Einheiten der Jagdfliegerverbände, die den letzten Hawker Fighter des Zweiten Weltkriegs flogen, war No 501 Sqn in Westhampnett (Sussex). Sie erhielt ihre Tempest V im Juli 1944.

Im Begleittext zur Typhoon wurde erwähnt, welchen Fehler ihr Konstrukteur Sydney Camm begangen hat, indem er die Profildicke so groß wählte, daß die Typhoon im steilen Sturzflug Probleme durch Kompressibilitätseffekte bekam. Bereits im April 1940 wurde in der Konstruktionsabteilung von Kingston die Möglichkeit erörtert, ein verbessertes Profil einzusetzen, so daß man sich fragen muß, warum die Typhoon noch vier Jahre später mit diesem dicken Profil gebaut wurde. Ende 1940 hatten Camm und sein Team die Entwicklung eines neuen Flügels mit einem sogenannten „Laminarprofil“ abgeschlossen, bei dem der Punkt der maximalen Profildicke (und damit des maximalen Unterdrucks) von 22 auf 37,5 Prozent der Profilsehne nach hinten verlegt worden war. Das Dickenverhältnis dieses neuen Profils wurde von 18 Prozent bei der Typhoon auf nur noch 14,5 Prozent an der Flügelwurzel und 10 Prozent an der Flügelspitze verringert. Der Autor hat Camm niemals gefragt, warum er einen halbelliptischen Flügelgrundriß gewählt hat, aber zweifellos bestand ein Grund darin, daß diese Flügelform mehr Platz für die MGs bot, wie später noch erläutert werden wird. An der verbreiteten Geschichte, daß die Generalleutnants der RAF der Auffassung waren, jeder Fighter müsse wie die Spitfire aussehen, war jedenfalls nicht viel Wahres!

Im August 1941 legte Hawker Aircraft ein formelles Angebot für eine Typhoon II mit dem erheblich dünneren Flügel vor, die nach langwieriger Entwicklung am 2. September 1942 als Tempest V zum Erstflug startete. Als enthusiastischer Luftwaffenkadett war der Autor damals davon überzeugt, daß man als Motor den Centaurus hätte verwenden sollen und nicht den komplizierten und unzuverlässigen Sabre mit Flüssigkeitskühlung. Eine entsprechende Umstellung kam schließlich auch, aber zu spät, um sich noch auf den Kriegsverlauf auszuwirken. Zu Kriegszeiten jedenfalls war die Tempest ausschließlich mit dem Sabre motorisiert, und selbst mit diesem Flugzeug der zweiten Generation gab es hartnäckige Probleme.

Durch den neuen Flügel war auch die Dicke des Tragflächen-Mittelsegments um 127 mm geringer geworden, wodurch wiederum das Fassungsvermögen der Flächentanks reduziert wurde. Um nicht auch noch die Kraftstoffmenge der Rumpftanks verringern zu müssen, wurde ein Zusatztank in den Rumpf zwischen Öltank und Motor eingebaut, wofür der Rumpf um einen guten halben Meter verlängert werden mußte. Das aber machte eine nach vorn verlängerte Seitenflosse erforderlich, die ab 1943 nach und nach eingebaut wurde. Bei der Tempest I hatte man angestrebt, die Kühler in den Profilnasen nahe den Flügelwurzeln unterzubringen. Diese Version flog auch im Februar 1943 und erreichte von allen Tempest-Versionen mit fast 750 km/h die höchste Geschwindigkeit. Aber verschiedene Probleme führten zu einer Rückwärtsentwicklung, an deren Ende die Mk V stand, die im wesentlichen wieder mit demselben Sabre IIB (mit 2180 PS) motorisiert, demselben De-Havilland-Propeller (Durchmesser 4,26 m) und demselben Kühler unter dem Motor ausgerüstet war wie die Typhoon.

Der Rumpf hatte von Anfang an eine hohe Strukturstabilität, und von einigen frühen Prototypen abgesehen, hatten alle Tempests die verbesserte Frontscheibe und die gewölbte Cockpit-Schiebehaube mit der exzellenten Rundumsicht. Die Standardbewaffnung bestand nach wie vor aus der 20-mm-Hispano-Kanone mit Patronengurten; lediglich die Kapazität der Munitionsmagazine

MERLIN XX

Die Biographie von Sir Stanley Hooker (Originaltitel: Not Much of an Engineer, vom Autor dieses Buches verfaßt) beginnt damit, daß der hochgewachsene junge „Doc“ Hooker 1938 zum ersten Mal in die großen Werkshallen von Rolls-Royce in Derby schreitet. Als reiner Aerodynamiker hatte er nie zuvor einen Flugzeugmotor gesehen. Und nun fragte er sich, ob er wohl jemals darauf hoffen konnte, den offensichtlich brillanten Konstrukteuren dieses renommierten Unternehmens bei ihrer Arbeit zu helfen.

Ganz auf sich selbst gestellt, wanderte er in irgendein Büro und traf dort „einen ruhigen, grauhaarigen Mann“ inmitten von jeder Menge Papier - den Ergebnissen aus den Tests mit Merlin-Ladern. Hooker war davon hellauf begeistert, ging es doch hier um das „Strömen und Komprimieren von Luft“, ein Thema, von dem er einiges verstand. Er fragte nur: „Kann ich mir einen Satz Testberichte ausleihen?“ Und die Antwort lautete: „Natürlich, nehmen Sie ruhig alle mit.“

Zu jener Zeit besaß der Merlin schon einen der besten weltweit verfügbaren Lader, aber beim Studium der vielen Diagramme und Tabellen reagierte Hooker zunächst ratlos und dann erstaunt. Nichts paßte so richtig zusammen. Beispielsweise entsprach der genaue Winkel, unter dem die komprimierte Luft über den Rand des Lader-Zentrifugalrades strömte, nicht dem Winkel der Spiralgehäuse-Leitschaufeln (in der Zeichnung mit „Q“ gekennzeichnet). So ziemlich jedes Detail, das Hooker unter die Lupe nahm, erwies sich in irgendeiner Weise als suboptimal. Einige Tage später nahm er seinen gesamten Mut zusammen und reichte einen mit Formeln und Abbildungen gespickten Bericht ein.

Tagelang passierte nichts. Dann kam plötzlich der prominente Jimmy Ellor in sein einsames Büro gestürmt und fuhr ihn an: „Haben Sie das hier geschrieben?“ Hooker mußte das ziemlich eingeschüchtert zugeben. „Gut“, fuhr Ellor fort, „dann sind Sie ab sofort für die Laderentwicklung zuständig!“ So setzte Hooker seinen Fuß auf die erste Sprosse einer Leiter, die zu den legendären Rolls-Royce-Triebwerken Hunter, Concorde und Harrier und für Hooker persönlich zu zahlreichen Ehrungen - darunter auch die Erhebung in den Adelsstand - führte.

Hooker führte nicht nur eine komplette Neuentwicklung des Merlin-Laders durch (ohne jemals ein solches Subsystem überhaupt berührt oder gesehen zu haben), sondern stellte ganz nebenbei fest, daß es auch mit der Ansaugleitung (beispielsweise bei der Hurricane und der Spitfire) nicht zum besten stand. Diese verlief nämlich bis unter die Cowling und war dort an den Vergaser (unten rechts) angeschlossen. Eines Tages kam der „König“ der Rolls-Royce-Werke in Derby, der spätere Lord Hives, in Hookers Büro und sagte: „Stanley, wir stehen bei der Merlin-Produktion furchtbar unter Druck, aber wir werden zum nächstmöglichen Zeitpunkt die Ansaugleitung und den Lader ändern.“

Das unmittelbare Ergebnis war der Merlin XX, den Clark hier so meisterhaft porträtiert hat. Er wurde in die Hurricane (aus der damit die Mk II wurde) eingebaut und lieferte die volle Leistung (1175 statt bisher 1160 PS) statt bis zu

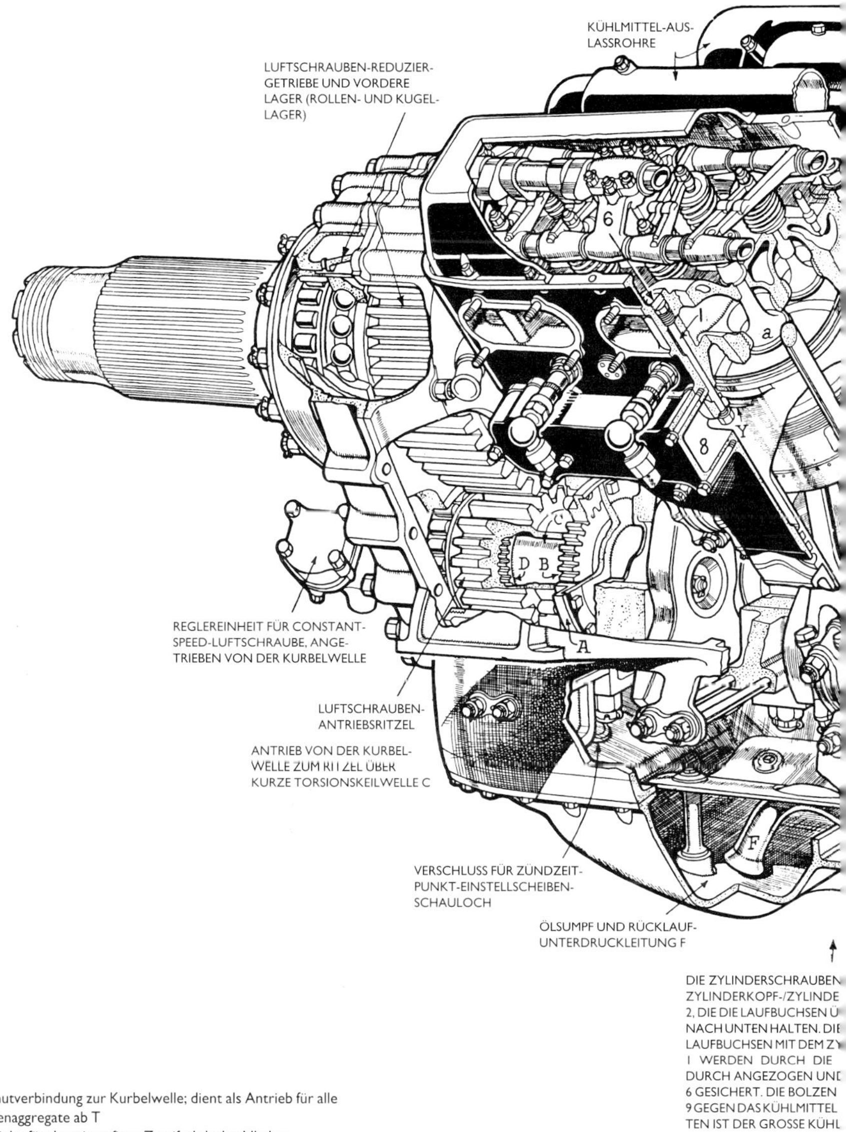

- W Keilnutverbindung zur Kurbelwelle; dient als Antrieb für alle Nebenaggregate ab T
- t, t, t Antriebe für den einstufigen Zweifachdrehzahllader
- X Drehzahl-Umschaltgabel
- L Umschaltgabel-Antriebsstange, über Öldruckkolben betätigt
- S Kupplungen für hohe Drehzahl
- SS Kupplungen für niedrige Drehzahl
- R Zwei angetriebene Ritzel, auf der Welle des Zentrifugalladerrades integriert
- P Zentrifugalladerrad
- Q Spiralgehäuse-Leitschaufeln
- b Gummidichtungsringe
- Y Flansch an der Laufbuchse zur Verbindung von Bolzen und Halterung

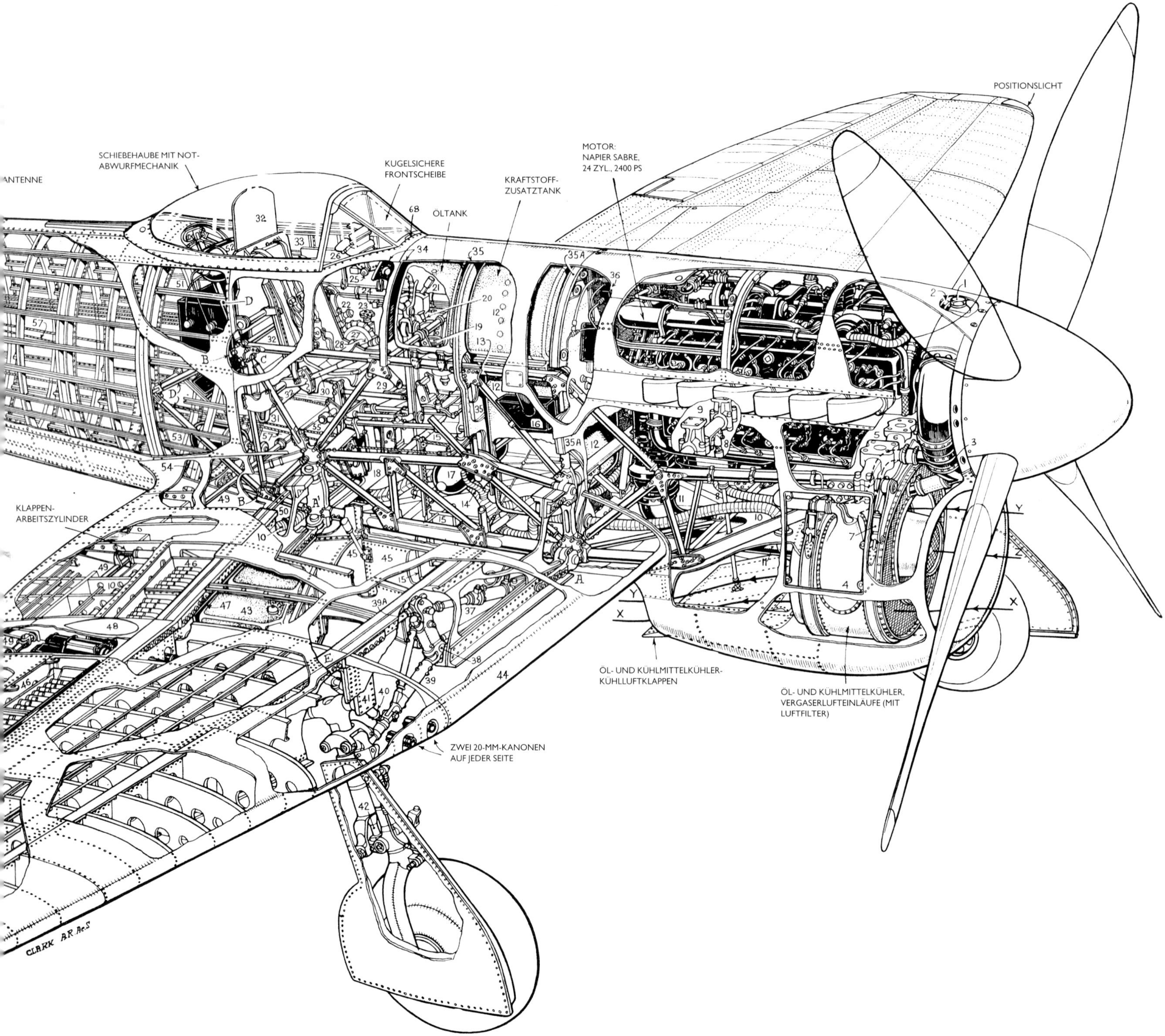

ANTENNE
SCHIEBEHAUBE MIT NOT-ABWURFMECHANIK
KUGELSICHERE FRONTSCHEIBE
ÖLTANK
KRAFTSTOFF-ZUSATZTANK
MOTOR: NAPIER SABRE, 24 ZYL., 2400 PS
POSITIONSLICHT
KLAPPEN-ARBEITSZYLINDER
ÖL- UND KÜHLMITTELKÜHLER-KÜHLLUFTKLAPPEN
ÖL- UND KÜHLMITTELKÜHLER, VERGASERLUFTEINLÄUFE (MIT LUFTFILTER)
ZWEI 20-MM-KANONEN AUF JEDER SEITE
CLARK A.R.Ae.S

war auf bis zu 200 Schuß erhöht worden. Die ersten Flugzeuge hatten die üblichen Mk II-Maschinengewehre, deren Rohre jedoch (dank des neuen Flügels) nur etwa 45 cm aus den Tragflächen ragten (die äußeren MGs etwas mehr), was an der Zuspitzung der Tragflächen an der Hinterkante zu erkennen ist. Bei der von Clark gezeichneten Maschine der Serie 2 der Tempest V waren jedoch MGs der Baureihe Mk V eingebaut, was man daran erkennt, daß ihre Mündungen mit der Profilnase abschlossen. Die Flugzeuge dieser Serie hatten außerdem kleinere Hauptfahrwerksräder und ein abmontierbares Rumpfheck. Was überrascht (weil dies nicht der Geheimhaltung unterlag), ist die Tatsache, daß Clark nicht die optionalen Unterflügel-Außenlasten in Form von zwei 500-Pfund-Bomben, zwei 1000-Pfund-Bomben, acht Raketen oder zwei 205-Liter-Abwurftanks eingezeichnet hat.

Das ganze Jahr 1943 hindurch arbeiteten Humble, Beamont, Lucas und Seth-Smith unermüdlich an der Tempest und ganz besonders an der Tempest V, der einzigen in Serie produzierten Version. Im Gegensatz zur enttäuschenden Typhoon war die Tempest vom Start weg ein voller Erfolg. Das vielleicht einzige technische Merkmal, das eine Menge Detailarbeit erforderte, waren die Querruder mit Federsteuerung, die in dieser Form erstmals an einem britischen Kampfflugzeug zur Anwendung kamen. Aber als man auch diese Finesse erst einmal im Griff hatte, war die Tempest V ein Kampfflugzeug, das keinerlei Beschränkungen mehr unterlag - in der Tat ein seltener Fall. „Bee“ hat festgehalten, wie er sich zu den Glanzzeiten des Hawker-Teams mit allen anderen britischen Fightern zu messen pflegte, die dafür gerade zur Verfügung standen. Eine dieser Begegnungen - mit dem Vampire-Prototypen - beschrieb er in Fighter Test Pilot, PSL so: „Wie die Tempest diese schnell ausweichenden Ziele abfangen, ausmanövrieren und dann präzise mit dem Direktreflexvisier verfolgen konnte, war absolut überzeugend. Dieses Flugzeug mußte einfach ein Sieger werden.“

Der Tempest blieb nur noch das letzte Kriegsjahr, um sich zu bewähren. Trotz allem, was die Politiker unternehmen konnten, um den Beitrag der RAF bei der Abwehr der Bedrohung durch die V1 herunterzuspielen oder zu vertuschen, spricht die Bilanz von 638 „doodle bugs“, die von Beamonts Tempest-Geschwader aus Newchurch (Kent) abgeschossen wurden, für sich. Diese Ziele konnten zwar nicht ausweichen, waren aber klein, unglaublich schnell und bewegten sich im Tiefstflug, und man tat gut daran, sich ihnen nicht allzu weit zu nähern! Kein anderes Muster konnte auch nur annähernd an diese Erfolge heranreichen.

Diese Clark-Zeichnung ist wieder einmal sehr gelungen und erfordert kaum einen Kommentar, abgesehen von dem Hinweis, daß in der Legende einige Punkte fehlen. „E“ bezeichnet die Hauptholm-Verbindungsstelle zwischen Tragflächen-Mittelsegment und Außenflügel, „X“ den Kühlluftstrom durch den Motor, „Y“ den Ölkühler-Luftstrom und „Z“ den Kühlluftstrom durch Filter und Lader. Bei der nächsten Baureihe (Mk VI) wurden „Y“ und „Z“ in die Flügelwurzel verlagert.

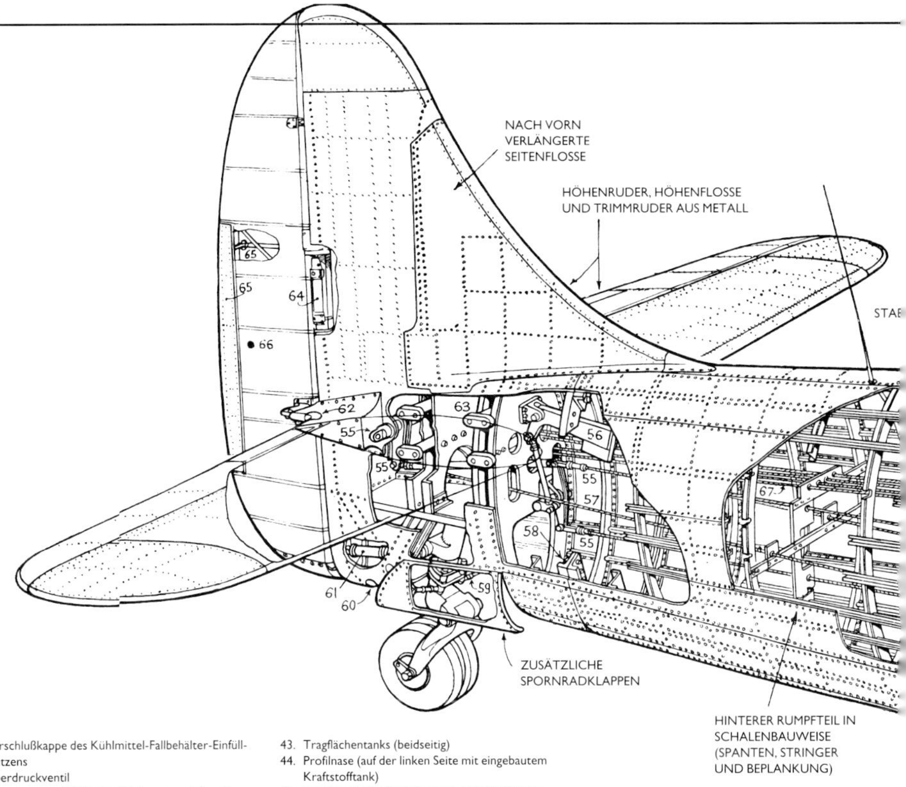

1. Verschlußkappe des Kühlmittel-Fallbehälter-Einfüllstutzens
2. Überdruckventil
3. Thermostaten (Kühlmittel-Nebenstromleitung)
4. Klappe für den Zugang zum Kühler
5. Vordere Motoraufhängung
6. Querträger
7. Kühlermontage durch Spanngurt mit Vibrationsdämpfer
8. Kühlluftklappen-Arbeitszylinder
9. Hintere Motoraufhängung
10. Heißluftleitungen für die Beheizung von Bordwaffen und Cockpit
11. Vergaser-Zuluftleitung
12. Zusatz-Kraftstofftank und als Folge davon verlängerter vorderer Rumpfabschnitt (neu entwickelt)
13. Vorderer Rumpfabschnitt
14. Warme Luft zum Cockpit
15. Ablaßbares Akkumulatorgehäuse und Gummiband
16. Tank für Anlaßkraftstoff (Öl/Benzin), auf der anderen Seite der Tank für Enteisungsflüssigkeit
17. Hydrauliksystem-Druckspeicher
18. Querstrebe vom Rumpfvorderteil zur Flügelhinterkante
19. Kompaß
20. Fahrwerksbetätigung
21. Gashebel
22. Sauerstoff-Regulierventil
23. Seitenrudertrimmrad
24. Laderhebel
25. Cockpithauben-Betätigungshebel
26. Bordkanonen-Reflexvisier
27. Höhenrudertrimmrad
28. Handpumpe für Hydrauliksystem
29. Trittbrett
30. Sitzhöhen-Verstellhebel
31. Sitzfederung
32. Panzerung
33. Abwerfbare Seitenklappe
34. Instrumentenbrett
35. Brandschott
35A. Gepanzertes Brandschott
36. Ölabscheider
37. Fahrwerks-Arbeitszylinder
38. Drehpunkt
39. Seitenabstrebung
39A. Nur Verriegelung
40. Hilfsfeder
41. Fahrwerks-Gelenkplatte
42. Fahrwerksfederbein
43. Tragflächentanks (beidseitig)
44. Profilnase (auf der linken Seite mit eingebautem Kraftstofftank)
45. Arbeitszylinder für Fahrwerks-Abschlußklappe
46. Magazine
47. Magazinpanzerung
48. Hutzen für Munitionszuführung
49. Klappenwelle und Kreuzgelenk
50. Querruder-Steuerseile und Haken entlang der hinteren Flügelbefestigung
51. Funkgerät
52. Pneumatiksystem-Druckspeicher
53. Sauerstoffflasche
54. Einfahrbare Trittfläche
55. Höhenruderantrieb
56. Höhenruder-Massenausgleich
57. Seitenruder-Steuerseile
58. Neu entwickelte Transport-Rumpfverbindung
59. Spornradklappen-Antriebsgestänge
60. Aufbockpunkt
61. Spornrad-Arbeitszylinder
62. Hecklicht
63. Höhenflossenholmbefestigung
64. Seitenruder-Massenausgleich
65. Seitenruder-Trimmfläche mit Antriebsstange
66. Stoffbespanntes Seitenruder

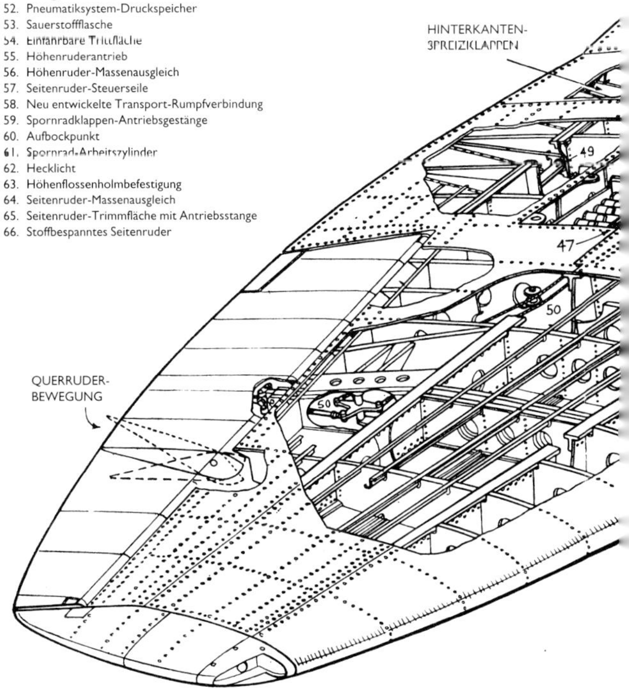

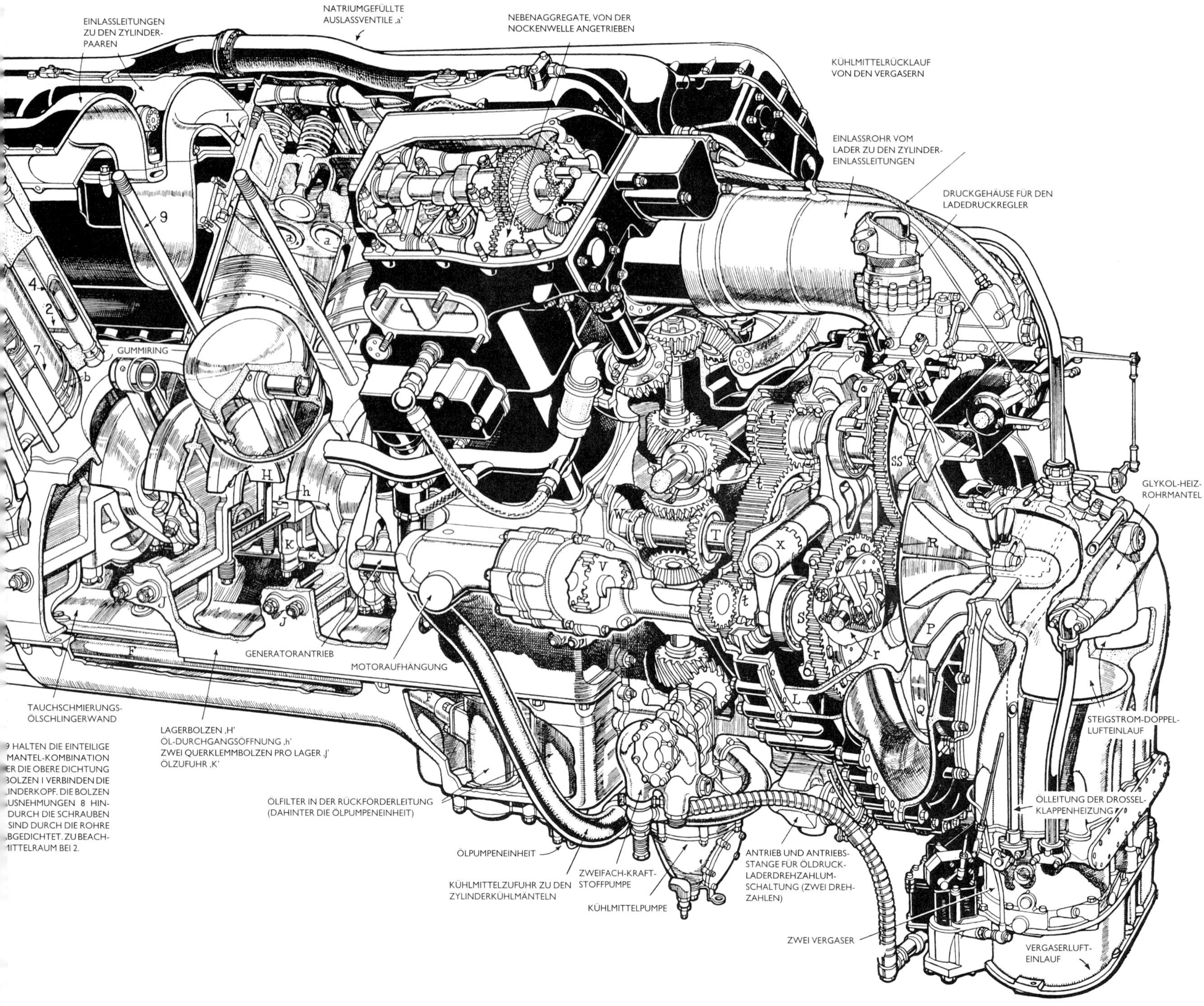

9 HALTEN DIE EINTEILIGE
MANTEL-KOMBINATION
ER DIE OBERE DICHTUNG
BOLZEN I VERBINDEN DIE
LINDERKOPF. DIE BOLZEN
USNEHMUNGEN 8 HIN-
DURCH DIE SCHRAUBEN
SIND DURCH DIE ROHRE
BGEDICHTET. ZU BEACH-
MITTELRAUM BEI 2.

Dieser Merlin XX ist im Werk mit einer Auspuffanlage der Beaufighter II ausgerüstet worden, was leicht erraten läßt, in welchem Flugzeug er letztlich eingesetzt werden wird.

In seinen Erläuterungen, wie die Zylinderblöcke niedergehalten werden, erklärt Clark (auf eine für Nichttechniker wahrscheinlich verwirrende Weise), daß die Schrauben gegen den Kühlmittelraum mit den „Rohren 9" abgedichtet werden; die richtige Ziffer hätte jedoch 4 lauten müssen. Außerdem hat er in seiner kurzen Legende das „Z" vergessen, mit dem die Antriebswelle für den linken und rechten Zündmagneten gekennzeichnet ist.

In der ganzen Zeichnung hat sich Clark unablässig um die Verbesserung der Qualität bemüht. Man vergleiche dazu beispielsweise nur das mit „T" bezeichnete Detail des Antriebs einschließlich der umgebenden Zahnräder mit der Art und Weise, wie er diese Komponenten noch in seiner Merlin-Zeichnung von 1939 dargestellt hat. In vielen Fällen haben sich technische Einzelheiten des Motors und insbesondere der Zusatzaggregate natürlich auch erheblich verändert. So fügte Clark die CSU (constant-speed unit, Drehzahlreglereinheit) ein, die bei den Fightern von 1939 mit ihren starren Luftschrauben naturgemäß noch nicht benötigt wurde, ließ aber andererseits den Luftkompressor und die Hydraulikpumpe weg.

In den ersten Kriegsmonaten fragte sich Hooker, was er wohl noch alles anstellen könnte, um den Merlin weiter zu verbessern. Damals wurde als Antrieb für die druckbelüftete Wellington VI ein Motor für extrem große Höhen benötigt, und das brachte ihn auf die Idee, zwei zahnradbetriebene Lader hintereinander einzusetzen. Durch das zweimalige Komprimieren mit anschließendem Abkühlen der Luft (zur Erhöhung der Ladungsdichte) entstand so ein völlig neuer Merlin.

Die Erprobung des ersten Merlin Mk 60 begann 19 Monate vor dem Erscheinen dieser Zeichnung am 18. Dezember 1942. Damit wurde ein wahrer Quantensprung bei den Flugleistungen der Spitfire, der Mustang III, der Mosquito und zahlreicher anderer Flugzeuge der Alliierten eingeleitet.

einer Höhe von 13.500 Fuß auch noch in 20.500 Fuß. Zugleich stieg die Startleistung von 880 auf 1280 PS. In der Spitfire hieß derselbe Motor Mk 45; er lieferte bei Vollgas 1315 PS bis in 16.000 Fuß bzw. 1470 PS bis in 9.250 Fuß (statt vorher 1280 PS bis in 10.500 Fuß). Von der so entstandenen Spitfire V wurden nicht weniger als 6464 Exemplare gebaut.

Im Juli 1940 gingen die verbesserten Motoren endlich in Serie. Clark hat die Kupplungen („S" und „SS") dargestellt, die das neue Zentrifugalrad mit unterschiedlichen Drehzahlen antrieben. Das Übersetzungsverhältnis wurde durch die Drehung der Welle „X" bewerkstelligt, und zwar so, daß der Lader in größeren Höhen mit höherer Drehzahl lief. Die Schwimmerkammer des Vergasers war mit den einfachen gelochten Membranen bestückt, die von Miss Tilly Shilling in Farnborough erfunden worden waren und dafür sorgten, daß der Motor auch bei negativen g-Belastungen rund weiterlief. (Dies hatte den Vorteil, daß die Bf 109-Piloten einer Spitfire nicht mehr so einfach dadurch entkommen konnten, daß sie den Knüppel nach vorn drückten und sich im Sturzflug davonmachten, was seit der Invasion in Polen ihr bevorzugtes Ausweichmanöver war.)

Wenn man bedenkt, daß Clark dreieinhalb Jahre zuvor einen der ersten Serien-Merlins aus genau demselben Blickwinkel gezeichnet hat, so ist es bemerkenswert, daß er seine frühere Zeichnung nicht einfach modifiziert hat. Diese Zeichnung hier ist vollkommen neu und zeigt - abgesehen vom Zweifachdrehzahl-Laderantrieb - auch den Zylinderkopf und die Ventile der gegenüberliegenden Zylinderreihe sowie eine Vielzahl zusätzlicher Details. Allerdings hat Clark (anders als in seiner Vorgängerzeichnung) nicht die Beschriftung „A/B/C/D" im Propeller-Reduziergetriebe erläutert.

MERLIN I

Auf seiten der Alliierten dürften wohl viele der Überzeugung gewesen sein, daß der Rolls-Royce Merlin der beste Flugmotor des Zweiten Weltkriegs war. Auf jeden Fall aber war er der berühmteste. Übrigens bezeichnete man im damaligen RAF-Slang alles, was man für wirklich gut hielt, mit dem Wort „Wizard" (was man vielleicht mit „Zauberei" oder „Glanzleistung" übersetzen könnte). Und der Merlin, wie seine Vorgänger nach einem Raubvogel (in diesem Fall dem Zwergfalken) benannt, war in der Tat eine Glanzleistung.

Eine weitere Ähnlichkeit mit den Vorgängern waren die 12 Zylinder, die mit je zwei Ein- und zwei Auslaßventilen bestückt und in zwei aus Leichtmetallguß hergestellten Zylinderblocks in einer 60°-V-Anordnung untergebracht waren. In den ersten Zeichnungen und einer Attrappe hatte der Merlin noch hängende Zylinder, wofür vieles sprach (so z.B. die Tatsache, daß dies bei einmotorigen Flugzeugen dem Piloten beim Rollen eine bessere Sicht nach vorn bietet), aber schließlich kam man zu der Auffassung, daß diese Anordnung „unbritisch" sei. Sir Henry Royce begutachtete jede Zeichnung persönlich in seinem kleinen Konstruktionsbüro in Wet Wittering an der Küste von Sussex. Am 22. April 1933 genehmigte er die letzte Zeichnung und starb noch am selben Tag.

Was die Folge war, konnte damals natürlich niemand ahnen: Großbritannien gewann die Luftschlacht um England und wurde folglich nicht besetzt. Und auch zum Gesamtsieg des Krieges sollte der Merlin einen immens wichtigen Beitrag leisten.

Zu Anfang allerdings jagte ein Problem das andere. Bei den ersten Merlin bestanden das Kurbelgehäuse und die Zylinderblocks aus einem einzigen Aluminiumteil, wobei die Zylinderköpfe natürlich abnehmbar waren. Dieses Konzept wurde aber bald zugunsten von abmontierbaren Zylinderblocks mit trockenen obenliegenden Verbindungsstücken aufgegeben. Ein weitere früh vorgenommene Änderung war, daß man kein doppelt pfeilradverzahntes Reduziergetriebe mehr verwendete, sondern ein schlichtes Geradstirnradgetriebe, das in der Zeichnung ganz links zu sehen ist. Hartnäckige Probleme gab es mit der Brennkammer und dem Zylinderkopf, und nach drei Jahren, in denen alle Anstrengungen zu ihrer Behebung keinen Erfolg zeitigten, kehrte man wieder zu den einteiligen Blöcken zurück. Daneben wurden zahlreiche weitere Änderungen vorgenommen.

Ein Werksfoto von Rolls-Royce aus dem Jahr 1936. Es zeigt einen makellosen Merlin I ohne die geringsten Öl- und Glykolrückstände. An der Front wurden diese Triebwerke verständlicherweise selten so gründlich gereinigt.

Bei den ersten Flugmotoren von Rolls-Royce war das Kühlmittel noch reines Wasser gewesen, und beim Goshawk (dem unmittelbaren Vorläufer des Merlin) wurde Dampf verwendet. Die frühen Merlins flogen dagegen mit purem Ethylenglykol, was den Vorteil bot, daß der Kühler wesentlich kompakter gebaut werden konnte. 1938 ging man allerdings zu einer Mischung von 70 Prozent Wasser und 30 Prozent Glykol über, das in erster Linie als Frostschutzmittel diente. Diese Zusammensetzung war nicht brennbar, hatte eine exzellente Kühlwirkung und kam mit einem relativ kleinen Kühler aus. Der Wirkungsgrad der Kühler, die in verschiedenen Formen entstanden, verbesserte sich ab 1938 drastisch.

Die Zeichnung von Clark gibt die meisten Einzelheiten des Merlin II wieder, den man als erste zufriedenstellende Motorversion bezeichnen könnte. Die erste Serien-Hurricane startete am 12. Oktober 1937 mit einem Mk II, derjenigen Merlin-Version, die in der Luftschlacht um England die größte Bedeutung erlangte. Der Merlin Mk II hatte einen SU-Vergaser mit zwei Luftrichtern, einem einfachen Lader und einem automatischen Leistungsregler. In der Form, in der ihn Clark gezeichnet hat, war er nicht einmal für einen Betrieb mit einem Constant-Speed-Propeller vorbereitet. Nicht eingezeichnet sind der elektrische Anlasser und das Handandrehgetriebe (siehe jedoch die Clark-Zeichnung der Hurricane).

Die Startleistung in Meereshöhe war mit 890 PS bei 2950/min angegeben, aber im Luftkampf durfte auch kurzzeitig mit 3000/min geflogen werden, wobei der Merlin in 16.250 Fuß 1030 PS entwickelte. Gerade rechtzeitig vor Beginn der Luftschlacht um England wurde Flugbenzin mit 100 Oktan verfügbar, mit dem der Ladedruck von 0,42 auf 0,84 kg/cm^2 verdoppelt und die Leistung auf über 1300 PS gesteigert werden konnte. Dieser Leistungszuwachs war ein maßgeblicher Grund dafür, daß die Bf 109E-Piloten in den Mann gegen Mann ausgetragenen Luftkämpfen immer häufiger den kürzeren zogen.

So hatte der Merlin also gerade noch rechtzeitig den Anschluß an die technische Entwicklung wiedergefunden. 1939 war Dr. Stanley Hooker - ein Aerodynamiker, der nie zuvor einen Flugmotor aus der Nähe gesehen hatte - zum Entwicklerteam von Rolls-Royce in Derby gestoßen. Mit seinem ersten Projekt, an das er außerdem ganz zufällig geriet, gelang ihm die Optimierung der Funktionsweise von Lufteinlauf und Lader. Bis 1942 hatte er ein Zweistufen-Ladersystem entwickelt, bei dem die Luft von zwei hintereinander angeordneten Zentrifugalladerrädern komprimiert wurde (was auch in der Aufrißzeichnung des Griffon gut zu erkennen ist). Damit wurde in großen Höhen ein Leistungszuwachs erzielt, wie er zuvor mit keinem anderen Motor erreicht worden war. Die volle Leistung blieb bis in Höhen von fast 30.000 Fuß erhalten. Die mit dem neuen Merlin ausgerüstete Spitfire hatte auf einen Schlag 10.000 Fuß mehr Dienstgipfelhöhe und eine um unglaubliche 112 km/h größere Höchstgeschwindigkeit.

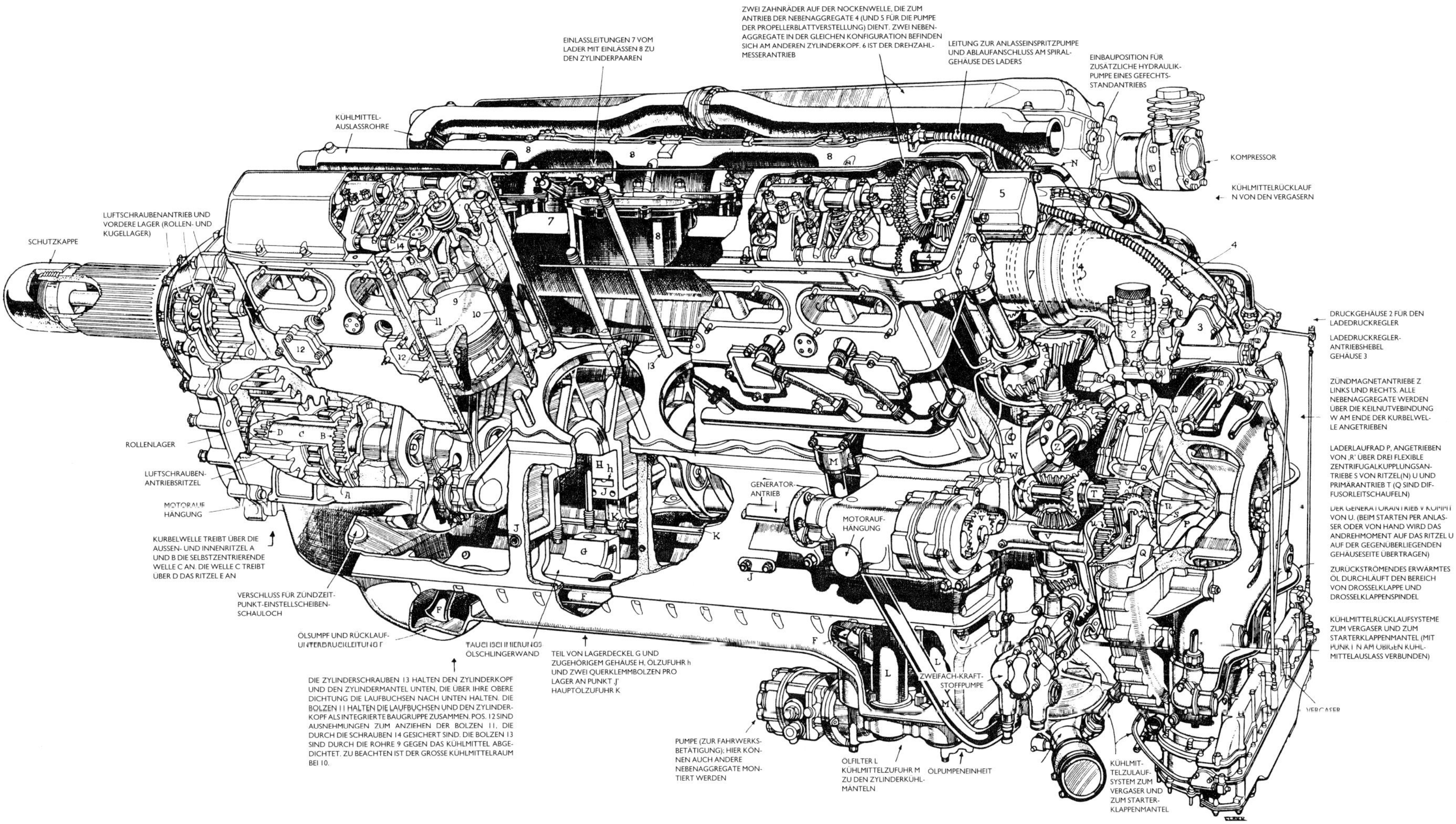

Dieser beharrlichen Entwicklungsarbeit ist es zu verdanken, daß dieser kleine Motor mit 27 Litern Hubraum die RAF-Jagdflugzeuge in die Lage versetzte, Flugzeuge wie die Bf 109 und Fw 190 zu besiegen, die Motoren mit einem Hubraum von 35 bis 42 Litern hatten. Insgesamt wurden 32.377 Merlins in Derby produziert, 20.065 in Crewe, 23.647 in Glasgow, 30.428 von Ford in Manchester und (unter der Bezeichnung V-1650) weitere 55.523 von der Packard Motor Company in Detroit (USA). Eingebaut wurde der Merlin in die Muster Battle, Hurricane, Spitfire und Seafire, Henley, Defiant, Whitley, Wellington II, Halifax, Lancaster, Fulmar, Barracuda, Beaufighter II, Mosquito, Tomahawk, Kittyhawk, Mustang, Welkin, York, Hornet sowie viele andere. Nach dem Krieg kamen sie in der Lincoln und (wenn auch nach beträchtlichen Modifikationen, die mehr Mannstunden Entwicklungszeit kosteten als die Entwicklung während des Krieges) in der Flugzeugfamilie DC-4M (Argonaut/North Star) sowie in der Tudor zum Einsatz.

Die Piloten aller dieser Flugzeuge hatten mit Problemen aller Art zu kämpfen, die jedoch selten mit dem Motor zusammenhingen. Der Merlin war ein Motor par excellence, der auch unter den unmöglichsten Bedingungen noch stundenlang geflogen werden konnte, bevor er den Geist aufgab. Ein Beispiel ist die Geschichte eines Lancaster-Piloten von No 101 Sqn, der sich irgendwann mit verschiedenen Bränden an Bord in 800 Fuß über Italien wiederfand. Die Bombenschachttüren waren nicht zu schließen, die Landeklappen ließen sich nicht mehr ganz einfahren, und Motor Nr. 4 hatte schon stillgelegt werden müssen. Trotzdem gelang es ihm, mit Kurs Nordwest auf 16.000 Fuß zu steigen, die Alpen zu überqueren und noch nach Hause zu kommen.

GRIFFON

Diese Zeichnung hätte der Königlichen Akademie alle Ehre gemacht. Max Millar war schon immer ein überragender Zeichner, der sich am liebsten der Herausforderung stellte, möglichst komplizierte Maschinen zu porträtieren. Ich bezweifle, daß der Griffon jemals in einer einzigen Zeichnung so perfekt dargestellt worden ist. Aber natürlich ist eine solche Zeichnung letztlich nichts anderes als das Ergebnis von vielen Stunden harter Arbeit mit dem Zeichenstift. Sie erschien in Flight am 20. September 1945. Ein halbes Jahrhundert später können wir zwar imposante Zeichnungen auf elektronischem Wege erzeugen und uns sogar dreidimensionale Objekte aus beliebigem Blickwinkel ansehen, aber auch bei Benutzung eines modernen Grafikterminals gehört immer noch sehr viel Können dazu, eine solche Zeichnung anzufertigen.

Im Grunde war der Griffon ein vergrößerter Merlin mit dem Hubraum des Buzzard und des „R“, der einst den Schneider-Pokal gewonnen hatte, also ein Merlin mit 36,7 statt 27 Litern Hubraum. Offensichtlich mußten seine Abmessungen dazu in allen Richtungen zugenommen haben (die Bohrung für die Zylinder wurde beispielsweise von 137 auf 152 mm vergrößert), doch das eigentlich Überraschende (insbesondere bei den Zweistufenmotoren wie diesem Mk 65) ist, daß die meisten Griffons kürzer als die entsprechenden Merlins waren!

Ursprünglich war der Griffon als Antrieb für Torpedobomber wie die Barracuda geplant gewesen. Aber eine der vielen Ironien der Luftfahrt war, daß die Barracuda den ganzen Krieg hindurch mit dem Merlin flog und mithin nie das eigentlich notwendige Leistungspotential zur Verfügung hatte. Eigentlich wäre der ideale Motor für Flugzeuge wie die Barracuda ein leistungsstarker, luftgekühlter Sternmotor wie etwa ein Hercules oder ein Centaurus gewesen. Wie

Ein weiteres Rolls-Royce-Werbefoto, diesmal vom endgültigen Griffon kurz vor dem Einbau.

auch immer - für den Griffon gab es jede Menge Anwendungsfälle, anfangs in der Firefly (die auf einer eigenen Doppelseite beschrieben wird) und vor allem natürlich in den späteren Spitfire-Versionen, wo er sich als ausgezeichneter (und für den Autor wie wohl auch für andere Piloten als furchterregender) Motor bewährte.

Obwohl der Prototyp des Griffon schon 1934 lief, wurde das Projekt nie mit sehr viel Elan verfolgt, bis Harry Cantrill zum 1. Januar 1939 von Armstrong Siddeley zu Rolls-Royce wechselte und dort mit der Weiterentwicklung des Griffon betraut wurde. Was er ablieferte, konnte sich sehen lassen, und das trotz der offensichtlichen Konkurrenz zur „First Eleven“ von Derby, dem Merlin-Entwicklerteam unter der Leitung von Lovesey und Dorey. Doch diese Konkurrenz schien das Geschäft beider Teams zu beleben und erwies sich als höchst vorteilhaft für beide Motoren, wenngleich auch mit Hives am Ruder ohnehin niemand eine ruhige Kugel geschoben hätte!

Wie beim Merlin wurde die Luft am hinteren Ende der Motorunterseite angesaugt und strömte von dort nach oben durch den Vergaser. Anders als bei früheren Motoren, die noch herkömmliche Vergaser mit Lufttrichtern und Schwimmerkammer hatten, war dieses späte Produkt aus der Griffon-Familie mit einer hochkomplizierten Einspritzanlage ausgerüstet, von der neben einigen anderen Parametern auch die Luftströmung durch die drei Einlaßrohre gemessen und die Kraftstoffzerstäubung aus den Düsen gegenüber dem Lader gesteuert wurden. Eine zweite Düse diente zum Einspritzen von zusätzlichem Kraftstoff, um den Motor bei plötzlichem Öffnen der Drosselklappe zu beschleunigen.

Anschließend durchlief das Gemisch einen Nachkühler (der hier wie auch bei den Zweistufen-Merlins fälschlich als Intercooler bezeichnet wird), der die komprimierte und schnell strömende Luft in Sekundenbruchteilen von 210°C auf deutlich unter 100°C abkühlte, um die Ladungsdichte zu erhöhen. Dieser sperrige Zusatzkühler und die zusätzlichen Leitungen zu einem weiteren Kühler lohnten sich durchaus, da ja die Motorleistung proportional zur Ladungsdichte ist.

Die zweistufigen Griffon-Motoren dienten als Antrieb für alle späteren Spitfires und Seafires. Sie leisteten (im Fall des Mk 65) 2035 PS in 7000 Fuß und hielten eine fast ebenso hohe Leistung bis zum Erreichen von 20.000 Fuß aufrecht.

Die Shackleton hatte den einfacher aufgebauten Mk 58 mit Einstufenlader, der in niedrigen Höhen bis zu 2455 PS entwickelte, eine enorme Leistung, die nur mit einem Sechsblattpropeller auch in Vortrieb umgesetzt werden konnte. Motoren dieser Griffon-Version waren wahrscheinlich die letzten Hochleistungs-Kolbentriebwerke, die weltweit im Militäreinsatz waren. Bei No 8 Sqn wurde der letzte von ihnen erst am 30. Juni 1991 anläßlich der Umrüstung auf das Muster Boeing E-3 Sentry außer Dienst gestellt.

Millar hat sehr anschaulich die vier Ventile wiedergegeben, die für einen guten Gaswechsel in den Zylinderköpfen sorgten, wenngleich auch einige der vom selben Unternehmen versuchsweise gebauten Hülsenschiebermotoren noch besser durchströmt waren. Nicht kommentiert, aber immerhin eingezeichnet hat er auch die halbstarre Kupplung (mit ringförmig angeordneten Schrauben) zum Ausgleich von Drehmomentschwankungen zwischen Kurbelwelle und Untersetzungsgetriebe. Auch auf den von vorn kommenden Nockenwellenantrieb - einen

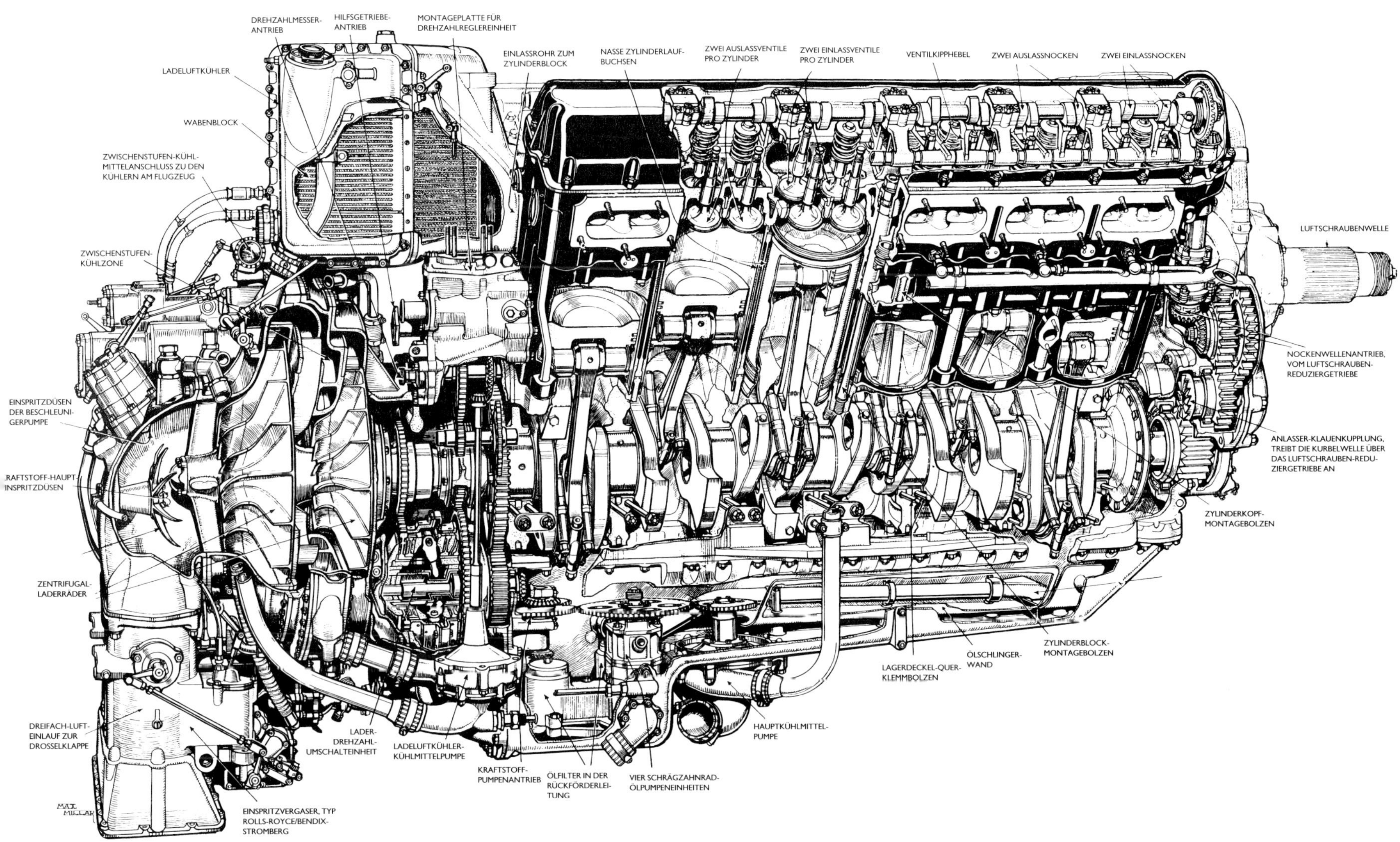

wesentlichen Faktor dafür, daß der Motor so kurz gehalten werden konnte - wies Millar in der Zeichnung hin. Dargestellt hat Millar zwar die Klauenkupplung des Anlassers, nicht aber den Anlasser selbst, bei dem es sich im Fall des Mk 65 um einen Coffman-Patronenanlasser für fünf Patronen handelte. Zum Starten des Motors mußte man die nächste Patrone einlegen, die Drosselklappe etwa zwei Zentimeter weit öffnen und dann eine Taste drücken. Daraufhin machte es einen kolossalen Schlag, und im Handumdrehen lief der große Motor.

Der Mk 65 arbeitete auf einen Fünfblatt-Constant-Speed-Propeller von Rotol. Gab man zum Starten Gas, hatten die Merlin-Spitfires eine Tendenz zum Ausbrechen nach links. Da der Griffon aber ursprünglich für Marineflugzeuge konzipiert worden war, hatten seine Konstrukteure aber die andere Propellerdrehrichtung für besser gehalten. (Ob man es wohl für besser gehalten hat, daß eine Maschine im Ernstfall gegen die Decksaufbauten prallte anstatt ins Meer zu stürzen? Jedenfalls hat dieser Umstand einige zuvor nicht entsprechend gebriefte Spitfire XIV-Piloten 1944 ziemlich kalt erwischt, als sie beim ersten Start etwas Seitenruder nach rechts gaben, aber zu ihrem Entsetzen feststellen mußten, daß genau das die Ausbrechrichtung war, noch dazu viel ausgeprägter als beim Merlin. Bei den Griffon-Spitfires mußte man beim Start nicht nur kräftig ins linke Pedal treten, sondern auch die Seitenrudertrimmung voll auf links einstellen.

CENTAURUS

Die Entwicklungsarbeit, die Roy Fedden bei Bristol auf dem Gebiet der Hülsenschiebermotoren betrieb, kann man nur mit gemischten Gefühlen betrachten. Er nahm sie 1926 mit der korrekten Erkenntnis auf, daß sein Neunzylinder-Jupiter letztlich zu wesentlich leistungsstärkeren Doppelsternmotoren führen müsse. Um den Gasdurchsatz zu optimieren, wählte er für jeden Zylinder zwei Einlaß- und zwei Auslaßventile, kam aber auch zu der Erkenntnis, daß die Ventilsteuerung für einen Doppelsternmotor mit vier Tellerventilen pro Zylinder eine äußerst komplexe Angelegenheit werden würde. So entschied er sich für die im Zusammenhang mit dem Hercules beschriebenen Schieber.

Die Arbeiten gestalteten sich wesentlich schwieriger als erwartet. Heute, am Ende des Jahrhunderts, ist natürlich leicht zu sehen, daß Fedden eine Menge Geld hätte sparen können, wenn er jedem Zylinder nur zwei Tellerventile spendiert hätte. Mit diesem Konzept wäre es für ihn kein Problem gewesen, auch Hochleistungsmotoren wie den Wright Cyclone Duplex, den Pratt & Whitney Double Wasp oder den - in diesem Buch ebenfalls vorgestellten - BMW 801 zu bauen. Dennoch muß festgehalten werden, daß Feddens Hülsenschiebermotoren Hercules und Centaurus exzellente Triebwerke waren, die ruhiger und leiser liefen als die Konkurrenz mit Tellerventilen.

Während des Krieges überstieg die Zahl der ausgelieferten Hercules-Motoren die Zahl von 57.400, und das waren - rund 57.000 mehr als alle jemals produzierten Centaurus-Triebwerke! Dieses haarsträubende Mißverhältnis war zum Teil auf die Tatsache zurückzuführen, daß zu dem Zeitpunkt, als der Centaurus-Prototyp im Juli 1938 zum Leben erwachte, niemand überhaupt daran dachte, daß dieser Motor jemals ein brauchbarer Antrieb für einen Fighter werden könnte. Zeitgleich wurde der 1375 PS starke Hercules allmählich serienreif, während der Centaurus - mit nicht 14, sondern 18 und auch noch größeren Zylindern (Bohrung: 146 mm, Hub: 178 mm) und 53,6 Litern Hubraum - schon zu Anfang mit einer Leistung von 2000 PS angegeben wurde, die in kürzester Zeit auf 2500 PS steigen sollte.

Wartungsarbeiten an einem Centaurus in Eglington im Jahr 1948. Das Flugzeug ist eine Sea Fury der No 805 Sqn, eine Staffel der australischen No 20 Carrier Air Group.

Mit diesen Daten wäre der Centaurus eigentlich ein idealer Kandidat für künftige Jagdflugzeuge gewesen. Sydney Camm baute auch tatsächlich ein Exemplar in eine Tornado ein, die eine Höchstgeschwindigkeit von 675 km/h erreichte und damit 1941 das schnellste Militärflugzeug der Welt war, was aber anscheinend von niemandem zur Kenntnis genommen wurde. Im August 1942 baute Camm einen Centaurus aus dem fortgeschrittenen Entwicklungsstadium in einen Prototypen der neuen Typhoon II mit dem dünneren Profil (der späteren Tempest), doch Ministerialbeamte sorgten dafür, daß dieser Motor wieder ausgebaut wurde! Wie töricht das war, zeigte schon wenige Tage später eine erbeutete Fw 190, aber die Tempest mit dem Centaurus-Motor durfte trotzdem erst wieder im Juni 1943 fliegen. Alle diese Komplikationen behinderten ernsthaft den Werdegang des Motors, der eigentlich dem Merlin als wichtigsten Kolbenmotor in Großbritannien hätte ablösen sollen.

Endlich - es ging schon auf das Kriegsende zu - liefen die Centaurus-Motoren der Baureihen V und VI von den Bändern einer unterirdischen Fabrik in einem riesigen Steinbruch bei Corsham nicht weit von Bristol. Jeden Morgen bildet sich ein hüfthoher Nebel um die langen Werkzeugmaschinenreihen, aber auffallend war, daß sich niemand jemals krank meldete! Die hier gebauten Motoren dienten als Antrieb für die Tempest II, die Bristol-Muster Buckingham und Buckmaster sowie die Vickers Warwick GR V. Speziell weiterentwickelte Versionen wurden außerdem in die Fury und die Sea Fury eingebaut, und von diesen Maschinen gibt es heute noch eine Handvoll fliegender Exemplare.

Soweit ich mich erinnern kann, waren die einzigen Centaurus-Exemplare mit Lüfterrädern die Mk 130, die in den ersten Prototypen des Linienflugzeugs Airspeed Ambassador eingebaut wurden, und die Baureihen Mk 171, 173 und 373 in der Blackburn Beverley. Das Ambassador-Triebwerk machte jede Menge Probleme. Nach einer umfassenden Überarbeitung entfiel das Lüfterrad zugunsten eines am unteren Ende der Cowling hervorstehenden Lufteinlaufs, und Kühlluft-Austrittsklappen waren jetzt nur noch an den Seiten vorhanden, so daß der Motor eine völlig andere Form bekam. Bei diesem Motor (Mk 661) waren die Zündmagnete und das Zündgeschirr vorn angeordnet. Im Gegensatz dazu befand sich bei den Beverley-Motoren, von denen einer in der Zeichnung von Max Millar zu sehen ist, das Zündgeschirr vorn.

Während bei den früheren Bristol-Motoren die Abgase in einem Abgassammelring zusammenkamen, der vorn um die Cowling herum verlief, führten beim Centaurus vom Abgasstutzen jedes einzelnen Zylinders zwei Abgasrohre direkt nach hinten. Es war gerade genug Platz vorhanden, um diese Rohre um die Zylinder herum zu verlegen; gleich darunter befanden sich die Einlaßrohre. Die Abgasrohre verliefen in kleinen Gruppen unter den Kühlluftklappen und heizten die Motorgondel wie auch den Flügel stark auf, was immer wieder zu Rußab-

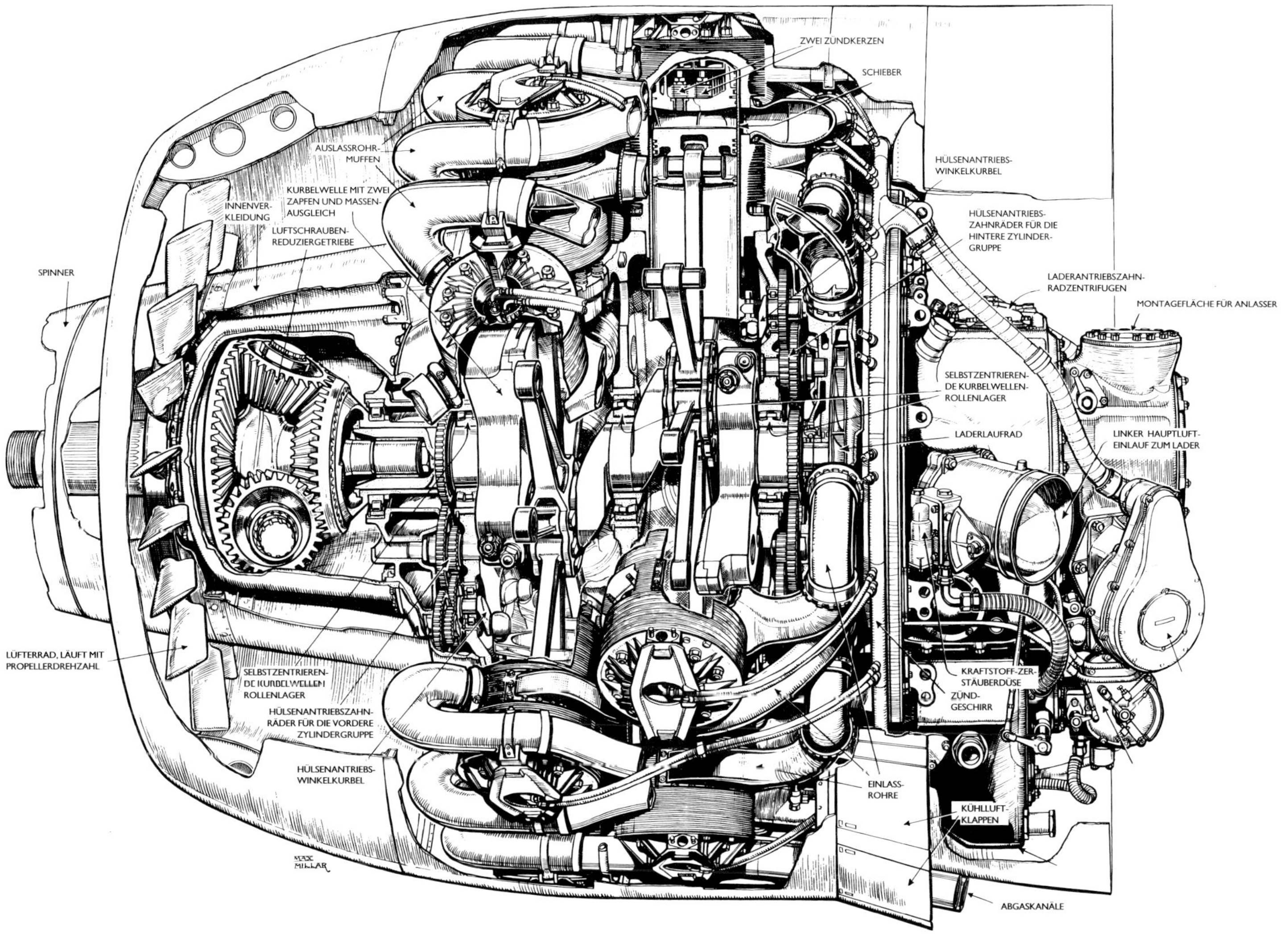

lagerungen führte. Als Propeller kam ein De Havilland (Durchmesser 4,88 m) mit vier hohlen Stahlblättern und rechteckigen Blattspitzen zum Einsatz.

Wie das Farman-Reduziergetriebe arbeitete, geht aus der Zeichnung vielleicht nicht ganz deutlich hervor. Die mit maximal 2800/min rotierende Kurbelwelle trieb das hintere Kegelrad an. Dieses bildete den Antrieb für drei weitere Kegelräder, die um den feststehenden Zahnkranz auf der Luftschraubenwelle liefen, wobei der Propeller von der dreiarmigen Kegelradwelle auf eine Drehzahl von maximal 1120/min (entsprechend einer Untersetzung von 0,4) gebracht wurde.

Jede der beiden Neunzylindergruppen übertrug das erzeugte Moment über ein Hauptpleuel, mit dem die Nebenpleuel der restlichen acht Zylinder der Gruppe über Zapfenverbindungen gekoppelt waren. Natürlich mußte entweder das kurbelwellenseitige Pleuelende oder die Kurbelwelle aus einem Stück gefertigt werden, da der Motor sonst nicht montiert werden konnte. Fedden entschied sich für eine Lösung, bei der ein einteiliges Hauptpleuel einen Kurbelwellenzapfen auf einer aus drei Teilen zusammengesetzten Kurbelwelle antrieb. Zur Montage des Motors wurden die Kurbelwangen mit den beiden großen Bolzen fest auf die Kurbelwellenzapfen gepreßt. Am anderen Ende der Kurbelwange befand sich die Ausgleichsmasse, die in der Zeichnung hinter der Pfeilspitze zum Hinweis „KURBELWELLE MIT ZWEI ZAPFEN UND MASSENAUSGLEICH“ zu sehen ist.

Dieser Motor wog ungefähr 1580 kg und brachte es mit Wasser-Methanol-Einspritzung auf eine Startleistung von 3150 PS in Meereshöhe bzw. 3220 PS in 3000 Fuß. Sehr viel höhere Leistungen erreichen die wenigen in die Sea Furies eingebauten Centaurus-Motoren, die bei den traditionellen Luftrennen von Reno (Nevada) zu bestaunen sind. Ich kann nur hoffen, daß ihre Besitzer sie pfleglich behandeln!

BMW 801

Der Autor hatte einmal die Gelegenheit, eine mit Motoren vom Typ BMW 801 bestückte Ju 88 zu fliegen, und war sowohl von diesem Flugzeug als auch seinen Motoren tief beeindruckt. Später stieg er mit Herzklopfen in eine Focke-Wulf Fw 190 ein und ließ den BMW 801 an, ohne daß es diesmal jedoch zu einem Flug kam. Genau wie ihre britischen Kollegen folgten auch die deutschen Regierungsbeamten beharrlich dem Diktat der Mode und ließen sich von Günstlingswirtschaft und Eifersüchteleien leiten. Dieser Motor aber erwies sich als so gelungen, daß er alle politischen Hürden nahm. Bis 1945 waren 61.000 Stück ausgeliefert worden.

Der Ruf des renommierten Unternehmens aus München gründete sich auf wassergekühlte V12-Motoren, aber im Rahmen der Bestrebungen zur Erschließung neuer Geschäftsfelder erwarb BMW 1929 von Pratt & Whitney eine Lizenz für den luftgekühlten Neunzylinder-Sternmotor Hornet. Die Hornet-Zylinder (Bohrung: 155,5 mm, Hub: 162 mm) waren in Zweiventiltechnik aufgebaut und lieferten mit ihrem Hubraum von 27,7 Litern rund 575 PS. Bei BMW wurde der Hornet durch Weiterentwicklung zum BMW 132, von dem bis Kriegsende über 21.000 Stück gebaut wurden. Zu den Flugzeugen, die mit Motoren dieser Familie ausgerüstet wurden, gehörten unter anderem auch die in diesem Buch vorgestellten Muster Do 17, Ju 86 und Hs 126.

Bis 1935 hatten die Ingenieure unter der Leitung von Helmut Sachse den nächsten logischen Schritt unternommen und mit dem BMW 139 eine Doppelsternversion des BMW 132 entwickelt. Der BMW 139 lief erstmals 1938, leistete 1550 PS und diente als Antrieb für Prototypen der Do 217 und der Fw 190. Eine rationellere Möglichkeit zur Erzeugung dieser Leistung war jedoch der komplett neu entwickelte BMW 801 mit nur noch 14 Zylindern, die außerdem kleiner waren (Bohrung und Hub: 156 mm) und 41,8 Liter Hubraum hatten. Der 801 hatte im eingebauten Zustand einen Durchmesser von nur 1320 mm und war damit weltweit der vielleicht kompakteste Motor mit dieser Leistung. Das Trockengewicht lag bei rund 1180 kg.

Der BMW 801 in Armin Fabers Fw 190 erregte viel Aufmerksamkeit und wurde von Ingenieuren und Wissenschaftlern aus allen möglichen Blickwinkeln genauestens in Augenschein genommen.

Was zur damaligen Zeit kaum zur Kenntnis genommen wurde, war die Tatsache, daß Arkadia Schwetsow in der Sowjetunion einen 14-Zylinder-Motor namens ASh-82 entwickelt und dabei konstruktive Merkmale des Wright Cyclone übernommen hatte. Dieser Motor war dem BMW 801 in mancherlei Hinsicht äußerst ähnlich. Er war der perfekte Antrieb für das Kampfflugzeug La-5, und das zu einem Zeitpunkt, als man sich in Großbritannien noch über die Idee eines Jagdflugzeugs mit Sternmotor lustig machte. Der ASh-82 blieb bis in die Nachkriegszeit hinein in Produktion und wurde in insgesamt 70.000 Exemplaren gebaut.

Wie der ASh-82 erzielte auch der BMW 801 einen Erfolg nach dem anderen und entwickelte sich in verschiedensten Konfigurationen bald zu einer Universallösung bei der Motorisierung von fast allen Flugzeugen, die ein Triebwerk in der 1600-PS-Kategorie brauchten. Die wichtigsten Kandidaten waren die beiden schon erwähnten Muster, aber der 801 löste auch den 139 in der Do 217E ab. Wie an anderer Stelle in diesem Band gezeigt, hatte dieses Flugzeug zwei BMW 801A, der auch in dieser Zeichnung von Max Millar zu sehen ist, die die kompakte Bauweise dieses Motors anschaulich wiedergibt. Zu den eher ungewöhnlichen Details gehören das Lüfterrad, der ringförmige Ölkühler, der von hinten nach vorn von Luft durchströmt wurde, und die flammendämpfenden Fischschwanz-Auspuffrohre.

Im BMW 801 kamen wie in den Bristol-Motoren einteilige Hauptpleuel zur Anwendung, die eine aus vier Teilen bestehende Kurbelwelle antrieben (ein Teil enthielt die schweren Massenausgleichsgewichte). Der BMW 801- und das hatte er mit allen bedeutenden deutschen Hochleistungsmotoren der Kriegszeit gemein - besaß keinen Vergaser, sondern eine Kraftstoff-Direkteinspritzung. Die Deckel-Pumpe rechts in der Zeichnung hatte 14 einzelne Tauchkolben und mußte natürlich mit einer Präzision gefertigt werden, wie sie sonst nur im Uhrenbau üblich war.

Die meisten Versionen des BMW 801 hatten eine Einhebelbedienung, was durch das sogenannte „Kommandogerät" möglich wurde, ein komplexes System, das automatisch die Drehzahlregelung, den Ladedruck, das Übersetzungsverhältnis für die Laderdrehzahl, das Gemischverhältnis (oder - besser gesagt - den Tauchkolbenhub) und die Zündzeitpunktverstellung regelte. Alle diese technischen Finessen machten allerdings auch dem Bodenpersonal der Luftwaffe, das sein Handwerk wirklich verstehen mußte, das Leben ziemlich schwer.

Am vorderen und hinteren Ende der Kurbelwelle befanden sich zahlreiche Zahnräder, die als Antrieb für die Ventilsteuerung dienten. Während diese jedoch in den Hülsenschiebermotoren von Bristol die Hülsenkurbeln antrieben, versetzten sie im BMW große Zahnkränze in Rotation, die hier vorn und hinten als Nockenantriebe bezeichnet werden. Diese drückten bei jeder Umdrehung die Stößelstangen nach oben und bewirkten so das Öffnen der Einlaß- und Auslaßventile. Die beiden 14-poligen Bosch-Zündmagnete waren vertikal an der Vorderseite des Reduziergetriebegehäuses montiert und erzeugten die Zündspan-

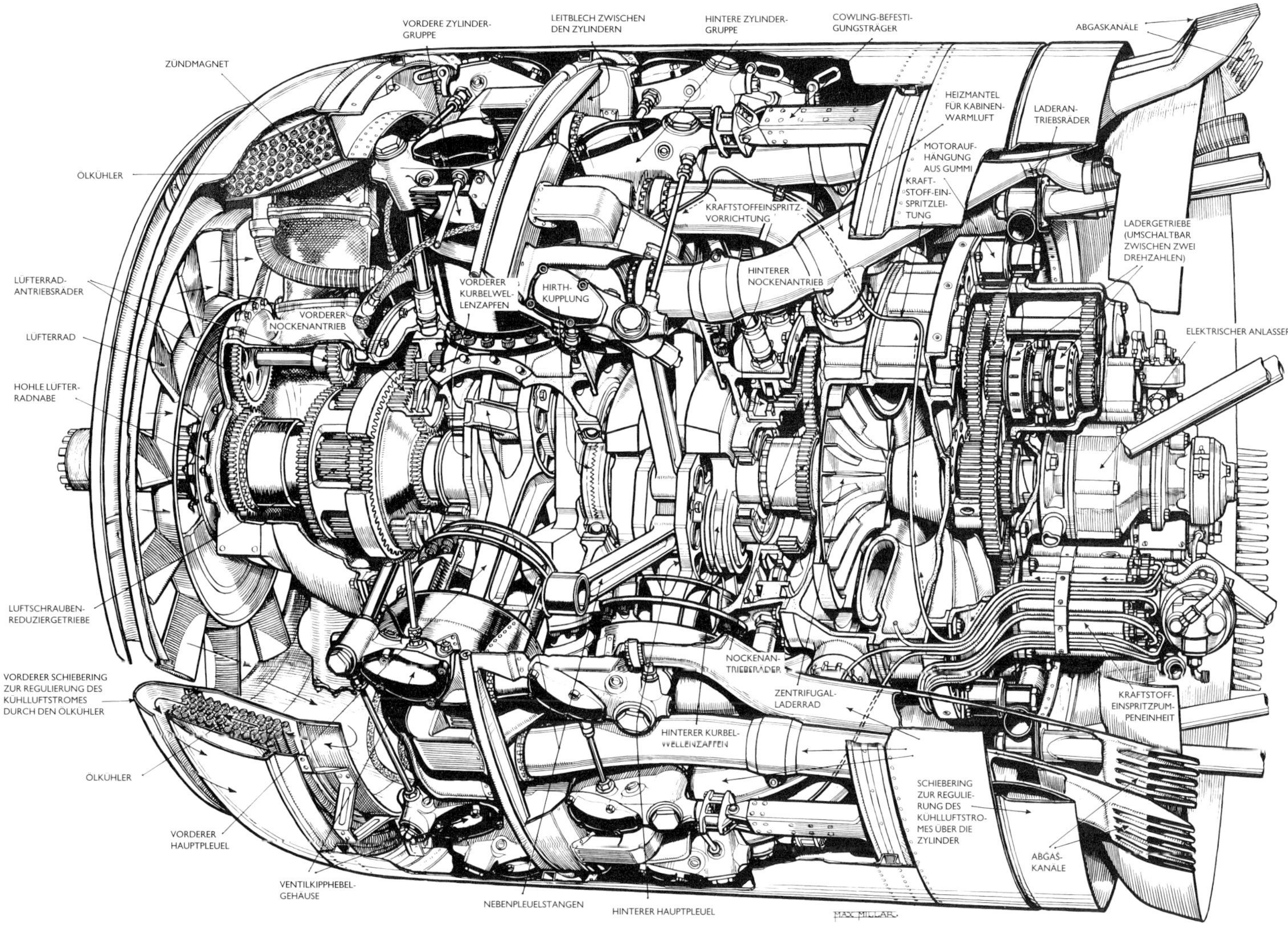

nungen für die jeweils zwei Zündkerzen pro Zylinder. Die geraden „Stangen", die die oberen Enden der Zylinder miteinander verbinden, waren die Ölrücklaufleitungen. Der Kühlluftstrom durch den Motor wurde nicht über aufstellbare Kühlluftklappen bewerkstelligt, sondern über einen verschiebbaren Ring mit elektrischem Schraubspindelantrieb.

Im Verlauf des Krieges bemühten sich die BMW-Konstrukteure natürlich unablässig, diesem exzellenten Motor noch mehr Lèistung zu entlocken. Mein Eindruck war, daß er in der Ju 88 wirklich hervorragend arbeitete, aber in Höhen ab 20.000 Fuß schnell an Leistung verlor. Dies gilt allerdings nicht für verschiedene spätere Versionen, insbesondere den BMW 801TQ, der einen enorm wirksamen Turbolader hatte und mit einer unglaublichen Nennleistung von 1715 PS in einer Höhe von 12 km (fast 40.000 Fuß) spezifiziert war!

1940 fand der erste Probelauf des 18-Zylinder-Motors BMW 802 statt, doch dieses Projekt wurde zwei Jahre später aufgegeben. Statt dessen konzentrierten sich alle Anstrengungen bis zum bitteren Ende auf den völlig andersartigen BMW 803. Er hatte zwar im wesentlichen gleich große Zylinder wie der 801, aber davon gleich 28 Stück, die zudem flüssigkeitsgekühlt waren. Sie waren paarweise in Reihen in einem gemeinsamen Kurbelgehäuse untergebracht, wobei jede Reihe einen eigenen Zylinderkopf und eine eigene Nockenwelle hatte. Dieses ehrfurchtgebietende Paket mit 2950 kg Gewicht lieferte eine Startleistung von 4000 PS und in 12 km Höhe eine Nennleistung von 2550 PS. Ein Exemplar wurde erst kürzlich in den USA entdeckt, wo man ziemlich lange brauchte, um überhaupt herauszufinden, um was für einen Typ es sich handelte. Es wurde glücklicherweise nach München zurückgeschickt und dort mit viel Mühe und Sorgfalt restauriert.

DB 601N

Eine Unzulänglichkeit aller Aufrißzeichnungen, die nun einmal in der Natur der Sache liegt, besteht darin, daß man nicht auch das äußere Aussehen des dargestellten Objekts wiedergeben kann. Hätte Max Millar das Äußere des DB 601 gezeichnet, so wäre aber in wesentlichen nur ein schwarzer Kasten zu sehen gewesen, bei dem - abgesehen vom Zündgeschirr - fast nichts nach außen ragte. Die Motoren von Daimler-Benz wirkten aber nicht nur bemerkenswert aufgeräumt und schlicht, sondern waren natürlich auch exzellente Beispiele für präzise Ingenieursarbeit. So gesehen, ist es eigentlich schade, daß sie im Kampf gegen den kleineren britischen Merlin derart unterlagen.

Zu den erstaunlichen Entdeckungen der von den Alliierten im Frühjahr 1945 in das Entwicklungszentrum in Stuttgart-Untertürkheim entsandten Untersuchungsteams gehörte die enorme Menge von Flugzeug-Kolbentriebwerken, die sich damals in Entwicklung befanden oder noch kurz zuvor befunden hatten. Dabei handelte es sich nach meiner Schätzung um rund 25 verschiedene Konstruktionen, die zahlreichen Unterversionen nicht mitgerechnet. Einige davon wiesen sehr außergewöhnliche Konfigurationen aus mehreren Ladern auf, mit denen die Motorleistung in großen Höhen gesteigert werden sollte. Anscheinend war dem technischen Direktor Fritz Nallinger gänzlich die Kontrolle über die Entwicklungsaktivitäten entglitten, denn natürlich hätte nicht einmal ein Bruchteil dieser vielen Motoren zur Produktionsreife weiterentwickelt werden können, um der kraftlosen Luftwaffe wieder auf die Beine zu helfen.

Trotz seiner Umbenennung in DB 605, die seine internen Modifikationen gegenüber dem DB 601 deutlich machen sollte, bot dieser Motor äußerlich fast dasselbe Erscheinungsbild. Ein Blick auf die Serienproduktion der Bf 109G bei Messerschmitt.

Alle Hochleistungsmotoren aus der Serienproduktion ähnelten dem 601 insofern, als es sich um flüssigkeitsgekühlte V12-Motoren mit hängenden Zylindern handelte. Eine Besonderheit war, daß - ungeachtet etwaiger weiterer Lader - der normale, von der Kurbelwelle angetriebene Lader stets am hinteren Ende auf der linken Seite angeordnet war und von einer querliegenden Welle angetrieben wurde. Der Antrieb dieser Welle erfolgte außerdem über eine Hydraulikkupplung. Diese funktionierte exakt wie der „Föttinger-Wandler“ von Daimler, ein hydrodynamischer Drehmomentwandler, wie er zwischen den Weltkriegen auch in den Personenwagen des Unternehmens eingesetzt wurde.

Auf Meereshöhe wurde die eingangsseitige Hälfte vom Motor aus angetrieben, hatte jedoch keinen Kraftschluß mit dem Ausgang, so daß das Zentrifugalrad im stationären Zustand verblieb. Mit zunehmender Höhe wurde stetig mehr Öl zugeführt, so daß sich der Kraftschluß zwischen beiden Seiten der Kupplung allmählich aufbaute. Damit drehte der Lader immer schneller, bis der Antriebsschlupf in großen Höhen fast Null betrug. Ein Nachteil war allerdings, daß der Antrieb in Höhen zwischen etwa 2.500 und 15.000 Fuß zwar Leistung aufnahm, das Laderrad aber zu langsam drehte, um den Einlaßladedruck nennenswert zu beeinflussen. Was Max als „cush-drive“ bezeichnete, war nichts anderes als eine Federkupplung zur Unterdrückung von Vibrationen oder Stößen im Antriebsweg.

Der erste der modernen Daimler-Benz-Motoren in hängender V-Zylinderanordnung war der 600, der 1934, also ein Jahr nach seinem späteren Rivalen Merlin entwickelt wurde. Die Zylinderbohrung betrug 150 mm, der Hub 160 mm, woraus sich ein Hubraum von 33,93 Litern ergab, deutlich mehr als beim Merlin mit 29,99 Litern. Der DB 600A mit Lader und Reduziergetriebe wog etwa 685 kg und hatte eine Startleistung von 986 PS bei 2400/min. Er diente als Motor für zahlreiche bedeutende Prototypen, verschwand aber bis zum Kriegsbeginn im Jahr 1939.

Der Grund dafür war, daß er vom DB 601 abgelöst wurde. Dabei handelte es sich fast um denselben Motor, nur mit dem Unterschied, daß der 601 keinen konventionellen Vergaser hatte, sondern ein Einspritzsystem, das den Zylindern über eine Einspritzpumpe absolut präzise dosierte Kraftstoffmengen zuführte. Nachteilig war nur, daß diese Pumpe mit engeren Toleranzen gefertigt werden mußte, als es bis dahin im Motorenbau üblich war (wenn der Kraftstoffverbrauch nicht höher werden sollte als zuvor). Mehr noch: Diese Präzision mußte auch im harten Fronteinsatz aufrechterhalten werden. Aber dafür bot dieses System auch viele Vorteile, insbesondere die, daß das Einlaßsystem nicht mehr vereisungsgefährdet war und der Motor auch bei starken negativen Lastvielfachen einwandfrei lief. Letzteres entschied während der Luftschlacht um England so manchen Luftkampf zwischen britischen Jägern mit Merlin-Motoren und der vom DB 601A angetriebenen Bf 109E.

Mich hat es überrascht, daß Max den gesamten Block der Kraftstoff-Einspritzpumpe dargestellt hat, der mitten unter dem Kurbelgehäuse hängend montiert war, denn dadurch konnte er nur zwei Zylinder einzeichnen, von denen auch nur einer aufgeschnitten zu sehen ist. Schließlich waren alle 12 Komponenten des Einspritzsystems identisch, so daß der Informationsgehalt für den Betrachter derselbe gewesen wäre, wenn Max nur eine davon gezeichnet hätte. Die Zylinder dagegen hätten auf mancherlei Weise und unter Veranschauli-

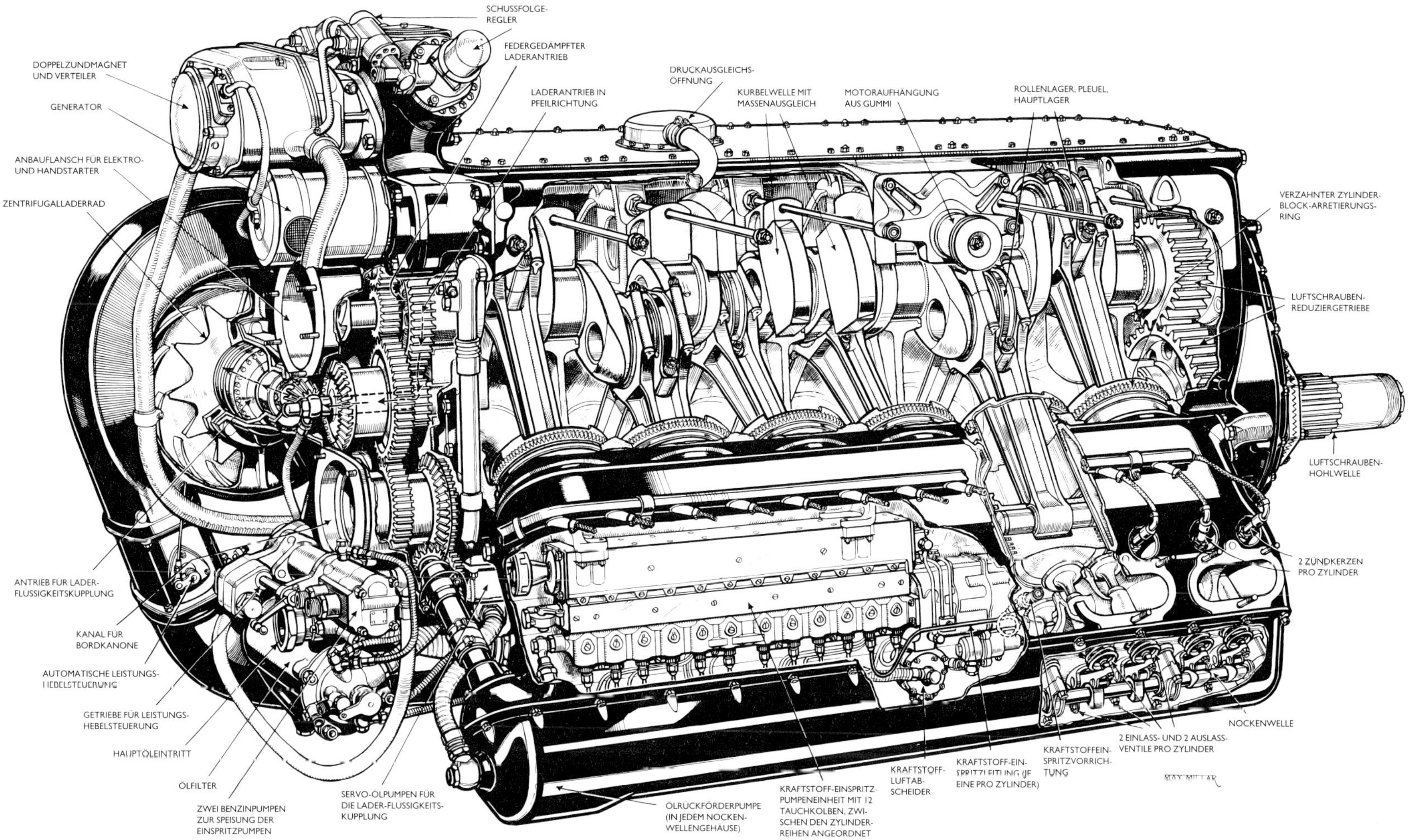

chung vieler Einzelteile - beispielsweise des Einlaßrohres, der komplexen Anordnung der Abgaskanäle und der Flüssigkeitskühlung - präsentiert werden können.

Sowohl bei Reihen- als auch bei V-Motoren ist es gängige Praxis, die Kurbelwelle in Form eines einzigen Schmiedeteils herzustellen und die geteilten kurbelwellenseitigen Pleuelenden auf den Kurbelwellenzapfen anzuordnen. Wie bei den meisten Hochleistungs-V-Motoren aus der Zeit des Krieges bestanden die Pleuel des DB 601 aus schmalen, blattförmigen Stangen, die von den Kolben des einen Blocks (links) zwischen den beiden kurbelwellenseitigen Pleuelenden der gabelförmigen Stangen auf der anderen Seite (rechts) verliefen. Bei der Montage wurde die Verbindung zwischen allen Pleuelstangen und Kurbelwellenzapfen durch Einbau der noch fehlenden Hälfte und sorgfältiges Anziehen der Schrauben mit einem exakt festgelegten Drehmoment bewerkstelligt. Die Pfeile unter dem Hinweis „Kurbelwelle mit Massenausgleich“ zeigen auf zwei von insgesamt sechs Paaren von Massenausgleichsgewichten.

Auch auf die hohle Luftschraubenwelle wies Max hin. Hier konnte in der Tat eine 20-mm-Kanone eingebaut werden, was auch bei einigen wenigen Flugzeugen gemacht wurde, so z.B. bei der ursprünglichen Form der in Serie gebauten Bf 109E-3. Wie aber schon im Begleittext zur Aufrißzeichnung der Bf 109E erwähnt, wurde dieses Konzept nicht lange aufrechterhalten und durch eine bessere Bewaffnung in Form von zwei Kanonen dieses Typs in den Außenflügeln abgelöst. 1941 befand sich gerade die (ebenfalls in diesem Buch beschriebene) F-Serie der 109 in Produktion, und diese Version war fast immer mit einem Maschinengewehr ausgerüstet, das durch den Propeller feuerte (zuerst ein MG FF, später eine Mauser 151 vom Kaliber 15 oder 20 mm). Der zu diesem Zeitpunkt aktuelle Motor war der DB 605, der fast identisch mit dem DB 601 war, jedoch mit neuen Zylinderblöcken und Zylindern (Bohrung: 154 mm) versehen worden war und mit 35,7 Litern einen größeren Hubraum hatte. Der DB 605 durfte außerdem mit 2800/min drehen und hatte in der Bf 109G und der Bf 110 eine erhöhte Leistung von rund 1475 PS.

ANHANG I

In diesem Band enthaltene Aufrißzeichnungen aus The Aeroplane/Aeroplane Spotter, in der Reihenfolge ihres Erscheinens

Short Sunderland I	Januar 1939
Napier Dagger	11. Januar 1939
Hawker Henley	1. März 1939
Rolls-Royce Merlin I	26. April 1939
Handley Page Hampden I	3. Mai 1939
Bristol Bombay I	2. August 1939
Blackburn Skua I	9. August 1939
Junkers Ju 86A-1	19. Oktober 1939
Messerschmitt Bf 109E	2. November 1939
Henschel Hs 126	30. November 1939
Dornier Do 17/215	22. Dezember 1939
Junkers Ju 87B	23. Februar 1940
Supermarine Spitfire I	12. April 1940
Hawker Hurricane I	6. September 1940
Deutsche „Zweimots" im Detail	18. Oktober 1940
Vickers Wellington II	November 1940
Messerschmitt Bf 110	3. April 1941
Bristol Blenheim IV	24. April 1941
Junkers Ju 88	1. Mai 1941
Armstrong Whitworth Whitley III	5. Juni 1941
Heinkel He 111	12. Juni 1941
Curtiss Tomahawk I	26. Juni 1941
Fairey Battle III	3. Juli 1941
Messerschmitt Bf 109F	1. August 1941
Miles Master I	7. August 1941
Bristol Beaufighter IF	12. September 1941
Bristol Pegasus	23. Oktober 1941
Bell Airacobra I	31. Oktober 1941
Short Stirling I	27. Februar 1942
Bristol Hercules	13. März 1942
Handley Page Halifax I	24. April 1942
Consolidated Catalina I	19. Juni 1942
Focke-Wulf Fw 190A3	28. August 1942
Avro Lancaster I	23. Oktober 1942
Rolls-Royce Merlin XX	18. Dezember 1942
Messerschmitt Me 210	12. Februar 1943
De Havilland Mosquito Mk IV	7. Mai 1943
North American Mustang I	5. November 1943
Taylorcraft Auster IV	21. April 1944
Armstrong Whitworth Albemarle I	30. Juni 1944
Avro York I	18. August 1944
GAL Hamilcar	14. Dezember 1944
Hawker Tempest V	9. März 1945
Miles Messenger	20. April 1945
Fairey Firefly I	4. Mai 1945

ANHANG II

Aufrißzeichnungen aus Flight von 1934 bis 1945

Hawker Hardy	28. Juni 1934
Cierva C.30 Autogiro	9. August 1934 und 23. März 1943
Napier Rapier	14. März 1935 und 2. Dezember 1937
Rolls-Royce Kestrel VI	28. März 1935
Blackburn Cirrus Major	13. Juni 1935
De Havilland Cirrus Major	13. Juni 1935
Boulton Paul Overstrand	27. Juni 1935
Vickers Supermarine Scapa	27. Juni 1935
De Havilland Gipsy Six R	12. September 1935
Avro Anson I	30. Januar 1936
Zeppelin LZ 129 Hindenburg	5. März 1936
Handley Page Heyford	25. Juni 1936
Gloster Gladiator	25. Juni 1936
Short Singapore III	25. Juni 1936
Bristol Pegasus X	5. November 1936 und 2. Dezember 1937
De Havilland Gipsy Six Series II	7. Januar 1937 und 2. Dezember 1937
Armstrong Whitworth Ensign	1. April 1937
Bristol Blenheim I	24. Juni 1937 und 25. November 1937
Airspeed Oxford I	1. Juli 1937
Fairey Battle I	19. August 1937
Armstrong Siddeley Tiger VI	2. Dezember 1937
Short Mayo - Composite	17. Februar 1938
Dornier Do 17	14. April 1938
Armstrong Whitworth Whitley III	26. Mai 1938
Westland Lysander I	9. Juni 1938
De Havilland Gipsy XII	23. Juni 1938
Zeppelin Graf Zeppelin	10. November 1938
De Havilland Gipsy Minor	10. November 1938
De Havilland Albatross	17. November 1938
Vickers Supermarine Spitfire I	1. Dezember 1938, 18. April 1940 und 26. September 1940
Cinliffe-Owen Flying Wing	22. Dezember 1938
Napier-Halford Dagger VIII	12. Januar 1939
Short Sunderland	26. Januar 1939
Pratt & Whitney Twin Wasp	1. Mai 1939
Handley Page Hampden	4. Mai 1939
Blackburn Cirrus	25. Mai 1939
De Havilland Cirrus Major 150	25. Mai 1939
De Havilland Moth Minor	29. Juni 1939
General Aircraft Cygnet	13. Juli 1939
Short C Class Flying Boat	20. Juli 1939
Miles Master	27. Juli 1939
Blackburn Skua	10. August 1939
Junkers Ju 87	28. September 1939
Arado Ar 95	19. Oktober 1939
Dornier Do 215	2. November 1939
Fokker D.23	14. März 1940
Hawker Hurricane Mk I	31. Oktober 1940
Bristol Hercules XVI	27. November 1941 und 1. Oktober 1942
Short Stirling	29. Januar 1942
Bell Airacobra	24. Februar 1942
Rolls-Royce Merlin XX	26. Februar 1942 und 17. Dezember 1942
Merlin XX (Lader-Detailzeichnung)	26. Februar 1942 und 17. Dezember 1942
Allison V-1710 C15	26. März 1942
Daimler-Benz DB 601N	16. April 1942
Handley Page Halifax III	23. April 1942
Avro Lancaster Mk I	13. August 1942
BMW 801A	13. August 1942
Dornier Do 217E-2	15. Oktober 1942
North American Mustang I	10. Dezember 1942
Rolls-Royce Merlin 61	17. Dezember 1942, 23. September 1943 und 6. Januar 1944
De Havilland Mosquito II	6. Mai 1943
Airspeed Oxford	27. Mai 1943
Armstron Siddeley Cheetah X	24. Juni 1943
Airspeed Horsa	15. Juli 1943
Taylorcraft Auster III	23. September 1943
Avro Lancaster Mk II	9. Dezember 1943
Hawker Typhoon IB	20. Januar 1944 und 13. April 1944
Napier Sabre II	23. März 1944
Boeing B-17G Flying Fortress	4. Mai 1944
Lockheed P-38 Lightning	22. Juni 1944
Avro York	17. August 1944
Fiesler VI (Flugbombe)	5. Oktober 1944
Fairey Firefly	7. Dezember 1944
GAL Hamilcar	14. Dezember 1944
Fairey Barracuda II	21. Dezember 1944
Hawker Tempest V	1. März 1945
Short Shetland	17. Mai 1945
Vickers Viking	24. Mai 1945
Avro Tudor I	28. Juni 1945
Bristol Centaurus 373	5. Juni 1945
Boeing B-29 Superfortress	12. Juli 1945
Rolls-Royce Griffon 65	20. September 1945
Blackburn Firebrand	27. September 1945
Gloster Meteor IV	25. Oktober 1945
De Havilland Vampire I	20. Dezember 1945
De Havilland Gipsy Queen 71	27. Dezember 1945

Alle hier aufgelisteten Aufrisse sind zur Zeit bei Flight International vorhanden und können zur Verfügung gestellt werden. Kontaktadresse:
Quadrant Picture Library, Quadrant House,
The Quadrant, Sutton Surrey, SM2 5AS